特色林果气象灾害监测与预警关键技术

朱 勇 李春梅 谭宗琨 陈 惠 谷晓平 等 著

内容简介

本书为公益性行业(气象)科研项目的主要研究成果,在《国家中长期科学和技术发展规划纲要(2006—2020)》中的重点领域"农业"优先主题"农林生态安全与现代林业"思想指导下,围绕保障特色林果生态安全和可持续发展的迫切需求,针对气候变化背景下南方特色林果生产管理所面临的关键性技术问题,开展特色林果气象灾害的监测预警研究,建立适用于特色林果的重大农业气象灾害反演及其区域化监测方法、预警模型和业务系统,提升气象保障农林生态安全的科技能力。

本书资料翔实、分析严谨,可供相关政府部门在防灾减灾决策与指挥工作中和气象科技工作者在业务与科研工作中参阅,同时也可供其他从事防灾减灾工作的技术人员参考。

图书在版编目(CIP)数据

特色林果气象灾害监测与预警关键技术 / 朱勇等著. -- 北京 : 气象出版社, 2017.6

ISBN 978-7-5029-5662-2

Ⅰ.①特… Ⅱ.①朱… Ⅲ.①果树业-农业气象灾害-监测预报 Ⅳ.①S42

中国版本图书馆 CIP 数据核字(2017)第 029162 号

Tese Linguo Qixiang Zaihai Jiance Yu Yujing Guanjian Jishu

特色林果气象灾害监测与预警关键技术

朱　勇　李春梅　谭宗琨　陈　惠　谷晓平　等著

出版发行:气象出版社

地　　址:北京市海淀区中关村南大街 46 号　　**邮政编码**:100081

电　　话:010-68407112(总编室)　010-68408042(发行部)

网　　址:http://www.qxcbs.com　　**E-mail**: qxcbs@cma.gov.cn

责任编辑:陈　红　孔思瑶　　**终　　审**:邵俊年

封面设计:博雅思企业　　**责任技编**:赵相宁

印　　刷:北京博海升彩色印刷有限公司

开　　本:787 mm×1092 mm　1/16　　**印　　张**:15.25

字　　数:390 千字

版　　次:2017 年 6 月第 1 版　　**印　　次**:2017 年 6 月第 1 次印刷

定　　价:100.00 元

序

农业是国民经济的基础。中国是农业气象灾害最为严重的国家之一。频繁发生的农业气象灾害制约着中国农业生产快速、健康的发展。构建农业气象灾害风险评估、防御体系是农业气象灾害研究的重点。在全球气候异常多变的背景下,橡胶树、枇杷、香蕉等特色林果生产管理、灾害预测面临严峻的挑战。近10多年来,重大农业气象灾害的监测、预警及风险分析、风险评估等已成为各地农业、林业、气象、水利等部门关注和研究的重点,并取得了一系列研究成果。但由于特色林果为多年生或生长周期较长,其气象灾害发生机理复杂,发生频次、强度以及灾害对产量、品质影响均具有很强的地域性,目前,中国对特色林果气象灾害的监测预警研究还未建立一套完整的方法,仅仅停留在原始资料定位、统计分析阶段,尚未将气象观测资料融合至同一尺度下进行综合分析,缺乏系统性的、定量的重大农业气象灾害风险分析和风险评估方法。

"特色林果气象灾害监测预警关键技术"项目的实施,切合当前中国特色林果生产及未来战略布局的实际需要,为各级政府及相关部门优化农业产业布局、产业结构调整、最大限度减轻全球气候变化引发的农业灾害风险程度提供科技参考,同时将为提高农业科技水平,突破资源约束,持续提高农业综合生产能力提供重要的科技支持。

该书的成果是云南省气候中心、中国气象科学研究院、南京信息工程大学、广东省气候中心、广西壮族自治区气象减灾研究所、福建省气象科学研究所、贵州省气象科学研究所等多家科研、业务单位合作研究的最新成果,该书详细阐述了橡胶树、枇杷、香蕉等特色林果主要种植区域重大气象灾害发生频次、强度的时空变化规律,以及灾害发生对特色林果的影响程度,提出了相应的气象灾害监测、预警模型。资料翔实,内容丰富,是农业气象灾害影响评估与风险评价研究方面不可多得的一本好书,对进一步拓展气象为农服务领域,提高气象为农服务科技水平有很好的参考作用。

丁一汇

2016年12月15日

前　言

中国地域广大，特色林果种类繁多，特色林果生产已经成为许多地区农业和农民增产创收的主要途径。改革开放以来，不同地区的广大农民在当地政府支持引导下，开始大力发展特色林果种植，自1985年起中国特色林果种植面积平均每年增加800多万亩①，产量年递增率高达15.3%，1993年中国特色林果总产量和种植面积超过印度、巴西和美国，目前居世界第一位。其中橡胶树、香蕉、枇杷、刺梨为主的特色林果近年来发展势头强劲，对中国云南、广东、广西、福建、贵州等南方地区农民的增产创收、脱贫致富提供了重要支持。然而由于中国地处季风气候区，气象灾害发生频繁，特别是在气候变化背景下近年来极端天气事件时有发生，对中国特色林果生产构成了重大威胁。2008年2月，云南西双版纳傣族自治州因低温造成的橡胶树受灾面积达70.88万亩，成灾面积49.23万亩，直接经济损失0.82亿元。1999年12月的寒害导致广东全省特色林果受灾514.5万亩，直接经济损失高达108.5亿元，其中湛江、茂名等地香蕉损失殆尽。近年来频繁发生的寒害对福建省特色林果生产也同样造成了重大损失，仅1999年底一次寒害过程所造成的经济损失就高达20亿元，其中枇杷作为福建的主要特色林果，仅2005年元旦前后的一次严重冻害造成的直接经济损失就高达数亿元。

尽管气象灾害对中国特色林果生产威胁巨大，但由于现阶段其在农民致富进程中所起到的难以替代的重要作用，目前特色林果生产仍呈现出有增无减的势头。国内外大量事实证明，加强气象灾害的监测预警技术研究，提高气象灾害监测预警水平，并在此基础上采取积极有效的防御措施，是降低气象灾害影响的最直接、也是最有效的方法。事实上，中国气象部门一直高度关注气象灾害的监测预警研究和业务服务工作，但以往所进行的比较系统的监测预警研究对象主要为平原地区的粮食作物，针对特色林果的气象灾害监测预警研究相对较少，中国气象部门至今尚未对特色林果气象灾害监测预警技术进行过全面系统的大规模研究，尚未建立起相应的特色林果气象灾害监测预警业务服务平台。因此，确定合理的特色林果气象灾害指标，建立相应的特色林果气象灾害监测预警系统，为特色林果生产提供准确可靠的农业气象监测预测信息，减轻特色林果气象灾害损失，确保特色林果高产、稳产，成为目前中国气象工作者、特别是农业气象工作者责无旁贷的重要研究课题。

《国家中长期科学和技术发展规划纲要(2006—2020年)》重点领域“农业”的优先主题“农林生态安全与现代林业”中已经将“气象灾害的监测与防治技术”明确列为重点研究内容。因此，目前国家立项开展“特色林果气象灾害监测预警技术”显得尤为必要，此研究切合中国科技发展战略规划和社会经济战略布局的实际需要。

本书内容主要为中国气象局2011年公益行业专项——“特色林果气象灾害监测预警关键技术”(项目编号：GYHY201106024)的研究成果，该项目围绕保障特色林果生态安全和可持

① 1亩＝1/15公顷(hm^2)，全书同。

续发展的迫切需求，针对气候变化背景下南方特色林果生产管理所面临的关键气象技术问题，开展特色林果气象灾害的监测预警研究，建立适用于特色林果的重大农业气象灾害反演及其区域化监测方法、预警模型和业务系统，提升气象保障农林生态安全的科技能力。本书是项目组全体人员的共同努力的成果。全书由朱勇设计大纲并主持撰写，各章的执笔人员如下：第1章由朱勇、李春梅、谷晓平、谭宗琨、段长春执笔；第2章由谭宗琨、余凌翔、鲁韦坤、段长春执笔；第3章由谭宗琨、陈惠、谷晓平、张加云、段长春、王加义、翟志红、王兵、敖芹、杨凯执笔；第4章由谭宗琨、陈惠、余凌翔、张加云、王兵、敖芹、韦美静执笔；第5章由谭宗琨、陈惠、李春梅、张加云、段长春、翟志红、王兵、于飞、敖芹执笔；第6章由顾韵华、李琪、王连喜执笔；最后由朱勇、段长春、徐虹统稿。欧钊荣、程晋昕参加了书中插图的制作。

由于时间仓促，加之作者水平所限，书中错误之处在所难免，欢迎广大读者提出宝贵的批评意见。

朱　勇
2016 年 12 月

目 录

第1章 绪 论

1.1 中国农业气象灾害监测预警业务现状

1.1.1 概况

20世纪50年代初中国便开始自然灾害演变规律及灾害风险评估等相关研究工作，但涉及气象灾害风险评估的较少，进入90年代后，以国家“973”计划首批启动项目中设立的“中国重大气候和天气灾害机理和预测理论研究”为标志，中国重大气象灾害的监测、预报及防御技术等研究进入快速发展阶段。但是在项目“中国重大气候和天气灾害机理和预测理论研究”项目中重点研究大气—陆地—海洋相互作用以及揭示1998年特大暴雨的成因，中国中尺度强暴雨系统发生、发展机理和物理过程等，对环境胁迫与作物生长相互作用的研究没有涉及。在国家科技项目研究中，专门对农业气象灾害进行立项研究的不多，虽然在“九五”(1996—2000年)期间，国家科技部首次设立“农业气象灾害防御技术研究”攻关项目，但研究重点是农业抗灾防灾工程技术，在重大农业灾害的成灾机理与监测、预报等方面还没有进行深入系统研究。

中国有关农业气象灾害风险(影响)评估的研究可以以2001年为界分为两个阶段(王春乙，2007)。第一阶段，主要是以灾害影响分析技术为核心，以灾害风险分析技术方法探索研究为主的起步阶段，主要成果包括：在农业生态地区法的基础上建立了华南果树生长风险分析模型，这是中国较早将风险分析方法应用于农业气象灾害研究；以风险分析技术为核心，探讨了农业自然灾害分析的理论、概念、方法和模型。但是，有关农业气象灾害风险评估理论的基础研究仍相当薄弱。相关研究大多以灾害的实际发生频率为基础，随着资料序列的延长，灾害的致灾强度及其出现频率将会随时间变化，无法真正反映灾害的真实风险状况。特别是针对多年生果树等的农业气象灾害风险评估的研究报道很少。另外，农业气象灾害风险评价标准还缺乏统一认识和实践检验，实用性和可操作性强的风险评价模型甚少。第二阶段，以灾害影响评估的风险化、数量化技术方法为主的研究发展阶段，构建灾害风险分析、跟踪评估、灾后评估、应变对策的技术体系。针对农业生产中大范围农业气象灾害影响的定量评估需求，将风险原理有效地引入农业气象灾害影响评估，基于地面、遥感两种信息源，建立了主要农业气象灾害影响评估的技术体系。如“十五”期间(2001—2005)国家科技攻关计划重点项目“农林重大病虫害和农业气象灾害的预警及控制技术研究”，将干旱、冷害等重要气象灾害列为主攻对象，研究内容涉及了气象灾害风险评估及防灾减灾实用技术。其中子课题“农业气象灾害预警技术研究”针对华北农业干旱、东北作物低温冷害、江淮小麦油菜渍害、华南经济林果寒害这4种主要农业气象灾害，分别建立了农业气象学和天气学、气候学、农学、生态学等相结合，统计预测方法和机理预测方法相结合，长中短不同预报时效相结合的农业气象灾害预测预警技术(王石立,2006)。“十一五”期间国家科技支撑计划重点项目“农业重大气象灾害监测预警与调控技术研究”将北方农业干旱、低温冷害、华南寒害、西北霜冻灾害、长江中下游高温热害、南方季节性干旱和森林火灾等列为主攻对象,重点研究农业重大气象灾害监测、预警、调控、评估技术体系和综合服务系统。相关研究成果(王春乙等,2010;王建林等,2003;王建林,2012;王石立等,2005;王石立,2003)丰富和拓展了灾害风险的内涵,包括概念的提出、定义的论述、辨识机理的揭示、函数关系的构建。实现和量化了灾害风险的评估,包括评估体系框架的构建、估算技术方法的研制、理论模型的构建及其应用量化。但研究对象主要为粮食作物,涉及特色林果全生育期的气象灾害风险分析、评估等成果相对较少。2008 年,国家科技部下达的针对 2008 年初,中国南方省、区发生的历史同期罕见的持续低温雨雪冰冻灾害天气,给亚热带主要农作物造成严重影响而设置的国家科技支撑计划项目“亚热带主要农作物抗寒害冻害关键技术研究”,首次将甘蔗、木薯、荔枝、龙眼、香蕉等亚热带主要农作物的寒害冻害评估及监测预警关键技术,以及气候风险区划等列入研究重点,但仍然没有涉及特色林果全生育期的主要农业气象灾害监测预警等。

近 10 多年来,重大农业气象灾害的监测、预警及风险分析、风险评估等已成为各地农业、林业、气象、水利等部门关注和研究的重点,各级气象部门的农业气象灾害的监测、预警、评估业务发展也较快,国家级和多数省级农业气象业务部门采用遥感遥测、统计分析、作物生长模拟等方法和技术开展了农业气象灾害的监测、预警和评估业务,建立了农业气象灾害的指标体系、主要农业气象灾害的监测、预警、评估业务流程及业务系统,研发了农业干旱、渍涝、冻害、霜冻、低温冷害、寒害、干热风、高温热害、寒露风和冰雹等农业气象灾害的监测、预警和评估业务产品,开展了有效的系列化服务(王建林等,2010)。但由于特色林果重大农业气象灾害发生机理复杂,发生频次、强度以及灾害对产量、品质影响均具有很强的地域性。针对特色林果的农业气象灾害监测预警研究相对较少,目前关于特色林果的重大农业气象灾害监测预警、风险分析及风险评估的研究成果报道多以局地性分析及定性描述为主,尚缺乏系统性的、定量的重大农业气象灾害风险分析和风险评估方法,中国气象部门至今尚未建立起相应的特色林果气象监测预警业务服务平台。

1.1.2 农业气象灾害监测预警方法

常用的农业气象灾害监测预警方法主要有实地调查测算法、历史统计相似分析法、遥感监测评估法、农业气象灾害指标法、作物模型模拟分析法等。这些方法有时单独使用,有时结合使用。有些适用于灾害发生前的灾害预警,有些适用于灾中或灾后的监测预警。

1.1.2.1 实地调查测算法

一般用于灾害发生中或灾害发生后,通过田间实地调查或直接咨询农户或农技人员,了解受灾面积、产量损失、经济损失等容易获取的数据,再综合定性分析灾害的影响,实地调查测算法是最为客观准确的方法,具有快速、直接、客观、准确的优点,但是该方法工作量大、费时费力、不适宜大面积灾害监测,而且时效性比较滞后,不适用于灾前的预警。

1.1.2.2 历史统计相似分析法

历史统计相似分析法就是在对历史气象资料和灾情数据的统计分析基础上,将过去相似气象条件下发生的灾害影响结果作为评估当前类似灾害影响的依据。这种方法简单易行,但对于农业种植结构和种植制度的调整、新品种引进、农业技术和管理措施的提高等变化难以准确类比，造成评估结果出现偏差。该方法适用于灾害发生各阶段的监测和预警。

1.1.2.3 遥感监测评估法

遥感监测评估法在各种灾害影响分析中使用广泛。主要基于 EOS/MODIS、FY-3 等卫星遥感资料和气象、作物等资料，根据所建立的各种监测指数对农业气象灾害的影响进行监测评估，该方法具有监测空间尺度较大、比较及时准确的优点，但是受到遥感资料可用性的限制。在业务实践中，遥感监测评估法通常与实地调查测算法相结合，优势互补，在灾害监测评估中发挥重要作用。适用于灾中或灾后的监测预警。

1.1.2.4 农业气象灾害指标法

农业气象灾害和气象灾害不完全相同，除了气象要素本身的异常变化外，农业气象灾害的发生、程度、影响大小还与作物种类、所处发育阶段和生长状况、土壤水分、管理措施等多种因素密切相关。确定生物学意义明确的农业气象灾害指标是进行农业气象灾害监测、预警的一个重要基础和前提条件。农业气象灾害指标法的特点在于它的针对性，它与农业生产对象的紧密结合，并能反应不同发育阶段对灾害敏感度程度的差异。但是有明确生物学意义的农业气象灾害指标不易获得。该方法适用于灾害发生各阶段的监测和预警。

1.1.2.5 作物模型模拟分析法

作物模型研究起步于 20 世纪 60 年代，作物模型模拟法借助于数学公式或数值模拟，基于作物生理过程对作物的生长、发育和产量形成过程进行动态模拟。优点是机理性强，可以模拟出各种不同灾情、不同作物、不同措施等可能出现的结果。缺点是极端天气气候对作物影响的模拟能力还有较大不足。该方法适用于灾害发生各阶段的监测和预警。

1.2 特色林果及主要气象灾害

1.2.1 橡胶树

橡胶作为一种重要的工业原料，因其具有弹性、绝缘性和可塑性等良好性能，还具有隔水、隔气和耐磨等特殊性能，所以用途非常广泛。在现代工业、农业、交通运输、医疗卫生和人们日常生活等各个方面均占有十分重要的地位。

天然橡胶主要产自巴西橡胶树（Haveabrasiliensis），俗称橡胶树，原产于南美洲亚马孙河流域的热带丛林。自 1876 年，英国人魏克汉（H. A. Wickham）将橡胶树种子从巴西引种到英国邱园育出橡胶苗，橡胶产业的发展至今已有 130 余年，种植区域分布在亚洲、非洲和拉丁美洲的 20 多个国家，种植面积近 1000 万公顷。2001 年天然橡胶产量在 10 万吨以上的国家主要包括中国、东南亚地区的泰国、印尼、印度、马来西亚、越南和非洲地区的科特迪瓦和利比里亚等国家。

中国的橡胶树种植区域主要分布在 18°09′N～25°N，97°39′E～118°E 之间，西起云南省西部边陲城市瑞丽，东到福建省南安沿海以及海南岛均有橡胶树分布，而以海南岛、云南省西双版纳傣族自治州和广东省湛江市最为集中。

1.2.1.1 橡胶树对环境的要求

橡胶树原产地属赤道多雨气候，地处赤道低压控制区域，盛行热带海洋气团，又因南北两半球信风在此辐合上升，因此这一区域的气候条件具有全年温度较高、年变化幅度小，降雨量丰沛、雨日多、旱期短，风速微弱以及日照适中等特点。长期生长在这样的生态环境中，橡胶树也形成了其独特的生态习性。

(1)温度

温度是影响橡胶树生长、发育和产胶以及地理分布的主要因子之一。15℃为橡胶树组织分化的临界温度，18℃为橡胶树正常生长的临界温度。橡胶树速生、高产的适宜温度为18～28℃，在此适宜温度范围内，≥18℃的活动积温值越高，橡胶树的生长期和割胶期越长。当林间气温＜5℃时，橡胶树便会出现不同程度的寒害。

(2)水分

橡胶树对水分条件的要求较高。一株7年生的橡胶幼树，年蒸腾耗水量约为9 t，20龄树的年蒸腾耗水量达14 t以上。适宜于橡胶树生长和产胶的降水指标以年降水量在1500～2500 mm为宜，当年降水量＞2500 mm，降水日数过多，橡胶树易发生病害。

(3)日照

胶乳是光合作用的产物，因此日照的长短和光的强弱对橡胶的产胶量有着重要的影响。据华南热带作物科学研究院研究，橡胶树的光合作用强度随光照强度变化而变化。当光照强度为500 m烛光[①]时，即达到光补偿点，叶片的光合作用和呼吸作用达到平衡；光照强度在500～40000 m烛光范围时，光合作用强度随光照强度的增加而递增；当光照强度超过40000 m烛光时，光合强度开始下降。

(4)风速

橡胶树较喜静风的环境，橡胶树茎干脆，易风折(何康等，1987)。微风可调剂橡胶林内空气，有利于橡胶树的光合作用与排胶。年平均风速＜1.0 m/s，对橡胶树生长有良好效应；年平均风速1.0～1.9 m/s，对橡胶树生长没有大的妨碍；年平均风速2.0～2.9 m/s，对橡胶树生长和产胶有抑制作用；年平均风速≥3.0 m/s时，将严重抑制橡胶树的生长和产胶，没有良好的防护措施，橡胶树不能正常生长。

(5)土壤

橡胶树所需土壤条件为热带雨林或季雨林下的红壤或砖红壤，土壤酸碱度pH值为8.5～7.0，有机质较多、疏松、肥沃的土壤。

1.2.1.2 主要气象灾害

中国橡胶树种植区域主要处于热带北缘和南亚热带地区，水热条件优越，具有发展橡胶树种植业的有利条件，但受季风性气候影响，寒害和风害两类气象灾害给中国橡胶产业的发展带来了一系列的不良影响。

(1)寒害

橡胶树寒害是指受寒潮、冷空气侵袭或者晴空辐射等影响，气温骤然下降或低温累积达到橡胶树能忍受的界限温度以下导致橡胶树受害的一种农业气象灾害。寒害是中国植胶区的主

① 发光强度单位最初用蜡烛定义，单位为烛光，全书同。

要农业气象灾害之一(张一平等,2000;王树明等,2008;阙丽艳等,2009;覃姜薇等,2009;邱志荣等,2013)。统计和调查资料显示,中国各植胶区均有橡胶树寒害发生。1967—1968 年,广东、广西植胶区冬季遭遇强平流型寒害影响,粤西垦区 1960 年以后大量种植的 PB86、PR107 品系 4～6 级受害率达 70%～80%,其中 50%左右的树干全枯(5～6 级寒害);广西植胶区除火光农场、荣光农场外,1960 年后种植的橡胶树 4～6 级寒害率几乎为 100%(王秉忠,2000)。2008 年初,海南植胶区出现罕见的强平流降温天气,导致橡胶树大面积受寒害,对海南垦区 25.551 万公顷橡胶树造成严重影响。橡胶开割树受害面积达 20.473 万公顷,中小苗受害面积达 5.078 万公顷,其中死亡 36.89 万株,橡胶苗圃内苗木死亡 150 万株。寒害造成的直接经济损失高达 5.86 多亿元(胡彦师等,2011)。

根据降温特征的不同,橡胶树寒害可以大致分为平流型寒害和辐射型寒害两种类型(江爱良,2002)。

平流型寒害是在冷锋或者静止锋长期控制下,持久的阴冷天气、日照不足和风寒交加造成的。橡胶树遭受平流型寒害后,其叶片和嫩叶先出现斑点,逐渐扩大,以致变枯,有时逐渐向老枝和主干蔓延,严重者可连根死亡。

辐射型寒害是指在晴朗无风或弱风的天气条件下,夜间气温由于地表辐射作用降得很低,而白天气温较高,气温日较差很大,橡胶树在一天之内经历暴冷暴热而造成的急发性寒害。橡胶树遭受辐射型寒害后,轻则叶片枯边,出现斑点、嫩芽梢枯和嫩枝出现爆皮流胶,重则全叶变色干枯,嫩枝也枯死。

(2)风害

橡胶树风害是指风力达到一定级别的大风使橡胶树出现折枝、断干或倒伏等机械性损伤的一种农业气象灾害。在广东、广西、福建和海南等沿海植胶区橡胶树风害主要是台风引起的,而在云南和内陆植胶区橡胶树风害则主要是雷雨前的阵性大风造成的(何康等,1987)。中国广东、广西、福建和海南等沿海植胶区是橡胶树风害的重灾区。据历史资料,在中国东部沿海植胶区登陆的台风主要在海南岛、雷州半岛至阳江东部沿海一带。登陆台风强度较大,常有 10 级以上风力,而且带来暴雨,对橡胶树危害较大。当风力 10 级以上时即可造成橡胶树普遍折枝、断干或倒伏。据历次风害调查情况,在强台风袭击区内,割胶树的累计断倒率可达到 20%～40%。广西南部植胶区受台风影响仅次于海南和广东植胶区,某些地方损失可达 10%以上。福建植胶区每年平均约有 0.9 次台风登陆,风力一般达 8～9 级,最大可达 12 级(农牧渔业部热带作物区划办公室,1988)。

1.2.2 香蕉

香蕉,芭蕉科(Musaceae)芭蕉属(Musa)植物,原产热带、亚热带地区。中国是香蕉的起源地之一(赵腾芳,1983),也是世界上栽培香蕉的古老国家之一。据有关文献记载,中国早在战国时期的《庄子》(公元前 369 年后)和屈原(公元前 343—277 年)的《九歌》中已载有香蕉作纺织用的描述。据古籍记载,汉武帝元鼎六年(公元前 111 年)破南越建扶荔宫,以植所得奇花异木,有甘蕉二本。由此可推断,公元前一百多年中国广东已有香蕉栽培。西晋嵇含著的《南方草本状》(一般认为是宋代人采录撮辑)中记载芭蕉划分三种:最好是羊角蕉,果最小,次为牛乳蕉,最大最劣为正方形蕉。说明了中国宋代对香蕉种植品种已有所划分,是世界上最早划分香蕉品种的国家。

香蕉是中国水果生产的重要组成部分。据国家统计局2000—2013年统计数据，自2000年起，中国香蕉种植面积、产量均呈逐年上升趋势，年种植面积一直紧跟苹果、柑橘、梨、葡萄等水果之后，其中2013年国内香蕉种植面积近40万公顷，产量接近1210万吨，是中国单位面积产量最高的水果品种。从国家统计局统计年报等资料看，中国香蕉种植主要分布在广东、广西、云南、海南、福建、台湾等省、区，四川、重庆、贵州等省、市有少量种植。

香蕉植株为大型草本，属多年生大型草本单子叶植物，叶片宽大、假茎质脆，无主根、须根系浅生，且多分布在20～30 cm耕作层。植株丛生，具匐匍茎，从根状茎发出，由叶鞘下部形成假茎；矮型的高3.5 m以下，一般高不及2 m，高型的高4～5 m，假茎均浓绿而带黑斑，被白粉，尤以上部为多；叶片长圆形，长1.5～2.2 m，宽0.60～0.70 m，前端钝圆，基部近圆形，两侧对称，叶面深绿色，无白粉，叶背浅绿色，被白粉；叶柄短粗，通常长在0.30 m以下，叶翼显著张开，边缘褐红色或鲜红色。穗状花序下垂，花序轴密被褐色绒毛，苞片外面紫红色，被白粉，内面深红色，但基部略淡，具光泽，雄花苞片不脱落，每苞片内有花2列；花乳白色或略带浅紫色，离生花被片近圆形，全缘，先端有锥状急尖，合生花被片的中间二侧生小裂片长，长约为中央裂片的1/2；果实弯垂，属于浆果，最大的果丛有果360个之多，重可达32 kg，一般的果丛有果8～10梳，约有果150～200个不等。果身弯曲，略为浅弓形，幼果向上，直立，成熟后逐渐趋于平伸，长0.12～0.30 m，直径3.4～3.8 cm，果棱明显，有4～5棱，先端渐狭，非显著缩小，果柄短，果皮青绿色，在高温下催熟，果皮呈绿色带黄，在低温下催熟，果皮则由青变为黄色，并且生麻黑点（即"梅花点"），果肉松软，黄白色，味甜，无种子，香味特浓。植株结果、采收后，假茎逐渐枯萎、死亡，由球茎长出的吸芽继续繁殖，每一根株可存活多年。繁殖后代靠根部移植，常温下保持期为7～15 d左右。

大田生产香蕉的栽培方式主要分为：(1)工厂化香蕉组培苗经假植后移植到大田定植；(2)保留母株吸芽再繁殖或吸芽分株法定植两种方式。在大田生产中，两种栽培方式相互交替进行，即香蕉组培苗经假植移植到大田定植作为第一造，果实收获后保留母株吸芽再生长作为第二造。第二造收获后，蕉园重新整地、消毒再栽培。随着地膜、天膜技术在香蕉栽培中广泛应用，中国香蕉主产省、区已实现一年四季都能种植，全年均有香蕉收成的栽培方式。植期按季节可分为春植、夏植、秋植和冬植。

1.2.2.1 香蕉对环境的要求

(1)土壤

香蕉根系、根群细嫩，对土壤的选择较严，通气不良结构差的黏重土或排水不良，均不利于根系的发育，一般以砂壤土，尤以冲积壤土或腐殖质壤土为宜。生产实践证明，如土壤物理性状不好，即使肥水供应十分充足，也难以促进香蕉正常生长。土壤pH值5.5～7.5都适宜、以6.0以上为最好。

(2)温度

温度是影响香蕉生长发育的重要因子，也是决定香蕉种植分布的主要因子。一般情况下，香蕉生长速度随气温升高而加快。生长温度为20～35℃，最适宜为24～32℃，最低不宜低于15.5℃。但气温37℃以上时，叶片、果实会出现灼伤，不利生长，而气温过低，香蕉生长缓慢，甚至停止生长，出现冷害症状、甚至死亡。香蕉不同器官对冷害的反映不同，其敏感程度依次是花蕾、嫩芽、嫩叶、嫩果、果实、叶片、假茎、根、球茎，幼嫩的和老化的器官容易出现冷害症状。各器官生长的临界温度不同，叶片10～12℃，果实13℃，根13～15℃。低于上述临界温度将停止生长甚至发生冷害。12℃时嫩叶、嫩果、老熟果会出现轻微冷害症状，3～5℃时叶片会出现冷害症状，0～1℃时植株会死亡。低温是香蕉高产栽培的一个主要限制因子，但是适当的低温对香蕉生长和提供果实风味有利；适当的低温(20～25℃)，昼夜温差大，利于花芽分化、产量高、果指长，梳形果形好，抽蕾以后的香蕉在较低的温度下缓慢成熟，果实含糖量高，肉质结实，风味好，品质佳。

(3)水分

香蕉是大型草本作物，性喜湿润，其水分含量高，叶面积大，蒸腾量也很大，再加上其根系的浅生性，故要求在全生育期均有均匀而充足的水分供给。香蕉整个生长发育期都需要充足的水分供应，一般要求平均月雨量 100 mm，才能满足香蕉的生理需要，较理想的年雨量为1500～2000 mm。在干旱的情况下，香蕉生长发育将受到严重不良影响；在苗期阶段尤其植后初期，若遇到干旱而供水不足，则生长极慢，甚至引起灼伤大量死亡，成活率下降；若在营养生长旺盛期，水分供应不足，叶片变黄容易早衰，影响光合产物的制造和累积，果梳数和果指数大大减少，产量下降；在“把头”形成期缺水，小果发育不饱满，果指变短，品质差，成熟期也会推迟。香蕉怕旱，也忌水浸，若土壤水分过多，造成土壤中氧气过少，根系呼吸困难，吸收能力大大下降，植株的生长发育受阻，影响产量和果实品质。

(4)日照

香蕉属喜光作物，整个生育期需要充足光照和高温多湿条件，光照不足，对其生长发育不利，影响香蕉果实的产量。香蕉是长日照植物，需要较长的日照时间，但光照强度不宜过强。在低温阴雨、光照不足条件下，香蕉所结的果实一般瘦小，欠光泽；光照过于强烈，则易发生日烧。据估计，香蕉在其生长期内，3/5 以上的天数得到日光的照射，即可正常生长。香蕉从生长旺盛期开始，特别是在花芽形成期、开花期和果实成熟期，要求有较多的光照，其中以日照时数多并伴有阵雨最为适宜。光照条件不仅影响植物的光合作用，在南亚热带地区，它还影响冬季的温度。种植密度与蕉园内的光照条件关系密切，故在寒害较重的地区应考虑适当疏植，使较多的光线透射到地面，以增加温度，防御寒害。

1.2.2.2 香蕉的主要气象灾害

在中国香蕉主产省(区)中，一年四季均可种植，周年均有香蕉果实采收上市。因此，香蕉主产区域年内发生的阶段性或季节性的干旱、渍涝、大风、低温冷害或寒冻害等各种气象灾害均可能对香蕉生产造成不同程度的危害。

(1)低温冷害或寒冻害

中国香蕉主产省(区)在冬季香蕉生产中，常受强冷空气和寒潮的影响，造成强烈降温，导致香蕉生产遭受低温冷害或寒冻害。寒冻害对香蕉生产的影响主要分为两大类，即辐射型寒冻害与平流型寒冻害。多年香蕉大田生产灾情调查结果表明：香蕉遭受不同寒冻害类型影响时，其果实均呈现僵硬、无商品和食用价值，但其叶片、假茎等症状表现差异较为明显：对严重辐射型寒冻害而言，香蕉叶片首先呈现边缘斑状失水，后斑状逐渐扩大、叶片萎蔫、干枯、死亡，地上部分香蕉假茎逐渐干枯，球茎一般可继续萌发吸芽；对严重平流型寒冻害而言，香蕉叶片首先呈现褐色或暗绿色，后逐渐死亡，地上部分香蕉假茎逐渐腐烂并波及球茎。香蕉主产区若先后遭受严重辐射型、平流型寒冻害危害，则损失更为明显，甚至是毁灭性的损失。

(2)干旱

香蕉叶片宽大，叶柄、假茎含水量占其鲜重的 80%以上，在土壤水分充足的情况下，其蒸腾量远超其他大宗农作物，因此，香蕉生育全程需水量巨大。其中香蕉需水最多的时期，是植物营养生长旺盛期和花芽分化果实膨胀期。在营养生长旺盛期，若水分供应不足，则植株生长缓慢，营养器官发育不良，植株总生长量显著下降，叶部同化作用停滞，养分积累不足，在3—10月香蕉生长季节，如果水肥不足，香蕉抽叶数量、株高、茎粗生长量明显下降。干旱明显时，若无灌溉措施，则蕉叶大量从叶柄茎部下垂折断，多数叶片发生枯黄现象。在花芽分化果实膨胀期，缺水将导致蕉蕾难以抽生，或抽生后很难弯头，蕉果短小如指，即使过后下雨或灌溉也无法补救；而久旱逢雨，则会造成裂果。在花芽分化期缺水，则花束和小花特别是雌性花束都会减少。在适宜条件下抽出花蕾，若随后缺水，则成熟的果穗中会出现一些明显不饱满的果实，有时一段果穗甚至整串果穗只有一梳果。一般来讲，缺水造成收获的青果耐贮性差。香蕉从开花至成熟期间，如天气持续高温高湿，则果实生长发育快，果实饱满，产量高。但由于果实成熟过快，品质不佳，果肉汁多且微带酸味。所以，香蕉虽忌旱，但在挂果后期，适度控制水分供给，创造一定的干旱环境，可减少果实含水量，增加果实风味，提高品质。

与多年生的热带、亚热带果树相比，香蕉生长周期相对短且属于经济效益较高的经济作物，因而长期以来中国香蕉主产省(区)的香蕉主要种植在灌溉条件较好的水田。进入21世纪以来，随着国内人民生活水平的不断提高，对水果的需求呈上升趋势，广东、广西、云南、海南、福建等香蕉主产省(区)，香蕉种植向保水、保肥能力较差的丘陵山地、坡地、旱地发展，对“三农”的稳定发展起了积极作用，但也在一定程度上加剧了香蕉遭受干旱威胁的潜在风险。

(3)渍涝

香蕉生育全程需水量虽然巨大，但因其根系以须根为主，且多分布在20～30 cm深的耕作层，因此，蕉园土壤水分过多，尤其是香蕉园长时间积水淹没球茎，则会导致土壤空气缺乏，通透性差，氧气不足，根系生长受抑制，具体表现为须根数和根毛减少，分布浅，不能深扎，加上土壤松软，极易导致香蕉倒伏。长时间遭受涝害，还会引起烂根，吸收力下降或丧失，香蕉假茎水分和养分供求失去平衡，叶、茎、果无法获取水分和养分，生长发育受抑制，最终导致叶片凋萎、假茎腐烂、球茎死亡等。一般说来，香蕉涝害程度的大小与香蕉品种、浸水时间、香蕉生长期、蕉园的荫蔽度、施肥时间、肥料种类、蕉苗种类、浸水后天气等因素有关。

蕉园积水或被淹，轻者叶片发黄、易诱发叶斑病、产量大降，重者根群窒息腐烂以致植株死亡。因此，及时疏通排水沟和采用高畦深沟方式栽培，可有效减轻渍涝的影响。

(4)大风

香蕉植株高大、叶片宽但无主根，须根系浅生、多分布在20～30 cm深的耕作层，且质脆，假茎肉质组织疏松、含水量超过80%，容易折断。各种植省(区)主栽品种为16叶龄以上的大蕉株，其叶片宽一般在60～70 cm，长度2～2.5 m，叶柄短粗，通常长在30 cm以下，叶大招风，商品蕉单穗重30～60 kg不等，果穗沉重，因而喜欢静风环境，对大风敏感，尤其惧怕强风和台风，强风容易造成叶片撕裂、果穗机械损伤，导致产量下降，外观和品质变差，影响香蕉商品价值。

据对有关文献资料及不同香蕉产区大田灾情调查结果，大风对香蕉影响主要表现有叶片撕裂、叶柄折断、假茎折断或连根拔起、倒伏等。大风灾害对香蕉产量的影响与发育阶段关系密切，其中抽蕾至果指饱满度<7成的，造成其产量毁灭性损失。

1.2.3 枇杷

枇杷(EriobotryajaponicaLindl)属蔷薇科(Rosaceae)枇杷属(EriobotryaLindl)植物,该属目前有20个种,其中至少有18个种原产于中国。中国是世界上枇杷生产第一大国,种植面积为11.28万公顷以上,年产量38.79万吨,占世界枇杷栽培面积和产量的一半以上,因而枇杷是不会受到进口水果对国产水果冲击的少数几种水果之一(吴锦程,2004)。枇杷是原产于亚热带地区的常绿果树,畏寒,喜温暖气候,适宜在中国南方气候温暖湿润、土层深厚的红壤山地和丘陵地区作经济栽培,主要集中种植于福建、四川、浙江、江苏、安徽、台湾等地,地跨中亚热带、南亚热带,尤其在福建、浙江等省份的枇杷种植面积和产量都排在前列。改革开放以来,南方许多地区的广大农民在政府支持引导下,开始大力发展枇杷种植,有些省份已将枇杷列为重点发展的果树种类,将其作为结合南方果树品种结构调整的首选果树。随着国内外市场对优质枇杷的需求增加,种植技术的进步,生产条件的改善和种植枇杷经济效益的不断提高,中国枇杷生产将得到迅速的发展(张元二,2009)。

枇杷一般在7—8月开始花芽分化,10—12月开花,翌年1—2月幼果发育、春梢抽生,3月果实膨大、春梢充实,4—5月果实成熟,早熟品种可提前至2—3月成熟上市。在所有的水果中,枇杷是一年中上市最早的水果,其富含粗纤维及矿物元素,每百克的枇杷肉中含0.4 g蛋白质、6.6 g碳水化合物,并且含有维生素B1和维生素C。传统中医认为,枇杷果有祛痰止咳、生津润肺、清热健胃之功效。而现代医学更证明,枇杷果中含有丰富的维生素、苦杏仁甙和白芦梨醇等防癌、抗癌物质(江国良等,2009)。枇杷不仅味道好,其营养也相当丰富,随着生活水平的不断提高,高档、优质的枇杷越来越受到消费者的青睐。有的省份已将枇杷列为重点发展的果树种类,种枇杷已成为当地农民脱贫致富的一条途径。

枇杷秋冬开花,春季形成果实,开花坐果期正值一年中气温最低的冬季,花和幼果易受冻害,冬季低温已成为枇杷能否作为经济果树栽培的主要限制因子。国内学者就低温对枇杷生长发育的影响方面做了大量的研究,一般认为枇杷的营养器官的耐寒性较强,当气温降至−18℃时,仍无冻害发生;花、幼果容易受冻,花蕾较耐冻,多在−7～−5℃时冻死,幼果在−3℃时开始发生冻害;美国把−12℃作为枇杷树耐寒的临界温度,把−3℃作为幼果冻死的温度(黄寿波等,2000;吴仁烨等,2007;张辉等,2009)。郑国华等(2009)对低温胁迫下枇杷营养生长的生理生化特性及变化规律进行研究,发现枇杷结果小苗在0℃以下受冻严重,营养生长受阻,从而影响枇杷正常生长以及产量、品质的提高。但以往研究所获得的指标大多是在同一生态气候条件下或在人工气候室模拟温度条件下得到的,对不同生态气候区、自然条件下枇杷冻害指标的研究较少,且原有的冻害指标大多未考虑近年来气候变化的影响。随着全球气候持续变暖,将直接或间接地对中国的枇杷生长产生不同程度的影响,原有的冻害指标已不能指导现今的枇杷农业生产。同时旧的冻害指标未明确临界温度是达到何等级冻害,也未系统给出枇杷冻害的各级指标。近年来,由于枇杷种植效益高,枇杷生产在中国呈现迅速增长趋势,但因缺乏实用的冻害等级指标,存在着盲目引种和扩种现象。

1.2.3.1 枇杷对环境的要求

(1)温度

枇杷喜温暖气候,年平均气温在12℃以上的地区能正常生长,15℃以上更为适宜。其营养器官的耐寒性比较强,冬季最低气温即使为−18℃,尚无冻害;花耐寒性较弱,一般情况下,花蕾可忍受−8℃低温，花在−6℃时将遭受严重冻害；幼果最不耐寒，在−3℃时就受冻害，在−4.6℃下95%以上的幼果受冻，低温持续时间越长，受冻越重。枇杷不耐高温，夏秋干旱高温季节，土壤温度超过35℃时，枇杷树的树根即停止生长，果实在采摘前7～15 d遇上35℃的高温，很容易产生日灼伤害，甚至失去食用价值。

在中国枇杷经济栽培区内，枇杷营养器官不会受冻，其冻害一般发生在枇杷开花期和幼果期。特别是在每年12月至翌年2月初冬季低温时段，适逢枇杷幼果期，此阶段枇杷已疏花疏果完毕，此时的冻害将严重影响果实品质及产量。

(2)水分

枇杷喜湿润性气候，果树的叶片、枝梢、根系和果实等器官，对水分有其一定的要求，年降水量为1000～1800 mm，水量充沛，才能满足枇杷生长发育和开花结果的需要。但怕积水，土壤积水、地下水位高易造成生长不良或死亡(曾梅军等，2009)。枇杷的不同生育阶段对水分的要求也各不相同。枇杷花芽分化期为每年的7—8月份，在此阶段极易出现高温干旱天气，高温少雨将抑制枇杷的花芽分化，常使花穗变小，并影响枝梢抽生，进而影响枇杷的产量，因此在此阶段应注意及时灌水和树盘覆盖，保持土壤湿润。

枇杷果实膨大至成熟期一般为每年的3—5月，此时如出现强降水天气，将造成枇杷果园的积水，极易引起裂果，影响枇杷的品质和产量，因此田间应注意及时排水防涝。

(3)光照

枇杷属喜光耐阴树种，对光照要求不严。但在花芽分化期和果实发育期要求光照充足，树冠郁闭则不利于花芽分化和果实发育，并且会导致内膛枝枯死，同时光照不足，将会导致果实的含糖量显著降低；果实成熟期如遇高温天气，太阳猛烈直射暴晒树干、树枝、树皮、果实以及干热风的危害，将造成向阳部的枇杷果实细胞失水焦枯，出现日灼病和落果，高温热害对枇杷产量带来影响较大。

枇杷的幼苗和成年树对光照的要求各不相同。枇杷幼苗期喜欢散射光，忌阳光直射和暴晒，故适当密植相互遮阴有利于生长。成年树结果期则要求光照充足，反之会造成枝梢生长不良，枯枝增多，诱发病虫危害(张元二，2009)。

(4)风

枇杷根系不够发达，扎入土壤较浅，易被大风刮倒，抗风能力较弱，大风过后会造成树体伤裂。轻者枝折叶落，重者全部倒伏，给枇杷生产造成严重损失。因此，在台风多发地区，必须营造防风林带，阻挡气流，降低风速或设立支柱，支撑树体枝干，防止大风将果树腰折刮倒。花期遇大风会影响开花授粉，空气湿度降低，柱头易干燥，对受精不利，造成花果脱落；果实增大期如遇大风则将果枝折断而减产歉收。

(5)土壤

枇杷对土壤适应性很广，一般砂质或砾质壤土、砂质或砾质黏土都能栽培，其根系尤喜土层深厚、通气性和透水性良好的土壤环境，最忌容易积水或过于黏重的土壤，对土壤水分的要求以40%～50%为宜，过高或过低均不宜(陈素钦，1998)。枇杷对土壤酸碱度的要求不严格，理想的土壤pH值为5.0～8.5，而以pH值6.0～6.5最为适宜。

1.2.3.2 枇杷的主要气象灾害

低温、暴雨、干旱等气象灾害影响枇杷的高产稳产，其中寒(冻)害是影响中国枇杷产量和品质的最主要气象灾害。

(1)寒(冻)害

如2005年元旦前后的一次严重冻害造成的直接经济损失就高达数亿元,1999年12月、2004年12月下旬至2005年1月上中旬、2009年1月中旬的低温寒(冻)害给莆田的枇杷生产造成了巨大的经济损失,其中莆田常太镇由于1999年12月的冻害,枇杷造成减产或绝收的面积达1000多公顷,占全镇种植面积的1/4,直接经济损失7000多万元;2004—2005年冬季,莆田市枇杷受灾面积达1.39万公顷,占全市枇杷面积1.67万公顷的80.32%,产量损失6.13万吨,直接经济损失3亿元以上;2009年1月中旬的冻害造成莆田市涵江区的大洋、新县、庄边、白沙等山区乡镇10万亩枇杷树有30%面积绝收,70%面积不同程度受冻,直接经济损失达5000多万元。

(2)冰雹

冰雹天气常发生在枇杷果实膨大至成熟期,冰雹的出现将摧残树叶影响光合作用和养分积累,给幼果留下伤痕,影响外观和品质;出现在成熟期的冰雹,可打落果实,严重影响枇杷的产量。

1.2.4 刺梨

刺梨,学名缫丝花,又名送春花、茨梨、木梨子、梨石榴等,为刺梨属蔷薇科多年生落叶小灌木,株高一般1.5 m左右,分枝多,枝条密,树冠呈丛生状(《贵州植物志》编委,1986)。刺梨有独特浓郁芳香味,酸甜微涩,含有丰富的营养,特别是维生素C(V_C),超氧化物歧化酶(SOD)含量特高(杨胜敖等,2010)。它所含的V_C、维生素P(V_P、芦丁)、SOD雄冠所有水果,有“三王水果”之称(秋萍等,2003)。正常人每人每天吃半个刺梨就可满足V_C、V_P的生理需要(陈巧芬,2001)。刺梨鲜果的Vc含量远远高于其他任何水果,是猕猴桃的10倍,沙田柚的18倍,甜橙的50倍,红橘的100倍,梨、苹果的500倍,被誉为“V_C之王”(杨胜敖,2009)。此外,还富含18种氨基酸,钙、磷、铁等10种矿物质。

据樊卫国等观察研究(樊卫国,2004),刺梨落花落果少,坐果率最高的可达70%左右,从幼果发育到成熟需要90～110 d。刺梨种子无明显的休眠期,发芽率、出苗率均高,种子贮藏的时间愈长发芽率愈低,贮藏一年后几乎完全丧失发芽率。

对刺梨的花芽分化观察得出(莫勤卿等,1986),刺梨花芽的形态分化始于2月下旬,3月上旬进入分化高峰,分化早的花芽在4月上旬进入雌蕊分化期,4月中旬开始形成胚珠,5月上旬为开花盛期。刺梨的物候期依地区、树龄、树势而异,在贵州中部地区,一般2月下旬开始萌芽,3月上旬开始展叶,4月上旬现蕾,4月下旬或5月上旬开花,花期很长,可延续到6月初,9月中下旬果实成熟,10月上旬开始脱叶。

牟君富将贵州刺梨果实最适采收期划分为5类(牟君富等,1995):黔南区采收期(8月上旬至8月下旬)、黔东区采收期(8月中旬至月9上旬)、黔北区和黔西南区采收期(9月上旬至9月下旬)、黔中区采收期(9月中旬至10月中旬)、黔西北区采收期(10月中旬至11月下旬)。

据研究(樊卫国等,2004),刺梨3—4月现蕾,4月下旬至5月上旬开始开花,花期长达1个月左右;在开花期遇到13℃以下的低温,刺梨不能正常受精,种胚不能发育,果实容易脱落。在贵州中部地区,刺梨果实的第1个生长高峰期在5月下旬至6月中旬,以后生长缓慢,到7月上中旬出现第2次生长高峰。随着第2次生长高峰的出现,果实中可溶性糖总含量迅速增加,V_C迅速积累。到8月中旬后,果实发育成熟,此间果实中可溶性糖总含量不再增加,果实

充分成熟后 V_C 含量有所降低。

1.2.4.1　刺梨对环境的要求

(1)温度

刺梨原产于亚热带,性喜温和的气候环境,畏严寒和酷热。一般年平均气温为 12～17℃(叶国盛,2004),1 月均温 2～8℃,7 月均温 20～23℃,无霜期 230～280 d 的条件适宜刺梨生长。适应性栽培试验结果表明,在年平均气温 11～16.15℃,≥10℃的年有效积温为 3100～5500℃ · d 的地区,刺梨生长发育均良好;当年平均气温超过 17.15℃后,刺梨的生长衰弱、结果少而小,质量差(樊卫国等,2004)。由于刺梨芽的萌动期较早,因此容易受到倒春寒或晚霜危害,而成年植株则较抗寒,在−8℃左右也不易受冻害。另外,土温达到 25℃左右时,刺梨根系生长最旺盛。据研究(朱维藩等,1984),温度较低有利于 Vc 的形成,但主要取决于夏季温度。

另外,温度影响刺梨果实 SOD 的合成,据黄桔梅等对刺梨果实中 SOD 含量与生态气候的关系研究表明(黄桔梅等,2003),温度对野生刺梨 SOD 含量的影响程度最大,凡从萌芽—成熟期温度低的地区,刺梨果实 SOD 含量较高,反之,则较低,究其原因可能是温度低有利于 SOD 的生物合成。

(2)光照

刺梨为喜光果树,但不耐强烈的直射光,以散射光最有利于生长发育,最适光强 35～45KLX(千勒克斯)。刺梨分布多见于向阳环境,林中极少,林缘较多,开敞环境中分布较多,裸地上生长较好。据研究结果表明(文晓鹏等,1992):刺梨的光合补偿点为 1～1.5KLX,饱和点为 38～40KLX,属 C_3 植物;光合速率在 12～20 mg $CO_2 \cdot dm^{-2} \cdot h^{-1}$,属阳性植物。但刺梨不喜强烈的光照,在晴天的中午,刺梨的光合速率只有上午的 49%～60%,刺梨具有"光合午休"的现象。在强烈的直射光照下,刺梨植株矮小,结果虽多,但果实小,果肉水分少,纤维发达,品质低劣。

樊卫国等对 5 个重要刺梨品种光合特性的研究结果表明(樊卫国等,2006):贵农 2 号<贵农 7 号<贵农 1 号<贵农 5 号<贵农 6 号,说明它们的耐荫能力强弱顺序为:贵农 2 号>贵农 7 号>贵农 1 号>贵农 5 号>贵农 6 号。在生产中,贵农 2 号和贵农 7 号都是丰产性较好的品种,贵农 6 号的丰产性较差。贵农 2 号的光补偿点要比其他品种低 3～5 倍,该品种是最耐阴的。5 个刺梨品种的光饱和点均高于葡萄、柑橘、砂梨,因此,刺梨属喜光树种。

(3)水分

刺梨具有高度的喜湿性,畏干热。水分的亏缺常限制刺梨的生长发育,根据调查(向显衡,1988),中国野生刺梨的分布区,年降雨量大多在 1100 mm 以上。在贵州刺梨分布范围的年降雨量为 800～1500 mm,其中以 1000～1300 mm 地区的野生刺梨分布较多。野生刺梨分布的多少又主要和夏、秋季降雨的多少有关。如黎平县年降雨量达 1337.2 mm,但刺梨极少,主要原因是夏、秋季干旱严重,不利于种子的萌发生长。

水分还影响刺梨的产量与品质,水分充足时生长健旺,高产果大,品质佳。刺梨耐旱力弱,研究结果表明:在土壤含水量降至 5%～12%时(葡萄 5%、桃 7%、梨 9%、柿 12%),它们的叶片出现凋萎(河北农业大学主编,1994),而刺梨在土壤含水量高达 22.7%时,叶片就开始萎蔫(樊卫国,2002)。在土壤干旱及空气干燥的条件下,刺梨生长较弱,叶易枯黄脱落,结果也少,且果小涩味重,在干热条件下更为严重。说明刺梨的抗旱力弱。但刺梨的耐湿力较强,即使在较潮湿的土壤中,也能正常生长结实,但雨水过多则会使刺梨 V_C 含量变低。

(4)土壤

刺梨对土壤要求不严,土壤适宜范围较广,在各种土壤中均有分布,但在pH值5~8的微酸性至中性壤土、黄壤、红壤、紫色土上分布较多(罗成良,1999)。刺梨耐瘠力弱,因此,栽培时要求园地土壤的土层要深厚、肥沃,保水保肥力要强。在粉沙土、灰泡土、火石沙土等保水保肥力差的土壤上,刺梨植株生长弱,产量低,品质差。

(5)海拔

据研究介绍(朱维藩,1984),贵州山地从海拔300~1800 m都有刺梨分布,以800~1600 m的地带分布最多,贵州属中亚热带和北亚热带的范围,刺梨的生态最适地带也随地区平均海拔的升高而相应增高。如铜仁地区一般海拔较低,在800~1000 m的地带刺梨分布多,生长结果好。黔中地区,一般以1000~1300 m的地带分布最多,而毕节地区海拔1200~1600 m为刺梨的主要分布地带。

1.2.4.2 刺梨的主要气象灾害

刺梨生产受气象灾害影响较大,影响刺梨的气象灾害有:干旱、冰雹、寒害(冷害、冻害)、阴雨等。

(1)干旱

刺梨大多分布在缺乏灌溉条件和水分易流失的山地丘陵,发生干旱时蒸腾量远大于降水量,使刺梨的花芽分化受抑制,开花延迟,落果增加。干旱常抑制果实的膨大和枝梢生长,影响越冬养分积累。在遭受干旱之后,植物表现为叶片枯黄、萎蔫、生长速度变缓,若高温持续时间较长,可造成植株(特别是刺梨幼苗)的死亡。

(2)冰雹

在刺梨全生长期,特别是花期和果实成熟期等关键生育期遇冰雹灾害,容易对果树枝叶造成机械损伤。在开花期遇冰雹,容易摧落花朵,对开花数量及质量产生严重不利影响,甚至绝收,产量受到损失。同时,受到机械损伤的植株容易发生病害,严重影响果实的品质。人工防雹是减轻冰雹对果树生产影响的有效措施,在冰雹多发季节需要充分做好防雹准备,有效利用天气预报,及时的组织人工防雹工作的开展。

(3)阴雨寡照

阴雨寡照是对贵州省刺梨影响较大的灾害性天气,阴天刺梨的光合作用仅为晴天的1/9~1/2,在土壤过湿和光照不足的双重影响下,刺梨生长不良,产量下降。刺梨根部处于水浸状态,可使果树生长不良,烂根甚至死亡。如刺梨结果期与果实成熟期,阴雨寡照将会造成部分果实滋生病虫害,影响果实产量和品质。

第2章 特色林果种植空间分布信息提取

2.1 卫星遥感在农业生产中的应用

2.1.1 卫星遥感数据源简介

1968年，美国阿波罗8号宇宙飞行器向地面发回了第一张地球影像，从此，人类开始以全新的视角来重新认识自己赖以生存的地球。卫星对地观测技术的发展，改变了人类获取地球系统数据和对地球系统的认知方式，为全球的经济、社会、军事和科学研究等提供了稳定性、连续性和可靠性的空间遥感信息。卫星遥感技术与地面勘测、航空遥感一起，形成了全方位、立体化的对地观测体系（冯钟葵等，2008；李德仁，2001）。目前，有较大影响力的民用遥感卫星有美国的Landsat系列、EOS/MODIS中等分辨率遥感卫星序列、法国的SPOT系列、中国自主研发的环境减灾星系列，以及高分辨率商业卫星IKONOS和QuickBird等。

2.1.1.1 Landsat系列卫星

美国的Landsat卫星是美国用于探测地球资源与环境的系列地球观测卫星系统，于1972年发射Landsat-1至今共发射了8颗卫星，2013年2月11号，Landsat-8卫星成功发射，是美国陆地探测卫星系列的后续卫星。Landsat-8卫星装备有陆地成像仪（Operational Land Imager，简称“OLI”）和热红外传感器（Thermal Infrared Sensor，简称“TIRS”）。

OLI陆地成像仪包括9个波段，空间分辨率为30 m，其中包括一个15 m的全色波段，成像宽幅为185 km×185 km。与Landsat-7卫星的ETM+传感器相比，OLI排除了0.825μm处水汽吸收特征，以避免了大气吸收特征；全色波段范围较窄，能更好区分植被和无植被；此外，OLI新增蓝色波段和短波红外波段，可应用于海岸带气溶胶胶观测和云检测。OLI中用TIRS是有史以来最先进，性能最好的热红外传感器，取代了ETM+的热红外波段，能收集地球热量流失，目标是了解所观测地带水分消耗，特别是干旱地区水分消耗（表2.1）。

表2.1 OLI与ETM+的对比

OLI			ETM+		
序号	波段（μm）	空间分辨率（m）	序号	波段（μm）	空间分辨率（m）
1	0.433～0.453	30	1	0.450～0.515	30
2	0.450～0.515	30	2	0.525～0.605	30
3	0.525～0.600	30	3	0.630～0.690	30
4	0.630～0.680	30	4	0.775～0.900	30

续表

OLI			ETM+		
序号	波段(μm)	空间分辨率(m)	序号	波段(μm)	空间分辨率(m)
5	0.845～0.885	30	5	1.550～1.750	30
6	1.560～1.660	30	7	2.090～2.350	30
7	2.100～2.300	30	全色波段	0.520～0.900	15
8	1.360～1.390	30			
全色波段	0.500～0.680	15			

2.1.1.2 MODIS

EOS(Earth Observation System)卫星是美国地球观测系统计划中一系列卫星的简称。MODIS(Moderate-resolution Imaging Spectrometer)中分辨率成像光谱仪则搭载在 EOS 系列的 Terra 卫星和 Aqua 卫星上，实现了每 1～2 天对地球表面重复观测一次。MODIS 共 36 个波段，光谱范围从 0.4～14.4 μm，2 个波段的空间分辨率达 250 m，5 个波段为 500 m，另外 29 个波段为 1 km(表 2.2)。能有效获取陆地和海洋温度、初级生产率、陆地表面覆盖、云、汽溶胶、水汽和火情等目标的图像，可应用于以下几个方面：(1)陆地和海洋表面的温度和地面火情；(2)海洋水色，水中沉积物和叶绿素；(3)全球植被测绘和变化探测；(4)云层表征；(5)汽溶胶的浓度和特性；(6)大气温度和湿度的探测，雪的覆盖和表征；(7)海洋流。

表 2.2 MODIS 数据的波段分布特征

波段	波谱范围(nm)	信噪比	主要用途	分辨率(m)	波段	波谱范围(nm)	信噪比	主要用途	分辨率(m)
1	620～670	128	陆地/云边界	250	20	3.660～3.840	0.05	地表/云温度	1000
2	841～876	201			21	3.929～3.989	2	度	
3	459～479	243	陆地/云特性	500	22	3.929～3.989	0.07		
4	545～565	228			23	4.020～4.080	0.07		
5	1230～1250	74			24	4.433～4.498	0.25	大气温度	
6	1628～1652	275			25	4.482～549	0.25		
7	2105～2155	110			26	1360～1390	150	卷云	
8	405～420	880	海洋颜色/浮游	1000	27	6.535～6.895	0.25	水蒸气	
9	438～48	838	植物/生物化学		28	7.175～7.475	0.25		
10	483～493	802			29	8.400～8.700	0.25		
11	526～536	754			30	9.580～9.880	0.25	臭氧	
12	546～556	750			31	10.780～11.280	0.05	地表/云温度	
13	662～672	910			32	11.770～12.270	0.05		
14	673～683	1087			33	13.185～13.485	0.25	云顶高度	
15	743～753	586			34	13.485～13.785	0.25		
16	862～877	516			35	13.785～14.085	0.25		
17	890～920	167	大气水蒸气		36	14.085～14.385	0.35		
18	931～941	57							
19	915～965	250							

2.1.1.3 风云三号(FY-3)气象卫星

风云三号(FY-3)气象卫星是我国的第二代极轨气象卫星，由 FY-3A、FY-3B 和 FY-3C 三颗卫星组成。其中，FY-3A 和 FY-3B 是技术研发星，分别于 2008 年 5 月 27 日和 2011 年 11 月 5 日成功发射，FY-3C 是 FY-3 的首颗业务星，于 2013 年 9 月 23 日成功发射。它的主要任务：一是获得全球气象观测资料，为天气预报，特别是为中期数值天气预报提供全球的大气温、湿廓线以及云、地表辐射等气象参数，提高预报的时效和准确率；二是监测大范围气象及其衍生自然灾害和生态环境变化；三是监测全球环境变化，为研究全球气候变化规律，气候诊断和预测提供地球物理参数；四是为航空、航海、农业、林业、海洋等国民经济多领域提供全球及区域气象信息。

与我国的第一代风云极轨气象卫星相比，FY-3 卫星的综合对地观测能力有了大幅度的提高，主要体现在光学成像分辨率从千米级提高到百米级，并首次实现了微波成像遥感，综合三维大气垂直探测，地球辐射收支探测，臭氧等大气痕量组分的探测。FY-3 星上有 11 种探测仪器，各仪器主要性能指标和探测目的见表 2.3。

表 2.3 FY-3(01 批)遥感仪器主要性能指标

<table>
<tr><th colspan="2">名称</th><th>性能参数</th><th>探测目的</th></tr>
<tr><td colspan="2">可见光红外扫描辐射计(VIRR)</td><td>光谱范围 0.43～12.5 μm
通道数 10
扫描范围±55.4°
地面分辨率 1.1 km</td><td>云图、植被、泥沙、卷云及云相态、雪、冰、地表温度、海表温度、水汽总量等</td></tr>
<tr><td rowspan="3">大气探测仪器包</td><td>红外分光计(IRAS)</td><td>光谱范围 0.69～15.0 μm
通道数 26
扫描范围±49.5°
地面分辨率 17 km</td><td rowspan="3">大气温、湿度廓线、O_3 总含量、CO_2 浓度、气溶胶、云参数、极地冰雪、降水等</td></tr>
<tr><td>微波温度计(MWTS)</td><td>频段范围 50～57 GHz
通道数 4
扫描范围±48.3°
地面分辨率 50～75 km</td></tr>
<tr><td>微波湿度计(MWHS)</td><td>频段范围 150～183 GHz
通道数 5
扫描范围±53.35°
地面分辨率 15 km</td></tr>
<tr><td colspan="2">中分辨率光谱成像仪(MERSI)</td><td>频段范围 0.40～12.5 μm
通道数 20
扫描范围±55.4°
地面分辨率 0.25～1 km</td><td>海洋水色、气溶胶、水汽总量、云特性、植被、地面特征、表面温度、冰雪等</td></tr>
<tr><td colspan="2">微波成像仪(MWRI)</td><td>频段范围 10～89 GHz
通道数 10
扫描范围±55.4°
地面分辨率 15～85 km</td><td>雨率、云含水量、水汽总量、土壤湿度、海冰、海温、冰雪覆盖等</td></tr>
</table>

续表

名称	性能参数	探测目的
地球辐射探测仪(ERM)	光谱范围 0.2～50 μm,0.2～3.8 μm 通道数窄视场 2 个,宽视场 2 个 扫描范围±50°(窄视场) 灵敏度 0.4 $Wm^{-2}\cdot sr^{-1}$	地球辐射
太阳辐射监测仪(SIM)	太阳辐射测量: 光谱范围 0.2～50 μm 灵敏度 0.2 Wm^{-2}	太阳辐射
紫外臭氧垂直探测仪(SBUS)	光谱范围 0.16～0.4 μm 通道数 12 扫描范围垂直向下 地面分辨率 200 km	O_3 垂直分布
紫外臭氧总量探测仪(TOU)	光谱范围 0.3～0.36 μm 通道数 6 扫描范围±54° 星下点分辨率 50 km	O_3 总含量
空间环境监测器(SEM)	测量空间重离子、高能质子、中高能电子、辐射剂量;监测卫星表面电位与单粒子翻转事件等。	卫星故障分析所需空间环境参数

2.1.1.4 环境卫星

环境系列卫星是中国环境和灾害监测的对地观测系统,包括两颗光学星(HJ-1A/B)和一颗雷达星(HJ-1C)。其中,HJ-1A 卫星搭载了 CCD 相机和超光谱成像仪(HSI),HJ-1B 卫星搭载了 CCD 相机和红外相机(IRS)。两星搭载 CCD 相机设计原理完全相同,联合完成对地刈幅宽度达 700 km、几乎为 Landsat 卫星的 4 倍,地面像元分辨率为 30 m,能完成 4 个谱段的推扫成像。由于 HJ-1A/B 采用双星同一轨道面内组网飞行,对中国大部分地区可实现每天一次重复观测,因此二者组成了一个具有中高空间分辨率、高时间分辨率、高光谱分辨率和宽覆盖的比较完备的对地观测遥感系列,大大提高了中国环境生态变化、自然灾害发生和发展过程监测的能力。HJ-1A/B 卫星主要载荷参数如表 2.4 所示。

表 2.4 HJ-1A/B 卫星主要载荷参数

平台	有效载荷	波段	光谱范围(μm)	空间分辨率(m)	幅宽(km)	侧摆能力	重访时间(天)
HJ-1A 星	CCD 相机	1	0.43～0.52	30	360(单台),700(二台)	—	4
		2	0.52～0.60	30			
		3	0.63～0.69	30			
		4	0.76～0.90	30			
	超光谱成像仪	—	0.45～0.95(110～128 个谱段)	100	50	±30	4

续表

平台	有效载荷	波段	光谱范围(μm)	空间分辨率(m)	幅宽(km)	侧摆能力	重访时间(天)
HJ-1B星	CCD相机	1	0.43～0.52	30	360(单台),700(二台)	—	4
		2	0.52～0.60	30			
		3	0.63～0.69	30			
		4	0.76～0.90	30			
	红外相机	5	0.75～1.10	150(近红外)	720	—	4
		6	1.55～1.75				
		7	3.50～3.90				
		8	10.5～12.5	300(10.5～12.5 μm)			

2.1.2 卫星遥感产品的应用

农业遥感是随遥感技术的发展而发展的，在农业领域内最早应用的主要是航空照片。农业是遥感技术的最大用户，农业遥感的应用十分广泛。在中国农业的遥感技术应用中，从早期的土地利用和土地覆盖面积估测研究、农作物大面积遥感估产研究开始，已扩展到目前的3S集成对农作物长势的实时诊断研究、应用高光谱遥感数据对重要的生物和农学参数的反演研究、高光谱农学遥感机理的研究、模型的研究与应用以及草地产量估测、森林动态监测等多层次和多方面。遥感技术和计算机技术的发展和应用，已经使农业生产和研究从沿用传统观念和方法的阶段进入到精准农业、定量化和机理化农业的新阶段，使农业研究从经验水平提高到理论水平(邢素丽等，2003)。现阶段的中国，遥感技术的应用主要表现在以下几个方面。

(1)作物监测

①作物种植面积监测：不同作物在遥感影像上呈现不同的颜色、纹理、形状等特征信息，利用信息提取的方法，可以将作物种植区域提取出来，从而得到作物种植面积和种植区域。

②作物长势监测：指对作物的苗情、生长状况及其变化趋势的监测(杨邦杰，1999)。当遥感影像图片上呈鲜红色时说明麦苗浓绿、健壮、高，当图片上呈绿色发暗时说明麦苗发黄、较稀、矮。不同麦苗情况在遥感图像上能够表现出不同的特征。

③作物产量估算：遥感估产是基于作物特有的波谱反射特征，利用遥感手段对作物产量进行监测预报的一种技术。当然作物产量估算在中国也有其不尽人意的地方，由于中国幅员辽阔，地形复杂，耕作制度多样，作物混种严重，农作物种植不成规模，这对于遥感估产十分不利。“同谱异物”“同物异谱”现象比较严重，而直接提取植被指数进行监测，监测精度并不高，有待于进一步提高和完善(肖乾广，1986；孙九林，1996，刘海岩，2005)。

④土壤墒情监测：土壤墒情也就是土壤含水量，土壤在不同含水量下的光谱特征不同。土壤水分的遥感监测主要从可见光—近红外、热红外及微波波段进行。

⑤作物病虫害监测与预报：植被对病虫害、肥料缺乏等的反应随类型和程度的不同而变化，植物特征吸收曲线特别是红色区和红外区的光谱特性就会发生相应变化，所以在病害早期就可通过遥感探测到。

(2)资源监测

遥感技术可快速获取宏观信息，对耕地、草地、水等农业自然资源的数量、质量和空间分布进行监测与评价，从而为农业资源开发、利用与保护、农业规划、农业生态环境保护、农业可持续发展等提供科学依据。

（3）灾害监测

遥感是灾害应急监测和评估工作一种重要的技术手段，可以对旱灾、洪涝等重大农业自然灾害进行动态监测和灾情评估，监测其发生情况、影响范围、受灾面积、受灾程度，进行灾害预警和灾后补救，减轻自然灾害给农业生产所造成的损失。

2.1.3 植被遥感信息识别原理

2.1.3.1 植被的光谱特征

与土壤、水体和其他的典型地物不同，地表植被具有明显的光谱反射特征，这是植被固有的化学特征和形态学特征共同决定的。通常植被的化学和形态学特征随植被的生长发育进程、植被的健康状况，以及生长环境条件的变化而发生变化。

在可见光波段内，各种色素是支配植物光谱响应的主要因素，其中叶绿素所起的作用最为明显。在中心波长分别为 0.45 μm（蓝色）和 0.65 μm（红色）的两个谱带内，叶绿素吸收大部分的摄入能量，在这两个叶绿素吸收带间，由于吸收作用较小，在 0.54 μm（绿色）附近形成一个反射峰，这是大多数植被看起来是绿色的主要原因。

除此之外，叶红素和叶黄素在 0.45 μm（蓝色）附近有一个吸收带，但是由于叶绿素的吸收带也在这个区域内，所以这两种黄色色素光谱响应模式中起主导作用。

在光谱的近红外波段，植被的光谱特性主要受植物叶子内部构造的控制。对健康绿色植物而言，在近红外波段的光谱特征是反射率高（45%～50%），透过率高（45%～50%），吸收率低（<5%）。在可见光波段与近红外波段之间，即大约 0.76 μm 附近，反射率急剧上升，形成“红边”现象，这是植被光谱变化曲线最为明显的特征，是研究的重点光谱区域。许多种类的植物在可见光波段差异小，但近红外波段的反射率差异明显。同时，与单片叶子相比，多片叶子能够在光谱的近红外波段产生更高的反射率（高达 85%），这是因为多片叶子多次反射率的结果，即辐射能量透过最上层的叶子后，将被第二层的叶子反射，其结果在形式上增强了第一层叶子的反射能量。

在光谱的中红外阶段，绿色植物的光谱响应主要被 1.4 μm，1.9 μm 和 2.7 μm 附近的水的强烈吸收带所支配。2.7 μm 处的水吸收带是一个主要的吸收带，它表示水分子的基本振动吸收带。1.9 μm，1.1 μm，0.96 μm 处的水吸收带均为倍频和合频带，故强度比谁的基本吸收带弱，而且是依次减弱的。1.4 μm 和 1.9 μm 处的这两个吸收带是影响叶子的中红外波段光谱响应的主要谱带。1.1 μm 和 0.96 μm 处的水吸收带对叶子的反射率影响也很大，特别是在多层叶片的情况下。研究表明，植物对入射阳光中的红外波段能量的吸收程度是叶子中总水分含量的函数，即是叶子水分百分含量和叶子厚度的函数。随着叶子水分减少，植物中红外波段的反射率明显增大。

此外，植物铺盖程度也对植物的光谱曲线产生影响。当植物叶子的密度不大，不能形成对地面的全覆盖时，传感器接受的反射光不仅是植被本身的光谱信息，而且还包含有部分下垫面的反射光，是两者的叠加。

2.1.3.2 植被类型遥感信息的区分

不同植被类型，因其组织结构、季节的物候差异及生态条件不同，植被之间的光谱特征存在一定的差异，这种差异在遥感影像中得到较好的表现：

（1）不同植被类型由于叶片的组织结构和所含的叶青素、叶红素、叶黄素、叶绿素等不同，其光谱特征存在一定的差异。如禾本科植物的叶片组织比较均一，没有栅状组织和海面组织的区别，细胞壁多角质化并含有硅质，透光性较阔叶林差。

（2）同一种植物，其生长发育阶段随季节的变化而变化，因此，植物的周年光谱特征具有明显的季节特性。对不同植物而言，植物的生长期不同，其光谱特征的变化必然存在一定的差异。因此，通过比较不同植物的物候特征及生长发育的季节变化，即利用植物的物候差异来区分植被，成为植被遥感的重要方法之一。

（3）不同种类的植物，有不同的适宜生态条件，如温度条件、水分条件、土壤条件、地貌条件等。这些条件在一个地区综合地影响植被的分布，但其中的主导因素起着重要的作用。如喀斯特地貌的石地区，由于土层浅薄、分散，高大植被种类稀少，同时由于土壤蓄水、保水能力极差，因此，植被多为分散、矮小，而且季节变化明显。

目前所开展的气象灾害监测和预警工作，虽然多数气象灾害通过回归、空间插值等手段可以精细化至区域内的每个格点，但由于缺乏作物种植空间分布信息，无法进行该灾害对作物的精细化、定量化评估，难以满足当前的服务需求。为了解决这一问题，利用卫星遥感技术进行作物种植区的提取是解决该问题的有效途径，以下两节分别以特色林果中的橡胶树和香蕉为例，对该两种作物种植空间分布信息遥感提取技术做详细介绍。

2.2 橡胶树种植空间分布信息提取技术

2.2.1 橡胶树种植区遥感解译数据源的选取

2.2.1.1 研究范围的划定

根据《橡胶树栽培技术规程》，云南省西双版纳州橡胶树最适宜种植区的海拔上限为950 m。随着抗寒高产品种选育技术的进步，橡胶树在引种的过程中不断地适应当地环境，橡胶树不断跨区域、跨海拔种植。目前，中国的橡胶树已在18°N～24°N、1000 m海拔以下的区域大面积种植成功。随着近年来橡胶价格的持续上涨，加之土地限制，橡胶树种植的海拔高度不断向上迁移，部分地区橡胶树种植的海拔最高可达1200 m。因此，将中国主要橡胶种植区的研究范围划定为云南省、广东省、海南省三省海拔高度≤1200 m的区域。

2.2.1.2 遥感数据源的选取

卫星遥感提取作物面积的相关研究报道较多，如赖格英等（2000）、王云秀等（2000）、程乾等（2005）、王福民等（2008）利用TM卫星资料进行了水稻面积提取的研究；肖乾广等（1986）、韩素琴等（2004）、贾建华等（2005）、贾金明等（2005）利用NOAA或MODIS、HJ-B等卫星资料进行了冬小麦面积提取、冬小麦长势监测的研究；谭宗琨等（2007）和丁美花等（2007，2008）利用EOS/MODIS卫星资料开展广西区域甘蔗种植面积、甘蔗长势监测等研究；张明伟等（2008）和杨小唤等（2004）利用MODIS时序数据分析了不同作物的识别方法。从研究的对象来看，前人研究多以常规作物为主，数据源主要以MODIS和TM影像为主。在卫星遥感橡胶树种植区研究方面则相对较少，陈汇林等（2010）利用多时相*NDVI*值变化曲线，以及橡胶树冬季集中落叶特性和蓬叶生长等的周年生长变化规律，采用监督分类方法提取非样本训练区橡胶树种植信息，实现海南橡胶树种植空间分布遥感信息的提取；张京红等(2010)利用2008年 Landsat-TM 卫星数据作为遥感信息源，通过监督分类方法和实际调查，提取海南岛天然橡胶树种植面积信息，刘少军等(2010)以高分辨率 QuickBird 卫星影像为基础，采用面向对象的信息提取方法，用光谱、形状、纹理等构建特征空间，进行橡胶树的分类试验，获取海南橡胶树的种植面积信息。由于 MODIS 空间分辨率较低(最高为 250 m)，无法实现面积较小的橡胶树种植区提取，TM 和 QuickBird 影像为付费数据，使用成本较高。以中国自主研制的环境卫星(分辨率为 30 m)为遥感影像数据源进行云南橡胶树种植区域提取，既解决了空间分辨率不足的问题，同时对于节省影像经费开支，加强中国自主卫星的开发利用具有重要意义。鉴于研究范围较大，且地形复杂，橡胶树种植零散和面积较小等因素，选择中国环境减灾卫星的 CCD 数据作为橡胶树种植区卫星遥感解译数据源。

2.2.1.3 时相的选择

橡胶树种植区自然植被为常绿阔叶林，而橡胶树会出现冬季落叶现象。同时橡胶树每年均随着季节的变化经历萌芽、分枝、开花、结果、落叶等生命活动，且年周期变化有两个明显的时期，即生长期和相对休眠期。生长期为春季萌芽—冬季落叶，相对休眠期为冬季落叶—翌年春季萌芽。其中生长期的叶片是一蓬一蓬生长的，生长期内生成 5～6 蓬叶，每蓬叶的生长从萌芽至叶片完全老化依次经过顶芽萌动期、伸长期、展叶期(古铜色)、变色期(淡绿)和稳定期5个阶段，一年中成龄橡胶树第一蓬叶的抽叶量约占全年抽叶量的 60%～70%。项目拟采用云南橡胶树所特有的落叶期和第一蓬叶生长期的影像作为遥感影像提取云南橡胶树种植区。

为了确定最佳的时相，以西双版纳为实验区，利用 GPS 橡胶林定位点和高分辨率影像中的橡胶林信息，对比 2011 年 2 月 8 日(落叶期)、2011 年 4 月 4 日和 2012 年 4 月 14 日(均为蓬叶生长期中的第一蓬叶变色—稳定期)橡胶林不同时相和不同波段的假彩色合成影像发现，当 RGB 波段组合为 3-4-2 时，落叶期影像图中橡胶林虽然具有一定的可识别性(图 2.1(a))，但与第一蓬叶变色—稳定期的影像比较发现(图 2.1(b)(c))，后者具有更好的橡胶林边界特征，在影像上与其他地物相比颜色更加亮绿(图 2.2)。因此选用第一蓬叶变色—稳定期的遥感影像作为橡胶树解译数据源。

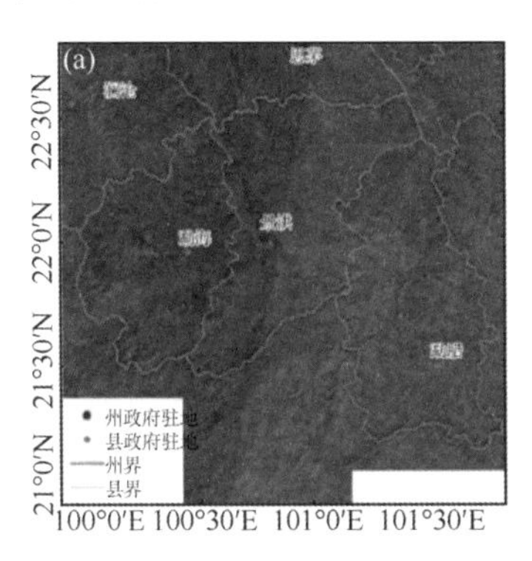

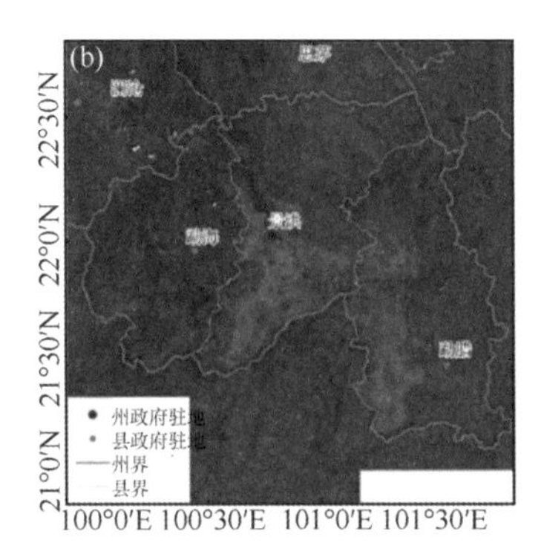

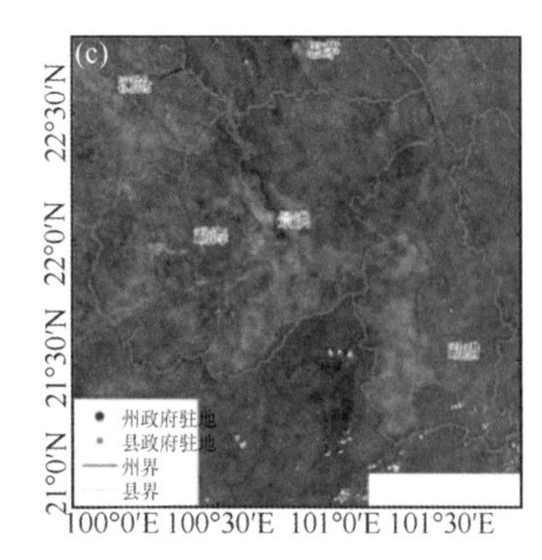

图 2.1 西双版纳橡胶树不生长期遥感影像处理结果

((a)落叶期；(b)第一蓬叶变色；(c)稳定期)

图 2.2　橡胶树种植区落叶期和抽蓬期局部卫星遥感影像放大图

2.2.2　橡胶树种植区遥感数据处理

橡胶树种植区遥感提取流程如图 2.3 所示。

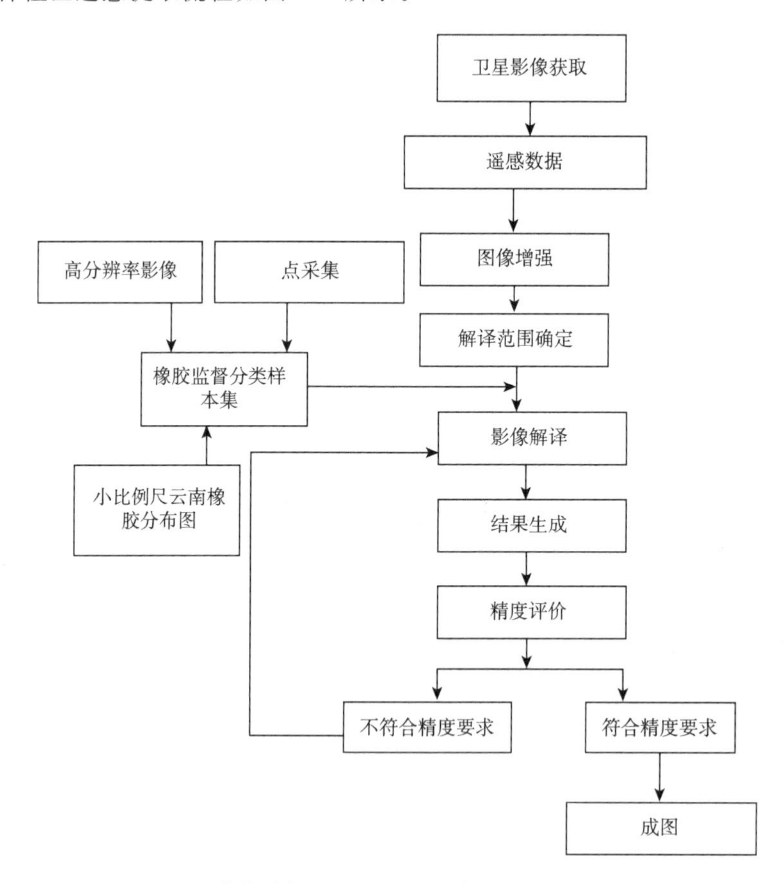

图 2.3　云南橡胶树种植区卫星遥感影像数据处理流程图

2.2.2.1 遥感图像增强处理

在遥感数据预处理后，为了突出所需要的有用的某些局部信息和特征，和压抑其他不需要和无用的信息，要对图像像元灰度值进行某种变换的处理，以便达到有利于人眼识别和观察，或有利于计算机分类的目的。这种处理过程称为图像增强。它的特点是：处理后的图像并不一定忠实于原来的图像，但达到了有利于辨认和识别的效果。

如前文所述，经过与落叶期与抽蓬期影像对比，采用波段组合为3-4-2假彩色合成，该合成影像颜色对比鲜明，纹理清晰，有利于橡胶树种植区的提取。

2.2.2.2 遥感解译范围确定

由于本研究仅针对橡胶林，在进行监督分类前，首先计算研究区的归一化植被指数 *NDVI*，即

$$NDVI = (B_{nir} - B_{red})/(B_{nir} + B_{red}) \quad (2.1)$$

式中，B_{nir} 和 B_{red} 分别为CCD相机第3(红光)和第4(近红外)波段的反射率。

从所计算的研究区主要地物类型的 *NDVI* 值域来看(表2.5)，居民地、水域、旱地、菜地等植被指数值均在0.35以下，天然林和橡胶林的 *NDVI* 值域范围分别为0.40～0.64和0.56～0.69，两者存在部分重叠，但是与居民地、水域、旱地、菜地等差异较大，因此利用 *NDVI* 阈值(0.40)可剔除居民地、水域、旱地、菜地等区域，以减少监督分类的训练样本数；同时根据前文中划定的橡胶树种植区研究范围(云南省、广东省、海南省三省海拔高度≤1200 m的区域)以及橡胶树种植县，将这三个图层进行相交处理后，得到橡胶树可能的种植范围，再用该结果对监督分类的影像进行掩膜处理，最终得到仅包含天然林区和橡胶林植被指数较高区域影像。

表2.5 研究区主要地物类型 *NDVI* 值域范围

类型	*NDVI* 值域范围
橡胶林	0.56～0.69
水域	−0.10～0.04
居民地	−0.09～0.05
旱地	0.02～0.25
天然林	0.40～0.64
菜地	0.23～0.35

2.2.3 橡胶树种植区遥感解译

2.2.3.1 橡胶树种植区遥感解译方法

通常遥感图像分类主要有两类方法，一类是非监督分类，另一类是监督分类。监督分类可根据已知训练区提供的样本，通过计算选择特征参数，建立判别函数以对各分类影像进行目标提取。监督分类有最大似然、最小距离和马氏距离等多种方法，最大似然法是遥感影像分类最常用的方法之一，其分类规则基于概率，即先计算某个像元属于一个预先设置好的m类数据集中每一类的概率，然后将该像元划分到概率最大的那一类。与其他方法相比，该方法具有易于与先验知识融合和算法简单等优点。只要训练样本服从近似正太分布，最大似然法就能获得较高的分类精度(刘少军等，2010；党安荣等，2003；梁益同等，2012)。图2.4是橡胶林和天然林样本在CCD影像上不同波段的统计直方图，经检验均服从近似正态分布，因此将最大似然法作为本研究的分类方法。

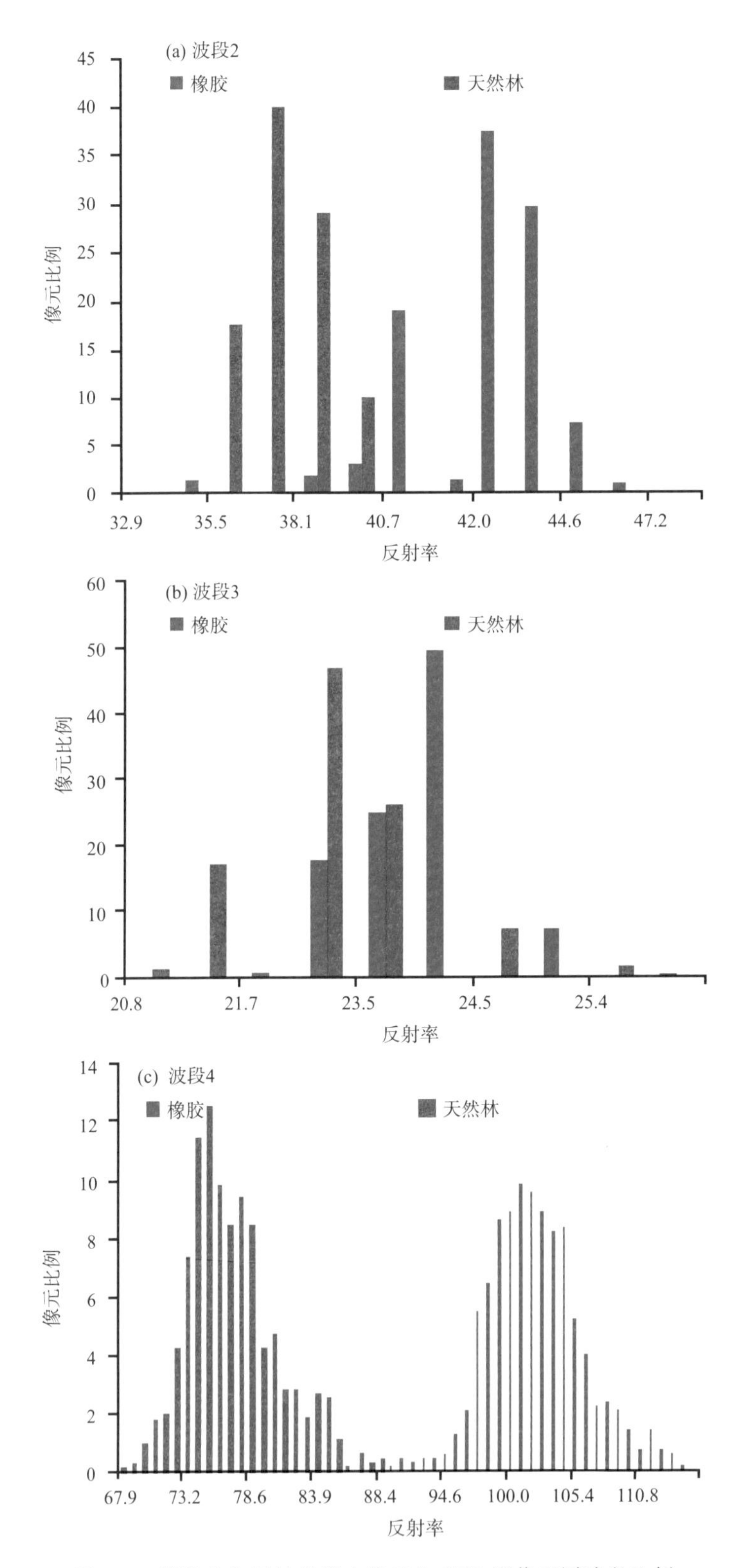

图 2.4　橡胶林和天然林样本像元在 CCD 影像不同波段比例

2.2.3.2 建立橡胶树种植区遥感解译标志

常用的解译标志类型名称可归纳如下：形状、大小、色调与色彩、阴影、纹理、图案、纹型结构、位置、布局、相关体、空间关系、排列、组合、地貌、水系、植物、水文、土壤、环境地质及人工标志、人文现象、人类活动痕迹、比例等。本项目主要利用橡胶树在抽蓬期的特殊影像颜色特征为主要解译标志。表2.6是从调查样本区提取的天然林和橡胶林代表性图斑。

表2.6 橡胶林和天然林代表性样本区在CCD影像上的特征

地物类型	色彩描述	样本区展示
橡胶林	亮绿色	
天然林	暗绿色	

2.2.3.3 橡胶树种植区遥感解译精度分析

精度评价通常是通过试验区样本像素的分类结果与参照数据的比较而实现的。将分类结果中的橡胶树分类单独输出，并将其转化为SHP格式文件，在ArcGIS平台下，利用2010年1—3月西双版纳东风农场实地调查的816个橡胶树种植区GPS定位点数据与橡胶林解译结果进行空间叠加分析，如表2.7所示，占97.6%(797个)的定位点位于所解译的橡胶林区域里，仅2.4%(19个)未在所解译的橡胶林区域里，出现漏判的主要原因为漏判点位于橡胶林更新区(橡胶树已被砍伐)或橡胶树比较稀疏的区域，不具备橡胶林特征光谱或橡胶林光谱特征不明显所致。

表2.7 橡胶树种植区提取精度评价表

类型	橡胶树GPS定位点数	正确判识点数	漏判点数
橡胶林	816	797	19

2.2.4 中国主要橡胶树种植区分布

(1)云南省

云南西南部橡胶树种植区空间分布见图2.5。从图上可以看出，云南橡胶树种植主要分布在西双版纳、普洱南部、临沧西南部和红河南部等地区。

云南橡胶树种植面积见表2.8。从统计结果可看出：云南共有橡胶树种植面积5260.19 km^2，其中西双版纳为3550.73 km^2，保山为1.29 km^2，德宏州为156.87 km^2，红河为268.94 km^2，临沧为473.86 km^2，普洱为737.85 km^2，文山为70.65 km^2。

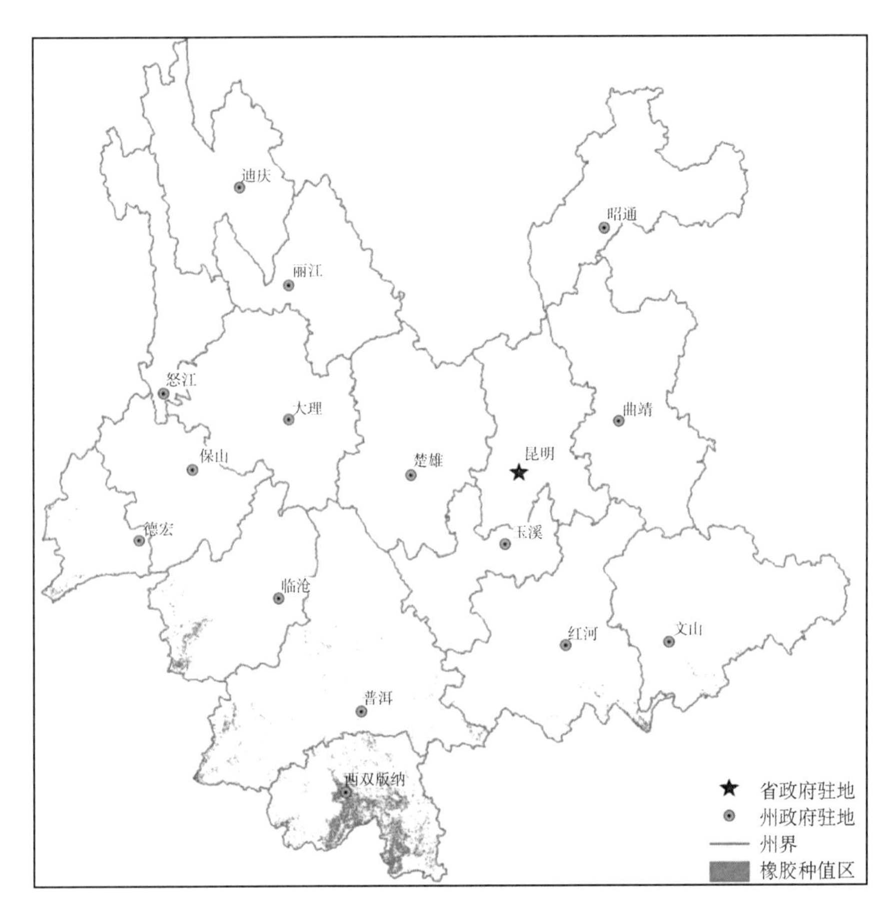

图 2.5　云南省橡胶树种植区域分布图

表 2.8　云南各市(县)橡胶树种植遥感解译面积统计

州/市	县/区	总面积(km²)	合计(km²)
西双版纳	景洪	1743.91	3550.73
	勐海县	223.14	
	勐腊县	1583.68	
保山	昌宁县	1.11	1.29
	龙陵县	0.18	
德宏	梁河县	0.08	156.87
	陇川县	2.31	
	潞西市	6.89	
	瑞丽市	79.28	
	畹町镇	2.92	
	盈江县	65.39	

续表

州/市	县/区	总面积(km^2)	合计(km^2)
红河	河口瑶族自治县	161.19	268.94
	金平苗族瑶族傣族自治县	78.17	
	绿春县	22.86	
	屏边苗族自治县	4.53	
	元阳县	2.19	
临沧	沧源佤族自治县	197.33	473.86
	耿马傣族佤族自治县	209.57	
	临沧	5.30	
	双江拉祜族佤族布朗族傣族自治县	2.32	
	永德县	1.93	
	云县	0.42	
	镇康县	56.99	
普洱	江城哈尼族彝族自治县	101.53	737.85
	景谷傣族彝族自治县	98.12	
	澜沧拉祜族自治县	74.28	
	孟连傣族拉祜族佤族自治县	201.88	
	墨江哈尼族自治县	14.11	
	普洱哈尼族彝族自治县	15.68	
	思茅市	35.00	
	西盟佤族自治县	187.96	
	镇沅彝族哈尼族拉祜族自治县	9.29	
文山	麻栗坡县	40.10	70.65
	马关县	30.55	
合计			5260.19

(2)海南省

海南省属热带季风气候,全省年平均气温23～26℃,有11个月的平均气温≥18℃,最冷月平均气温高于15℃,年平均降雨量1500～2000 mm。从气候条件来说,该区均适宜种植橡胶树。由于该省光照充足,热量丰富,雨水充沛,大规模发展天然橡胶最早,产业基础最好,有土地资源优势,农垦和地方发展橡胶树种植的积极性高。50多年的植胶经验证明,中西部台风危害比较轻,单位面积产量较高。海南橡胶树种植区空间分布见图2.6,可见,海南橡胶树种植区主要分布在以琼中黎族苗族自治县为中心的环状带内,海南北部较南部分布较为集中。

海南橡胶树种植面积见表2.9。从统计结果可看出:海南共有橡胶树种植面积4170.54 km^2,其中几个橡胶树种植面积较大的市(县)为儋州市826.04 km^2,琼海市434.77 km^2,白沙黎族自治县386.8 km^2,乐东黎族自治县373.60 km^2,澄迈县346.39 km^2,保亭黎族苗族自治县222.85 km^2,琼中黎族苗族自治县209.63 km^2,万宁县204.78 km^2。

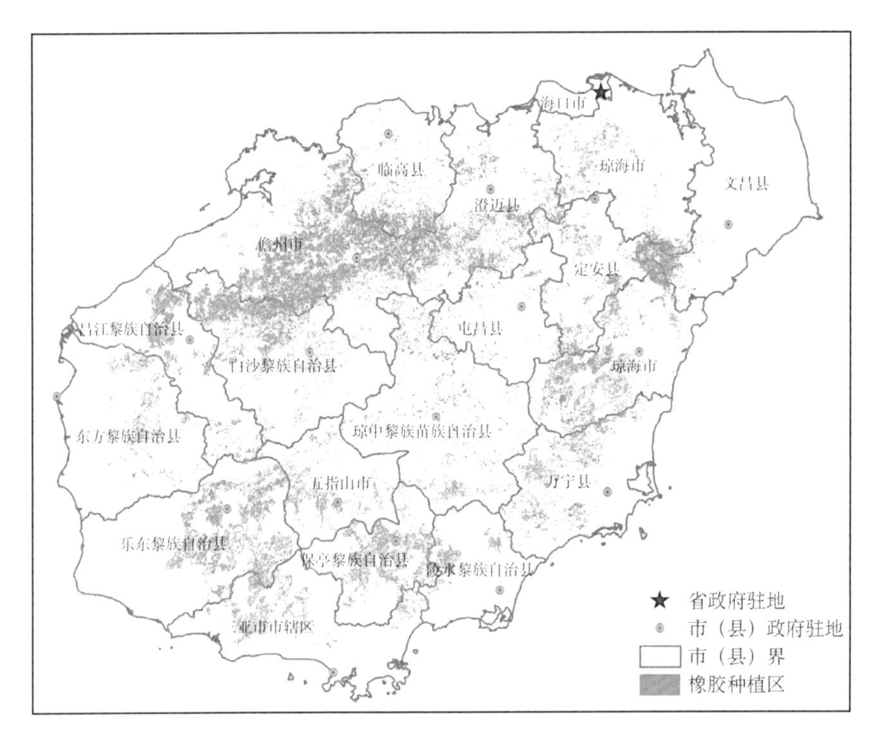

图 2.6　海南省橡胶树种植区域分布图

表 2.9　海南各市(县)橡胶树种植遥感解译面积统计

县	总面积(km²)	县	总面积(km²)
海口市	1.15	昌江黎族自治县	185.44
陵水黎族自治县	66.91	万宁市	204.78
文昌市	75.55	琼中黎族苗族自治县	209.63
屯昌县	80.00	保亭黎族苗族自治县	222.85
东方市	111.04	澄迈县	346.39
五指山市	134.36	乐东黎族自治县	373.60
三亚市市辖区	161.47	白沙黎族自治县	386.80
临高县	172.37	琼海市	434.77
定安县	177.39	儋州市	826.04
合计			4170.54

(3)广东省

广东省植胶区位于该省西南部和东南部，分别被称为粤西植胶区和粤东植胶区。

粤西植胶区位于20°13′N～22°44′N、109°35′E～112°19′E，包括湛江、茂名和阳江植胶区。该地区地势北高南低，地貌类型较为复杂，属北热带、南亚热带季风气候，年平均气温21～23℃，热量条件南部稍好、北部较差，橡胶树的生长季节较短；水分条件较好，雨量分布不均匀，南部年降雨量1400～1600 mm、中部1700～1900 mm、北部>2000 mm；年平均风速>3 m/s；土壤肥力较差，土壤类型南部主要是玄武岩发育的砖红壤、中部分布有浅海沉积物发育的砖红壤、北部丘陵多为赤红壤。光照、温度、水分和土壤等条件基本符合橡胶树生长所需要的环境气候条件，台风和寒潮低温是该地区发展橡胶树生产最主要的气象灾害。其中湛江和茂名是该区的橡胶树主要种植区，湛江市以南的雷州半岛地区，地势较平缓而略有起伏，海拔在50 m上下。湛江和茂名1/4橡胶树集中在此。湛江市以北高州市以南的中部丘陵地区，海拔多在250 m以下，相对高度50 m以内，坡度约在5°～10°。该区域橡胶树较少。高州市以北为中高丘陵地，海拔较高400 m以下，丘田相间的地貌显著。坡度多在5°～20°之间。为粤西主要植胶地区，湛江和茂名50%的橡胶树分布在这里。

粤东植胶区位于20°27′N～23°28′N、114°54′E～116°13′E之间。该地区气候温和清凉、雨水充沛、阳光充足，年平均气温21～23℃，最高气温37.4℃，极端低温达0℃左右，年降雨量1500～2300 mm；夏秋时节常遭受强热带风暴袭击，有时因季风活动反常或寒潮侵袭，会出现冬春干旱或早春低温阴雨天气。因此该区域橡胶树种植较少，未列入遥感调查范围。

广东省橡胶树种植区空间分布见图2.7。从图上可以看出，种植面积较大的市是茂名市、湛江市、阳江市。

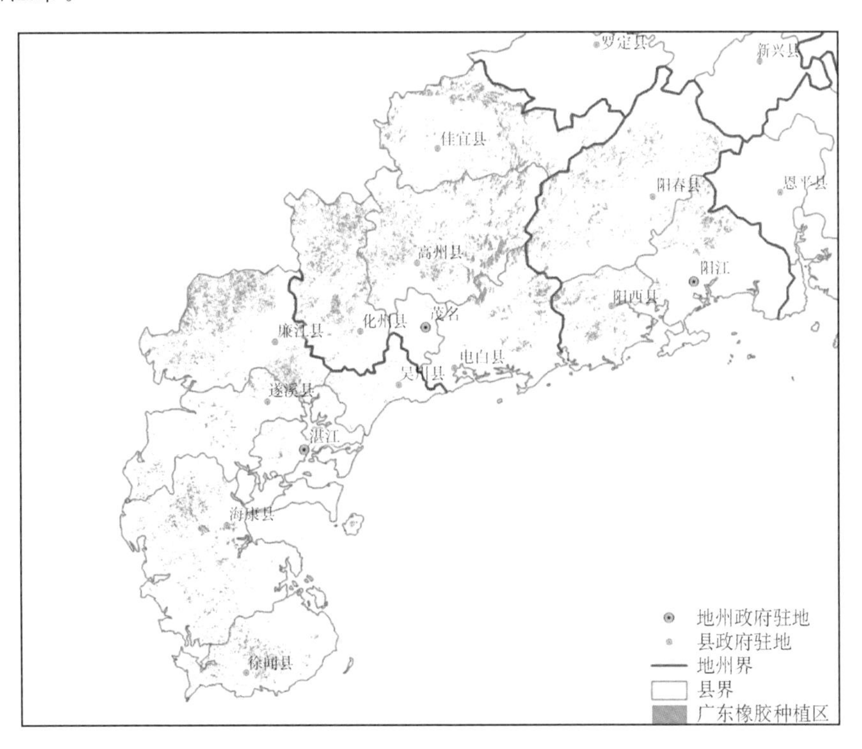

图2.7　广东省橡胶树种植区域分布图

广东省橡胶树种植面积见表2.10。从统计结果可看出：橡胶树种植面积最大的市为茂名市，面积为1255.74 km²，其次为湛江市，面积为897.18 km²，再次为阳江市，面积为488.84 km²。其中茂名市种植面积位列前三位的市为高州市（459.13 km²）、化州市（345.16 km²）和信宜市（300.25 km²）；湛江市种植面积位列前三位的市（县）为廉江市（406.39 km²），雷州市（239.42 km²）和徐闻县（138.16 km²）

表 2.10 广东各县(市、区)橡胶树种植遥感解译面积统计

市	县(市、区)	面积(km²)	合计(km²)
湛江市	雷州市	239.42	897.18
	廉江市	406.39	
	遂溪县	74.46	
	吴川市	14.82	
	湛江市市辖区	23.93	
	徐闻县	138.16	
茂名市	化州市	345.16	1255.74
	高州市	459.13	
	电白县	146.18	
	茂名市市辖区	5.02	
	信宜市	300.25	
阳江市	阳春市	269.38	488.84
	阳江市市辖区	107.85	
	阳西县	111.61	
	合计		2641.76

2.3 香蕉种植空间分布信息提取技术

2.3.1 区域香蕉种植遥感信息识别样本训练区的选择

不同香蕉种植区由于气候条件、种植习惯、水肥管理等因素的差异，香蕉的发育进程及长势必然存在一定的差异。为了确保香蕉遥感解译样本训练区的代表性，在广西利用手持 GPS 分别选取香蕉大田生产北界的南宁市西乡塘区的坛洛镇和武鸣县、中南部的浦北县、南部的合浦县及西部右江河谷的田东县，广东湛江市遂溪县、雷州市等地具有一定种植面积且比较纯净的香蕉种植区若干个作为香蕉种植遥感信息识别的训练样本区和检验区。

2.3.2 区域香蕉种植遥感信息识别样本训练区 *NDVI* 周年变化特征

在 2012 年 8 月至 2014 年 12 月广西区域及广东雷州半岛的 HJ-1、LANDSAT-8、FY-3A 等多源、多时相卫星遥感资料中，选取香蕉主产区域晴空遥感资料作为研究对象。区域晴空遥感数据经过太阳高度角订正、投影变换和辐射校正后，叠加区域 1：25 万基础地理数据，在 GIS 支持下进行严格的配准，确保配准误差 <0.5 个像元。在此基础上，叠加香蕉样本训练区的 GPS 定位矢量图层。选取对应 HJ-1 的近红外波段(0.84～0.87 μm)和红光波段(0.62～0.67 μm)，分别计算并得到各月晴空下的 HJ-1 遥感影像图中样本训练区香蕉的归一化植被指数(简称 *NDVI*)如图 2.8 所示：

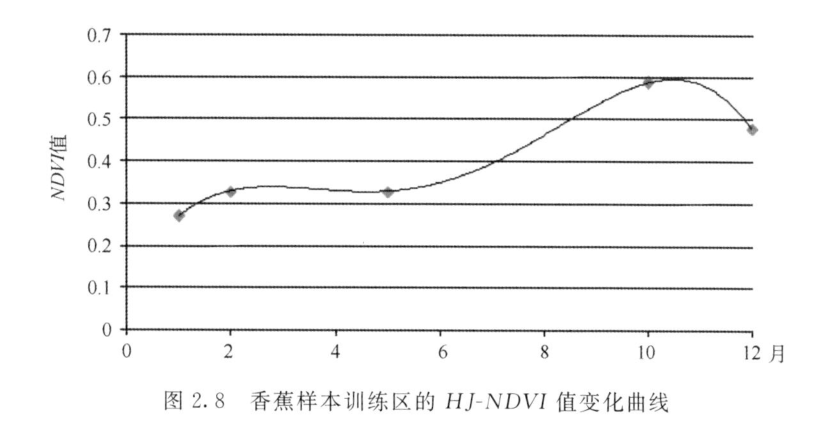

图 2.8 香蕉样本训练区的 *HJ-NDVI* 值变化曲线

2.3.3 非样本训练区香蕉种植空间分布信息的识别与提取

与水稻(早、晚稻)和玉米、大豆等粮食作物生长期仅 3～4 个月不同,香蕉生长周期长达 8～12 个月以上。在中国香蕉主产省(区)中,香蕉生长周期与大宗农作物——甘蔗生长周期几乎同步,但甘蔗经历榨季后土地几乎无植被覆盖,而香蕉属多年生草本植物,叶片宽长、植株高大,加上叶柄及假茎含水量比重明显高于同地区任一种植物,且在各香蕉主产区中一年四季均有种植或利用吸芽生长成为下一造,因此,香蕉主产区地块周年几乎被香蕉叶片所覆盖,这一特性使得香蕉光谱周年变化明显有别于甘蔗。图 2.9 为应用野外光谱仪对香蕉、甘蔗等不同地物光谱测量,结果表明:香蕉光谱在可见光至近红外波段的反射率明显有别于新植甘蔗、宿根甘蔗等地物(见图 2.9)。

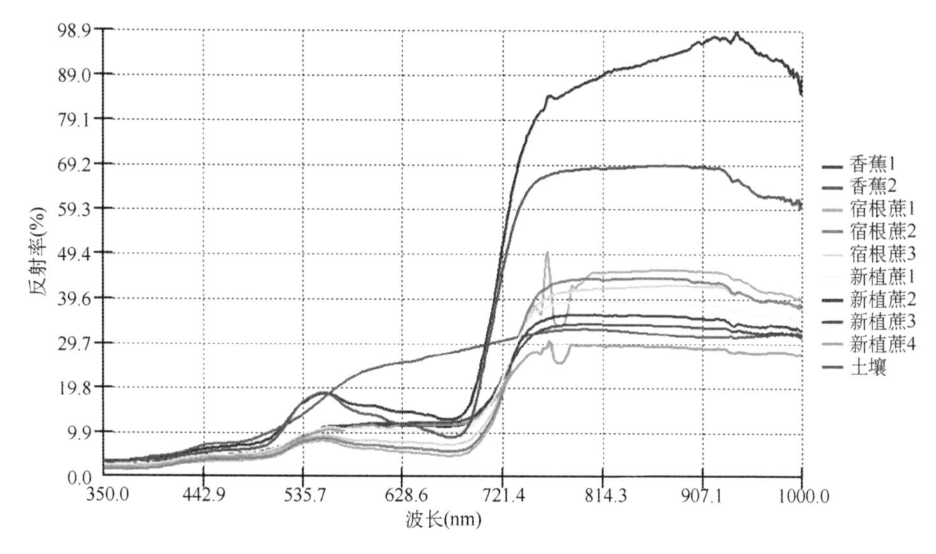

图 2.9 不同地物光谱特征差异比较

因此,通过建立的香蕉种植遥感信息识别样本训练区的周年光谱特征曲线,利用不同时相的卫星遥感资料,采用最大似然法为主的传统单像元识别分类的基本方法,提取与已知香蕉样本区的植被指数值和光谱特征值相近的遥感信息,可实现区域香蕉种植空间分布遥感信息的识别与提取。事实上,伍维模等(2009)通过对同一地区的棉花、果园、草地、盐碱地、居民点、水库等地物光谱特征的分析,建立相应的解译标识,也实现地区的棉花种植面积的提取。具体步骤如下：

(1)根据香蕉发育期顺序，在计算研究区域月 *HJ-NDVI* 或 *FY3A-NDVI* 时，与同月份的香蕉样本训练区 *NDVI* 值相近的空间信息即保留，并形成矢量图层、保存。

(2)在计算区域临近月份的 *HJ-NDVI* 或 *FY3A-NDVI* 前，将上一个月形成的矢量图层叠加在遥感影像图中，把非矢量图层的信息赋予 0 值后，计算矢量图层中覆盖区域的 *NDVI* 值。在此基础上，再对照香蕉样本训练区的香蕉 *HJ-NDVI* 或 *FY3A-NDVI* 值，与香蕉样本训练区的香蕉 *HJ-NDVI* 或 *FY3A-NDVI* 值相近的空间信息即保留，重新形成新的矢量图层、保存。

(3)逐月重复步骤(2)，直至新的矢量图层与上一个月的矢量图层完全重合。至此，该矢量图层即为研究区域的香蕉种植空间分布。

但在处理多时相卫星遥感资料时，发现局地或小范围的卫星资料，计算机处理图像速度尚可满足日常工作需要，而处理较大区域的、空间分辨率较高的 HJ-1 或 LANDSAT-8 等卫星资料时，广西区域，计算机处理图像速度明显下降，运算时间有时长达几个小时，甚至长达一天。经过系统的分析，结果发现导致计算机处理图像速度下降的主要原因是在形成矢量图层时占用了计算机大量内存。为了提高工作效率，在实际应用中，可采用集合相交的办法来解决这个难题，具体如下：

(1)定义香蕉样本训练区逐旬(月)的平均 *NDVI* 值的集合为：$A_i=(X_{1i},X_{2i},\cdots,X_{mi})$。其中 A_i 为某一旬(月)的 *NDVI* 值集合，X_i 为某香蕉样本训练区平均 *NDVI* 值。

(2)定义某区域(指省、市、县区域，下同)范围内的各像元 *NDVI* 值的集合为：$B_i=(Y_{j1}w_{1i},Y_{j2}w_{2i},\cdots,Y_{jn}w_{ni})$。其中 B_i 为某区域范围内的各像元某一旬(月)*NDVI* 值的集合，$Y_{j1}w_{1i}$ 为某一旬(月)的像元的 *NDVI* 值，j、w 为像元的经度、纬度。

考虑到所选择香蕉样本训练区样本数量偏少，样本的 *NDVI* 值无法代表不同香蕉主产区香蕉长势的差异，以及同一产区由于品种、管理水平等不同而产生的香蕉长势存在差异等，为了减少非香蕉样本区香蕉种植信息的掉失，在已建立的香蕉样本训练区 *NDVI* 值的 A_i 集合中，将 $X_{1i},X_{2i},\cdots,X_{mi}$ 排序，分别选取其中的最大值 $X_{\max}(i)$ 和最小值 $X_{\min}(i)$，组成新的集合 A_{Xi}，并适当扩大域值范围，即 $A_{Xi}=(X_{\min}(i)-\varepsilon,X_{\min}(i)+\varepsilon)$，其中 ε 为经验值。

设 C_i 为 B_i 和 A_{Xi} 的交集，即 $C_i=B_i\cap A_{Xi}$。显然，集合 C_i 已涵盖了该区域第 i 旬(月)所有与香蕉的 *NDVI* 值相似或相近的地表植被信息。

同样，交集 $C_n=B_n\cap A_{Xn}$ 也涵盖了该区域第 n 旬(月)所有与香蕉的 *NDVI* 值相似或相近的地表植被信息。

根据香蕉生长特性、生长周期与甘蔗或其他地表植被的差异，取年度内所有各旬(月)集合 C_i 的交集，即 $D=C_1\cap C_2\cap\cdots\cap C_n$，解决了异物同谱和同物异谱的难题，最终获得香蕉种植空间分布信息。图 2.10 为中国南方五省香蕉种植空间分布图。

从图 2.10 可以看出，中国南方香蕉种植主要分布在海南省的东方、儋州、昌江、乐东、白沙、澄迈、临高、三亚、保亭等市、县；广东省的湛江市辖区和廉江、雷州、吴川、遂溪、徐闻，茂名市辖区和高州、化州、电白，江门市辖区和台山、开平、鹤山、恩平，阳江市辖区和阳春、阳西、阳东，中山市，潮州市辖区和饶平县等地；广西壮族自治区的北海市辖区及合浦县，钦州市辖区和灵山、浦北两县，玉林市辖区和兴业、博白、陆川、容县、北流，南宁市辖区和武鸣、邕宁、横县、上林，崇左市辖区和龙州、宁明、扶绥，百色市辖区和田阳、田东等县的右江河谷地带，梧州市的苍梧，贵港市辖区和桂平、平南等地；云南省的红河流域的新平、元江、金平、河口、屏边和怒江流域的隆阳区、陇川、盈江、梁河、潞西、瑞丽以及澜沧江流域的西双版纳等热带和亚热带地区；福建省的漳浦、平和、南靖、长泰、诏安、华安、云霄、龙海、厦门、南安、莆田等地。2014 年全国香蕉种植面积遥感估算约为 411 千公顷。

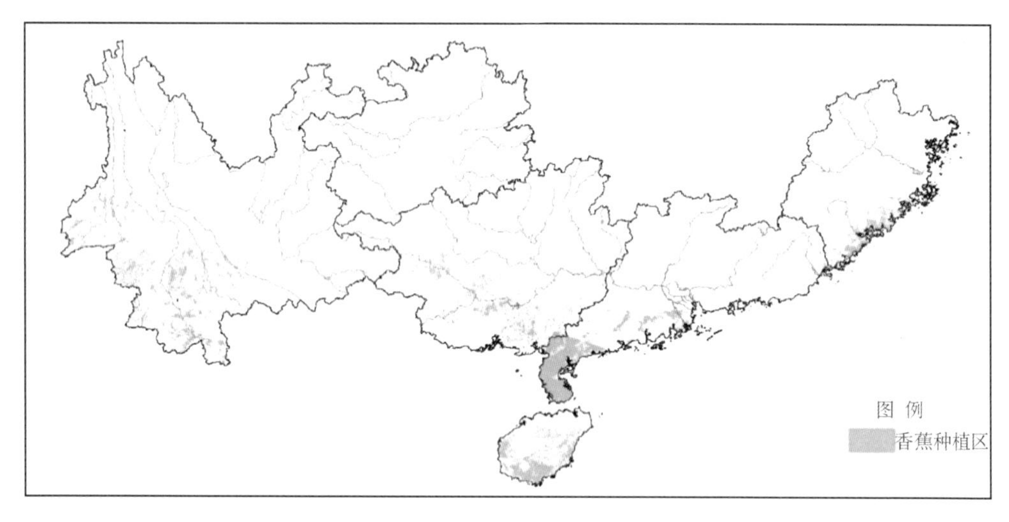

图 2.10　南方五省香蕉种植分布遥感信息示意图

2.3.4　区域香蕉种植遥感分布信息真实性检验

为了检验非样本训练区香蕉种植信息提取的真实程度，在获取区域香蕉种植空间分布遥感监测矢量图基础上，分别对广西、广东、海南等三省（区）的部分市、县香蕉种植空间分布遥感影像图中的香蕉集中连片区域和零散点开展实地调查。结果与实况基本吻合。

2.3.5　2014 年度中国南方主要香蕉种植区分布

（1）广西壮族自治区

广西是中国大陆地区香蕉种植主要省（区）之一。根据所选取 2014 年 2 月至 2014 年 12 月过境的广西区域晴空 FY-3、HJ-1、GF-1 等遥感资料，应用广西区域香蕉遥感监测样本训练区 *NDVI* 周年变化特征及香蕉野外光谱测量结果，采用最大似然法提取广西区域香蕉种植分布信息。结果表明：2014 年广西香蕉主要种植在北海市辖区及合浦县，钦州市辖区和灵山、浦北两县，玉林市辖区和兴业、博白、陆川、容县、北流，南宁市辖区和武鸣、邕宁、横县、上林，崇左市辖区和龙州、宁明、扶绥，百色市辖区和田阳、田东等县的右江河谷地带，梧州市的苍梧，贵港市辖区和桂平、平南等也有少量种植。在获取广西区域 2014 年度香蕉种植分布遥感信息基础上，对 2014 年广西香蕉种植面积进行遥感估算，结果约为 123 千公顷（图 2.11）。

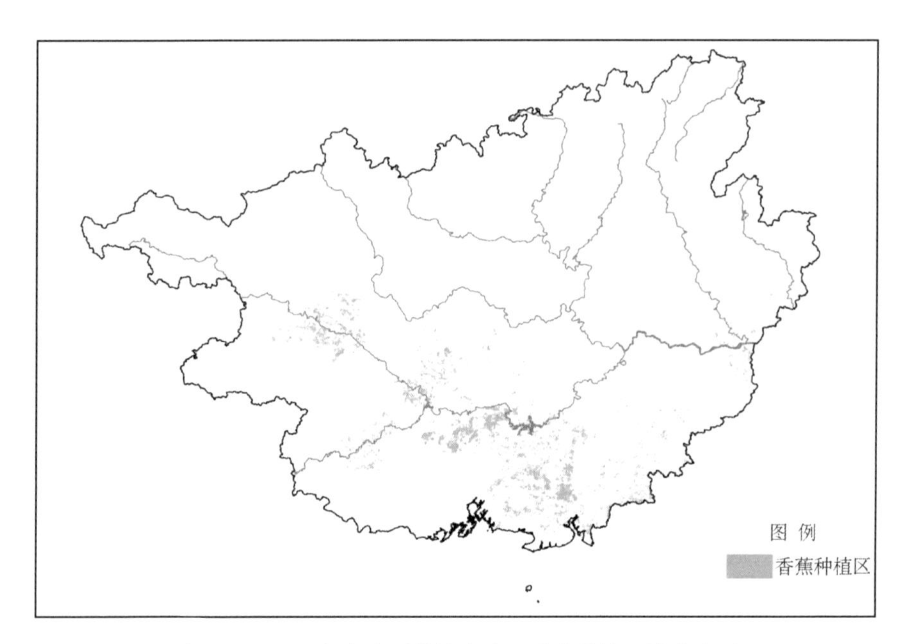

图 2.11 2014 年度广西壮族自治区香蕉种植区域分布图

(2)云南省

云南省是中国香蕉主要种植省(区)之一。根据所选取 2013 年 8 月至 2014 年 12 月期间多轨云南省晴空 FY-3、HJ-1、GF-1 等遥感资料,应用广西、广东湛江市等区域香蕉遥感监测样本训练区 *NDVI* 周年变化特征及香蕉野外光谱测量结果,采用最大似然法提取云南省香蕉种植分布信息。结果表明:2014 年云南省香蕉种植集中分布在红河流域的新平、元江、金平、河口、屏边和怒江流域的隆阳区、陇川、盈江、梁河、潞西、瑞丽以及澜沧江流域的西双版纳等热带和亚热带地区。在获取云南省 2014 年度香蕉种植分布遥感信息基础上,对云南省 2014 年香蕉种植面积进行遥感估算,结果约为 76.7 千公顷(图 2.12)。

(3)广东省

广东省是中国香蕉主要种植省(区)之一。多年来,广东省香蕉种植主要分布在粤西和粤西南的高州、化州、廉江、遂溪、徐闻、雷州等市、县,以及以中山市为代表的珠江三角洲地区等。根据所选取 2013 年 8 月至 2014 年 5 月期间多轨广东省晴空 FY-3、HJ-1、GF-1 等遥感资料,应用广西、广东湛江市等区域香蕉遥感监测样本训练区 *NDVI* 周年变化特征及香蕉野外光谱测量结果,采用最大似然法提取广东省香蕉种植分布信息,结果表明:2013 年、2014 年广东省香蕉主要种植在湛江市辖区和廉江、雷州、吴川、遂溪、徐闻,茂名市辖区和高州、化州、电白,江门市辖区和台山、开平、鹤山、恩平,阳江市辖区和阳春、阳西、阳东,中山市,潮州市辖区和饶平县等地。经 2014 年 5 月中旬对广东湛江雷州、遂溪等地连片香蕉种植调查、验证,遥感监测结果与实地种植情况完全相符。在获取广东年度香蕉种植分布遥感信息基础上,对广东 2014 年香蕉种植面积进行遥感估算,结果约为 144 千公顷(图 2.13)。

(4)海南省

在 2013 年 8 月至 2014 年 12 月期间,选取多轨海南区域晴空 GF-1 遥感资料作为研究对象。区域晴空遥感数据经过太阳高度角订正、投影变换和辐射校正后,根据广西区域香蕉遥感监测样本训练区 *NDVI* 周年变化特征,以及香蕉野外光谱测量结果,采用最大似然法提取海南省(未含三沙市,下同)香蕉种植分布遥感信息。提取结果表明:海南省各市、县均有香蕉种植,其中种植面积较大的有东方、儋州、昌江、乐东、白沙、澄迈、临高、三亚、保亭等市(县)。其中 2014 年海南省香蕉种植面积遥感估算约为 36 千公顷(图 2.14)。

图 2.12 2014 年度云南省香蕉种植区域分布图

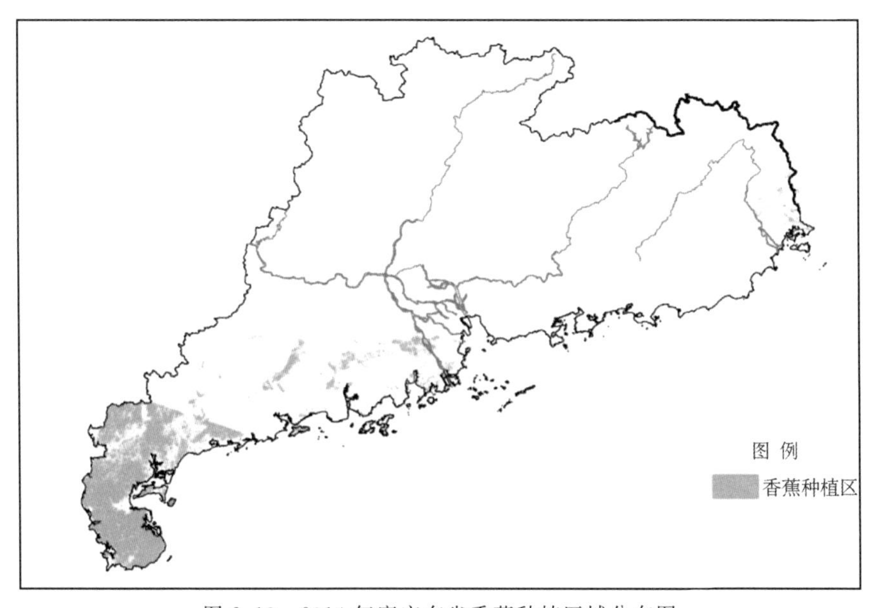

图 2.13 2014 年度广东省香蕉种植区域分布图

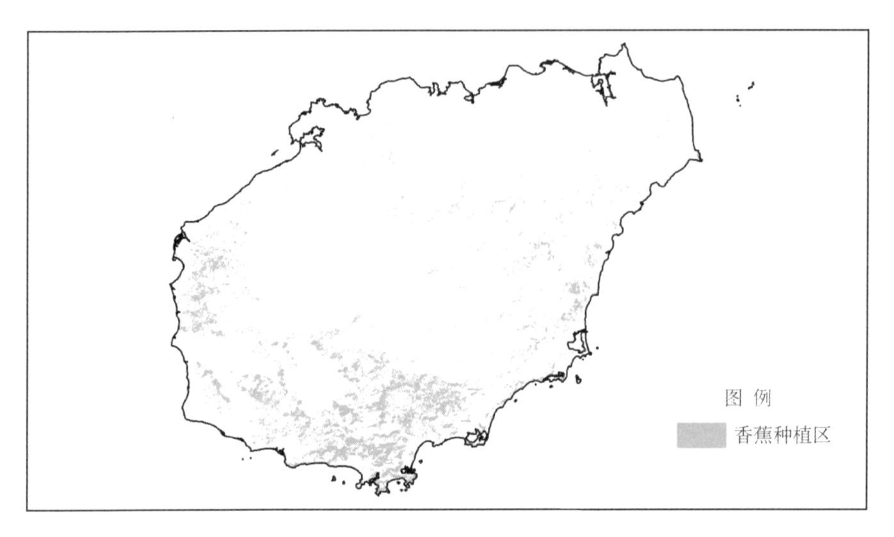

图 2.14　2014 年度海南省香蕉种植区域分布图

(5)福建省

在 2014 年 1—12 月期间，选取多轨福建区域晴空 GF-1 遥感资料作为研究对象。区域晴空遥感数据经过太阳高度角订正、投影变换和辐射校正后，根据广西区域香蕉遥感监测样本训练区 *NDVI* 周年变化特征，以及香蕉野外光谱测量结果，采用最大似然法提取福建省香蕉种植分布遥感信息。提取结果表明：2014 年福建省香蕉种植主要集中在漳浦、平和、南靖、长泰、诏安、华安、云霄、龙海、厦门、南安、莆田、漳州(天宝)和仙游等县(市、区)。在获取福建省 2014 年度香蕉种植分布遥感信息基础上，对福建省 2014 年香蕉种植面积进行遥感估算，结果约为 30 千公顷(图 2.15)。

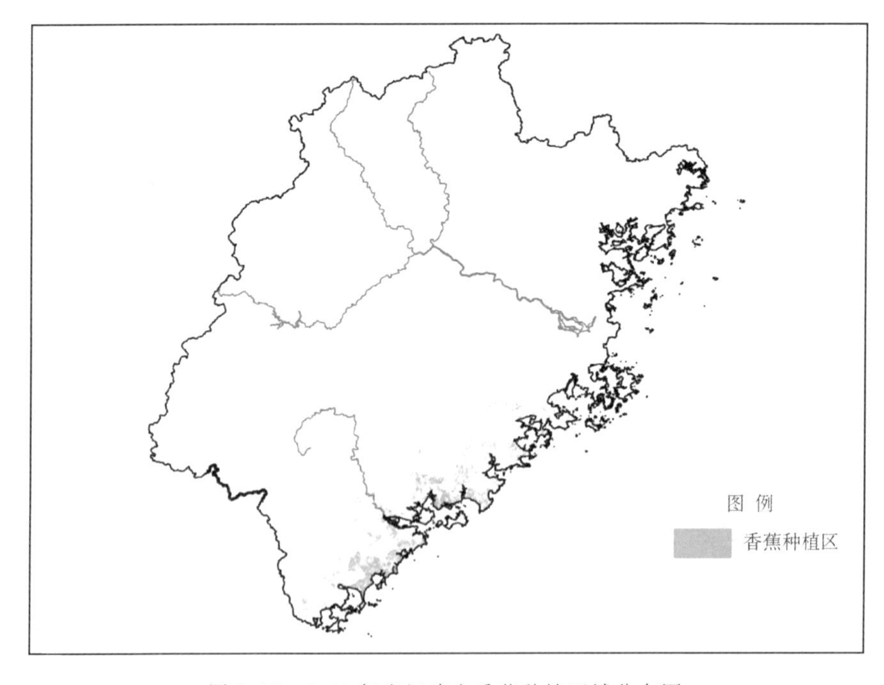

图 2.15　2014 年度福建省香蕉种植区域分布图

第3章　特色林果气候适宜性区划

3.1　农业气候适宜性区划的原则与方法

农业气候适宜性区划是根据对主要农业生物的地理分布、生长发育和产量形成有决定意义的农业气候区划指标，遵循气候分布的地带性和非地带性规律以及农业气候相似性和差异性原则，采用一定的区划方法，将某一区域划分为农业气候条件具有明显差异的不同等级的区域单元。做好农业气候适宜性区划不但能揭示不同地区农业气候的区域分异规律，阐明各个农业气候区的制约因素、现状特点、变化趋势和发展潜力，而且还可根据农业气候相似理论和地域分布规律，为合理配置农业生产、改进耕作制度以及引入和推广新产品等提供气候依据（王连喜等，2010）。

3.1.1　农业气候适宜性区划原则

农业气候适宜性区划的原则是制定区划方法、确定区划指标和建立区划系统的主要依据，郑景云等（2010）指出在气候变化背景下，各地的气候要素不断发生变化，另外随着社会经济的迅速发展，气候区划要满足新的需要，因此农业气候区划要遵循以下几个原则：

（1）地带性与非地带性相结合原则。气候的地域分异是由地带性因素和非地带性因素相互制约、共同作用形成的。因而在气候区划过程中，首先必须将地带性与非地带性有机地结合在一起，才能较为客观地反映出气候区域分异的本质。

（2）发生同一性与区域气候特征相对一致性相结合原则。在进行气候区划时不但要看同一级别区划单元内的气候特征是否相对一致，而且还必须从发生学的角度充分考虑其气候成因和变化过程是否相对统一，特别是现代气候成因与变化这一过程是否具有同一性。

（3）综合性和主导因素相结合原则。在综合考虑各个气候因子与气候区域组合构成要素的基础上，合理选择影响各级气候区的主导气候因子作为气候区划指标，将综合性和主导因素有机结合在一起是本区划遵循的一个重要原则。

（4）自上而下和自下而上相结合原则。自上而下原则指依据指标按层次划分温度带和干湿区；自下而上指根据各站点间气候指标值的相似度，结合自然地理单元的相对完整性，将各站点合并成气候区；最后将气候区与干湿区及温度带结合，形成统一的区划。

（5）空间分布连续性与取大去小原则。空间连续性原则要求气候区划结果中的各个气候区必须保持完整连续而不出现“飞地”，这对于进行自下而上的区域合并尤为重要。由于气候区域分异中的地带性特征往往会因非地带性的因素影响而遭破坏，因而在考虑空间连续性时，还必须根据区划空间范围的大小进行取舍，否则区划结果可能会极为破碎。

3.1.2 气候适宜性区划方法

3.1.2.1 农业气候适宜性区划方法

农业气候适宜性区划是遵循农业气候相似原理，采用一定的方法，划分出各个相同的和不同的农业气候区或区域单元。早期的农业气候区划一般采用重叠法（叠套法）和指示法（经验区划法），这两种方法都以定性研究为主，因此存在区划结果精度不高的问题。鉴于此，20 世纪 90 年代以后，越来越多的区划工作采用了数理统计方法进行分区，农业气候区划也由定性研究阶段转向了定量研究阶段。目前，农业气候区划常用的方法有模糊数学法、灰色系统关联分析和数理统计分区等方法。

根据农业生产实践中的经验对各指标直接分级，处于相同级别的地区被划分在同一类区划单元上，这种指标分级法是农业气候区划定性研究的主要方法之一。如冯晓云和王建源(2005)选用干燥度指数 K 作为气候区划的指标，并定义 $K<1.0$ 为湿润区，$1.0\leqslant K<1.5$ 为半湿润区，$K\geqslant1.5$ 为半干燥区，以此分级标准进行一级气候区划，并按相同的方法进行二级、三级气候区划。权维俊等(2007)则采用专家分类器方法对北京市的京白梨种植区进行了农业气候区划。专家分类器是在遥感分类中使用较广泛的一种基于规则的分类方法，是模拟人类组合各种带有因果关系知识进行推理并得出结论的一种思维过程。该方法能充分地将专家的知识、经验和科研成果应用到农业气候区划中，从而得到较客观和全面的区划结果。但其精度在很大程度上受专家知识的限制，参与专家分类器的变量（因子）也很重要。

指标分级方法虽然操作简单，易于推广，但分级标准过于机械，对分级人员的经验和知识有很大的依赖性，主观性较强。在认识到该方法的优缺点后，许多学者开始使用数理方法进行农业气候区划，取得了很好的效果。此类农业气候区划方法主要包括以下几种：

（1）聚类分析法

聚类分析法是一种对事物进行分类的方法，该方法能使同类中各事物具有相同的特性，而在类与类之间有比较显著的差异。该方法与农业气候区划进行单元分类的目标相吻合，因此是农业气候区划中应用最广泛的一种方法。

在农业气候区划中有多种聚类分析法出现。如乔丽等(2009)选取主要气候变量、地质土壤类型、水文等 10 个影响陕西省生态环境干旱的因子，利用 K-均值聚类分析和系统聚类分析相结合的方法，对陕西省生态环境干旱区划进行了研究，结果表明：采用生态因子和干旱因子相结合的聚类分析方法能够充分地体现“陕西省生态农业干旱”的空间分布特征。陈同英(2002)运用“星座”聚类分析方法探讨县级气候区域划分，取得了与实际自然环境相吻合的结果。

另外，有学者将聚类分析法与其他分析方法综合运用，对聚类分析法进行了完善。如丁裕国等(2007)从理论上分析并证明统计聚类检验（CAST）与旋转经验正交函数或旋转主分量分析（REOF/RPCA）用于气候聚类分型区划的关联性。由此提出 CAST 与 REOF/RPCA 相结合的一种分型区划方法，并用仿真随机模拟资料和实例计算验证了理论与实际结果的一致性，从而证实了这种分型区划方法的有效性及其优点。高永刚等(2007)结合 WOFOST 作物生长模型，采用动态聚类分析方法，将黑龙江省马铃薯可能种植区划分为 9 类气候栽培区。

（2）模糊数学法

模糊数学法也是进行事物分类研究的常用方法，在农业气候区划工作中也是常见的一种方法。如王连喜(2009)曾尝试采用模糊数学中的软划分方法,利用3—9月的降水、平均气温、日照时数、干燥度及≥10℃积温作为分类指标对宁夏全区进行分类,得到了与以往区划结果基本一致,但又有所区别的分区结果。胡兴宜等(2008)运用模糊数学方法,将湖北省南方型杨树引种栽培区划分为最适宜区、次适宜区和不适宜区,并推荐各区的适栽品种。另外,刘依兰和边巴扎西(1997)、王燕(2000)则分别运用模糊聚类分析方法对不同区划指标进行了分析,完成了相应的农业气候区划工作,取得了很好的效果。

(3)灰色系统关联分析法

灰色系统关联分析法的基本思路是:首先,根据所研究问题选择最优指标集作为参考数列,将各种影响因素在各个评价指标下的价值评定值视为比较数列;然后,通过计算各因素与参考数列的关联系数和关联度来确定其相似程度;最后,在对各种影响因素进行综合分析和评价的基础上,进行影响因素的逐步归类分区。陈同英(2002)选取了年平均气温、≥10℃积温以及年降水量3个指标,运用灰色关联分析方法判定3因子在区划中的主次关系,获得了更趋合理的区划结果。

(4)其他数理方法

除上述两种方法外,学者们还尝试用其他数理方法进行农业气候区划,丰富了该领域的研究手段。如梁平等(2008)选用欧几里德贴近度法进行黔东南州太子参气候适宜性分区,结果令人满意。杨凤瑞等(2008)利用加权的逼近理想解排序法(DTOPSIS法)对内蒙古中西部农业气候资源进行综合评估,通过计算各站气候要素指标与理想解的接近度即关联度(C_i值),按C_i值的大小来确定农业气候资源配置的优劣,取得的结果很好地实现了区划的目标。康锡言等(2007)还探讨了因子分析方法在农业气候区划建立模型中的适用范围,指出当自变量与因变量线性相关较差,且公共因子代表的主要自变量与因变量的相关系数相差较h,适宜建立因子回归模型;反之则不适宜建立因子回归模型。

3.1.3 GIS在农业气候适宜性区划中的应用

GIS起源于20世纪60年代,是一门属于高新技术领域里的交叉学科。它是以地理空间数据库为基础,采用地理模型分析方法,适时提供多种空间的和动态的地理空间信息。陆魁东(2011)指出随着GIS技术和气候资源小网格技术的广泛应用,精细化农作物区划研究和应用越来越广泛。在国外,GIS应用起步较早,应用较为广泛(Patel et al,2000;Bemardi,2001;Greets et al,2006)。Rad等(2003)指出以GIS技术为支撑,将GIS的空间分析功能与传统区划方法相结合,进行农业气候专项规划和农业气候综合规划,为当地农业生产决策提供可靠的依据。马晓群等(2003)指出随着中国气象局"第三次农业气候区划"项目在各省(区)的逐步深入实施,目前GIS在农业气候资源的应用上已从最初的绘制农业气候资源分布图和空间数据库的查询,发展到以图形及数据的处理、精细分析等为工作重点的阶段。

(1)气候要素细网格化

农业发展不断地精细化,大尺度的农业气候区划已经不能满足其需求。通过GIS将气候要素内插或推算到一定空间分辨率的细网格点上,高清晰地再现气候资源的空间分布特征,可以很好地解决观测站点稀疏,不足以精确反映整个空间气候状况的问题,实现气象要素的面域化。肖秀珠等(2007)对福建省长汀县的烤烟进行区划时,结合100 m×100 m网格点上的地理信息资料绘出可精确到村一级的区划图。陆魁东等(2008)采用GIS细网格插值,推算了湖南省烟叶生长期内主要气候因子的细网格地域分布，结合烟草种植区划指标，对该省进行烟草气候生态区划并取得了很好的效果。黄淑娥等(2001)利用 GIS 对江西万安县脐橙种植区进行综合区划，使气候区划朝综合规划的方向发展，结果更直观、实用、操作性更强，区划空间分辨率达到了 30 m。苏永秀等(2003)也提出了应用 GIS 技术开展县级农业气候区划的新思路、新方法和具体步骤。

另外，裴浩等(2000)将遥感手段和气象卫星资料与 GIS 技术相结合、魏丽等(2002)应用气候指标垂直变化模型和 DEM 模型、何燕等(2006)利用建立的气候区划指标的空间推算模型(含经度、纬度、海拔)，分别进行了相应的农业气候区划研究，提高了气候区划的功效和质量。

(2)区划成果数字化

孙志敏等(2010)指出，将 GIS 技术与传统区划方法相结合分析农业气候资源，可以充分考虑影响农业气候的各种因素，建立气候资源的空间模型。朱琳等(2007)选取陕南商洛地区适当的农业气候区划及垂直分层指标，结合 GIS 空间分析及制图功能，采用模糊综合评判方法，实现山区农业气候垂直分层。范雄等人(2003)指出可以使海量的数据信息化，节省人力物力，提高分析精度和效率，利用 GIS 技术制作的区划立体图更加直观实用。

(3)提供信息服务

郭兆夏等(2004)针对商州市农业气候区划工作，利用 GIS 技术生成气候资源、专题气候区划数字图像及其他多种媒体数据建立了商州市地理背景、气候资源、专题区划、气象灾害四个图像数据库，并实现对各类数字图像属性数据的查询和统计。李志斌等(2007)在 GIS 平台基础上融入预测模型和专家系统以及信号识别系统，建立了耕地预警信息系统，可以直观地反映耕地质量和数量的动态变化。张旭阳等(2009)则利用 GIS 技术可以将气候数据库、调查实验数据库、专家数据库等有效结合起来，建立农业气候区划信息系统，进行一般的查询、分析、统计和计算等数据库操作，为人们提供信息服务。

3.2 橡胶树气候适宜性区划

橡胶树是原产于南美亚马孙流域的多年生木本经济作物。原产地属热带雨林气候，全年气温高而稳定，年平均气温约 26℃。年雨量丰富且分布均匀，全年雨量在 2000～2700 mm。热带雨林风速较小，一般不超过 2 级，没有台风影响。橡胶树在这样的气候环境下生长，表现出了喜高温、高湿、静风等的一些生理特征。

中国橡胶树种植区主要分布在海南、云南和广东三个省份。从宏观地理环境条件来看，这些地区具有大面积种植橡胶树的可能性，而且已经为生产实践所证实。但这些地区具有明显的季风气候特征，与橡胶树原产地的气候有一定的差异。冬季的寒潮冷空气容易南侵造成部分植胶区的低温冷害，而海南和广东沿海地区的台风也会使橡胶树遭受风害。因此根据橡胶树生长、发育和形成产量对气候条件的要求对橡胶树种植地的气候条件进行种植气候适宜性区划是很有必要的，也是橡胶树可种植区域选择的前提条件。

3.2.1 橡胶树气候适宜性区划指标

根据橡胶树生长发育特点和中国橡胶树种植区气候特征，选取年平均气温、1 月平均气温、年降水量和年平均风速4个指标作为中国橡胶树种植气候适宜性区划指标(表3.1)。

表3.1 橡胶种植气候适宜性区划指标

区划指标因子	最适宜	适宜	次适宜	不适宜
年平均温度(℃)	≥20	19～20	18～19	<18
1月平均温度(℃)	≥15	12～15	10～12	<10
年降水量(mm)	≥1800	1300～1800	1000～1300	<1000
年平均风速(m/s)	<2.0	2.0～2.5	2.5～4.0	≥4.0

3.2.2 结果与评述

3.2.2.1 综述

根据橡胶树种植气候适宜性区划指标,可将橡胶树种植区域划分为最适宜区、适宜区、次适宜区和不适宜区4个区域。其中,最适宜区包括:云南省勐腊县中部和西部、景洪市南部,江城县东南部、孟连县西南部、西盟县西部、金平县南部和屏边县南部以及海南省儋州南部、白沙东部、琼中大部、乐东中部、五指山东部、万宁中部和屯昌西南部等地区;这些地区气候特点是热量条件较好、雨水充沛、橡胶树越冬条件优越,割胶期长,能获得较高的产量。

适宜区包括:云南省勐腊县大部、景洪市大部和勐海县局部,西盟县、孟连县、澜沧县、江城县、普洱县、景谷县和金平县等地海拔相对较低的坝区和坡地,屏边县南部、元阳县中部,文山州马关县南部,临沧市镇康县中部、耿马县西部、沧源县局部,保山市昌宁县西南部的局部地区,瑞丽市南部、盈江县西南部边缘、芒市西南部等地区,海南省澄迈县南部、定安县、文昌市南部、美兰区南部、琼海市、屯昌县大部、保亭县、乐东县大部和昌江县中部等地区,以及广东省信宜市、阳春市、阳西县西部、电白县大部和廉江市等地区。这些地区水热条件良好,适宜橡胶树生长,橡胶树基本能安全越冬。

次适宜区包括:云南省勐海县中部和景洪市北部、屏边县中部、马关县中部、麻栗坡县中部、耿马县中部、镇康县北部、盈江县南部、陇川县西南部和梁河县西南部等地区,海南省陵水县东部沿海、临高县中部、乐东县西部、昌江县中部、东方县东部、澄迈县北部、美兰区南部和文昌市北部的部分地区,以及广东省高州市大部、阳东县西部、阳西县中部、化州市大部、吴州市、廉江市南部、赤坎区和徐闻县大部等地区。这些地区水热条件尚可,基本适宜橡胶树生长,橡胶树越冬期易遭受低温寒害影响,个别地区风害影响较为严重。

不适宜区包括:云南省境内哀牢山以西25°N以上地区、哀牢山以东23°N以上地区和海拔在600 m以上的地区,海南省东方县西部、临高县北部、美兰区北部和陵水县东南部等地,以及广东省雷州市、高州市中部、阳西县东南部、阳东县东南部和阳春市以东和以北的大部地区。这些地区冬季平均温度低,易遭受低温寒害影响,橡胶树越冬条件差,同时部分地区受热带气旋影响较大,橡胶树保存率低,气候条件不利于橡胶树的正常生长。

3.2.2.2 分省评述

(1)云南省

1)最适宜区

云南省橡胶树种植的气候最适宜区主要分布在西双版纳州勐腊县中部和西部、景洪市南部,普洱市江城县东南部、孟连县西南部、西盟县西部,红河州金平县南部和屏边县南部地区。

这些地区年平均气温和1月平均气温均较好地满足了橡胶树生长发育的需求，年降水量在1800 mm以上；常年风速相对较小，年平均风速在2.0 m/s以下(图3.1)。

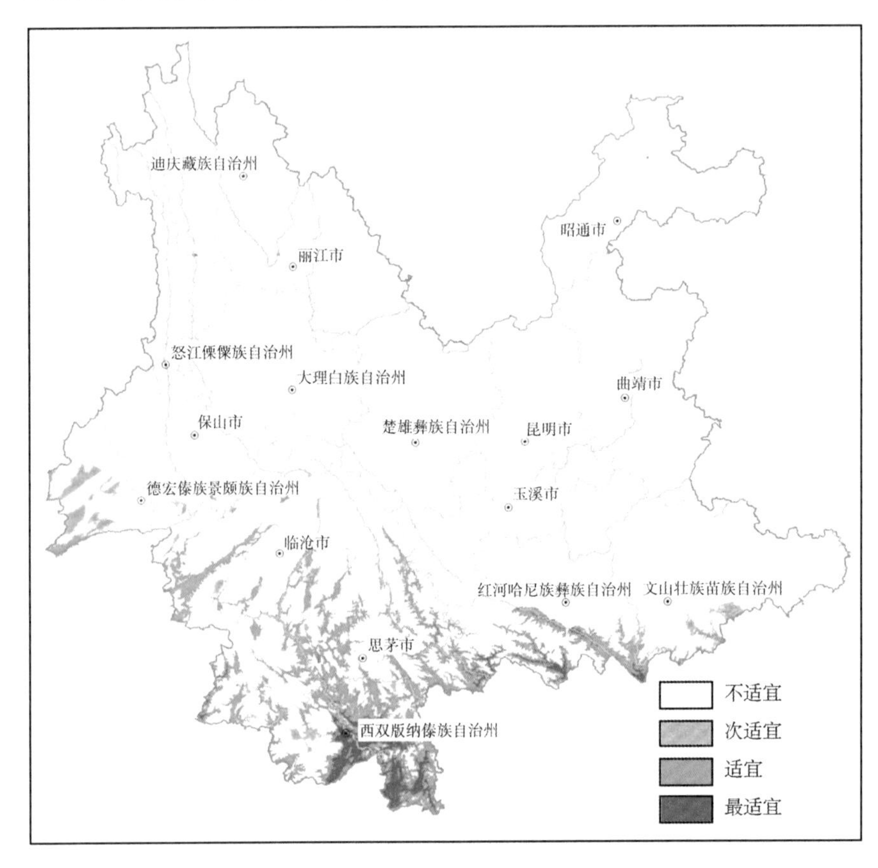

图3.1　云南省橡胶树种植气候适宜性区划图

2)适宜区

云南省橡胶树种植的气候适宜区主要分布在西双版纳州勐腊县大部分地区、景洪市大部分地区和勐海县局部地区，普洱市西盟县、孟连县、澜沧县、江城县、普洱县、景谷县和金平县等海拔相对较低的坝区和坡地，红河州屏边县南部、元阳县中部，文山州马关县南部，临沧市镇康县中部、耿马县西部、沧源县局部，保山市昌宁县西南部的局部地区，德宏州瑞丽市南部、盈江县西南部边缘、芒市西南部等地区。这些地区年平均气温、1月平均气温和年降水量均能满足橡胶树生长发育的需求。

3)次适宜区

云南省橡胶树种植的气候次适宜区主要分布在西双版纳州勐海县中部和景洪市北部，红河州屏边县中部，文山州马关县中部、麻栗坡县中部，临沧市耿马县中部、镇康县北部，德宏州盈江县南部、陇川县西南部和梁河县西南部等地区。这些地区的年平均气温和1月平均气温基本能满足橡胶树生长需求；但在哀牢山以东的次适宜区处于冬季冷空气侵袭路径，橡胶树易遭受平流型寒害影响，哀牢山以西的次适宜区因纬度或海拔相对较高等原因，橡胶树易遭受辐射型寒害影响。

4)不适宜区

云南省橡胶树种植的气候不适宜区主要分布在哀牢山以西 25°N 以上地区、哀牢山以东 23°N 以上地区和海拔在 600 m 以上的地区。这些地区因海拔或纬度较高，冬季平均温度低，且易遭受低温寒害影响，不利于橡胶树安全越冬。

(2)海南省

1)最适宜区

海南省橡胶树种植的气候最适宜区主要分布在儋州南部、白沙东部、琼中大部分地区、乐东中部、五指山东部、万宁中部和屯昌西南部等地区。这些地区年平均温度均在 20℃以上，热量条件较好，越冬条件优越，降水丰沛，气候条件适宜橡胶树生长；常年风害影响较小，但仍然会受到台风的侵袭，使橡胶树出现断干、倒伏(图 3.2)。

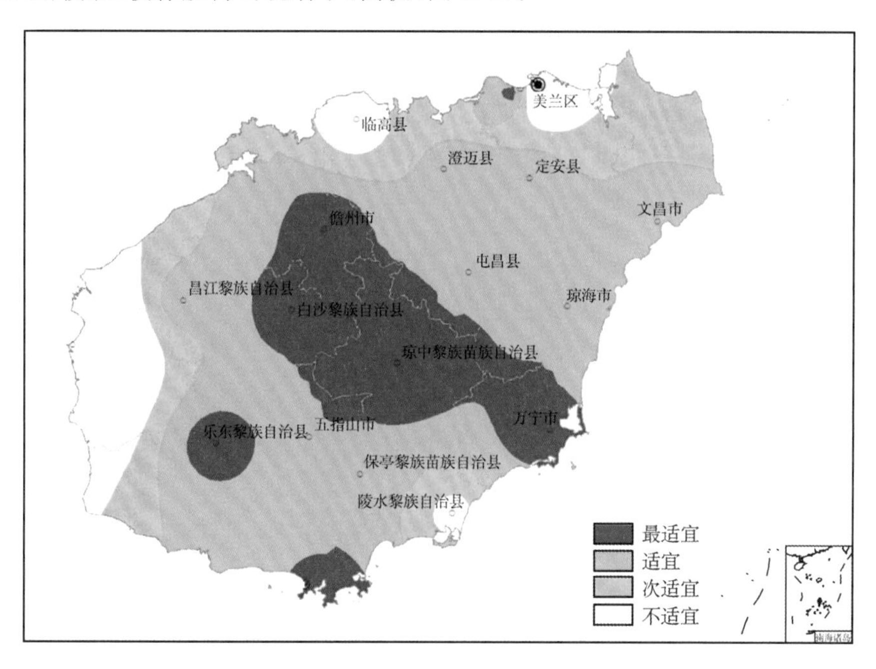

图 3.2　海南省橡胶树种植气候适宜性区划图

2)适宜区

海南省橡胶树种植的气候适宜区主要分布在澄迈县南部、定安县、文昌市南部、美兰区南部、琼海市、屯昌县大部分地区、保亭县、乐东县大部和昌江县中部等地区。这些地区年平均温度均在 20℃以上，热量条件较好，越冬条件优越，降水丰沛，气候条件适宜橡胶树生长；但热带气旋对该区影响比较多，在一定程度上影响了橡胶树生长。

3)次适宜区

海南省橡胶树种植的气候次适宜区主要分布在陵水县东部沿海、临高县中部、乐东县西部、昌江县中部、东方市东部、澄迈县北部、美兰区南部和文昌市北部的部分地区。这些地区年平均气温和 1 月平均气温均能满足橡胶树生长，但部分地区年降水量不足 1300 mm，成为限制这些地区橡胶树种植的主要因素；同时临高县干旱重，常年风大，限制了该地区橡胶树种植；热带气旋对该区影响也比较多，在一定程度上影响了橡胶树的正常生长。

4)不适宜区

海南省橡胶树种植的气候不适宜区主要分布在东方县西部、临高县北部、美兰区北部和陵水县东南部等地。这些地区容易受到热带风暴的影响,导致橡胶树体断枝和倒伏,且靠近沿海常年风较大,不利于橡胶树正常生长和产胶。

(3)广东省

1)适宜区

广东省橡胶树种植的气候适宜区主要分布在信宜市、阳春市、阳西县西部、电白县大部分地区和廉江市等地区。这些地区水热条件基本能满足橡胶树的生长和产胶的要求,但部分地区越冬条件较差,且热带气旋对当地橡胶树种植影响较大(图 3.3)。

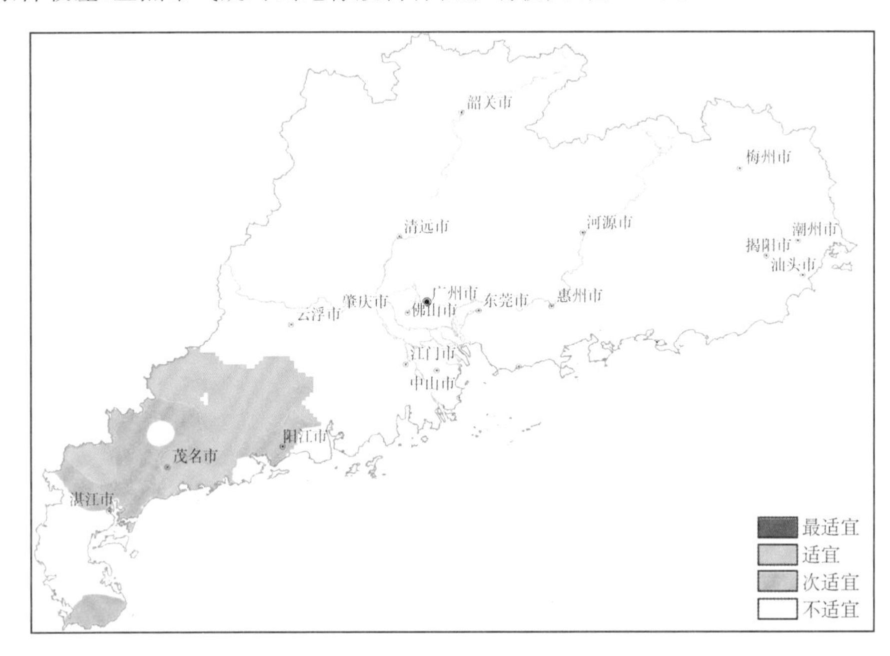

图 3.3 广东省橡胶树种植气候适宜性区划图

2)次适宜区

广东省橡胶树种植的气候次适宜区主要分布在高州市大部分地区、阳东县西部、阳西县中部、化州市大部分地区、吴州市、廉江市南部、赤坎区和徐闻县大部分地区等地区。这些地区水热条件基本能满足橡胶树生长需求,但受寒潮南下影响较大,橡胶树越冬条件相对较差,同时热带气旋对该区影响较大,橡胶树易出现断枝和倒伏。

3)不适宜区

广东省橡胶树种植的气候不适宜区主要分布在雷州市、高州市中部、阳西县东南部、阳东县东南部和阳春市以东和以北的大部分地区。这些地区受寒潮和热带气旋影响较大,橡胶树越冬条件差,同时部分地区受热带气旋影响较大,橡胶树保存率低,气候条件不利于橡胶树的正常生长。

3.3 香蕉气候适宜性区划

3.3.1 香蕉气候适宜性区划指标

香蕉种植适宜性气候区划是根据香蕉的气候指标编制的农业气候区划。在中国香蕉主要种植省(区)中,香蕉大田生产习惯保留吸芽作为第二茬、甚至第三茬生长苗,以减少生产成本,同时起到缩短果实采收周期的作用,进而达到香蕉种植经济效益的最大化。因此,在香蕉大田生产中同一时期香蕉的各个发育期并存,而不同的发育期对温度等气象要素的要求不尽相同。考虑到香蕉原产热带、亚热带地区,喜温喜湿,忌低温干旱,尤其是生殖生长和果指灌浆充实期更忌低温、霜冻灾害。对未采取套袋保护的香蕉果实而言,要求日平均气温在12℃以上,日平均气温≤8℃时,果实失去食用价值;而对处于营养生长期的香蕉而言,当日平均气温≤5℃时,可能遭受不同程度冷害、寒害影响。因此,在生产上多以日平均气温10℃作为香蕉生长的临界温度,日均温≥10℃的活动积温反映香蕉生长期间热量状况,年平均气温和年降雨量分别反映香蕉全年的热量和水分状况,年极端最低气温和日平均气温≤8℃持续天数可反映香蕉越冬期间热量条件的优劣。因此,根据香蕉对生态气候条件的要求,参考前人的研究成果,并结合中国大陆地区各省(区)香蕉大田栽培的实际情况,选择年平均气温、年降雨量、≥10℃活动积温、年极端最低气温和日平均气温≤8℃连续天数等5个影响香蕉生产的主要气候因子,作为划分香蕉适宜种植区的生态气候区划指标。具体指标见表3.2。

表3.2 香蕉气候适宜性区划指标

区划因子	最适宜区	适宜区	次适宜区	不适宜区
年平均气温(℃)	≥22	21～22	20～21	<20.0
稳定通过10℃的积温(℃·d)	≥7000	6500～7000	6000～65000	<6000
年极端最低气温平均值(℃)	≥3.5	2.0～3.5	0.0～2.0	<0.0
日均温≤8℃的持续天数(d)	≤3	4～6	7～9	≥10
年降雨量(mm)	≥1500	1300～1500	1100～1300	<1100

3.3.2 结果与评述

3.3.2.1 综述

参照香蕉气候适宜性区划指标,分别收集中国大陆地区常年种植香蕉的省(区)历年气候资料,运用ARCGIS软件,构建中国大陆地区香蕉主产省(区),即福建、广东、海南、广西、云南等华南、西南区域250 m×250 m网格点,并根据格点的地理坐标信息,结合各省(区)气候差异特点按省级行政分区,选取各省(区)管辖县级气象台站1981—2010年气候资料为样本,遵循香蕉适宜种植区的生态气候区划指标,分别统计各气象台站逐年平均气温、稳定通过10℃的积温、年极端最低气温、年日均温≤8℃的持续天数、年降雨量等气候要素。在此基础上,应用数理统计学中的多元线性回归分析方法,构建各气候要素值与气象台站对应的经度、纬度、海拔高度、坡度、坡向等数据的降尺度模型若干个,从中选取通过信度检验且回代效果最好的模型,并以此推算省级区域任意格点的气候要素值。

根据省级区域任意格点的气候要素值，结合香蕉适宜种植区的生态气候区划指标进行聚类分析，然后根据聚类分析结果与各香蕉主产省（区）常年种植分布区域进行对比分析，分别确定、并最终编制中国大陆地区及各省（区）香蕉种植气候适应性区划图（图 3.4）。从图 3.4 可以看出，中国大陆地区香蕉最适宜、适宜、次适宜和不适宜种植区大致呈纬向分布，华南沿海区域及云南省滇西南的西双版纳热带气候区为最适宜区，由此向北逐渐向适宜、次适宜、不适宜区过渡。

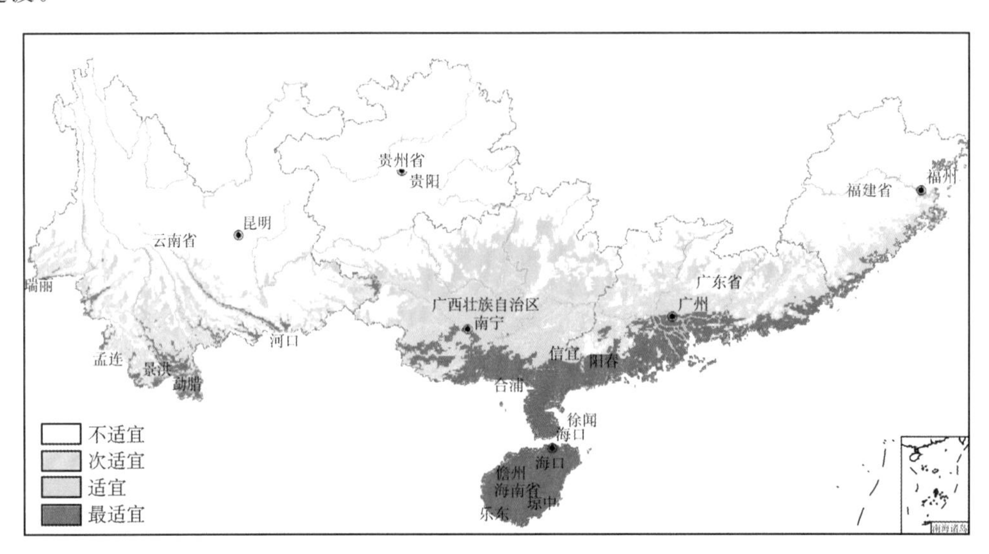

图 3.4　南方五省（区）香蕉种植气候适宜性区划图

（1）最适宜种植气候区：本区域主要分布是海南省及广东省的湛江、茂名、阳江、江门、中山、珠海；广西壮族自治区的龙州、凭祥、宁明、灵山、浦北等县的部分区域以及东兴、防城、钦州、合浦、北海、博白等县市；云南省的西双版纳和元江——红河河谷地带等地；福建省的诏安、云霄、漳浦、东山等县市。该区年平均气温 22～25.5℃，≥10℃活动积温 7000～8499 ℃·d，最冷月平均气温 14～20.7℃，年极端最低气温平均值 3.6℃以上，日平均气温≤8℃连续天数 3 d以下，年降雨量 1500～2700 mm。总之本区热量丰富，日照、雨量充足，冬季气候温暖，越冬气象条件佳，出现寒（冻）害的概率很小，利于香蕉高产稳产优质，可建立大面积的优质生产基地，以充分利用该区优越的气候资源，提高蕉农经济效益。该区不利的气候条件是，除云南省热作区外，华南沿海地区时常出现台风天气，对香蕉造成机械损伤，甚至影响外观和产量；因此沿海地区应注意重点防御台风，可选择避风良好的小地形环境建立蕉园，或营造防风林和选择抗风性能较强的矮壮品种。

（2）适宜种植气候区：本区主要包括广东省的茂名市的信宜市部分乡镇，云浮市辖区和新兴、云安，肇庆市辖区和高要、四会、广宁、封开、德庆，广州市的增城、从化，河源市辖区和紫金、东源，揭阳市辖区和惠来、揭东、揭西，潮州市辖区和潮安、饶平，清远市辖区和英德、清新等地；广西壮族自治区的右江河谷和大新、隆安、南宁、邕宁、横县、玉林、陆川等县市以南及最适宜区北界以北的大部地区，以及桂平、上林、大化、都安等县的局部区域；云南省的文山州的富宁县剥隘、谷拉两乡镇中部、西部和麻栗坡、马关两县南部乡镇最适宜区稍偏北地域；元江至红河流域河谷相对偏高一些的地区，即海拔高度比玉溪市辖县—元江县的元江河谷一线：红河州的红河、元阳、金平、屏边、河口五县沿红河河谷一线最适宜种植区稍高的区域，绿春、金平两县中部；以及海拔高度相对普洱市的江城、澜沧、孟连、西盟四县最适宜种植区局部和临沧市的镇康、双江、耿马、沧源等县河谷最适宜种植地带稍高的区域；德宏州的潞西、梁河、盈江、陇川等县(市)谷地或坝区；福建省的漳州市辖区及云霄、长泰、南靖、华安、龙海大部分地区，诏安、东山、漳浦等县北部，厦门市辖区；泉州市辖区、惠安、晋江、南安；莆田市辖区、湄洲县等地。该区年平均气温 21～23℃，≥10℃活动积温 6500～8000 ℃·d，最冷月平均气温 12～14℃，年极端最低气温平均值 2.0～3.5℃，日均温≥8℃连续天数 4～6 d，年降雨量 800～2500 mm。该区热量条件虽不及最适宜区，极少数年份越冬期出现寒、冻害，但寒、冻害轻，越冬条件仍良好，光热条件较理想，雨量较充沛，能满足香蕉生长发育需要，可建立较大面积的香蕉生产基地。但广西西部地区，以及云南各地有时出现干旱，因此应选择耐旱品种为主，并建立科学合理的排灌系统，以避免或减轻干旱危害，提高香蕉产量和品质。此外，该区仍应做好越冬期的寒、冻害防御工作。

(3)次适宜种植气候区：本区主要包括广东省的肇庆市的怀集县南部，清远市辖区和英德大部分地区，韶关市辖区和新丰县，河源市的龙川、东源两县大部分地区，梅州市的兴宁、五华两县大部分地区，平远、蕉岭两县局部，丰顺县南部，梅州市辖区和兴宁、梅县、大埔、丰顺、五华等县大部分地区，潮州市辖区北部；广西壮族自治区的苍梧、藤县、平南、桂平、贵港、宾阳、上林、武鸣等县以南和适宜区北界以北的大部分地区，以及右江河谷适宜区的边缘局部区域；而云南省香蕉次适宜种植区分布破碎、零散，多为适宜种植区的外延区域，且外延区域多局限于海拔高度比适宜种植区高100～150 m，或者纬度稍偏北的区域；福建省的漳州市平和西南部，泉州市的安溪、永春、德化、石狮，龙岩市辖区、上杭、武平、永定；莆田市辖区、仙游、湄洲；福州市辖区、永泰、福清、长乐、平潭、闽侯、连江、罗源、闽清等地大部分地区；宁德市辖区局部。该区年平均气温 20～22℃，≥10℃活动积温 6000～7000 ℃·d，最冷月平均气温 10～12℃，年极端最低气温平均值 0～2.0℃，日平均气温≤8℃连续天数 7～9 d，年降雨量 1100～2000 mm。总之本区光热条件比适宜区差，水分条件一般，越冬条件不理想，寒、冻害出现频率相对较高，且越往北寒、冻害越重，容易导致香蕉产量波动和品质下降。该区不宜大面积发展香蕉生产，可选择气候温暖的小气候环境零星种植，且须重视和加强寒、冻害的防御，如选用耐低温及受冻后恢复较快的香蕉品种；采用施草木灰、厩肥等热性肥料，促进蕉株生长，增强抗寒能力；或霜冻前灌水增强耐低温能力，并采取套袋或稻草覆盖等保温防寒防冻措施，以防寒、冻害造成的损失。

(4)不适宜种植气候区：本区主要包括广东省的韶关市的乐昌、南雄、始兴、仁化、翁源、乳源，梅州市的平远、蕉岭两县大部分地区，兴宁县西北部，丰顺县北部，五华县东部等地，河源市的和平、连平两县大部分地区，龙川县北部，肇庆市的怀集县北部，广宁县中、北部，茂名市的信宜局部等地；广西壮族自治区的苍梧、藤县、平南、桂平、贵港、宾阳、上林、武鸣、隆安、大新等县以北(右江河谷除外)的大部分地区，以及桂北和桂中北部；云南省的昆明市辖区及安宁、呈贡、晋宁、富民、宜良、嵩明、石林、禄劝、寻甸；曲靖市辖区及宣威、马龙、陆良、师宗、罗平、富源、会泽、沾益；玉溪市辖区及江川、澄江、通海、华宁、易门、峨山、新平；保山市辖区及施甸、腾冲、龙陵、昌宁；昭通市辖区、鲁甸、巧家、盐津、大关、永善、绥江、镇雄、彝良、威信、水富；丽江市辖区及永胜、华坪、玉龙、宁蒗、思茅市辖区、普洱、墨江、景东、景谷、镇沅；临沧市辖区和凤庆、云县、永德、镇康、双江、耿马、沧源；文山州的文山、砚山、西畴、马关、丘北、广南；红河州的蒙自、个旧、开远、建水、石屏、弥勒、泸西；楚雄州的楚雄、双柏、牟定、南华、姚安、大姚、永仁、元谋、武定、禄丰；大理州的大理、祥云、宾川、弥渡、永平、云龙、洱源、剑川、鹤庆、漾濞、南涧、巍山；怒江州的泸水、福贡、贡山、兰坪；迪庆州的香格里拉、德钦、维西等地；福建省的三明市辖区、明溪、清流、宁化、大田、尤溪、沙县、将乐、泰宁、建宁、永安；南平市辖区、武夷山、建阳、建瓯、邵武、浦城、松溪、政和、光泽、顺昌；龙岩市辖区、长汀、连城、漳平；宁德市辖区大部和福安、福鼎、霞浦、寿宁、周宁、柘荣、古田、屏南等地。该区热量明显不足，寒、冻害出现频率高且灾害严重，越冬气象条件差，不利于香蕉正常生产，在该区栽培香蕉经济价值很低，不应盲目种植。

3.3.2.2 分省评述

(1)广东省

根据广东省125个县、市级气象站点1981—2010年的气候资料，以及基于“3S”技术构建的广东区域250 m×250 m格点降尺度气候回归模型模拟结果，结合香蕉种植气候适宜性气候区划指标，采用聚类分析与广东湛江市辖区、县香蕉常年种植分布区域进行对比分析法，最终确定并绘制出广东省香蕉种植气候适应性区划图(图3.5)。其分区结果如下：

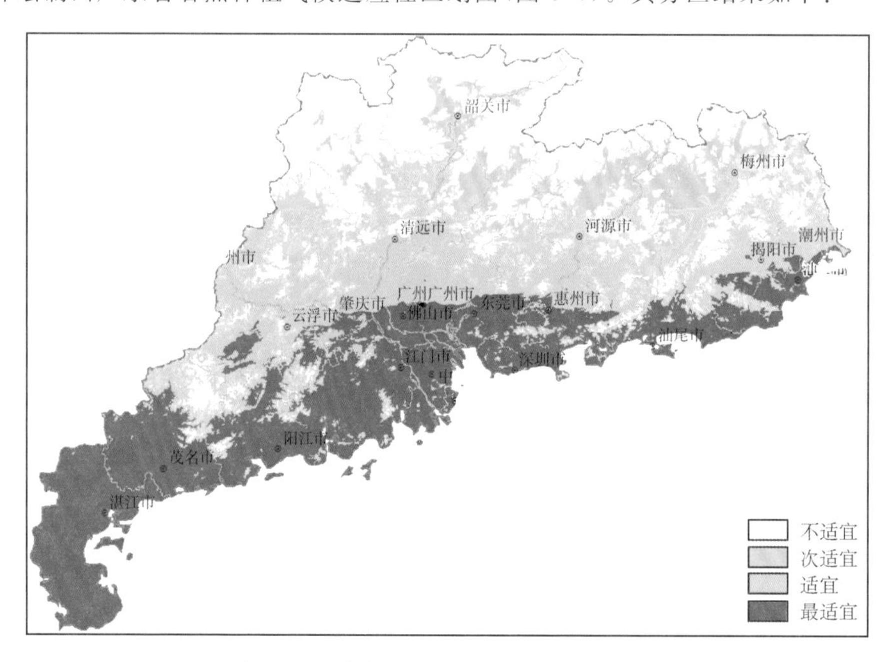

图3.5 广东省香蕉种植气候适宜性区划图

1)最适宜种植气候区：本区包括湛江市辖区和廉江、雷州、吴川、遂溪、徐闻，茂名市辖区和高州、化州、电白，江门市辖区和台山、开平、鹤山、恩平，阳江市辖区和阳春、阳西、阳东，佛山、广州、深圳、珠海、中山五市市辖区，云浮市的罗定，揭阳市的普宁，惠州市辖区和惠东、惠阳，汕尾市辖区和陆丰、海丰、陆河，汕头市辖区和南澳等地。该区年平均气温22～24.8℃，≥10℃活动积温7000～8510 ℃·d，最冷月平均气温13.5～15.7℃，年极端最低气温平均值3.0℃以上，日平均气温≤8℃连续天数3 d以下，年降雨量1500～2700 mm。总之本区热量丰富，日照、雨量充足，冬季气候温暖，越冬气象条件佳，出现寒、冻害的概率很小，利于香蕉高产稳产优质，可建立大面积、优质生产基地，以充分利用该区优越的气候资源，提高蕉农经济效益。该区不利的气候条件是沿海地区有时出现台风天气，对香蕉造成机械损伤，甚至影响外观和产量；因此该地区应注意重点防御台风，可选择避风良好的小地形环境建立蕉园，或营造防风林和选择抗风性能较强的矮壮品种。

2)适宜种植气候区：本区包括茂名市的信宜市部分乡镇，云浮市辖区和新兴、云安，肇庆市辖区和高要、四会、广宁、封开、德庆，广州市的增城、从化，河源市辖区和紫金、东源，揭阳市辖区和惠来、揭东、揭西、普宁，潮州市辖区和潮安、饶平，清远市辖区和英德、清新等地。该区年平均气温 21～23℃，≥10℃活动积温 6500～8000 ℃·d，最冷月平均气温 12～14℃，年极端最低气温平均值 2.0～3.5℃，日均温≥8℃连续天数 4～6 d，年降雨量 1200～2300 mm。该区热量条件虽不及最适宜区，极少数年份越冬期出现寒、冻害，但寒、冻害相对较轻，越冬条件仍良好，光热条件较理想，雨量较充沛，能满足香蕉生长发育需要，可建立较大面积的香蕉生产基地。

3)次适宜种植气候区：本区包括肇庆市的怀集县南部，清远市辖区和英德大部分地区，韶关市辖区和新丰县，河源市的龙川、东源两县大部分地区，梅州市的兴宁、五华两县大部分地区，平远、蕉岭两县局部，丰顺县南部，梅州市辖区和兴宁、梅县、大埔、丰顺、五华等县大部分地区，潮州市辖区北部。该区年平均气温 20～22.0℃，≥10℃活动积温 6000～7000 ℃·d，最冷月平均气温 10～12℃，年极端最低气温平均值 0～2.0℃，日平均气温≤8℃连续天数 7～9 d，年降雨量 1100～2000 mm。总之本区光热条件比适宜区差，水分条件一般，越冬条件不理想，寒、冻害出现频率相对较高，且越往北寒、冻害越重，容易导致香蕉产量波动和品质下降。该区不宜大面积发展香蕉生产，可选择气候温暖的小气候环境零星种植，且须重视和加强寒、冻害的防御，如选用耐低温及受冻后恢复较快的香蕉品种；采用施草木灰、厩肥等热性肥料，促进蕉株生长，增强抗寒能力；或霜冻前灌水增强耐低温能力，并采取套袋或稻草覆盖等保温防寒防冻措施，以防寒、冻害造成的损失。

4)不适宜种植气候区：本区包括韶关市的乐昌、南雄、始兴、仁化、翁源、乳源，梅州市的平远、蕉岭两县大部分地区，兴宁县西北部，丰顺县北部，五华县东部等地，河源市的和平、连平两县大部分地区，龙川县北部，肇庆市的怀集县北部，广宁县中、北部，茂名市的信宜局部等地。该区热量明显不足，寒、冻害出现频率高且灾害严重，越冬气象条件差，不利于香蕉正常生产，在该区栽培香蕉经济价值很低，不应盲目种植。

(2)广西壮族自治区

根据广西壮族自治区 89 个县、市级气象站点 1961—2010 年气候资料，以及基于“3S”技术构建的广西区域 250 m×250 m 格点降尺度气候回归模型模拟结果，结合香蕉种植气候适宜性气候区划指标，采用聚类分析与广西玉林、北海、钦州、南宁、百色、崇左等市辖区、县香蕉常年种植分布区域进行对比分析法，最终确定、绘制出广西壮族自治区香蕉种植气候适应性区划图(图 3.6)。其分区结果如下：

1)最适宜种植气候区：本区包括龙州、凭祥、宁明、灵山、浦北等县的部分区域以及东兴、防城、钦州、合浦、北海、博白等县市。该区年平均气温 22～23.9℃，≥10℃活动积温 7000～8499 ℃·d，最冷月平均气温 14～15.7℃，年极端最低气温平均值 3.6℃以上，日平均气温≤8℃连续天数 3 d 以下，年降雨量 1500～2700 mm。总之本区热量丰富，日照、雨量充足，冬季气候温暖，越冬气象条件佳，出现寒、冻害的概率很小，利于香蕉高产稳产优质，可建立大面积、优质生产基地，以充分利用该区优越的气候资源，提高蕉农经济效益。该区不利的气候条件是沿海地区有时出现台风天气，对香蕉造成机械损伤，甚至影响外观和产量；因此沿海地区应注意重点防御台风，可选择避风良好的小地形环境建立蕉园，或营造防风林和选择抗风性能较强的矮壮品种。

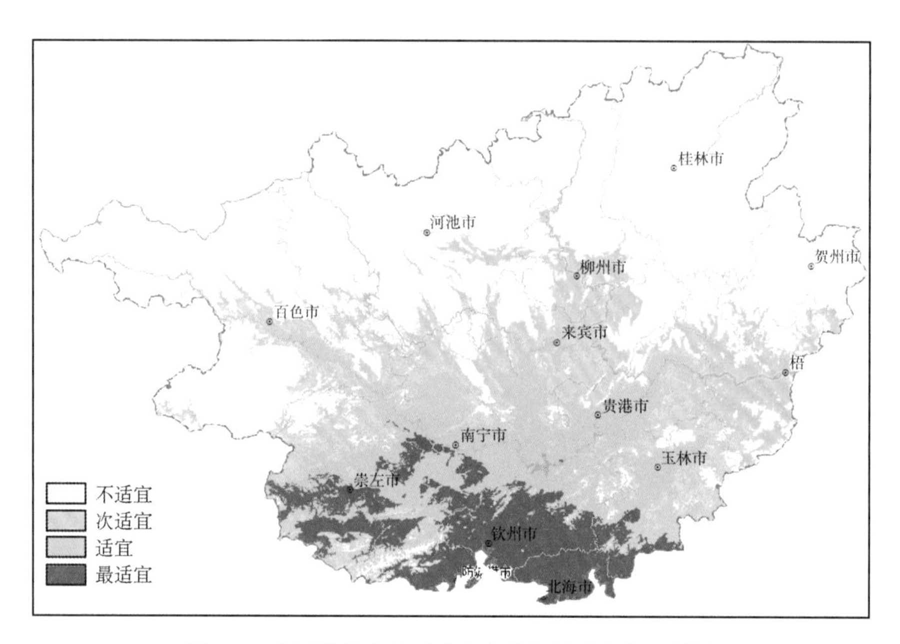

图 3.6 广西壮族自治区香蕉种植气候适宜性区划图

2)适宜种植气候区:该区包括右江河谷和大新、隆安、南宁、邕宁、横县、玉林、陆川等县市以南及最适宜区北界以北的大部地区,以及桂平、上林、大化、都安等县的局部区域。该区年平均气温 21～23℃,≥10℃活动积温 6500～8000 ℃·d,最冷月平均气温 12～14℃,年极端最低气温平均值 2.0～3.5℃,日平均气温≤8℃连续天数 4～6 d,年降雨量 1300～2000 mm。该区热量条件虽不及最适宜区,极少数年份越冬期出现寒、冻害,但寒、冻害轻,越冬条件仍良好,光热条件较理想,雨量较充沛,能满足香蕉生长发育需要,可建立较大面积的香蕉生产基地。但在桂西地区有时会出现干旱,因此应选择耐旱品种为主,并建立科学合理的排灌系统,以避免或减轻干旱危害,提高香蕉产量和品质。此外,该区仍应做好越冬期的寒、冻害防御工作。

3)次适宜种植气候区:本区主要包括苍梧、藤县、平南、桂平、贵港、宾阳、上林、武鸣等县以南和适宜区北界以北的大部分地区,以及右江河谷适宜区的边缘局部区域。该区年平均气温 20～22.0℃,≥10℃活动积温 6000～7000 ℃·d,最冷月平均气温 10～12℃,年极端最低气温平均值 0～2.0℃,日平均气温≤8℃连续天数 7～9 d,年降雨量1100～2000 mm。总之本区光热条件比适宜区差,水分条件一般,越冬条件不理想,寒、冻害出现频率相对较高,且越往北寒、冻害越重,容易导致香蕉产量波动和品质下降。该区不宜大面积发展香蕉生产,可选择气候温暖的小气候环境零星种植,且须重视和加强寒、冻害的防御,如选用耐低温及受冻后恢复较快的香蕉品种;采用施草木灰、厩肥等热性肥料,促进蕉株生长,增强抗寒能力;或霜冻前灌水增强耐低温能力,并采取套袋或稻草覆盖等保温防寒防冻措施,以防寒冻害造成损失。

4)不适宜种植气候区:本区包括苍梧、藤县、平南、桂平、贵港、宾阳、上林、武鸣、隆安、大新等县以北(右江河谷除外)的大部地区,主要分布在桂北和桂中北部。该区热量明显不足,寒冻害出现频率高且灾害严重,越冬气象条件差,不利于香蕉正常生产,在该区栽培香蕉经济价值很低,不应盲目种植。

(3)云南省

根据云南省125个县、市级气象站点1981—2010年的气候资料,以及基于"3S"技术构建的云南省区域250 m×250 m格点降尺度气候回归模型模拟结果,结合香蕉种植气候适宜性气候区划指标,采用聚类分析与云南省西双版纳、德宏等地州辖区、县香蕉常年种植分布区域进行对比分析法,最终确定及绘制出云南省香蕉种植气候适宜性区划图(图3.7)。其分区结果如下:

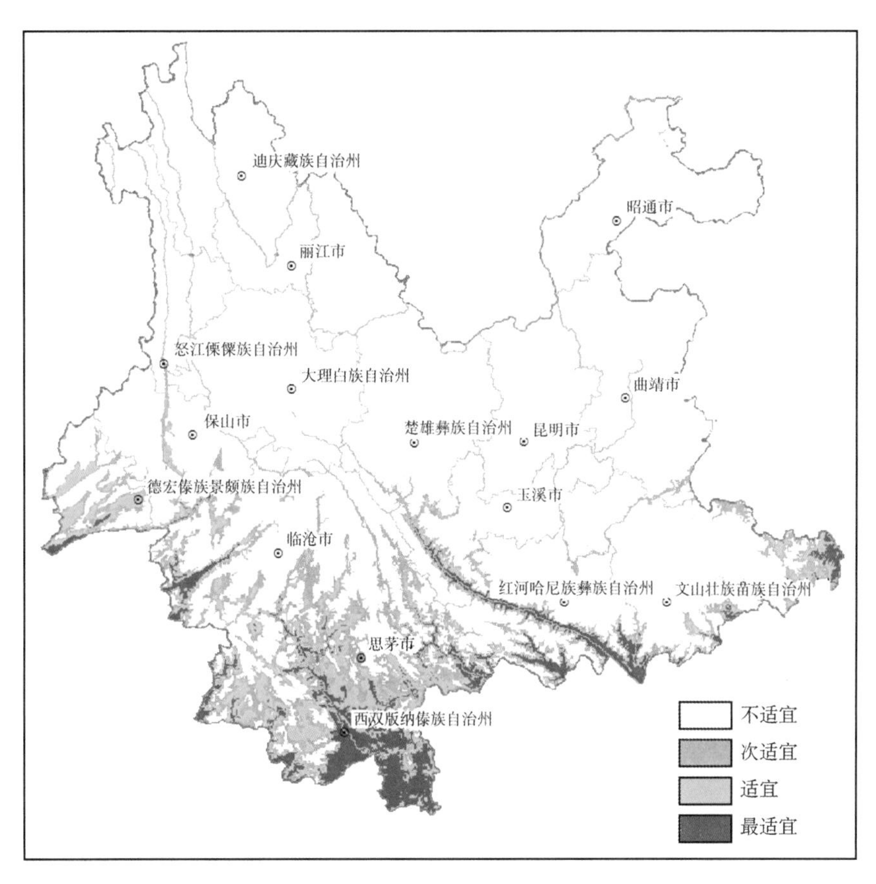

图3.7 云南省香蕉种植气候适宜性区划图

1)最适宜种植气候区:本区包括文山州的富宁县剥隘、谷拉两乡镇东部和麻栗坡、马关两县南部乡镇;元江至红河流域的河谷地区,即玉溪市辖县——元江县的元江河谷一线:红河州的红河、元阳、金平、屏边、河口五县沿红河河谷一线,绿春、金平两县南部;普洱市的江城、澜沧、孟连、西盟四县局部;西双版纳州辖区及景洪、勐海、勐腊等;临沧市的镇康、双江耿马、沧源等县河谷地带;德宏州的瑞丽市等。该区年平均气温22~23.9℃,≥10℃活动积温7000~8513 ℃·d,最冷月平均气温14~15.7℃,年极端最低气温平均值3.3℃以上,日平均气温≤8℃连续天数3 d以下,年降雨量800~2450 mm。本区热量丰富,日照充足,冬季气候温暖,越冬气象条件佳,出现寒、冻害的概率很小,利于香蕉高产稳产优质,可建立大面积、优质生产基地,以充分利用以上地区的优越的气候资源,提高蕉农经济效益。但这些地区大多年降水量相对不足,且季节分配不均。因此,该区域香蕉发展应选择耐旱品种为主,并建立科学合理的排灌系统,或者择水源条件较好的地域,以减低降水不足的影响。

2)适宜种植气候区:本区包括文山州的富宁县剥隘、谷拉两乡镇中部、西部和麻栗坡、马关两县南部乡镇最适宜区稍偏北地域;元江至红河流域河谷相对偏高一些的地区,即海拔高度比玉溪市辖县—元江县的元江河谷一线:红河州的红河、元阳、金平、屏边、河口五县沿红河河谷一线最适宜种植区稍高的区域,绿春、金平两县中部;以及海拔高度相对普洱市的江城、澜沧、孟连、西盟四县最适宜种植区局部和临沧市的镇康、双江耿马、沧源等县河谷最适宜种植地带稍高的区域;德宏州的潞西、梁河、盈江、陇川等县(市)谷地或坝区。该区年平均气温 21～22.5℃,≥10℃活动积温 6500～7800 ℃·d,最冷月平均气温 12～14℃,年极端最低气温平均值 1.0～3.2℃,日平均气温≤8℃连续天数 4～6 d,年降雨量 800～2000 mm。该区热量条件虽不及最适宜区,极少数年份越冬期出现寒、冻害,但寒、冻害较轻,越冬条件仍良好,光热条件较理想,能满足香蕉生长发育需要,可建立较大面积的香蕉生产基地。但这些地区大多年降水量相对不足,且季节分配不均。因此,该区域香蕉发展应选择耐旱品种为主,并建立科学合理的排灌系统,或者择水源条件较好的地域,以避免或减轻干旱危害,提高香蕉产量和品质。此外,该区仍应做好越冬期的寒、冻害防御工作。

3)次适宜种植气候区:云南省内香蕉次适宜种植区分布破碎、零散,多为适宜种植区的外延区域,且外延区域多局限与海拔高度比适宜种植区高 100～150 m,或者纬度稍偏北的区域。该区年平均气温 19.5～21.5℃,≥10℃活动积温 6000～6800 ℃·d,最冷月平均气温 8～11℃,年极端最低气温平均值－1.5～2.0℃,日平均气温≤8℃连续天数 7～9 d,年降雨量 600～1200 mm。本区光热条件比适宜区差,越冬条件不理想,寒、冻害出现频率相对较高,容易导致香蕉产量波动和品质下降。该区不宜大面积发展香蕉生产,可选择气候温暖的小气候环境零星种植,且须重视和加强寒、冻害的防御,如选用耐低温及受冻后恢复较快的香蕉品种;采用施草木灰、厩肥等热性肥料,促进蕉株生长,增强抗寒能力;或霜冻前灌水增强耐低温能力,并采取套袋或稻草覆盖等保温防寒防冻措施,以防寒、冻害造成损失。同样,由于该区域海拔高度相对偏高一些,降水偏少,且季节分配不均,干旱时有发生,抗旱、防旱仍是香蕉种植的主要工作之一。

4)不适宜种植气候区:本区包括昆明市辖区及安宁、呈贡、晋宁、富民、宜良、嵩明、石林、禄劝、寻甸;曲靖市辖区及宣威、马龙、陆良、师宗、罗平、富源、会泽、沾益;玉溪市辖区及江川、澄江、通海、华宁、易门、峨山、新平;保山市辖区及施甸、腾冲、龙陵、昌宁;昭通市辖区、鲁甸、巧家、盐津、大关、永善、绥江、镇雄、彝良、威信、水富;丽江市辖区及永胜、华坪、玉龙、宁蒗、思茅市辖区、普洱、墨江、景东、景谷、镇沅;临沧市辖区和凤庆、云县、永德、镇康、双江、耿马、沧源;文山州的文山、砚山、西畴、马关、丘北、广南;红河州的蒙自、个旧、开远、建水、石屏、弥勒、泸西;楚雄州的楚雄、双柏、牟定、南华、姚安、大姚、永仁、元谋、武定、禄丰;大理州的大理、祥云、宾川、弥渡、永平、云龙、洱源、剑川、鹤庆、漾濞、南涧、巍山;怒江州的泸水、福贡、贡山、兰坪;迪庆州的香格里拉、德钦、维西等地。该区年平均气温 19℃以下,≥10℃活动积温大部分不足 6000 ℃·d,年极端最低气温平均值－3.5℃以下,日平均气温≤8℃连续天数 15 d,年降雨量 600～1200 mm。无论是热量条件,还是越冬条件,以及降水条件均无法满足香蕉生产所需,不适宜香蕉种植。

(4)福建省

根据福建省 69 个县、市级气象站点 1981—2010 年的气候资料,以及基于"3S"技术构建的福建省区域 250 m×250 m 格点降尺度气候回归模型模拟结果,结合香蕉种植气候适宜性气候区划指标，采用聚类分析与福建省漳州市等市辖区、县香蕉常年种植分布区域进行对比分析法，最终确定及绘制出福建省香蕉种植气候适宜性区划图(图 3.8)。其分区结果如下：

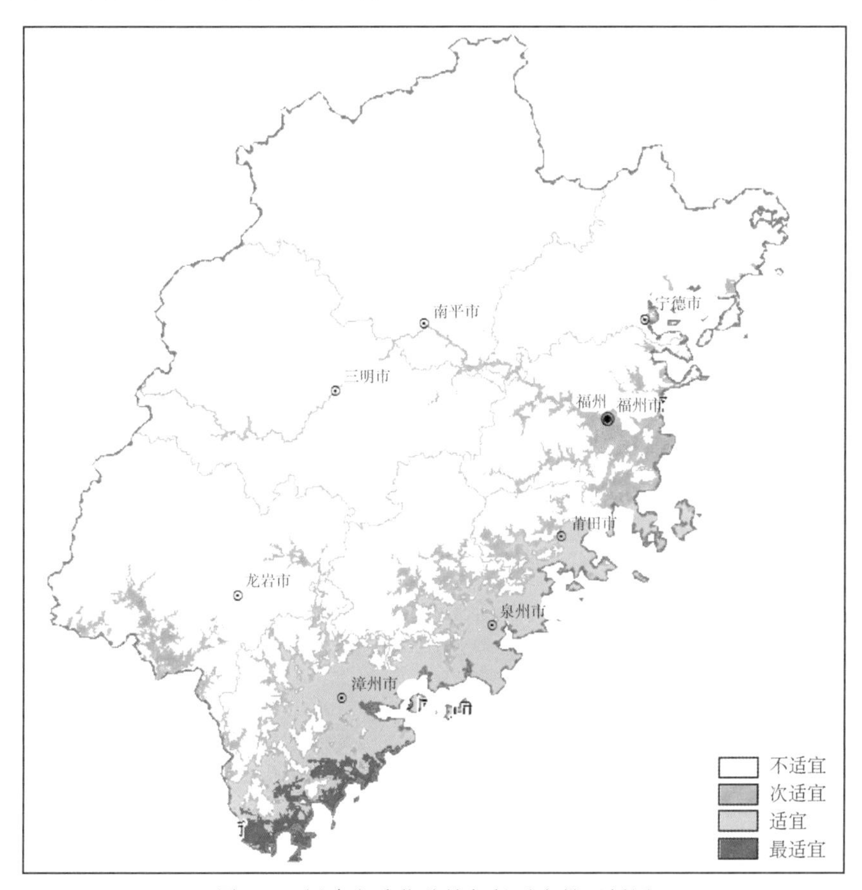

图 3.8 福建省香蕉种植气候适宜性区划图

1)最适宜种植气候区：本区主要分布在闽西南的诏安、东山、漳浦等县沿海乡镇。该区年平均气温 22～23.5℃，≥10℃活动积温 7000～7829.8 ℃·d，最冷月平均气温 14.9～15.2℃，年极端最低气温平均值 1.6℃以上，日平均气温≤8℃连续天数 3 d 以下，年降雨量 1450～1700 mm。本区热量丰富，日照、雨量充足，冬季气候温暖，越冬气象条件佳，出现寒、冻害的概率很小，利于香蕉高产稳产优质，可建立大面积、优质生产基地，以充分利用该区优越的气候资源，提高蕉农经济效益。沿海地区应注意重点防御台风，可选择避风良好的小地形环境建立蕉园，或营造防风林和选择抗风性能较强的矮壮品种。

2)适宜种植气候区：本区包括漳州市辖区及云霄、长泰、南靖、华安、龙海大部，诏安、东山、漳浦等县北部，厦门市辖区；泉州市辖区、惠安、晋江、南安、晋江、石狮；莆田市辖区、湄洲县等地。该区年平均气温 20.5～22.2℃，≥10℃活动积温 6500～7500 ℃·d，最冷月平均气温 12～14℃，年极端最低气温平均值－1.0～2.5℃，日平均气温≤8℃连续天数 4～6 d，年降雨量 1300～2000 mm。该区热量条件虽不及最适宜区，极少数年份越冬期出现寒、冻害，但寒、冻害程度较轻，越冬条件仍良好，光热条件较理想，雨量较充沛，能满足香蕉生长发育需要，可建立较大面积的香蕉生产基地。该区不利的气候条件是仍然是台风天气时有出现，对香蕉造成机械损伤，甚至影响外观和产量；因此沿海地区应注意重点防御台风，可选择避风良好的小地形环境建立蕉园，或营造防风林和选择抗风性能较强的矮壮品种。

3)次适宜种植气候区：本区包括漳州市平和西南部，泉州市的安溪、永春、德化，龙岩市辖区、上杭、武平、永定；莆田市辖区、仙游、湄洲；福州市辖区、永泰、福清、长乐、平潭、闽侯、连江、罗源、闽清等地大部分地区；宁德市辖区局部地区。该区年平均气温 19.5～21.0℃，≥10℃活动积温6000～6950 ℃·d，最冷月平均气温 8～12℃，年极端最低气温平均值－1.5～2.0℃，日平均气温≤8℃连续天数 7～9 d，年降雨量 1100～2000 mm。本区光热条件比适宜区差，水分条件一般，越冬条件不理想，寒、冻害出现频率相对较高，且越往北寒、冻害越重，容易导致香蕉产量波动和品质下降。该区不宜大面积发展香蕉生产，可选择气候温暖的小气候环境零星种植，且须重视和加强寒、冻害的防御，如选用耐低温及受冻后恢复较快的香蕉品种；寒、冻害来临前可采用施草木灰、厩肥等热性肥料，促进蕉株生长，增强抗寒能力；或霜冻前灌水增强耐低温能力，并采取套袋或稻草覆盖等保温防寒防冻措施，以防寒冻害造成损失。此外，台风天气同样影响该区域，对香蕉造成机械损伤，甚至影响外观和产量，可选择避风良好的小地形环境建立蕉园，或营造防风林和选择抗风性能较强的矮壮品种。

4)不适宜种植气候区：本区包括三明市辖区、明溪、清流、宁化、大田、尤溪、沙县、将乐、泰宁、建宁、永安；南平市辖区、武夷山、建阳、建瓯、邵武、浦城、松溪、政和、光泽、顺昌；龙岩市辖区、长汀、连城、漳平；宁德市辖区大部和福安、福鼎、霞浦、寿宁、周宁、柘荣、古田、屏南等地。该区年平均气温多在 19.0℃以下，≥10℃活动积温大部＜6000 ℃·d，热量明显不足，寒、冻害出现频率高且灾害严重，越冬气象条件差，不利于香蕉正常生产，在该区栽培香蕉经济价值很低，不应盲目种植。

(5)海南省

海南省属热带季风海洋性气候。年平均气温大部分地区在 22.5～25.6℃，其中海南岛中部山区略低于 23.0℃，南部、西部略高于 25.℃，由中部山区向沿海递增，沿海高于内陆，南部高于北部。极端最低气温的多年平均值中部山区 4.5～5.0℃，南部沿海高于 10.0℃，大部分地区为 6.0～8.0℃；年降雨量 1000～2400 mm。

根据海南省 19 个县、市级气象站点 1981—2010 年的气候资料，以及基于“3S”技术构建的海南省区域 250 m×250 m 格点降尺度气候回归模型模拟结果，结合香蕉种植气候适宜性气候区划指标，采用聚类分析与海南省及中国大陆地区其他省(区)香蕉常年种植分布区域进行对比分析法，认为海南省的海南岛均属于香蕉最适宜种植区。该区域热量丰富，日照、雨量充足，冬季气候温暖，越冬气象条件佳，出现寒、冻害的概率很小，利于香蕉高产稳产优质，可建立大面积、优质生产基地，以充分利用该区优越的气候资源，提高蕉农经济效益。该区不利的气候条件是沿海地区有时出现台风天气，对香蕉造成机械损伤，甚至影响外观和产量；因此沿海地区应注意重点防御台风，可选择避风良好的小地形环境建立蕉园，或营造防风林和选择抗风性能较强的矮壮品种。

3.4 枇杷气候适宜性区划

3.4.1 枇杷气候适宜性区划指标

枇杷属于亚热带作物，喜温暖气候，稍耐寒，不耐严寒，适宜在中国南方气候温暖湿润、土层深厚的红壤山地和丘陵地区作经济栽培。枇杷秋冬开花，翌年春季形成果实，生长发育的各阶段和植株的不同器官对温度的要求不同。研究表明，树体的耐寒性较强，成年树在冬季－18℃时尚无冻害；但花耐寒性较弱，花蕾最耐寒，可忍受－8℃的低温，花在－6℃的情况下，就严重受冻，幼果最不耐寒，野外在－3℃下受害，而且持续时间越长，冻害越严重。

枇杷通常以花果越冬，冬季低温较易使其遭受冻害，严重影响果实品质及产量，甚至会造成枇杷树体死亡。最低气温是决定果树寒、冻害是否发生及寒、冻害程度轻重的关键因子，是枇杷能否作为经济栽培的主要限制因素，通常是用年极端最低气温 T_d 来表征冬季低温强度，所以采用年极端最低气温作为枇杷冻害的主导因子，按其对枇杷的影响强度进行等级划分(表 3.3)。

表 3.3 枇杷气候适宜性区划指标和等级划分标准

等级	最适宜	适宜区	次适宜区	不适宜区
年极端最低气温 T_d(℃)	$-1.0 \leqslant T_d$	$-2.5 \leqslant T_d < -1.0$	$-3.5 \leqslant T_d < -2.5$	$T_d < -3.5$

3.4.2 结果与评述

收集整理福建、广东、广西、海南、贵州和云南六省 170 个气象站 1961—2010 年的年度极端最低气温值(T_d)及各气象站经纬度和海拔高度。计算得到各站多年极端最低气温平均值 T_d'，利用数据统计方法，建立南方六省(区)年极端最低气温平均值 T_d'与经度、纬度和海拔高度间的关系模型，利用 GIS 软件和 DEM 数据实现对低温的地理分布状态进行模拟。按照枇杷气候适宜性区划指标和等级划分标准，得到枇杷气候适宜性区划图(图 3.9)。

3.4.2.1 综述

从图 3.9 中可以看出，枇杷种植气候适宜性程度总体上呈现沿海优于内陆、南部优于北部的趋势，由最适宜区向不适宜区过渡性分布特征。在气候区划图中，枇杷种植气候最适宜区主要分布在福建南部沿海、广东中部和南部、广西中部和南部、贵州南部的部分低海拔地区、云南南部部分和西部局部、海南全省。该区冬季极端最低气温达到－1℃以上，枇杷越冬条件好，利于枇杷生产和高产稳产优质，可考虑大规模种植。枇杷种植气候适宜区面积较小，主要分布在福建中部沿海和南部内陆、广东北部和海拔相对较高地区、广西北部、贵州南部、云南东部和海拔相对较高地区，该区冬季气候比较温暖，极端最低气温在－2.5～－1.0℃，冻害轻，热量条件较理想，能满足枇杷生长发育需要，可考虑发展性种植，同时做好越冬期的枇杷冻害防御工作。枇杷种植气候次适宜区面积进一步缩小，主要位于福建中部内陆地区，广东北部和广西北部有零星分布，贵州中部呈不规则分布，云南中部和北部的零散区域，该区枇杷越冬条件偏差，极端最低气温在－3.5～－2.5℃，冻害时常出现，容易导致枇杷受冻，此区不宜大规模发展枇杷种植。枇杷种植气候不适宜区主要分布在福建北部和中部较高海拔地区，广东北部高海拔地区有零星分布，广西北部高海拔地区，贵州中北部地区和云南中北部地区，该区极端最低气温在－3.5℃以下，冻害经常发生，对枇杷种植造成很大影响，不建议在该区进行枇杷种植。

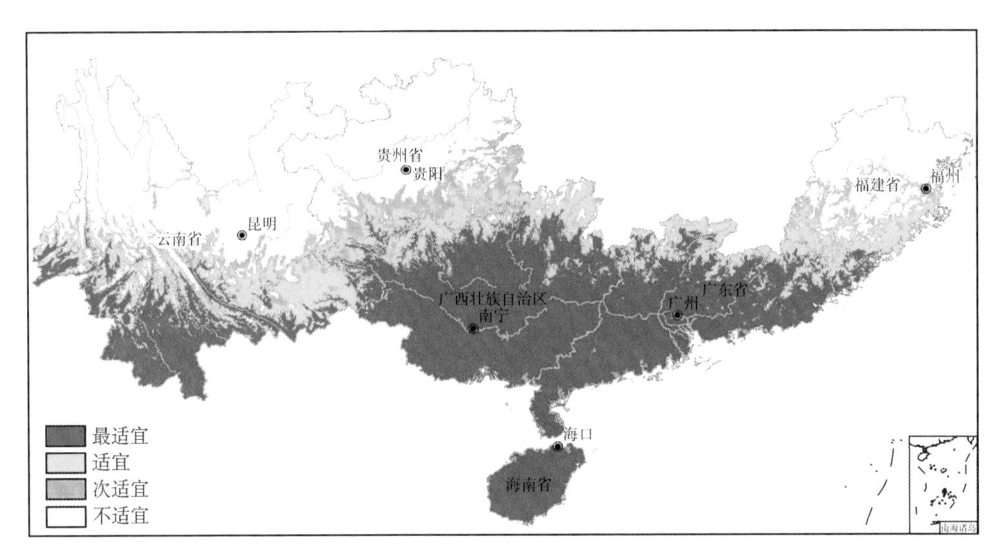

图 3.9　枇杷气候适宜性区划图

2.4.2.2　分省评述

(1)海南省

海南省位于中国的最南端，地处热带北缘，属热带季风海洋性气候，温高少寒，光、温、水资源丰富。年极端最低气温平均值在5℃以上，无冻害发生，热量条件能充分满足枇杷生长需求。在海南温度不是影响枇杷生长的限制因素，全省为枇杷种植气候最适宜区。因此，应充分利用海南省的气候资源，合理安排枇杷的种植规模，提高枇杷的产量与品质。

(2)福建省

福建地处欧亚大陆东南边缘，属于亚热带海洋性季风气候，地势东南低、西北高，立体气候明显，海陆差异显著。福建各县年极端最低气温平均值相差较大，为－9.1(九仙山)～6.4℃(东山)，极端最低气温分布自东南向西北递减。福建气候暖热，冬短温和，光、温资源丰富，沿海的厦门、泉州和漳州的东南部为枇杷种植气候最适宜区。由最适宜区边界向内陆延伸20～50 km的低海拔地区为枇杷种植气候适宜区，该区年度极端最低气温一般在－2.5～－1℃，应选择枇杷的耐寒品种或采取必要的防冻措施，适量种植。福建枇杷种植气候次适宜区较少，基本为由适宜区边界向内陆延伸5 km范围内或内陆的河谷地带，应注意做好防寒防冻措施，其他大部分地区为枇杷种植气候不适宜区。

(3)广东省

广东地处中国大陆南端，南北跨北热带、南亚热带和中亚热带，属亚热带季风气候，气候温暖，冬无严寒，各县年极端最低气温平均值为－1.5(连州)～6.0℃(徐闻)。广东热量资源丰富，全省大部分区域尤其是南部及沿海区域极端低温在－1℃以上，能够满足枇杷种植需要。广东大部分地区为枇杷种植气候最适宜区，仅北部存在少量适宜区和次适宜区，不适宜区则更少，建议在控制种植面积的同时采取提高枇杷质量措施。

(4)广西壮族自治区

广西地处低纬度地区，南临热带海洋，北为南岭山地，西延云贵高原。北半部属于中亚热带气候，南半部属于南亚热带气候。广西气候温暖，冬短夏长，热量条件丰富。各县站年极端最低气温平均值－1.3(融安)～5.8℃(东兴)。广西大部分区域为枇杷种植气候最适宜区，利于枇杷生产和高产稳产优质。但在桂北由于山地气候，存在少量适宜和次适宜区，零星的不适宜区。

(5)贵州省

贵州省属于中国西南部高原山地，属于亚热带湿润季风气候，境内地势西高东低，立体气候明显。贵州省地形地貌由西部高原向黔中部丘陵山地过渡，地形崎岖破碎。各县站年极端最低气温平均值−8.6(威宁)～0.1℃(罗甸)。贵州省大部分为枇杷种植气候不适宜区，占该省面积的2/3以上。仅在南部存在较小面积的最适宜种植区，其他为适宜区和次适宜区。

(6)云南省

云南省位于中国西南边陲，地处青藏高原东南、云贵高原西部，是一个以山地高原地形为主的省份。全省总体地势呈西北高、东南低，逐级下降趋势。各站点年极端最低气温平均值−18.5(中甸)～6.7℃(景洪)。云南地处低纬度高原，北部和中部的高海拔地区为枇杷种植气候不适宜区。中部到中南部地带呈犬牙交错式分布次适宜区和适宜区，只能利用局部地段小气候进行枇杷种植，但应特别注意防寒防冻。只有西南部边境附近和南部的部分地区存在枇杷种植气候最适宜区，该区为云南主要的热带和亚热带地区，地势较低，有河谷地带，可在该区发展枇杷种植业。

3.5 刺梨气候适宜性区划

3.5.1 刺梨气候适宜性区划指标

3.5.1.1 贵州省不同地区野生刺梨分布与发育情况

经过对不同地区野生刺梨分布与发育情况的实地调查及问卷访问调查资料，整理结果如表3.4。根据表3.4和表3.5可以得出，在贵州海拔800～1600 m是刺梨最适生长带，海拔低于300 m或者高于1800 m不适宜刺梨生长发育。

表3.4 不同观测点刺梨分布和生长发育的影响

地点	观测点海拔高度(m)	刺梨分布与发育情况
晴隆安谷	1156	分布较多，生长健壮，产量高，果大
瓮安雷文	1216	
龙里谷脚	1461	
黔西绿化	1250	分布多，生长结果良好，产量一般
遵义枫香	1031	
兴仁巴陵	1086	
安顺坝羊	1285	
毕节岔河	1460	
长顺摆所	1241	
贞丰小屯	1210	
桐梓娄山关	1090	
兴义乌沙	1506	
湄潭兴隆	809	

续表

地点	观测点海拔高度(m)	刺梨分布与发育情况
金沙安底	1008	分布一般或偏少,生长结果良好,产量低
惠水好花红	988	
仁怀三合	898	
正安碧丰	685	
凯里旁海	595	分布少、生长不好、结果极少
余庆城郊	617	
水城	1814	分布少
威宁	2236	没有分布

表 3.5 贵州省相对海拔高对刺梨生态最适带的关系

地区	海拔范围(m)	刺梨分布海拔范围(m)	刺梨生态最适带的海拔范围(m)
铜仁地区	230～2500	300～1100	800～1000
黔中地区	700～1300	700～1300	1000～1300
毕节地区	470～2900	500～1900	1200～1600

3.5.1.2 贵州省刺梨物候期情况

表 3.6 是贵州 15 个刺梨样地 2011 年的物候观测日期,通过对表 3.6 观测资料分析得出:2011 年贵州野生普通刺梨在 3 月中旬和下旬发芽,4 月上旬和中旬展叶,4 月下旬和 5 月上旬现蕾。5 月上旬和中旬开始开花,大多数地区的开花期延续在 5 月下旬或 6 月初,开花期长达一个月。这与(莫勤卿等,1984)往年观测的物候期偏迟 10 d 左右,应该是 2011 年春季回暖较往年偏迟的缘故。

实际观测与牟君富等(牟君富等,1995)对刺梨果实采收日期相比,除黔南地区相差不大,其余地区均提前至少半个月这可能是因为 2011 年的夏季干旱高温所致。

表 3.6 2011 年刺梨物候期(月.日)

地区	观测地名	发芽期	展叶期	花蕾	开花	开花	开花	果实	落叶始期
				出现期	始期	盛期	末期	成熟期	
黔北遵义地区	正安碧丰	3.8	4.7	4.22	4.27	4.3	5.8	8.5	10.16
	仁怀三合	3.14	4.2	4.27	5.8	5.11	5.24	8.5	10.23
	湄潭兴隆	3.12	4.1	4.16	5.1	5.18	5.27	8.12	10.2
	桐梓娄山关	3.14	4.4	4.23	5.8	5.14	5.26	8.15	10.18
黔西北毕节地区	金沙安底	3.12	4.17	5.1	5.7	5.15	5.2	8.12	10.15
	毕节岔河	3.11	4.5	4.2	5.6	5.14	5.23	8.21	10.15
黔中	花溪	3.15	4.2	4.27	5.7	5.14	5.21	8.18	10.2
黔西南地区	贞丰小屯	3.16	4.14	5.3	5.8	5.11	5.24	8.5	10.1
	兴仁巴陵	3.11	3.25	5.7	5.13	6.23	6.9	8.1	10.21
	兴义乌沙	3.12	3.22	5.5	5.14	6.25	6.7	8.15	10.23

续表

地区	观测地名	发芽期	展叶期	花蕾出现期	开花始期	开花盛期	开花末期	果实成熟期	落叶始期
黔南地区	龙里谷脚	3.25	4.12	5.2	5.23	6.3	6.15	9.2	10.14
	长顺摆所	3.2	4.8	4.23	5.9	5.13	5.21	8.1	10.22
	紫云坝羊	3.15	4.8	4.25	5.1	5.14	6.14	8.22	10.26
	瓮安玉华	3.22	4.19	5.7	5.13	5.22	6.2	8.31	10.15
黔东南地区	凯里旁海	3.12	4.5	4.2	5.8	5.18	6.1	8.1	10.11

3.5.1.3 气象因子对刺梨果实品质的影响

分析 2011 年贵州省刺梨的物候期，发现刺梨果实在 3 月发芽，8 月或 9 月上旬进入成熟期。可见，3—8 月的气象条件对刺梨果实品质的影响尤为重要。另一方面，当刺梨自开花以后，即进入了生殖生长状态，这段时间的温度、降水等气象条件对果实的建成，果实各营养成分的含量等有直接的影响。因此，将刺梨果重、果大、V_C、糖、单宁等营养成分与发芽展叶期、开花成熟期的气温、降水量等气象因素进行一元回归相关分析，结果见表 3.7。

表 3.7 气象要素与刺梨品质的回归分析

刺梨品质	降水总量			平均温度			平均温度日较差	3—10 月 ≥10℃ 活动积温	7 月均温
	发芽展叶期	开花成熟期	发芽—成熟期	发芽展叶期	开花成熟期	发芽—成熟期	发芽—成熟期		
单果均重	0.159	0.561*	0.584**	−0.011	−0.085	−0.053	−0.265	−0.097	−0.130
单果均直径	0.171	0.506*	0.533*	−0.015	−0.079	−0.086	−0.240	−0.150	−0.125
总酸度	−0.314	−0.194	−0.251	−0.219	0.491	−0.423	−0.035	−0.467*	0.589*
还原糖	0.443	0.220	0.219	0.137	0.587*	0.560	0.128	0.495	0.573*
水溶性总糖	−0.405	0.291	0.291	0.022	0.581*	0.548	0.087	0.543*	0.591*
SOD 总活性	0.364	0.570*	0.504*	0.064	0.060	0.021	−0.007	0.078	0.123
维生素 C	0.374	0.534*	0.519*	−0.144	−0.172	−0.166	−0.169	−0.279	−0.230
单宁	−0.128	−0.420	−0.440	−0.168	−0.032	−0.010	0.174	−0.123	−0.086

注：* 表示通过显著性 0.05 水平，** 表示通过显著性 0.01 水平。发芽展叶期是 3—4 月，开花成熟期是 5—8 月，发芽—成熟期是 3—8 月。观测样地的气象资料采用其所在乡镇的自动气象站记录的温度、降水两要素气象资料，其中，温度包括逐日平均气温、最高和最低气温。

由表 3.7 可知，刺梨单果均重、单果均直径同开花—成熟期与发芽—成熟期降水量相关性较显著，呈正相关性，并通过 0.05 显著性检验，即降水量越高，果越重，而果大果重与温度相关性不明显；总酸度、还原糖和水溶性总糖同降水量相关性不显著，而与开花—成熟期均温、7 月均温、生长周期(3—10 月)≥10℃活动积温相关性显著，通过 0.05 显著性检验；VC 和 SOD 活性同开花—成熟期和发芽—成熟期降水量相关性显著，通过 0.05 显著性检验；单宁与气温和降水量相关性不显著。

经过以上分析，得到相关结论：

5—8 月平均气温、3—8 月降水总量、7 月平均气温和 3—10 月≥10℃积温对刺梨果实品质的影响比较大，这 4 个气候因子与刺梨品质的相关性大多都通过 0.05 的显著性水平检验。

3.5.1.4　贵州省刺梨气候适宜性区划指标

分析贵州省不同地区野生刺梨分布与发育状况，以及气象条件对刺梨生长发育期及品质的影响，可知5—8月均温、7月均温、3—8月降水总量、3—10月≥10℃活动积温4个气象因子以及海拔高度对刺梨生长发育及品质有着显著影响，可作为贵州省刺梨气候适宜性区划指标。

根据野生刺梨自然分布及发育状况，对刺梨主要分布区、零星分布区、无分布区1961—2008年气候条件通过80%的保证率进行统计，得出结果如表3.8，刺梨分布区域的气候条件：7月均温范围为19.6～25.4℃，各站点气温平均值为23.1℃；5—8月平均气温范围为18.3～23.5℃，各站点气温平均值为21.4℃；3—10月≥10℃活动积温为3493.4～4942.7 ℃·d，平均值为4438.7 ℃·d；3—8月降水总量范围值为555.0～1057 mm。

表3.8　1961—2008年贵州省不同地区保证率通过80%的气候条件

适宜性划分	地名	所属县	3—8月降水量(mm)	7月均温(℃)	5—8月均温(℃)	3—10月≥10℃活动积温(℃·d)
最适生区	晴隆安谷	晴隆	1057	20.7	19.8	4114.6
	瓮安雷文	瓮安	682	22.5	20.8	4097.7
	龙里谷脚	龙里	649.1	23	21.4	4477.3
	黔西绿化	黔西	615	22.5	20.8	4114.6
	遵义枫香	遵义县	568.5	23.8	22	4725.2
	兴仁巴陵	兴仁	845	21.7	20.8	4803.2
	紫云坝羊	紫云	843.5	22.6	21.2	3630.2
	毕节岔河	毕节	555	21.9	19.4	4725.2
	长顺摆所	长顺	810.3	22.6	21.4	4942.7
	贞丰小屯	贞丰	850.8	23	22.3	4837.3
	桐梓娄山关	桐梓	662.6	23.6	21.7	4097.7
	兴义乌沙	兴义	1003.6	22.2	21.5	4848.4
	湄潭兴隆	湄潭	669	24.2	22.3	4484.6
	金沙安底	金沙	588	24.1	22.1	4742.1
适生区	惠水好花红	惠水	751.9	23.4	22.1	4467.2
	仁怀三合	仁怀	613.5	24.8	22.9	4365.5
	正安碧丰	正安	623	25.4	23.5	4531.5
	凯里旁海	凯里	728.7	24.9	23.2	4418.9
次适生区	水城	水城县城	726.7	19.6	18.3	3493.4
	余庆城关	余庆	615.4	25.4	23.5	4856.1
	水城	水城县城	726.7	19.6	18.3	3493.4
	余庆城关	余庆	615.4	25.4	23.5	4856.1
	威宁	威宁县城	546.2	17.5	16.2	2947.7
	平均值	714.5	22.8	21.3	4367.7	
	最小值	546.2	17.6	16.2	2947.7	
	最大值	1057.0	25.4	23.5	4942.7	

且相关气象因子经过一致性检验。再根据对野生刺梨自然生长发育及分布状况的实际调查及访问，对野生刺梨主要分布区、零星分布区和无分布区 1961—2008 年的气候条件保证率通过 80%进行分析，得出刺梨适生区的范围值（见表 3.9），最后综合得出如表 3.9 的刺梨气候适宜性评价指标。

表 3.9 贵州省刺梨气候适宜性评价指标

指标	次适宜区	适宜区	最适宜区
5—8 月平均温温（℃）	＞23.5，≤16.5	21～23.5 16.5～18.0	18.0～21
7 月平均气温（℃）	＞25.5，≤18.0	23～25.5 18.0～19.5	19.5～23
≥10℃积温（℃·d）	＞5000，≤3000	4400～5000 3000～3500	3500～4400
3—8 月降水总量（mm）	＜550	≥1050	550～1050
海拔高度（m）	＞1900，≤300	1600～1900 300～800	800～1600

3.5.2 结果与评述

3.5.2.1 贵州省刺梨气候适宜性区划结果

根据表 3.9 中刺梨气候适应性评价指标，基于 GIS 平台，对得到刺梨在贵州省的气候适应性综合区划图 3.10。刺梨生态气候适宜区域主要在省的中部、北部和西南地区部分县市，而西北部、南部及东部等边缘地区，生态气候条件不适宜刺梨生长发育。

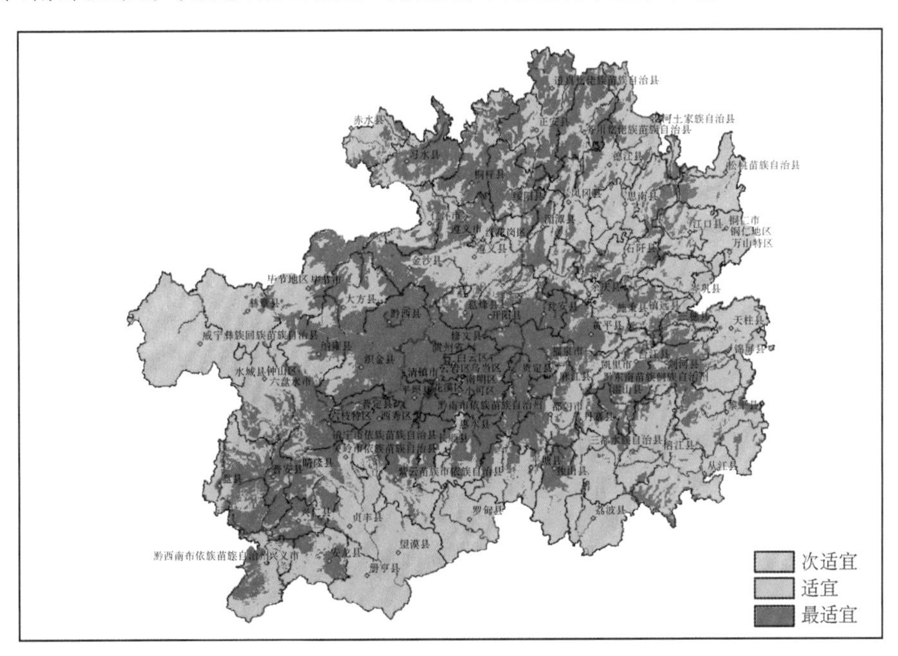

图 3.10 贵州省刺梨气候适宜性区划图

(1)最适生区:该区域种植区域主要分布于省的中部,毕节地区,西南地区的部分县市,北部的习水县、桐梓县、绥阳县及正安县、道真县、务川县等海拔高的地方。该区域热量条件和湿度条件较好,海拔在800～1600 m,5—8月均温为18～21℃,7月均温为19.5～23℃,≥10℃活动积温为3500～4400 ℃·d。该地带气候温和,雨水充足,夏季气候温暖,这与暖温带和温带的气候相吻合。土壤以黏土、砂黏土、黏壤土、壤土为主。尤其在省的中部比较适宜刺梨种植。但是在大方、毕节、水城和开阳县种植刺梨可能会受到低温的影响。

(2)适生区:该区域主要分布在贵州中部以西和以北地区,以及东南部。该区域5—8月均温为16.5～18.0℃;7月均温为18.0～19.5℃;≥10℃活动积温为4400～5000 ℃·d,3000～3500 ℃·d。适生区另外还分布在贵州中部以南和东北部地区。该区域5—8月均温21.0～23.5℃,7月均温为23.0～25.5℃,10℃活动积温为4400～5500℃。海拔在300～800 m区域气候条件稍差,热量条件满足刺梨生长发育,但是由于海拔相对低,在该区域容易发生夏旱,刺梨果实的生长发育会受到抑制。据贵州省山地环境气候研究所研究得出:贵州夏旱从东北向西南逐渐减弱,东部地区重,西南部轻。在同一级干旱区内,低海拔地区干旱重,高海拔地区干旱轻,夏旱强度随海拔升高而减小。所以在该区域适宜发展抗旱品种,注意防旱;或者选择相对耐旱的品种进行种植。海拔在1600～1900 m区域刺梨易受低温影响,建议种植耐寒的刺梨品种。

(3)次适生区:该区域主要分布在黔西北和黔南及黔东边缘地带,黔西北的威宁县、赫章县,及水城县、盘县、毕节地区等高海拔地区,该区域5—8月均温＜16.5℃,7月均温＜18.0℃,3—10月≥10℃活动积温＜3000 ℃·d。热量不足以满足刺梨的生长发育,这是制约刺梨生长发育的主要因素。加之西北部地区降雨量偏少,不利于发展种植刺梨。黔西南的册亨县、望谟县、罗甸县,及黔东、黔北海拔较低的地区如:赤水河谷一带、铜仁地区东北部、黔东南的荔波县、榕江县、从江县等低海拔地区。该地区5—8月均温＞23.5℃,7月均温＞25.5℃,3—10月≥10℃活动积温＞5000 ℃·d。该区域由于温度过高,不建议发展种植刺梨。

3.5.2.2 结果与验证

刺梨观测样点仁怀沙滩、正安碧丰、金沙安底、余庆、凯里旁海、贞丰小屯属于适宜种植区,其余观测样点为刺梨最适宜种植区。

据农学院朱维藩等1981—1982年对贵州野生刺梨的分布状况进行调查,得出结论,在贵州黔西北部的威宁县,以及水城、毕节、赫章、大方等县的部分高海拔地区,基本上无刺梨分布。在黔西南沿南、北盘江一带,黔南沿红水河流域,黔北的赤水河谷及铜仁地区东北部等低海拔地区,刺梨分布比较稀少,甚至完全没有分布。其余各县都有刺梨分布(朱维藩,1984),他们对贵州野生刺梨产量调查结果如图3.11所示。图3.11为贵州6个地区的40个县份刺梨产量分布图,可知,安顺,贵阳地区,毕节地区除威宁、赫章县外,该区域野生刺梨产量高,说明该区域适宜刺梨生长发育;而铜仁地区,兴义地区、六盘水地区除个别县份外,野生刺梨产量较低。说明气温过低和过高,都不适宜刺梨生长发育。区划结果即刺梨的分布趋势大致服从前人实际调查研究结果,刺梨适生区域主要分布在黔中地区,毕节地区,而黔西北、黔南及黔东铜仁地区不适宜种植刺梨。

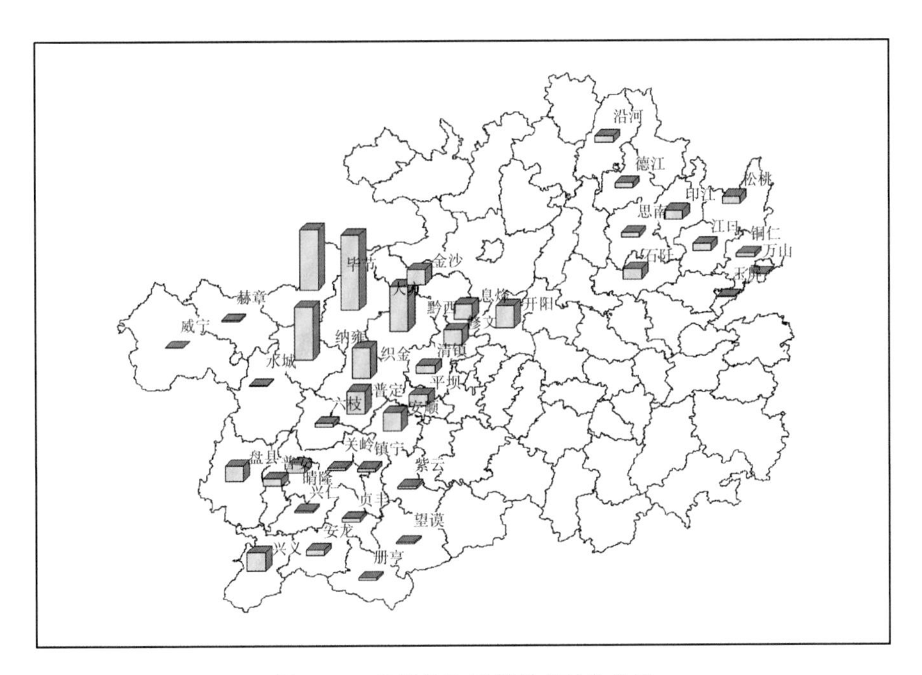

图 3.11　贵州各地区刺梨产量分布图

第4章 特色林果气象灾害风险区划

4.1 特色林果气象灾害风险分析的内容与方法

4.1.1 农业气象灾害风险分析方法研究进展

20世纪80年代中期，以美国为首的发达国家开始注重整治环境和减少灾害投入产出的效益问题，并投入巨资资助科学家研究如何在不确定的条件下进行合理的决策，研究领域由最初的环境和工程等领域，逐渐涉及军事、生物、医学、技术应用各个领域。目前，风险分析与评估已经成为美国的一项核心技术。作为多学科交叉的边缘科学——自然灾害风险分析，国内外学者在该领域上做了大量的理论探索，并以灾害模型、抗灾性能模型、承灾体密度模型和灾害损失模型为基础，开展不同区域的案例分析，但通用性的或较成熟的研究成果尚不多见。美国学者 WilliamJ Petak 和 ArthurA Atkisson 在《自然灾害风险评价与减灾对策》一书中对美国主要自然灾害的风险分析进行了详细的论述，但涉及重大农业气象灾害的风险评估极少。中国自然灾害风险分析研究起步虽较晚，但比较重视自然灾害事件发生可能性的研究。杜鹃等(2006)在综合国内外相关研究成果的基础上，提出区域灾害系统论的理论观点，认为灾情(灾害损失)是由孕灾环境、致灾因子、承灾体之间相互作用形成的，其轻重取决于孕灾环境的稳定性、致灾因子的风险性及承灾体的脆弱性，即灾情轻重是由上述相互作用的三个因素共同决定的。国内学者黄崇福(2006)在《自然灾害风险评价理论与实践》一书中，较系统性地给出了区域自然灾害风险的基本概念和区域灾害风险研究的基本理论体系，并以区域性地震、干旱、洪涝等案例进行了详细的分析。目前，国内关于区域自然灾害风险分析的研究内容涵盖了灾害损失指标体系、灾害损失评估方法、灾害区划原则与原理、灾害综合区划方法、灾害预测预报方法、综合减灾对策等方面，并在自然灾害系统理论体系的建立，损失的指标及定量计算，自然灾害评估框架体系的建立，自然灾害经济损失函数的构造，以及洪水灾害模型，洪泛区价值模型，洪泛区抗灾模型及损失计算方法，区域水灾的风险评估，台风灾害的风险评估等方面取得了重要的进展。

在农业气象灾害风险评估技术研究方面，近年来霍治国等学者在农业生态地区法的基础上建立了华南果树生长风险分析模型，这是国内较早将风险分析方法应用于农业气象灾害的研究。李世奎等(1999)在《中国农业灾害风险评价与对策》一书中，较早地以风险分析技术为核心，探讨农业自然灾害分析的理论、概念、方法和模型，但有关农业气象灾害风险评估理论的基础研究仍相当薄弱，相关研究大多以灾害的实际发生频率为基础，没有统一的农业气象灾害风险评价标准和实践检验，实用性和可操作性强的风险评价模型不多，由于农业气象灾害的致灾强度及其出现频率是随时间变化的，因此，随着时间和灾害资料序列的延长，以实际发生频率为基础的风险评价模型无法真正反映该种农业气象灾害对农业生产造成的真实风险状况。

4.1.2 自然灾害风险分析的主要内容

自然灾害风险分析，是对风险区遭受不同强度自然灾害的可能性及其造成的后果进行定量分析和评估。由此可见，自然灾害风险分析不仅要分析区域自然灾害发生的可能性，即不同强度自然灾害发生的概率，而且要评估由此引起的可能后果。

自然灾害风险分析的主要内容包括：致灾因子风险分析、承灾体易损性评价、灾情损失评价、减灾对策等。

(1)致灾因子是指给承灾体造成灾害的因素。如农作物的致灾因子有干旱、洪涝、大风、寒害、冻害、病虫害等。任何致灾因子都需要3个参数才能完整地描述，即灾害发生的时间、灾害影响的空间或地理区域，以及灾害影响的程度。

(2)承灾体易损性是指灾害发生、影响期间承灾体遭受损害或损失的可能性。评价承灾体易损性一般包括：①风险区的确定，即一定强度自然灾害发生时的受灾范围。②风险区特性的评价。如干旱区农业生产布局、农作物品种、种植面积、生产力水平等进行分析和评价。③抗灾性能力分析，也称为脆弱性分析。

(3)灾情损失评价是指评估风险区内，一定时段内可能发生的一系列不同强度的自然灾害，给评估风险区造成的可能后果。对农业灾害而言，一般包括直接经济损失和间接经济损失两部分。目前，关于灾情的损失评价有专家评定、绝对量化和相对量化等3种方法，具体为：

1)专家评定法：由专家在受灾现场，直接对承灾体受灾情况进行评估，并给出灾害强度强弱的语言描述的方法。专家评定法可以提供受灾区灾情的综合评判结果。这种方法是一种最常见、最简单的、易于应用的方法，也极容易受各级政府领导认可。但是，当灾害发生范围较宽，而且不同区域灾害程度不尽相同，加上承灾体自身差异，以及专家知识、经验认知差异，决策者的意向等，专家评定法结果相对粗糙，不易量化处理。

2)绝对量化法：通过不同行政部门调查资料、结果进行汇总，从而得到灾害区域人员伤亡、财产损失的金额等。这种方法可以提供灾区境内灾情的基本情况。但该方法无法表现灾区灾情的实际空间分布，而且调查、统计结果易受地方部门决策者的意向、认知、经验、评估标准等差异影响，有一定的局限性。

3)相对量化法：也称为灾害等级指标法，该方法的核心问题是如何确定合理、科学的灾害等级及灾损标准。关于灾害等级指标的划分，一般可通过历史灾情资料，包括人员伤亡、财产损失等，除以当年灾害区域经济总量，在此基础上，按数值的大小进行分级，以此表征灾害强弱。对农业灾害而言，灾害等级指标法还可以采用地理差异试验法、分期播种法等确定。这种方法能较好地体现灾情的自然属性，便于不同区域灾情风险的高低进行比较。

(4)减灾对策是为了减轻自然灾害的损失或影响程度而采取的对策。如通过监测，发布农业病虫害预报，灾害性天气预报，紧急救灾预案，购买保险等，均属于减灾对策范畴。显然，合理的减灾对策，往往具有投入少收益大的好处。但是，一旦决策失误，同样造成一定的损失。因此，在实际应用中，减灾对策实施前往往需要进行风险分析、评估。

4.1.3 自然灾害风险评价技术方法

目前常用的风险评价技术方法有专家打分法、德尔菲法、层次分析法等3种方法。具体为：

(1)专家打分法：专家打分法是一种最常见的、最简单的、易于应用的分析方法。首先，辨识出某一特定灾害可能遇到的所有风险，列出风险调查表；其次，利用专家经验，对可能的风险因素的重要性进行评价，进而综合成整个项目风险。优点：此法适用于决策前期，此时期缺乏项目具体的数据资料，主要依据专家经验和决策者的意向，得出的结论是一种大致的程度值，只能是进一步分析的基础。缺点：主观性强。

(2)德尔菲法：德尔菲法是在预测领导小组的主持下，就某个科学技术课题向有关专家发出征询意见的调查表，通过匿名函询的方法请专家提出看法，然后由领导小组汇总整理，把整理结果作为参考意见再发给这些专家，进一步分析判断，提出新的论证。如此多次反复，按意见收集情况作出预测。优点：匿名性、反馈性、收敛性、统计性。缺点：预测结果易受专家的主观意识和思维局限性的影响；调查表的设计对预测结果的影响较大。

(3)层次分析法：层次分析法(Analytical Hierarchy Process，简称 AHP)的主要思想是通过将复杂问题分解为若干层次和若干因素，对两两指标之间的重要程度做出比较判断，建立判断矩阵，通过计算判断矩阵的最大特征值以及对应特征向量，可得出不同方案重要性程度的权重，为最佳方案的选择提供依据。优点：定性和定量分析相结合，定性向定量的转化。缺点：目前如何确定指标之间的权重，尚缺乏统一的标准及规范，因此，权重结果的准确性说服力不强。

随着区域自然灾害研究的不断深入，统计学、模糊数学、信息论，以及地理信息系统技术、遥感技术、全球定位系统技术、计算机技术等在自然灾害分析中的应用，自然灾害风险分析、评价已由过去的定性分析为主，逐渐转向定量评价为主。以下详细介绍层次分析法的计算方法：

层次分析法是美国著名运筹学家 Santy 教授提出的一种新的定性分析与定量分析相结合的决策评价方法。应用层次分析法可以按评估因素和各因素间的相互关系把参与评估的指标进行分层，建立一种分析结构，使指标体系条理化，从而达到评估的目的。同时，还可以在每一层次中按已确定的准则对该元素进行相对重要性的判别，并辅之以一致性检验以保证评价人的思维判断的符实性。该方法主要由构造判断矩阵、层次单排序、一致性检验、层次总排序等步骤组成。

1)构造判断矩阵

构造判断矩阵是 AHP 法的关键，在专家咨询的基础上，用 Santy 的 1～9 比度法(表 4.1)，通过指标间两两重要性的比较打分，构造比较判断矩阵。

表 4.1　判断矩阵标度

标度	含义
1	表示两个元素相比，具有同等重要性
3	表示两个元素相比，前者比后者稍重要
5	表示两个元素相比，前者比后者明显重要
7	表示两个元素相比，前者比后者强烈重要
9	表示两个元素相比，前者比后者极端重要
2,4,6,8	表示上述相邻判断的中间值
倒数	因素 i 与 j 比较得判断 a_{ij}，j 与 i 比较得 $a_{ji}=1/a_{ij}$

2)层次单排序和一致性检验

层次单排序是根据判断矩阵计算出对于上一层次某元素而言，本层次与之有联系的元素的重要性次序。层次单排序可以归结为计算判断矩阵的特征值和特征向量问题。方法很多，有和积法、方根法、矩阵法等。本文主要采用方根法，计算步骤如下：

a)先计算判断矩阵每一行系数的乘积 M_i

$$M_i = \prod_{j=1}^{n} b_{ij}, i = 1,2,\cdots,n \tag{4.1}$$

b)计算出 M_i 的 n 次方根 $\overline{W}_i$

$$\overline{W}_i = \sqrt[n]{M_i}$$

c)对向量 $\overline{W} = [\overline{W}_1, \overline{W}_2, \cdots, \overline{W}_n]^T$ 进行正规化处理

$W_i = \dfrac{\overline{W}_i}{\sum_{j=1}^{n} \overline{W}_j}$,则 $W = [W_1, W_2, \cdots, W_n]^T$ 为所求的特征向量

d)计算判断矩阵的最大特征根 λ_{max}

$\lambda_{max} = \sum_{i=1}^{n} \dfrac{(AW)_i}{nW_i}$,式中 $(AW)_i$ 表示向量 AW 的第 i 个元素。

对层次单排序进行一致性检验,计算一致性指标 $CI = \dfrac{\lambda_{max} - n}{n-1}$,当随机一致性比率 $CR = \dfrac{CI}{RI} < 0.10$ 时,认为层次单排序或层次总排序具有满意的一致性。平均随机一致性指标 RI 可查表4.2得到。否则需要修改判断矩阵的元素取值。

表4.2 随机一致性指标(*RI*)值

判断矩阵的阶数 n	1	2	3	4	5	6	7	8	9
RI 值	0	0	0.58	0.90	1.12	1.24	1.32	1.41	1.45

3)层次总排序

计算同一层次所有因素对目标层相对重要性的总排序值,这要在计算各层次单排序值的基础上,在从高层到最底层逐层加权求总计算。并对层次总排序进行一致性检验。

4.1.4 自然灾害风险估算模型的构建

自然灾害风险估算模型的构造是区域自然灾害风险分析、估算,以及风险区划的基础。目前常见的风险估算模型主要有三类,即极值风险模型、概率风险模型和可能性风险模型。

(1)极值风险模型。它是应用极值方法,即以历史上遭受的最大灾害程度为标准估计某一区域的自然灾害风险。该模型优点是研究思路明确、方法相对简单,便于操作。但由于该模型没有考虑到自然灾害发生的随机不确定性,尤其是受到灾害记录资料准确性,灾情的统计标准,以及灾害资料记录年限等因素的影响,应用该模型估计区域自然灾害风险往往与实际情形存在很大差异。

(2)概率风险模型。它是以概率统计方法估计某一区域的灾害风险。其前提条件是将自然灾害的发生视为随机过程,因此,该模型在一定程度上较能真实地反映出区域灾害风险的大致情况,其估计区域灾害风险优于极值风险模型。

一般地,用 L 表示自然灾害损失指标,通常将年内关于 L 的超越概率分布定义为灾害概率风险。记为:

$$L = (l_1, l_2, l_3, \cdots, l_n) \tag{4.2}$$

设损失超越 L 的概率为 $p_i, i=1,2,\cdots,n$。则概率分布:

$$p = (p_1, p_2, \cdots, p_n) \tag{4.3}$$

被称为灾害概率风险。

简单的记为：

$$L = \{1\}$$
$$P_T = \{p(l) \mid l \in L\} \tag{4.4}$$

式中，P_T 为 T 年内关于 L 的灾害概率风险函数，而 $P(l)$ 为灾害概率风险。

但正如黄崇福(2004)等分析指出，由于概率风险评价模型没有考虑灾害描述(包括致灾因子特征的描述和承灾体脆弱性的描述)的模糊不确定性，在用于实际风险估算时，可行性和可靠性仍存在问题："例如，当分析者主要只能依靠一些定性资料或宏观描述时，风险评价常常无法进行；又如，一旦碰到小样本问题，建立在大数定理之上的古典统计方法给出的结果就很不可靠"。事实上，自然灾害在时间和强度上都有很大的不确定性，这种不确定性，既有偶然的成分，又有不分明的成分，即常说的灾害发生的随机性，以及灾害损失程度的模糊性。

(3)可能性风险模型。由于人们对自然灾害的孕育、生成的机制，至今及将来都不可能彻底明了，及许多类承灾体损失的预测性描述往往也不准确，导致求得的概率风险 $P(l)$ 未必可靠，不可避免地存在模糊不确定性 L，P 即对于确定的，可能的取值范围是[0,1]区间。黄崇福(2008)等对概率风险概念加以扩展，提出了自然灾害可能性风险概念模型。

用 $\pi(l,x)$ 表示 $p(l)$ 取 x 的可能，$x \in (0,1)$，定义可能性风险概念为：设灾害损失指标论域为 $L=\{l\}$，T 年内灾害损失超越 l 的概率是可能性分布 $\pi(l,x)$，$x \in (0,1)$ 且存在 x_0，使 $\pi(l,x)=1$，称：

$$R_T = \{\pi(l,x) \mid l \in L, x \in (0,1)\} \tag{4.5}$$

式中，R_T 为 T 年内的灾害可能性分析函数，称 $\pi(l,x)$ 为可能性风险域模糊风险。

概率风险可视为可能性风险的特例。简记为 $\pi(l,x)$ 为 $\pi(x)$，假定概率风险 p 为已知，要将其转化为可能性风险，只需令：

$$\pi(x) = \begin{cases} 0, x \neq p \\ 1, x = p \end{cases} x \in [0,1] \tag{4.6}$$

可能性风险模型的构造方法及步骤如下：

首先：求取致灾因子风险

设 Z 是某一致灾因子，其量值用 y 来表示，Y 是 y 的论域，用 $\pi_Z(y,x)$ 表示 T 年内 Z 的量值超越 y 的概率是 x 的可能性分布，称：

$$r_Z = \{\pi_Z(y,x) \mid y \in [0,1]\} \tag{4.7}$$

式中，r_Z 为致灾因子 Z 的风险。r_Z 的求取，可通过灾害孕育、生成机制的物理分析，或通过灾害历史资料的统计分析来求取。

其次，求取相对于单一致灾因子区域灾害的可能性风险。

取区域灾害损失指标论域为 L：$L=(l_1,l_2,l_3,\cdots,l_n)$。以符号 A 代表区域，以符号 R_Z 表示相对于致灾因子 Z 的区域灾害可能性风险，以符号 $P(l,y)$ 表示量值为 y 的致灾因子 Z 作用于区域 A 时产生灾害程度为 l 的可能性。

$$R_Z = \{r_1(x,y) \mid x \in [0,1], y \in Y\} \tag{4.8}$$
$$r_1 = (x,y) = \pi_Z(y,x) \tag{4.9}$$
$$R_A = \{r_Z(y,l) \mid y \in Y, l \in L\} \tag{4.10}$$
$$r_Z = (y,l) = p(l,y) \tag{4.11}$$

式中，R_Z 表征了 y 与 x 的模糊关系，R_A 则是 l 与 y 的模糊关系。l 与 y 间的模糊关系 R 可由

R_Z 与 R_A 的合成得到：

$$R = \{r(x,l) \mid r \in (0,1), l \in L\} = R_Z \cdot R_A \tag{4.12}$$

式中，“·”为“max-min”型模糊关系合成运算。

$$r(x,l) = \sup_{y \in Y}\{\min[r_1(x,y), r_2(y,l)]\} \tag{4.13}$$

令：

$$\pi_A(l,x) = r(x,l) \quad l \in L, x \in [0,1] \tag{4.14}$$

即为所求。

若研究区域为多种致灾因子作用，则区域灾害的综合可能风险计算相对单一灾种复杂。具体如下：

设区域在 T 年内面临 N 种自然灾害，即面临 N 种致灾因子。致灾因子集用 Z 表示：

$$Z = \{Z_i \mid i = 1,2,3,\cdots,N\} \tag{4.15}$$

灾害指标论域为 $L=\{l\}$，当 $N=2$ 时，设 π_1，π_2 分别为第一种和第二种致灾因子导致的区域灾害可能性风险，而且 π_1，π_2 皆可表示为模糊数，则区域灾害综合可能性风险为：

$$f(\pi_1,\pi_2) = \pi_1 + \pi_2 - \pi_1\pi_2 \tag{4.16}$$

由模糊数的运算法则，其运算式为：

$$f(\pi_1,\pi_2)(x) = \sup_{s+t-st=x}\min[x_1(s), x_2(t)] x \in [0,1] \tag{4.17}$$

式中，$s+t-st$ 为普通加、减、乘运算。同理，可推算出区域 N 种灾害综合可能性风险。

从上述分析可知，模糊数的加、减、乘、除等四则运算在实际计算过程中非常烦琐。在要求不是很高的情况下，多采用概率风险模型。

一般地，在建立概率风险模型前，需要对研究区域不同承灾体的损失序列，以及不同致灾等级下的致灾指标序列进行概率密度函数拟合检验，然后从中选择最优的理论概率分布函数，进行序列的风险概率估算。常用的模型概率密度函数拟合检验有均匀分布、正态分布、指数分布、伽马分布、瑞利分布、威布尔分布、耿贝尔-1 分布。各分布模型的概率密度函数见式：

均匀分布：
$$p(x) = \begin{cases} \dfrac{1}{b-a}, a < x < b \\ 0,\text{其他} \end{cases} \tag{4.18}$$

正态分布：
$$f(x \mid \mu,\delta) = \frac{1}{\delta\sqrt{2\pi}} e^{\frac{-(x-\mu)^2}{2\delta^2}} \quad \mu,\delta \text{ 为参数} \tag{4.19}$$

指数分布：
$$f(x \mid \mu) = \frac{1}{\mu} e^{-\frac{x}{\mu}} \quad \mu \text{ 为参数} \tag{4.20}$$

伽码分布：
$$f(x \mid a,b) = \frac{1}{b^a \Gamma(a)} x^{a-1} e^{-\frac{x}{b}} \quad a,b \text{ 为参数} \tag{4.21}$$

瑞利分布：
$$f(x \mid b) = \frac{1}{b^2} e^{\left(\frac{-x^2}{2b^2}\right)} \quad b \text{ 为参数} \tag{4.22}$$

威尔布分布：
$$f(x \mid a,b) = abx^{b-1} e^{-ax^b} \quad x \infty (0,\infty), a,b \text{ 为参数} \tag{4.23}$$

耿贝尔 -1 分布：
$$f(x \mid a,b) = ae^{-a(x-b)^b - e^{-a(x-b)}} \quad a,b \text{ 为参数} \tag{4.24}$$

模型中参数的估计有多种方法，一般采用极大似然法或大样本法，极大似然法是在待估计参数的可能取值范围内进行挑选，使似然函数值（即样本取固定观察值或样本取值落在固定观察领域内的概率)最大的那个数值即为极大似然估计量。极大似然估计量通常不仅满足无偏性、有效性等基本条件,还能满足其充分统计量。建立在概率论基础上的农业气象灾害风险评估在本质上要求满足大数定律,即在序列上满足(样本>30)时,也可以通过大样本确定式中的相关参数。

分布函数的选择:(1)采用 Kolmogorov 检验(D_n)和 ω^2 检验进行拟合优度检验,以确定哪一种分布函数较好;同时计算理论分布函数与经验分布函数的线性相关系数,作为选择分布函数的参考;(2)采用偏度—峰度检验法。

4.1.5 特色林果气象灾害风险评价的主要内容

特色林果生产气象灾害风险是由气象因素异常导致特色林果生产损失的一种未来情景。橡胶树、枇杷、刺梨等为多年生特色林果,在中国香蕉主产省(区)中,香蕉生长周期长,且一年四季均可种植、周年有果实采收上市。因此,特色林果在生产过程中可能遭受的农业气象灾害有两种不同情况,即(1)特色林果生长周期内可能发生的某种农业气象灾害,如干旱、洪涝、大风、冷害或寒、冻害等;(2)特色林果生长周期内可能发生的各种农业气象灾害之和,即综合农业气象灾害。由此可见,特色林果生产气象灾害风险评价,是对研究区域特色林果生产过程中遭受不同强度农业气象灾害的可能性,及其可能造成的后果进行定量分析和评估。因此,特色林果生产气象灾害风险分析不仅要分析研究区域各种农业气象灾害发生的可能性,即不同强度农业气象灾害发生的概率,而且要评估由此而引起的可能的后果,即期望损失值。

根据上述定义,特色林果生产气象灾害风险评价应包括以下主要内容:

(1)特色林果生产风险区确定及气象灾害演变规律

一般说来区域内可能遭受自然灾害的连片范围,即可能最大强度的自然灾害发生时的受灾范围均为风险区。显然对香蕉生产而言,风险区应包含两部分:1)研究区域内特色林果实际种植区,该区域潜在或可能发生的农业灾害给特色林果实际种植区带来的风险;2)研究区域将来发展特色林果产业时,干旱、洪涝、霜冻、大风等灾害发生的概率(频率),或重现期、强度将给特色林果产业带来的潜在的风险。

(2)特色林果生产风险区特性及承灾能力的评价或评估

特色林果生产风险区特性包括风险区内特色林果种植空间分布、面积大小、品种、生产管理水平等。而风险区承受灾害能力的评估即包括风险区内农业气象灾害的监测、预警水平的高低,灾害影响期间的特色林果种植和政府有关部门所采取防御灾害或抵抗灾害的能力,以及灾后的自救恢复能力,保险业是否介入等。

(3)特色林果生产气象灾害可能损失评估

气象灾害给特色林果造成的可能损失包括直接损失、间接损失两部分。其中直接损失指特色林果种植区或潜在的种植区遭受农业气象灾害事件而导致橡胶树割胶产量、生胶品质下降或橡胶树死亡、绝收,以及香蕉、枇杷、刺梨等果实产量、品质下降或果树死亡、绝收等而造成种植户直接相关的经济损失;间接损失是因农业气象灾害事件发生而导致特色林果生长发育延迟、病虫害加剧等引发的间接相关损失。

(4)特色林果种植区域风险等级的划分

根据上述研究,计算风险区在一定强度农业气象灾害发生时可能遭受的实际损失,初步划分风险等级;而后根据风险区的经济发展水平、防灾抗灾措施、应急响应能力等修正并确定风险等级,绘制研究区域农业气象灾害风险区划图。

4.1.6 特色林果气象灾害风险及其构成因素

根据农业气象灾害风险系统分类，特色林果生产气象灾害风险系统同样可分为孕灾环境、承灾体、致灾因子、灾情等子系统，其中灾情是孕灾环境、承灾体、致灾因子相互作用的最终结果。不同风险子系统的构成因素不同。

(1)孕灾环境

中国特色林果主产省(区)中，特色林果生产气象灾害风险的孕灾环境是自然环境和农业生产实际情况综合作用的结果。其孕灾环境的构成因素主要包括：天气气候因素、自然地理环境因素、特色林果实际种植区域分布或者潜在的种植区等。其中天气气候在特色林果生产气象灾害孕灾环境的因素构成中起主导和决定性作用，自然地理环境和区域特色林果种植布局是否合理则起到加剧或者减缓孕灾环境因素的作用。

农业气象灾害影响的程度除与天气系统等因素有关外，与特定的地理环境条件有密切关联。如山地、坡地等地形起伏较大或者岩溶地区，在同等降雨条件下，发生干旱概率及影响程度明显高于地势平缓的地区。此外，特色林果的空间分布、栽培方式、品种的抗逆性、应对灾害能力等因素，也会在一定的程度上加剧或减缓灾害的影响。

(2)致灾因子

对中国大部特色林果种植区而言，特色林果生产的致灾因子主要是干旱、冷害或寒(冻)害、大风等。但不同特色林果主产省(区)，由于天气气候因素、地理环境因素等差异，主要致灾因子也不尽相同，而且致灾因子的时间尺度、出现的时段、对特色林果影响的程度也因产区而异。如海南省和广西、广东、福建沿海的香蕉产区，大风是该产区的主要致灾因子。而广西、广东、云南等省(区)纬度稍偏北的产区，寒、冻害可能成为该区域的主要致灾因子。可见，一定区域致灾因子的确定，要视该区域的天气气候、地理环境等因素，以及特色林果生长发育过程对环境条件的要求而定。

(3)承灾体

承灾体即承受灾害的载体，是致灾因子作用的对象，致灾因子只有对承灾体实际造成伤害时才形成灾害。就中国香蕉主产省(区)而言，香蕉即为承灾体。香蕉对干旱、寒(冻)害、大风等灾害的敏感性，不仅取决于香蕉品种的抗逆性，还与各产区香蕉生长环境，包括气候条件、地理环境、土壤条件，以及品种熟性、生产管理水平等有关。

(4)灾情

特色林果遭受干旱、冷害或寒(冻)害、大风等灾害影响后，其产量和品质下降，造成直接或间接经济损失情况称为灾情。

从上述分析可知，由于特色林果种植区域的气候环境、地理环境等差异，中国不同特色林果主产省(区)，影响其产量和品质的农业气象灾害不尽相同。因此，关于中国特色林果生产的气象灾害风险分析与应以省(区)，或者地市级行政区域为适宜。考虑到特色林果生产过程遭受农业气象灾害的多样性，以及前期研究基础等因素，以各省(区)特色林果干旱、冷害或寒(冻)害、大风为重点，开展区域气象灾害风险分析。

4.2 橡胶树风害

4.2.1 橡胶树风害风险评估模型

(1)指标的选取

橡胶树的风害主要是灾害性天气过程中的出现的大风引起的。据调查研究结果表明，灾害性天气过程的极大风速是引起的橡胶风害的决定性因素。当极大风力达到 8 级以上时，橡胶树会随着风力的增大出现不同程度的灾损。橡胶树风害的程度还与植株开割与否、树龄大小有一定关系，因此，橡胶风害要综合考虑风力等级、橡胶植株情况。根据 1981—2010 年的云南省、广东省、广西壮族自治区、福建省、海南省五省（区）的逐日极大风速数据，统计得到南方五省（区）极大风力 7～11 级和≧ 12 级的大风日数分布图（图 4.1）。以广东省为例，由图可见，7 级以上大风的多发区主要分布在广东沿海城市、茂名、湛江两市。8～9 级以上大风的多发区主要分布在珠海—阳江一带，中心地带在上川岛一带。10～12 级大风主要分布在粤西沿海地区，尤其是雷州半岛一带。考虑到广东的橡胶树主要分布在粤西。因此，选取 8～12 级大风日数作为橡胶风害风险区划的主要影响因子，年极大风速的分布对于橡胶风害风险区划的结果有良好的参考和验证作用。

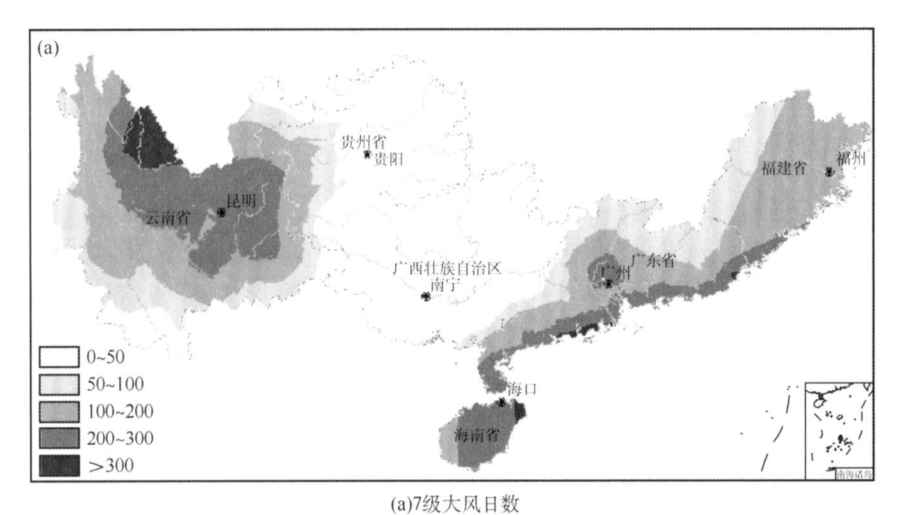

(a)7级大风日数

(b)8级大风日数

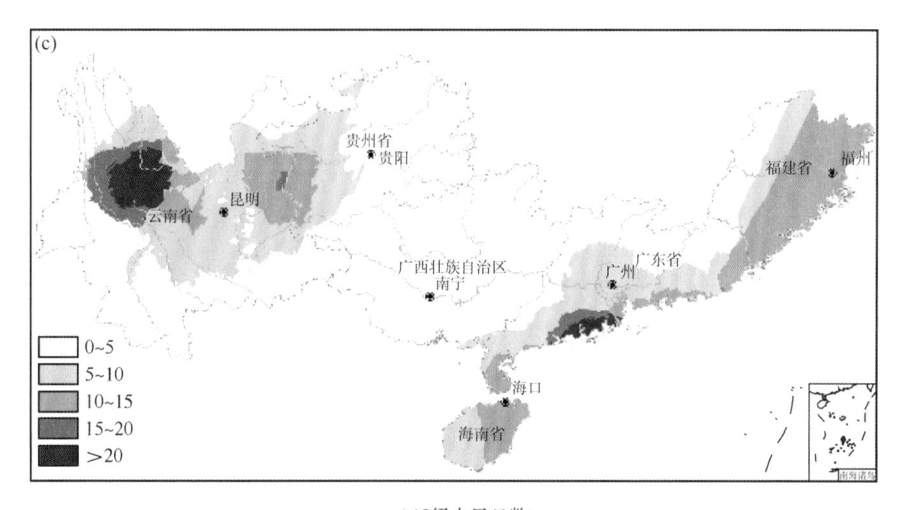

(c)9级大风日数

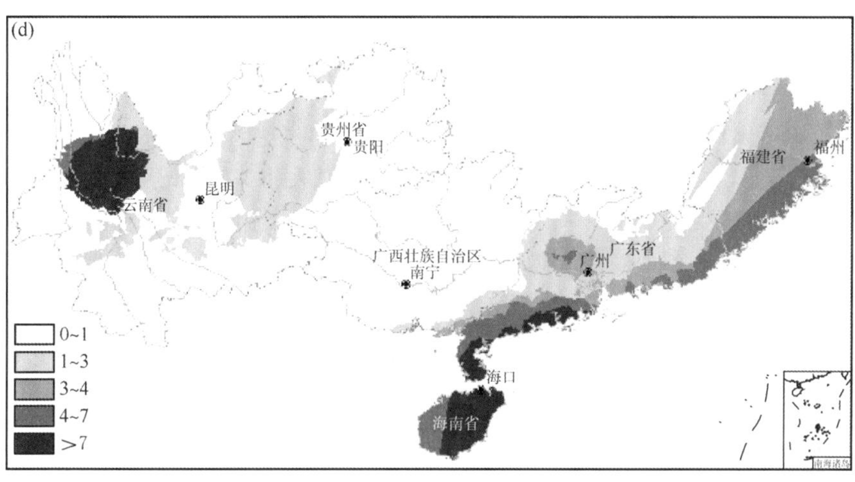

(d)10级大风日数

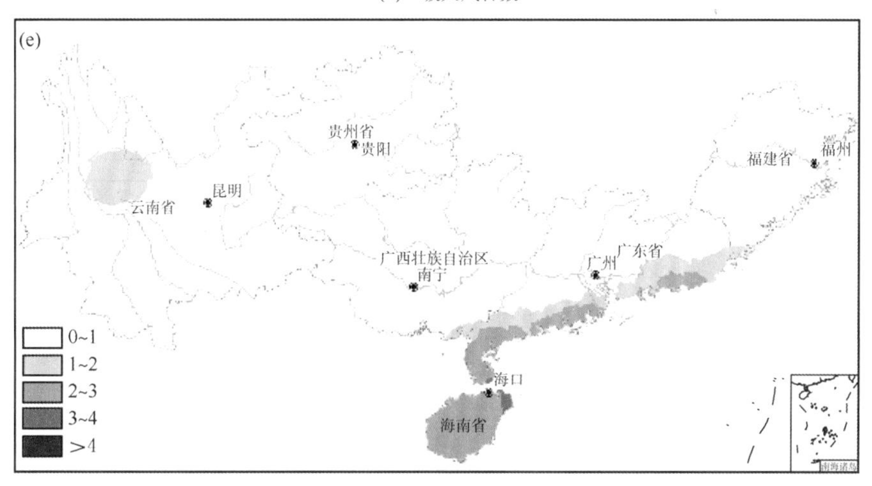

(e)11级大风日数

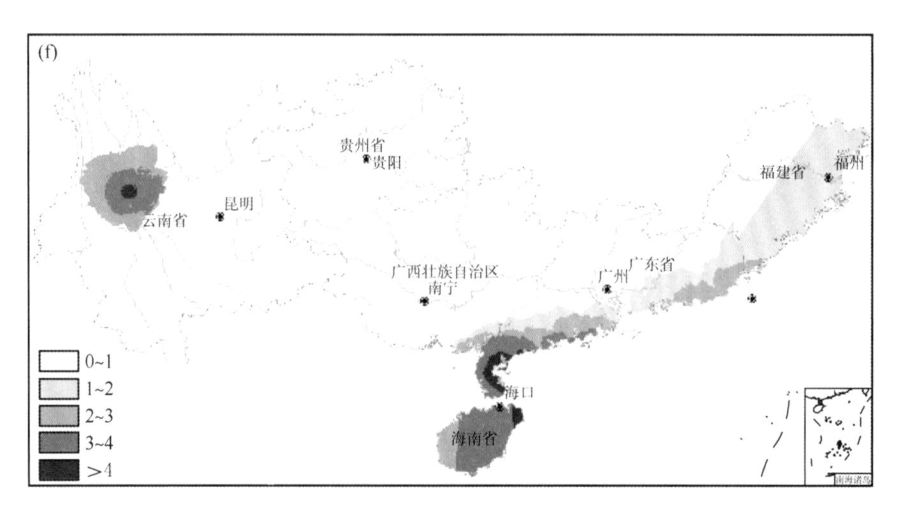

(f)≥12级大风日数

图 4.1　南方五省(区)大风日数分布图

(2)橡胶树灾损等级的划分

根据橡胶树不同风害等级造成的影响程度,将橡胶树风害程度划分为无伤害、轻度伤害、中度伤害、重度伤害等 4 个风害等级,并确定相应的风力大小(表 4.3)。由表 4.3 中可见,风害等级越高,橡胶树的受害程度越大,对其产胶影响也越大。例如,橡胶树的断干>2 m 以上达到橡胶重度风害等级,将直接导致橡胶树丧失产胶能力;而一定程度的倒伏和树枝折断只会影响橡胶树的产量,不会造成橡胶树的丧失产胶能力。

表 4.3　橡胶树风害指标与等级划分标准

开割				
风力	≤9	10	11	≥12
风速(m/s)	≤24	24～28	28～32	≥32
风害程度	无	轻	中	重
未开割				
风力	≤8	9～10	11	≥12
风速(m/s)	≤20	20～28	28～32	32
风害程度	无	轻	中	重

(3)橡胶树灾损系数的确定

根据橡胶树风害等级确定橡胶树的风害指数(见第 5 章表 5.8),定量评估不同等级风害对橡胶树的损害及产胶等造成不同程度影响,从而确定不同风害等级下橡胶树的受害程度(表 4.4),通常灾损系数越大表示胶树损害和产量损失越大。

表 4.4　橡胶树风害受害等级及对应损失系数(结合调查数据)

受害等级	1	2	3	4	5	6	半倒	全倒
损失系数	0.1	0.2	0.3	0.8	0.9	1	0.3	0.8～1.0

根据橡胶树风害指标和等级划分标准:开割橡胶树遭受>9 级以上风力才会受到伤害,未开割的橡胶树遭受>8 级风力以上会受害;不同风力等级下橡胶树的受害程度不同。建立橡

胶树风害风险区域划分指标需要考虑风力大小、橡胶风害等级、不同等级下损失系数等作为参考指标。此外，断倒率统计表明，当风力在8级以下无伤害，风力在9～10级出现了缓慢上升，属于轻度伤害，11级以上急剧上升，10～12级处于中度伤害，12级以上风力断倒率继续上升，当风力>一定值（理论上14级），橡胶树全部受害属于重度伤害（表4.5）。结合实际考虑划分：橡胶树风害1～3级（含倾斜）属于轻度伤害等级（由10级以下风力造成），4级和半倒伏属于中度伤害（受10～12级风力影响），5～6级及全倒伏状态属于重度伤害（>12级以上风力造成）。

表4.5　风力和橡胶断倒率对应关系

风力等级	9	10	11	12	13	14
断倒率	5.05	5.30	6.05	19.80	22.80	25.00

（4）橡胶树风害风险指数

考虑收集到风力数据（主要以8～12级大风日数）、橡胶树风害等级指标、风害等级对应的损失系数指标建立广东省橡胶树风害风险指数（风力，损失系数）（表4.6）式（4.25）。另考虑到极大风速（30年极大值）分布状态，认为其损失系数为最大值1，极大风速的分布对于区划的最终验证有参考意义。

$$\text{橡胶风害区划指数} = \sum_{i=9}^{12} \text{大风日数}(i) \times \text{损失系数} \tag{4.25}$$

式中，i 为风力等级。

表4.6　橡胶树风力等级及对应损失系数

风力	8	9	10	11	12及以上
损失指数	0.1	0.2	0.3	0.8	0.9～1.0

4.2.2　结果与评述

根据1981—2010年8～12级大风日数统计数据，结合橡胶树风害等级指标和风害等级损失系数，计算南方省份橡胶树风害风险区划指数，基于“3S”技术构建橡胶树风害风险区划指数，计算不同地区的橡胶树风害指数即橡胶树风害风险区划指数，结合各级大风多发区域、区划指数及橡胶分布情况绘制南方6省（区）橡胶树风害风险区划图（图4.2）。

4.2.2.1　综述

结果表明：南方的橡胶树风害风险区划与风力高值区存在良好的对应关系。海南、广东沿海、福建沿海、云南北部、贵州西部为橡胶树风害比较显著区域。广西、贵州大部、云南南部、广东北部地区为橡胶树风害轻度风险区域。

（1）无风害风险区：本区域主要分布是广东省韶关市南雄、仁化、乳源等市县，广西的玉林、崇左、百色、南宁、贵港、柳州、河池、来宾、梧州、贺州、桂林等地市，贵州的贵阳、遵义、铜仁、黔东南苗族、布依族自治州、黔西南布依族自治州东部地区，云南的西双版纳西南部、德宏傣族景颇族自治州西部、昭通市北部地区风力较小为橡胶树风害无风险区。

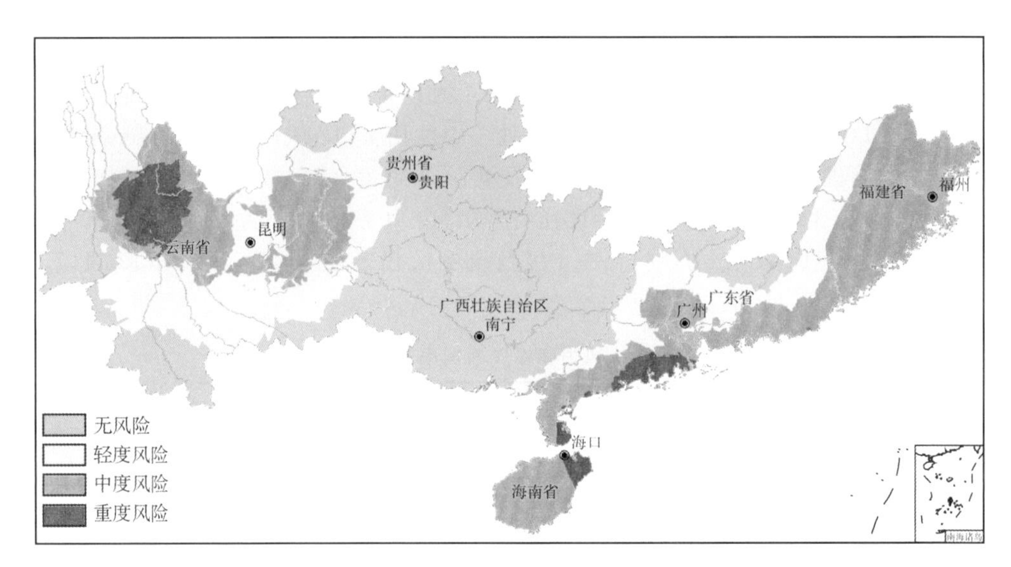

图 4.2 南方 6 省(区)橡胶树风害风险区划

(2)轻度风害风险区:本区域主要分布于广东省梅州、揭阳、河源、广州、惠州、肇庆、云浮、清远等地市大部分地区,广西的饮北市、上思县、浦北县等部分地区,福建西侧市县如上饶、抚州、赣州、三明、龙岩等市县,贵州的安顺、毕节、六盘水等部分地区,云南昆明、临沧、迪庆藏族自治州、红河哈尼族彝族自治州、西双版纳东部地区为橡胶树风害风险区划轻度风险区域。

(3)中度风害风险区:本区域主要分布于广东的惠州、汕尾、揭阳、东莞、江门、肇庆、珠海、东莞、潮州、汕头等地市,广西的北海、防城、防城港、东兴,海南西部地区、福建三明、宁德、南平、福州、莆田、泉州、漳州、厦门、龙岩等东部地市,贵州的六盘水、安顺市、黔西南布依族苗族自治州西部地区,云南的曲靖、丽江、玉溪、楚雄彝族自治州等是橡胶树风害中度风险区。

(4)重度风害风险区:本区域主要分布于广东的阳江、茂名、湛江等地市,海南三亚、海口、琼海、五指山、万宁、陵水、屯昌、琼中、文昌、澄迈、安定、临高等东部县市,云南的大理白族自治州、保山市、怒江傈僳族自治州等地为橡胶树风害重度风险区域。

4.2.2.2 分省评述

(1)广东省

广东省橡胶树风害风险区划具体分区如下:重度风害区包括阳江、茂名、湛江等地市;中度风害区主要包括惠州、汕尾、揭阳、东莞、江门、肇庆、珠海、东莞、潮州等地市;轻度风害主要包括梅州、揭阳、河源、广州、惠州、肇庆、云浮、清远等地市大部分地区;无风害区域主要包括韶关市南雄、仁化、乳源等市县。

(2)广西壮族自治区和海南省

广西和海南橡胶树风害风险区划具体分区如下:重度风害区主要包括海南三亚、海口、琼海、五指山、万宁、陵水、屯昌、琼中、文昌、澄迈、安定、临高等东部县市;中度风害区主要包括广西的北海、防城、防城港、东兴等地市,海南东方、昌江、白沙、乐东等西部地区;轻度风害区主要包括广西的饮北市、上思县、浦北县等部分地区;无风害区主要包括广西的玉林、崇左、百色、南宁、贵港、柳州、河池、来宾、梧州、贺州、桂林等地市。

(3)云南省

云南橡胶树风害风险区划具体分区如下:重度风害区主要包括大理白族自治州、保山市、怒江傈僳族自治州等地;中度风害风险区划主要包括曲靖、丽江、玉溪、楚雄彝族自治州等地区;轻度风害区域主要包括昆明、临沧、迪庆藏族自治州、红河哈尼族彝族自治州、西双版纳东部地区;无风害区域主要包括西双版纳西南部、德宏傣族景颇族自治州西部地区和昭通市北部。

(4)贵州省

贵州橡胶树风害风险区划具体分区如下:中度风害区主要包括六盘水、安顺市、黔西南布依族苗族自治州西部地区;轻度风害风险区域主要包括安顺、毕节、六盘水等部分地区;无风害区域主要包括贵阳、遵义、铜仁、黔东南苗族、布依族自治州、黔西南布依族自治州东部地区。

(5)福建省

福建橡胶树风害风险区划具体分区如下:中度风害区主要包括三明、宁德、南平、福州、莆田、泉州、漳州、厦门、龙岩等东部地市;轻度风害区域主要包括上饶、抚州、赣州、三明、龙岩等西部市县。

4.3 橡胶树寒害

4.3.1 橡胶树寒害类型的界定

(1)橡胶树平流型寒害

根据橡胶树平流型寒害受害临界温度及平流型寒害的天气特点,定义橡胶树平流型寒害过程为:橡胶树越冬期内(11 月至次年 4 月)日平均气温≤12.0℃,且气温日较差<5.0℃时,称为平流日,持续 3 d 或以上,便认为发生平流型寒害。

(2)橡胶树辐射型寒害

根据橡胶树辐射型寒害受害临界温度及辐射型寒害特点,定义橡胶树辐射型寒害过程为:橡胶树越冬期内(11 月至次年 4 月)日最低气温≤5.0℃,且气温日较差>10.0℃时,辐射型寒害过程开始;当日最低气温>5.0℃,或气温日较差<10.0℃时,辐射型寒害过程结束。

4.3.2 橡胶树寒害风险评估模型

灾害风险评估是风险分析的核心(李世奎等,2004)。自然灾害风险评估是从灾害致灾因子和孕灾环境角度,通过分析导致灾害发生的自然现象的频度和强度,建立和保存历史灾害记录,对各种自然灾害绘制危险性区划图,对易损性及潜在影响进行估计(孙绍骋,2001)。目前比较普遍的研究方法是自然灾害风险等级评估(MaskreyA,1989;ShookG,1997;刘希林,2000;成玉祥等,2008;张会等,2005;王建华,2009)。一般采用的模型为:

风险=(自然灾害)危险性×(孕灾环境)敏感性×(承灾体)脆弱性

考虑到橡胶树对寒害的承受能力与其品种、树龄和管理方式等许多复杂因素相关,在橡胶树寒害风险评估中仅考虑橡胶树寒害的致灾危险性。

(1)橡胶树低温寒害强度指标

橡胶树寒害通常是橡胶树越冬期内各种气象要素综合作用的结果。低温是造成橡胶树寒害的主要原因。两类橡胶树寒害的降温性质不同,橡胶树受害的低温临界值不同,用来表征寒害强度的气温指标也不相同。通常用平流期的日平均温度表征橡胶树平流型寒害强度,而用日最低气温表示橡胶树辐射型寒害的危害。低温持续时间的长短也是寒害轻重的重要因素。在低温值相似的条件下,低温期越长,橡胶树寒害越重。因此用橡胶树平流型寒害年有害积温和橡胶树辐射型寒害年有害积温分别作为两类橡胶树寒害风险评估中的橡胶树低温寒害强度指标。

平流型寒害年有害积温是指每年橡胶树越冬期内(11 月至翌年 4 月)出现的历次平流型寒害过程中,日平均气温低于临界指标温度的有害积温之和。一次橡胶树平流型寒害过程有害积温 T_{ah} 可近似采用下式计算:

$$T_{ah} = \sum_{i}^{n} (C - T_{avei})$$

式中,T_{ah} 为一次平流型寒害过程有害积温,T_{avei} 为平流型寒害过程期间逐日平均气温,$i=1, 2,\cdots,n$;C 为平流型寒害过程橡胶树受害临界温度($C=12.0$℃),n 为一次平流型寒害过程的持续日数。

辐射型寒害年有害积温是指每年橡胶树越冬期内(11 月至翌年 4 月)出现的历次辐射型寒害过程中,日最低气温低于临界指标温度的有害积温之和。一次辐射型寒害过程有害积温 T_{rh} 可近似采用下式计算:

$$T_{rh} = \sum_{i}^{n} (C - T_{\min i})$$

式中,T_{rh} 为一次辐射型寒害过程有害积温,$T_{\min i}$ 为辐射型寒害过程期间逐日最低气温,$i=1, 2,\cdots,n$;C 为辐射型寒害过程橡胶树受害临界温度($C=5.0$℃),n 为一次辐射型寒害过程的持续日数。

通过橡胶树寒害年份的实地调查和参考相关的研究资料,根据橡胶树越冬期寒害年有害积温将两类橡胶树寒害致灾危险性分为 4 个等级:低危险性、中危险性、较高危险性、高危险性。表 4.7 给出了两类橡胶树寒害年有害积温与橡胶树寒害等级的关系。

表 4.7 橡胶树寒害致灾等级指标

致灾等级	轻	中	重	严重
危险性等级	低危险性	中危险性	较高危险性	高危险性
平流型寒害年有害积温(℃·d)	50～80	80～120	120～160	≥160
辐射型寒害年有害积温(℃·d)	≤70	70～90	90～110	≥110

(2)橡胶树低温寒害发生频率计算

根据两类橡胶树寒害年有害积温的分布,分别统计各站点或格点上不同危险性等级的发生频率

$$p = n/N$$

式中,p 为频率,n 为发生某等级平流型(辐射型)寒害的次数,N 为统计的总年数。

(3)橡胶树低温寒害致灾危险性模型

自然灾害的危险性一般包括自然灾害的强度和发生的可能性两个因素(刘毅等,2011)。橡胶树低温寒害的致灾危险性评估,主要从两个方面来进行,1)低温寒害发生的强度及其对橡

胶树生产所造成的损失，即低温寒害危险性等级；2）不同强度低温寒害发生的可能性大小，即发生概率。以低温寒害危险性等级 i 和低温寒害发生频率 p 建立低温寒害风险指数 I_c：

$$I_c = \sum_{i}^{n}(G_iP_i)$$

式中，I_c 为橡胶树低温寒害风险指数，i 为低温寒害等级，n 为低温寒害等级总数，G_i 为地区 i 等级强度的权重值，其取值通过层次分析法确定为 0.2173、0.2376、0.2585、0.2866。P_i 为不同危险性等级低温寒害发生的频率。层次分析法计算方详见 4.1.3。

由于现有气象站比较少，为了表征各地橡胶树低温冷害风险，运用数理统计方法分别建立橡胶树平流型寒害风险指数和辐射型寒害风险指数与经纬度及海拔高度关系模型：

$$I_{cah} = -5.61782 + 0.5572\phi - 0.00639\varphi + 0.00016h$$

$$I_{crh} = -1.4366236 + 0.0027571\phi + 0.0531123\varphi + 0.0000997h$$

式中，I_{cah}，I_{crh} 为某格点的橡胶树平流型寒害风险指数、橡胶树辐射型寒害风险指数；ϕ，φ，h 分别为经度、纬度和海拔高度。

橡胶树平流型寒害风险指数与地理因子推算模型的 F_1 检验值为 958.87，远大于显著性水平为 0.01 的 F 临界值 99.17，橡胶树辐射型寒害风险指数与地理因子推算模型的 F_2 检验值为 14.76，也同样大于显著性水平为 0.01 的 F 临界值 6.99，说明建立的两个地理因子风险模型都是可用的。

基于橡胶树辐射型寒害风险指数，结合考虑云南、海南和广东三省的橡胶树种植分布，确定橡胶树寒害风险等级划分标准，见表 4.8。

表 4.8　橡胶树寒害风险等级划分标准

省份	风险指数	轻	中	较高	高
云南	I_{cah}	≤0.15	0.15～0.23	0.23～0.31	≥0.31
	I_{crh}	≤0.12	0.12～0.19	0.19～0.26	≥0.26
海南	I_{cah}	≤0.41	0.41～0.45	0.45～0.5	≥0.5
	I_{crh}	≤−0.09	−0.09～−0.06	−0.06～−0.03	≥−0.03
广东	I_{cah}	≤0.4	0.4～0.45	0.45～0.5	≥0.5
	I_{crh}	≤−0.09	−0.09～0.03	0.03～0.07	≥0.07

4.3.3　结果与评述

4.3.3.1　综述

根据橡胶树寒害风险指数与地理因子的关系模型，利用 GIS 软件对橡胶树寒害风险的地理分布状态进行模拟。按照橡胶树寒害风险指数等级划分标准，得到橡胶树平流型寒害和辐射型寒害风险区划结果。

4.3.3.2　分省评述

（1）云南省

1）橡胶树平流型寒害风险

从图 4.3 中可以看出，云南省橡胶树平流型寒害轻度风险区主要分布在西双版纳州、普洱市、临沧市、保山市南部和德宏州等哀牢山以西的广大橡胶树种植区以及红河州南部的低海拔地区。由于受东南—西北走向的哀牢山影响，冬季强度不大的冷空气一般不能翻越哀牢山影响云南省西部地区，平流型寒害发生概率也较小，橡胶树受平流型寒害影响的风险也较低。

橡胶树平流型寒害中度风险区主要分布在红河州南部的河口县东南部和屏边县东部地区以及文山州南部马关县、西畴县和麻栗坡县等地。橡胶树平流型寒害较高风险区主要分布在文山州南部马关县、西畴县和麻栗坡县 3 个县(市)橡胶树种植区海拔相对较高的边缘地带。这些地区易受从四川盆地经云南省昭通市影响云南东部的冷空气和从贵州及广西回流的冷空气影响，橡胶树平流型寒害风险比哀牢山以西地区高。

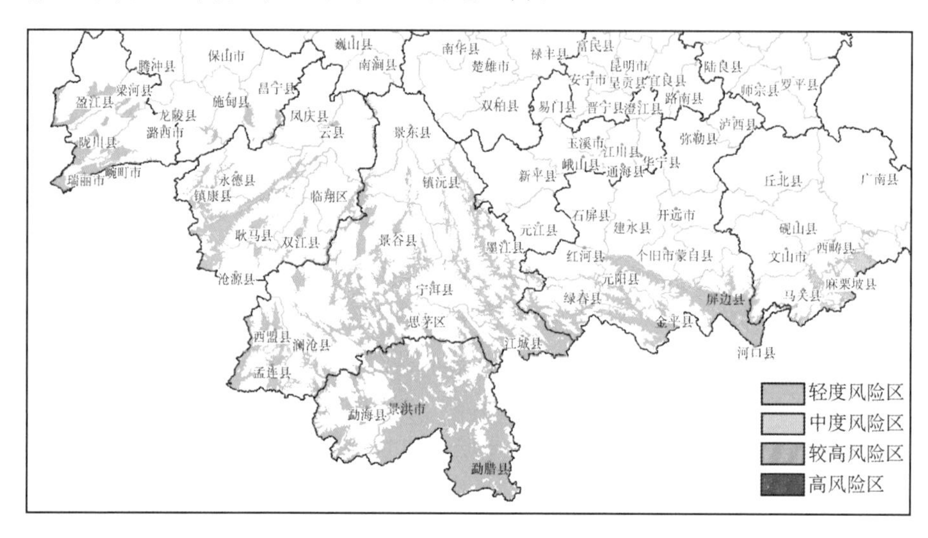

图 4.3　云南省橡胶树平流型寒害风险区划图

2)橡胶树辐射型寒害风险

从图 4.4 中可以看出，云南省橡胶树辐射型寒害轻度风险区主要分布在西双版纳州勐腊县、景洪市南部和勐海县西部，普洱市孟连县西部和江城县东南部，红河州金平县东南部、河口县南部和屏边县中部和文山州麻栗坡县的零星地区。

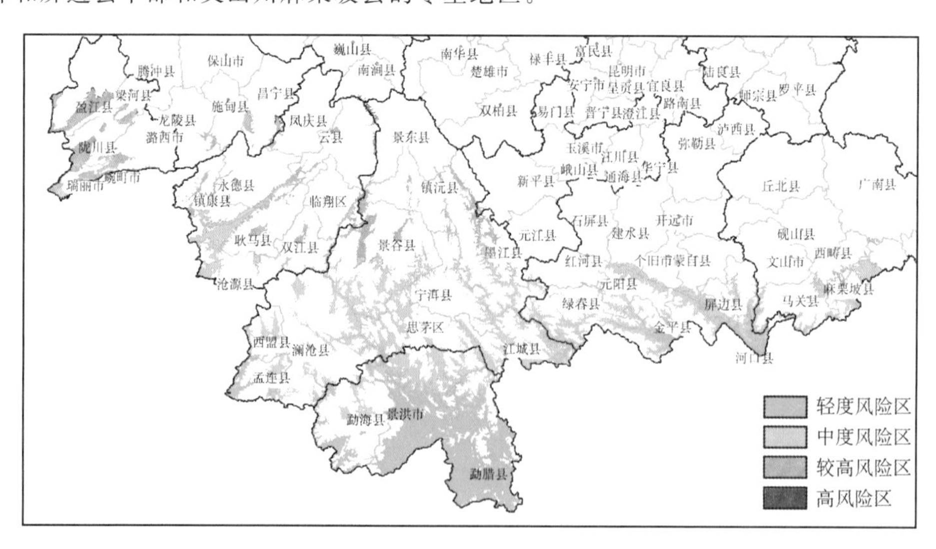

图 4.4　云南省橡胶树辐射型寒害风险区划图

中度风险区主要分布在西双版纳州景洪市北部、勐海县中部，普洱市思茅区、澜沧县、西盟县、孟连县东北部、宁洱县东部、景谷县南部、江城县和墨江县南部，红河州绿春县、金平县、元阳县和屏边县，文山州马关县、麻栗坡县南部和中部，临沧市沧源县、耿马县西南部、镇康县南部，德宏州瑞丽市南部。

较高风险区主要分布在普洱市景谷县北部、镇沅县、墨江县北部，临沧市临翔区、耿马县中部和北部、云县、永德县南部边缘和镇康县北部，保山市龙陵县西南部和昌宁县南部，德宏州瑞丽市北部、潞西市西南部、陇川县南部、盈江县南部和梁河县南部地区。

高风险区主要分布在临沧市云县东北部与普洱市景东县的交界地区，保山市昌宁县南部橡胶树可种植区的边缘地带，德宏州盈江县西南部橡胶树可种植区的北部边缘地带。

(2)海南省

1)橡胶树平流型寒害风险

从图4.5中可以看出，海南省橡胶树可种植区平流型寒害风险较小，全省大部地区以轻度风险区和中度风险区为主。轻度风险区主要分布在陵水县大部分地区、保亭县中南部、三亚市大部、乐东县大部分地区、东方市、昌江县、儋州市、临高县、澄迈县和定安县西部等地区。中度风险区主要分布在文昌市、定安县东部、琼海市、万宁市和屯昌县东部等地。较高风险区和高风险区主要分布在琼中县、白沙县、乐东县北部、保亭县西部和北部、陵水县北部、琼中县西南部和通什市大部分地区等海拔相对较高的地区。

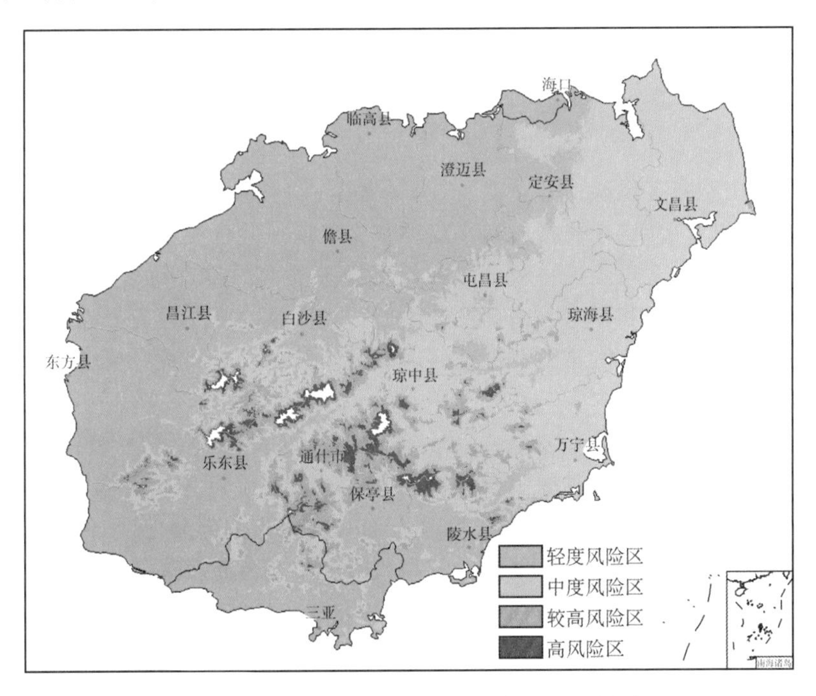

图4.5 海南省橡胶树平流型寒害风险区划图

2)橡胶树辐射型寒害风险

从图4.6中可以看出，海南省橡胶树辐射型寒害轻度风险区主要分布在三亚、陵水县、万宁市、琼海市、文昌市南部、屯昌县中部、乐东县、东方市、昌江县、白沙县西北部和儋州市西部等地区。中度风险区主要分布在文昌市大部分地区、定安县、屯昌县北部、澄迈县、临高县和儋州市大部分地区等地。较高风险区和高风险区分布范围较小，仅分布在乐东县、白沙县、五指山市和琼中县等县、市境内一些海拔相对较高的地区。

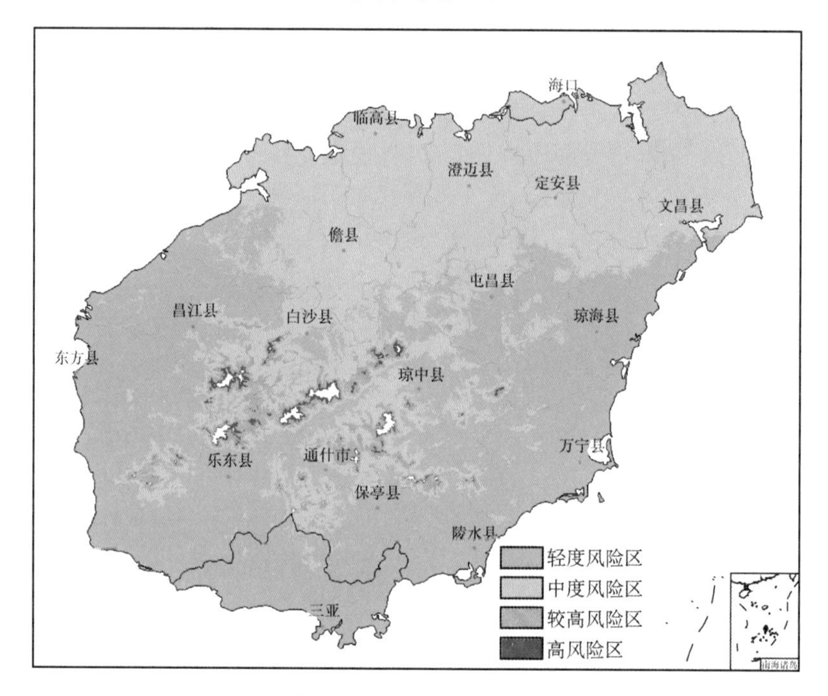

图 4.6 海南省橡胶树辐射型寒害风险区划图

4.3.3.3 广东省

(1)橡胶树平流型寒害风险

从图 4.7 中可以看出，广东省橡胶树平流型寒害轻度风险区主要分布在徐闻县西部、雷州市、遂溪县和廉江市。中度风险区主要分布在徐闻县东部、雷州市南部、吴川市、化州市、电白县西部、高州市大部分地区和新宜县南部部分地区。较高风险区主要分布在电白县东部、阳西县、阳春市中部和南部以及信宜市西北部地区。高风险区主要分布在信宜市东部、高州市东部和阳春市与恩平市交界的地区。

(2)橡胶树辐射型寒害风险

从图 4.8 中可以看出，广东省橡胶树辐射型寒害轻度风险区主要分布在徐闻县、雷州市、吴川市大部分地区和遂溪县。中度风险区主要分布在廉江市大部分地区、吴江市北部边缘、化州市南部、电白县南部和阳西县南部地区。较高风险区主要分布在廉江市北部边缘、化州市北部、高州市、电白县北部、阳春县南部和中部、阳西县北部和信宜市南部地区。高风险区主要分布在阳春市西北部和东北部、信宜市大部分地区和高州市东部地区。

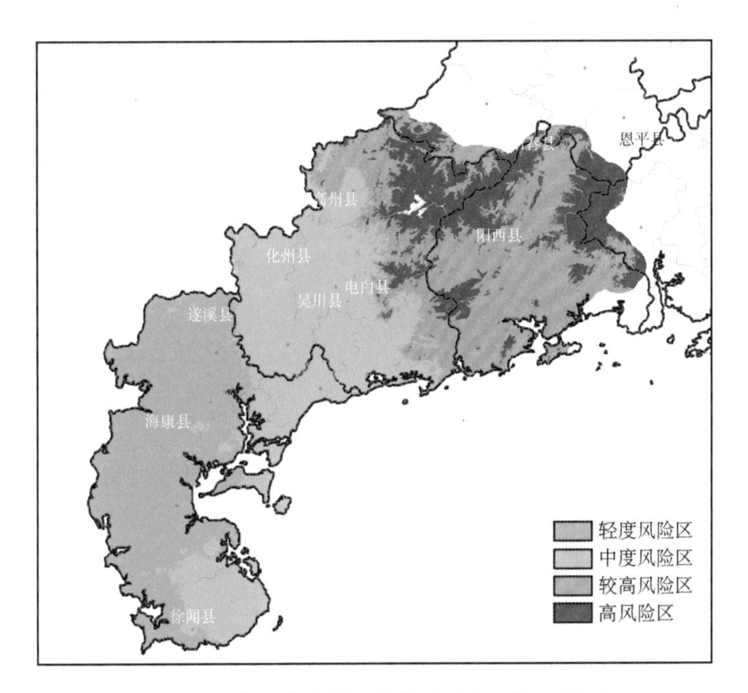

图 4.7　广东省橡胶树平流型寒害风险区划图

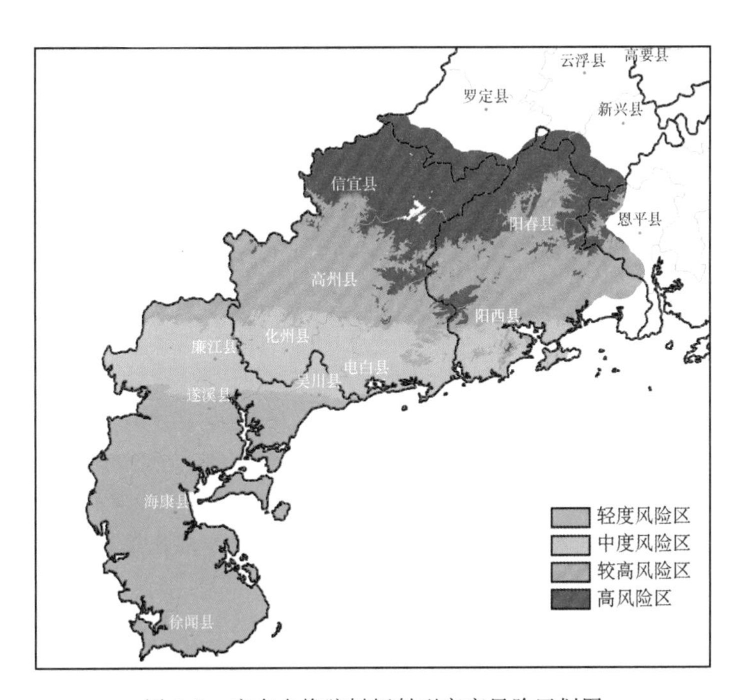

图 4.8　广东省橡胶树辐射型寒害风险区划图

4.4 香蕉寒、冻害

4.4.1 香蕉寒、冻害风险评估模型

(1)最低气温降尺度推算

一般说来,过程极端最低气温的低于某一界限温度值的持续天数和积寒是反映区域冬季冷暖程度的重要指标,也是判断农作物是否受害或者受害程度,以及编制农作物种植气候区划和风险分析的主要依据。

为了客观地描述区域寒、冻害过程最低气温的时、空变化规律,以广西为例:首先根据广西各地气候差异特点,应用数理统计学中的多元线性回归分析方法,按行政分区,在全区91个县、市气象台站中随机抽取1/3至1/2个县、市气象台站冬季寒、冻害过程逐日最低气温与气象台站对应的经度、纬度、海拔高度、坡度、坡向及地表反射率等数据构造寒、冻害过程逐日最低气温空间变化模型若干个,从中选取回代拟合效果较好的模型作为该日最低气温降尺度模型,并以此推算任意格点的最低气温。关系模型为:

$$T = f(\phi, \varphi, h, \alpha, \beta, \kappa) + \xi \tag{4.26}$$

式中,T为气象台站气温实况值;$\phi,\varphi,h,\alpha,\beta,\kappa$分别代表纬度、经度、海拔高度、坡度、坡向和地表反射率;ξ为残差项,称为综合地理残差,可认为$\phi,\varphi,h,\alpha,\beta,\kappa$所拟合的气候学方程的残差部分,即

$$\zeta = T - f(\phi, \varphi, h, \alpha, \beta, \kappa) \tag{4.27}$$

应用上述模型,将广西区域内250 m×250 m网格点的经度ϕ、纬度φ、海拔高度h、坡度α、坡向β和地表反射率值κ等数据分别代入模型方程,推算寒、冻害过程某日最低气温在250 m×250 m网格上的分布;再以91个气象台站的该日最低气温残差值为样本,运用反距离权重插值法,得到最低气温值250 m×250 m网格的残差分布;将250 m×250 m网格的模型值与残差值相加,最终得到日最低气温250 m×250 m的网格数据。

运用以上方法,构建广西1961—2013年冬季寒、冻害天气过程逐日最低气温250 m×250 m的网格数据。

(2)香蕉寒害冻害风险概率的计算

在此基础上,分别统计任意格点年极端最低气温≥4.0℃、3.0~3.9℃、2.0~2.9℃、1.0~1.9℃、0.0~0.9℃、-1.0~-0.1℃、-1.9~-1.1℃和≤-2.0℃频率,并绘制成折线图,以便确定相应的概率密度曲线,并计算香蕉寒、冻害风险概率。如图4.9为广西柳州市鹿寨县年极端最低-3.0~4.0℃频率的曲线变化图,经检验曲线变化符合正态分布,可采用正态分概率密度进行该点香蕉寒害冻害风险概率计算。

同理,可求算出任意格点的概率密度函数曲线,并采用Kolmogorov检验(D_n)和$\bar{\omega}^2$检验进行拟合优度检验,以确定应用哪一种分布函数进行该点的香蕉寒害冻害风险概率计算。

事实上,寒、冻害对香蕉的影响程度,不仅受极端最低气温高低的影响,还与气温<香蕉受

害临界温度 T_c 的持续时间，以及气温＜香蕉受害临界温度的寒积量[①]有关。因此，区域寒、冻害发生的概率分布应包含低于香蕉受害临界温度的持续时间，以及低于香蕉受害临界温度的寒积量。而区域任意格点历年某一界限温度的持续时间的频率、该界限温度的寒积量等级频率，以及概率密度函数曲线的检验等，与极端最低气温风险概率计算方法步骤类似，在这里不再重述。

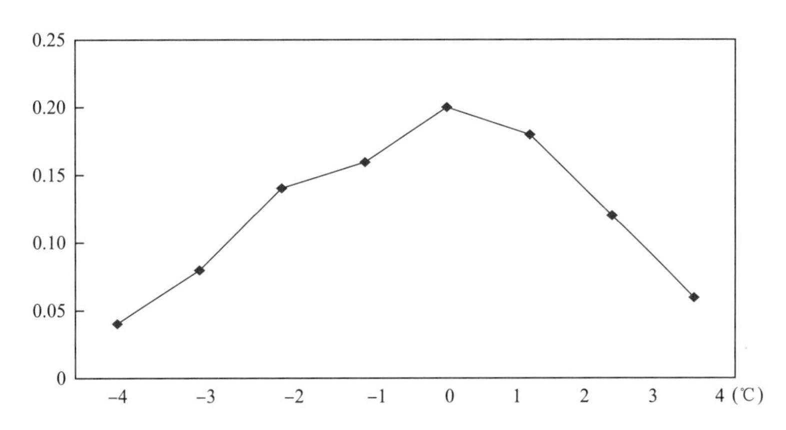

图 4.9 广西壮族自治区柳州市鹿寨县年极端最低气温概率密度函数曲线图

(3)香蕉寒、冻害等级指标及灾损等级指标划分

香蕉寒、冻害致灾强度风险评估，即基于不同致灾因子序列和致灾等级指标（表 4.9），估算不同致灾强度等级下的风险概率。

表 4.9 香蕉辐射型寒、冻害等级指标及灾损等级指标

致灾等级	1 级（轻）	2 级（中）	3 级（重）	4 级（严重）
最低气温 T_d(℃)	$3 \leqslant T_d < 4$	$1 \leqslant T_d < 3$	$-1 \leqslant T_d < 1$	$T_d < -1$
过程日最低气温≤4℃持续天数 D(d)	$2 < D \leqslant 3$	$3 < D \leqslant 6$	$6 < D \leqslant 8$	＞8
过程日最低气温≤4℃的积寒(℃·d)	3.0～10.0	10.1～50.0	50.1～65.0	＞65.1
寒害特征	果皮表层轻度黑丝；影响抽蕾、幼果灌浆；叶缘轻微变褐；假茎和吸芽未受损	果皮表层中度黑丝，影响外观及幼果灌浆或抽蕾；50%—70%叶片干枯；假茎和吸芽轻微受损	果皮表层重度黑丝，影响外观，幼果僵硬无法灌浆或抽蕾；＞70%叶片干枯；假茎和吸芽受害	果实无商品价值，地上部假茎干枯；球茎和吸芽受害严重
综合损失	0～10	10～20	20～30	＞30

① 寒积量：指寒害过程低于作物受害临界温度的日平均气温与作物受害临界温度的差值的累积量，单位摄氏度(℃)。

续表

致灾等级	1级(轻)	2级(中)	3级(重)	4级(严重)
最低气温 T_d(℃)	$5\leqslant T_d<8$	$3\leqslant T_d<5$	$1\leqslant T_d<3$	$T_d<1$
过程日最低气温≤8℃持续天数 D(d)	$0<D\leqslant 4$	$4<D\leqslant 6$	$6<D\leqslant 10$	$D>10$
过程日最低气温≤8℃的积寒(℃·d)	50.0～200.0	200.1～450.0	450.1～550.0	≥550.1
寒害特征	果皮表层轻度黑丝;影响抽蕾、幼果灌浆;叶缘轻微变褐;假茎和吸芽未受损	果皮表层中度黑丝,影响外观及幼果灌浆或抽蕾;部分嫩叶变褐、变暗;假茎和吸芽轻微受损	果皮表层重度黑丝,影响外观,幼果僵硬无法灌浆;嫩叶变褐、变暗;假茎和吸芽受害	果实无商品价值,地上部假茎腐烂;球茎受害严重,部分吸芽死亡
综合灾损	0～10	10～20	20～30	>30

(4)致灾强度风险指数的计算

不同致灾强度等级的累积风险称为致灾强度指数,致灾强度风险指数(I)是致灾强度(G)的不同等级(i)及其相应出现概率(P)的函数,如果将致灾强度等级进行足够细分,则其模型可表达为:

$$I=F(G,P)=\int_{i}^{n}GP(G)dG=\sum_{i=1}^{n}G_iP_i \tag{4.28}$$

式中,计算香蕉寒害、冻害致灾强度风险指数的关键,就是求解不同致灾强度等级下的气候风险概率问题。

4.4.2 结果与评述

4.4.2.1 综述

基于"3S"技术,分别根据海南、广东、广西、云南、福建南方5省(区)气象站点1961—2010年冬季极端最低气温等气候资料,利用最低气温降尺度推算方法,构建南方五省(区)250 m×250 m格点极端最低降尺度气候回归模型模拟结果;结合香蕉寒、冻害等级指标和灾损指标,计算南方五省香蕉不同寒、冻害等级概率函数和香蕉寒、冻害风险指数。在此基础上,采用聚类分析法与南方五省(区)香蕉种植分布区进行对比分析后,绘制南方五省(区)种植区香蕉寒、冻害气候风险区划空间分布图(图4.10)。

从图4.10可以看出,中国大陆地区香蕉无寒、冻害风险,低寒、冻害风险,中寒、冻害风险和高寒、冻害风险大致呈纬向分布,华南沿海区域及云南省滇西南的西双版纳热带气候区为无寒、冻害风险区,由此向北逐渐向低寒、冻害风险,中寒、冻害风险和高寒、冻害风险过渡。

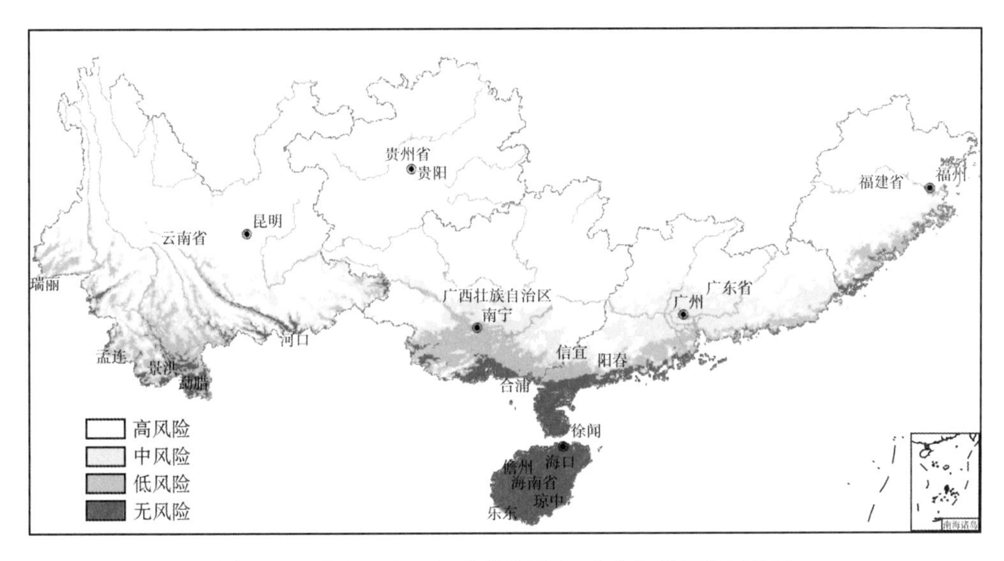

图4.10 南方5省(区)香蕉种植寒、冻害气候风险区划图

(1)无寒、冻害风险区:本区域主要分布是海南省及广东省湛江市辖区和雷州、吴川、遂溪、徐闻及廉江市南部,茂名市辖区和电白县及化州两市南部,阳江市辖区和阳西及阳东县南部,江门市新会区和台山,珠海市辖区,中山市南部等地;广西壮族自治区的北海市辖区、合浦县、钦南区、东兴市、防城港市辖区、凭祥及龙州、宁明部分乡镇;云南省的德宏州的畹町、瑞丽,西双版纳州的景洪、勐腊;临沧地区耿马县芒卡、孟定两镇大部分地区,以及元江—红河流域的河谷地带,即玉溪市的新平、元江两县的元江河谷,红河州的红河、元阳、金平、个旧、屏边、河口等县的红河河谷,或海拔高度相对较低的坝区等,以及文山州的富宁县剥隘、谷拉两乡镇局部;福建省的诏安、云霄、漳浦、东山等县市。该区域寒、冻害风险指数最低,仅为0.1%~1.0%,但除云南省热作区外,沿海地区时常出现台风天气,对香蕉造成机械损伤,甚至影响外观和产量;因此沿海地区应注意重点防御台风,可选择避风良好的小地形环境建立蕉园,或营造防风林和选择抗风性能较强的矮壮品种。

(2)低寒、冻害风险区:本区主要包括广东省湛江市的廉江市中北部;茂名市的化州市中、北大部,高州市南部;阳江市的阳东县中、北部,阳春市东南部;江门市的江海区、蓬江区和鹤山、开平、恩平;中山市中北部;深圳市辖区;惠州市的惠阳区和惠东县南部;汕尾市辖区和海丰、陆丰两县;揭阳市的惠来县;汕头市辖区和南澳县等地;广西壮族自治区的南宁市辖区、兴业、武鸣、横县、邕宁、隆安、大新、崇左市江州区、扶绥、上思、钦北区等地以及浦北、灵山、博白三县和右江河谷等地;云南省的文山州的富宁县大部分地区,马关、麻栗坡两县南部,红河州的绿春、开远、金平三县局部,思茅地区的江城、思茅、澜沧、西盟、孟连等县大部分地区,临沧地区的临沧、镇康、耿马、永德、沧源等县部分乡镇,西双版纳州的勐海县中部及南部临近边境的乡镇,德宏州的盈江、陇川及怒江下游河谷地带或海拔高度相对较低的区域;福建省的漳州市辖区及云霄、长泰、南靖、华安、龙海大部,诏安、东山、漳浦等县北部,厦门市辖区;泉州市辖区、惠安、晋江、南安、晋江、石狮;莆田市的湄洲县等地。该区域寒冻害风险指数较低,大多在1%~5%,但除云南省的低寒、冻害风险区及广西的右江河谷地区,常年不易遭受大风等灾害影响外,广西壮族自治区的其他低寒、冻害风险区及广东、福建省低寒、冻害风险区,常年均易受台风登陆或台风外围影响,风灾较重,常造成香蕉叶片损伤和果实外观损伤,甚至倒伏、折断,从而影响产量和商品质量。因此,该区域发展香蕉,同样宜选择常年台风影响较小区域或采取防风措施,以减少台风造成的损失。

(3)中寒、冻害风险区:本区主要包括广东省的茂名市的高州市中、北部,信宜市南部;阳江市的阳春市大部分地区;云浮市辖区和罗定市、新兴县、云安县和郁南县南部;肇庆市辖区和高要、四会、广宁、封开、德庆等地大部分地区,怀集县南部;广州市辖区和增城、从化;佛山市辖区;东莞市;清远市辖区和清新、佛冈两县南部;惠州市的惠城区和惠东县中、北部及博罗、龙门两县;河源市辖区和东源、紫金两县大部分地区,龙川县南部;梅州市的五华、丰顺两县的中部、南部;揭阳市辖区和惠来、揭东、揭西、普宁;潮州市辖区和潮安县,饶平县东部;梅州市的五华河流域等地;广西壮族自治区的玉林市辖区、陆川、北流、贵港、桂平、平南、宾阳、上林等地大部分地区;云南省的文山州的广南县南北海拔高度相对较低的乡镇,富宁县西部,马关、麻栗坡两县中北部,文山、砚山两县南部;红河州的建水、石屏、个旧、绿春、开远、金平局部乡镇;思茅地区的镇沅、普洱、墨江、景谷、宁海等县大部分地区;德宏州的潞西、梁河、盈江、陇川等县(市)谷地或坝区保山市的昌宁、腾冲,楚雄州的元谋县局部;昭通地区的盐津县局部以及临沧地区的凤庆县局部等区域;福建省的括漳州市平和西南部,泉州市的安溪、永春、德化,龙岩市辖区、上杭、武平、永定;莆田市辖区、仙游、湄洲;福州市辖区、永泰、福清、长乐、平潭、闽侯、连江、罗源、闽清等地大部分地区;宁德市辖区局部。该区域寒、冻害风险指数为5.1%~10.0%,冬季霜冻出现概率较大,低于香蕉受害临界指标值的总天数、积寒值也较大,越冬条件不是十分理想。

(4)高寒、冻害风险区:本区主要包括广东省的茂名市的信宜市中部、北部;云浮市的郁南县中部、北部;肇庆市的怀集县中部、北部;清远市的清新、佛冈两县中部、北部和连州、连南、连山、阳山、英德;韶关市辖区和乐昌、南雄、始兴、仁化、翁源、乳源、新丰;河源市的龙川县中部、北部和连平、和平两县;梅州市辖区和兴宁、梅县、大埔、丰顺、五华、平远、蕉岭;潮州市的饶平西部等地;广西壮族自治区的桂林市辖区和资源、灌阳、全州、兴安、灵川、临桂、阳朔、恭城、永福、龙胜、荔浦、平乐,贺州市辖区和钟山、昭平、富川,梧州市辖区和岑溪、苍梧、藤县、蒙山,柳州市辖区和鹿寨、柳江、柳城、融水、融安、三江,河池市辖区和宜州、天峨、凤山、南丹、东兰、都安、罗城、巴马、环江、大化,来宾市辖区和忻城、象州、武宣、金秀、合山,百色市的右江区、田阳、田东、平果等四区县的右江河谷乡镇外的其他乡镇大部和凌云、西林、乐业、德保、田林、靖西、那坡县、隆林等;云南省的迪庆州的香格里拉、德钦、维西;丽江地区的华坪、永胜、丽江、宁蒗;大理市的鹤庆、剑川,怒江州的兰坪、福贡、贡山;昭通市的昭阳区、鲁甸、彝良、威信、大关、永善、水富、绥江、镇雄等地和盐津县大部分地区;昆明市辖区和安宁、富民、嵩明、呈贡、晋宁、宜良、禄劝、石林、寻甸;楚雄州的楚雄、南华、牟定、武定、大姚、双柏、禄丰、永仁、姚安;大理市的大理、剑川、弥渡、云龙、洱源、祥云、宾川、永平、漾濞、巍山、南涧;玉溪市的红塔区、华宁、澄江、易门、通海、江川、峨山等县和新平、元江两县大部;曲靖市的麒麟区、宣威、会泽、陆良、富源、罗平、马龙、师宗、沾益;保山市的辖区和施甸、隆阳、腾冲、龙陵、昌宁等县大部分地区;红河州的弥勒、泸西、建水、开元等县大部分地区;文山州的广南县中部乡镇和丘北县大部分地区等。该区热量明显不足,寒冻害出现频率高且灾害严重,越冬气象条件差,寒、冻害风险指数>10.0%,寒、冻害风险极高,香蕉无法安全越冬,不适宜香蕉大田生产。

4.4.2.2 分省评述

(1)广东省

根据广东省各县、市级气象站点1961—2010年冬季极端最低气温等气候资料,以及基于

“3S”技术分别构建的广东省区域 250 m×250 m 格点极端最低降尺度气候回归模型模拟结果，结合香蕉寒、冻害等级指标和灾损指标，分别计算各格点的香蕉不同寒、冻害等级概率函数及其致灾强度指数，即香蕉寒、冻害风险指数。在此基础上，采用聚类分析与广东省各地香蕉常年种植分布区域进行对比分析法，最终确定并绘制出广东省种植香蕉寒、冻害气候风险地理分布图(图 4.11)。根据风险区划结果将广东省香蕉种植寒、冻害风险划分为无寒、冻害风险、低寒、冻害风险、中等寒、冻害风险和高寒、冻害风险等 4 个区域。具体划分结果与分区评述如下：

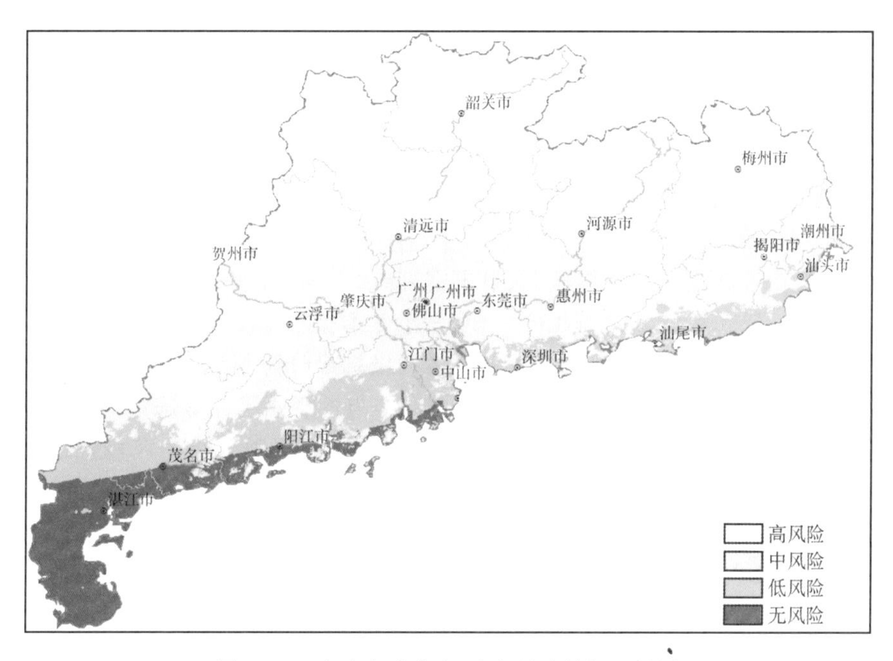

图 4.11 广东省香蕉寒、冻害风险等级区划图

1)无寒、冻害风险区：本区包括湛江市辖区和雷州、吴川、遂溪、徐闻及廉江市南部；茂名市辖区和电白县及化州两市南部；阳江市辖区和阳西及阳东县南部；江门市新会区和台山；珠海市辖区；中山市南部等地。该区域寒、冻害风险指数最低，仅为 0.1%～1.0%，但常年易受台风登陆或台风外围影响，风灾较重，常造成香蕉叶片损伤和果实外观损伤，甚至倒伏、折断，从而影响产量和商品质量。因此，该区域发展香蕉，宜选择常年台风影响较小区域或采取防风措施，以减少台风造成的损失。

2)低寒、冻害风险区：本区包括湛江市的廉江市中北部；茂名市的化州市中、北大部，高州市南部；阳江市的阳东县中、北部，阳春市东南部；江门市的江海区、蓬江区和鹤山、开平、恩平；中山市中北部；深圳市辖区；惠州市的惠阳区和惠东县南部；汕尾市辖区和海丰、陆丰两县；揭阳市的惠来县；汕头市辖区和南澳县等地。该区域寒冻害风险指数较低，大多在 1%～5%。与广东省无寒、冻害风险区类似，常年易受台风登陆或台风外围影响，风灾较重，常造成香蕉叶片损伤和果实外观损伤，甚至倒伏、折断，从而影响产量和商品质量。因此，该区域发展香蕉，同样宜选择常年台风影响较小区域或采取防风措施，以减少台风造成的损失。

3)中寒、冻害风险区：该区域包括茂名市的高州市中、北部，信宜市南部；阳江市的阳春县大部分地区；云浮市辖区和罗定市、新兴县、云安县和郁南县南部；肇庆市辖区和高要、四会、广宁、封开、德庆等地大部分地区，怀集县南部；广州市辖区和增城、从化；佛山市辖区；东莞市；清远市辖区和清新、佛冈两县南部；惠州市的惠城区和惠东县中、北部及博罗、龙门两县；河源市辖区和东源、紫金两县大部分地区，龙川县南部；梅州市的五华、丰顺两县的中部、南部；揭阳市辖区和惠来、揭东、揭西、普宁；潮州市辖区和潮安县，饶平县东部；梅州市的五华河流域等地。该区域寒冻害风险指数为5.1%～10.0%，冬季霜冻出现概率较大，低于香蕉受害临界指标值的积寒值也较大，越冬条件不是十分理想。该区域除南坡、东南坡或向南开口的低谷地带可大田生产种植外，其余区不宜提倡种植。

4)高寒、冻害风险区：该区域包括茂名市的信宜市中部、北部；云浮市的郁南县中部、北部；肇庆市的怀集县中部、北部；清远市的清新、佛冈两县中部、北部和连州、连南、连山、阳山、英德；韶关市辖区和乐昌、南雄、始兴、仁化、翁源、乳源、新丰；河源市的龙川县中部、北部和连平、和平两县；梅州市辖区和兴宁、梅县、大埔、丰顺、五华、平远、蕉岭；潮州市的饶平西部等。该区域为广东全省寒、冻害最严重的地区，香蕉寒、冻害风险指数超过10%。

(2)广西壮族自治区

广西地处中、南亚热带季风气候区，热量丰富，降水丰沛，日照适中，是中国香蕉主要种植省区。根据广西各县、市级气象站点1961—2013年冬季极端最低气温等气候资料，以及基于"3S"技术分别构建的广西区域250 m×250 m格点极端最低降尺度气候回归模型模拟结果，结合香蕉寒、冻害等级指标和灾损指标，分别计算各格点的香蕉不同寒冻害等级概率函数及其致灾强度指数，即香蕉寒、冻害风险指数。在此基础上，采用聚类分析与广西各地香蕉常年种植分布区域进行对比分析法，最终确定并绘制出广西种植香蕉寒、冻害气候风险地理分布图(图4.12)。从图可以看出，香蕉寒害、冻害气候风险概率北高南低，大致呈纬向带状分布，桂东北高寒山区风险最大，其次是桂西北及桂东海拔较高的山区，沿桂南沿海、桂西南、右江河谷等地寒害、冻害气候风险最低，其余地区介于两者之间。

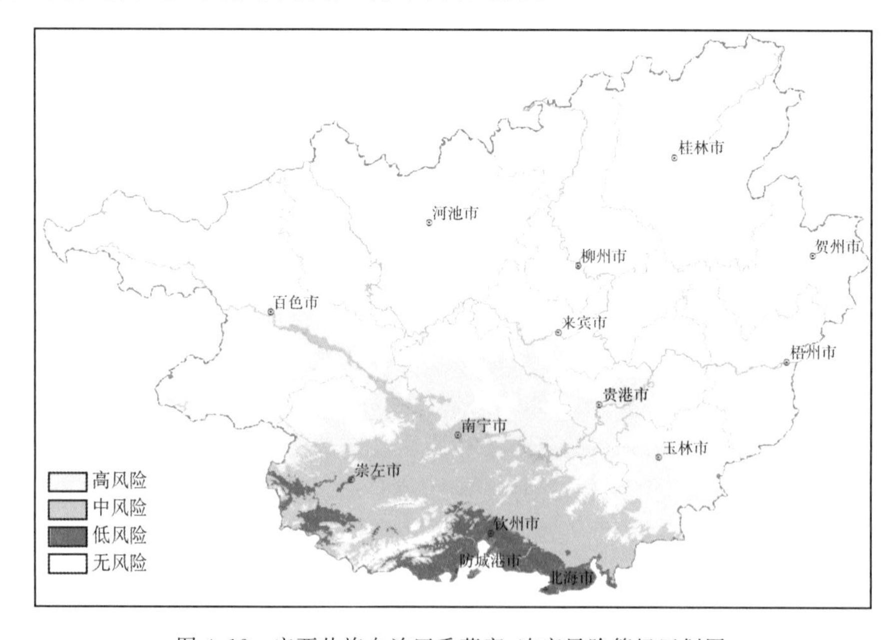

图4.12 广西壮族自治区香蕉寒、冻害风险等级区划图

考虑到广西香蕉大田生产实际及潜在发展区，将广西区域香蕉寒、冻害风险区大致可分为无寒、冻害风险区、低寒、冻害风险区、中等寒、冻害风险区、高寒、冻害风险区。其中：

1)无寒、冻害风险区：包括北海市辖区、合浦县、钦南区、东兴市、防城港市辖区、凭祥及龙州、宁明部分乡镇。该区域寒冻害风险指数最低，仅为 0.1%～1.0%，但常年易受台风登陆或台风外围影响，风灾较重，常造成香蕉叶片损伤和果实外观损伤，甚至倒伏、折断，从而影响产量和商品质量。因此，该区域发展香蕉，宜选择常年台风影响较小区域或采取防风措施，以减少台风造成的损失。

2)低寒、冻害风险区：包括南宁市辖区、兴业、武鸣、横县、邕宁、隆安、大新、崇左市江州区、扶绥、上思、钦北区等地以及浦北、灵山、博白三县和右江河谷等地。该区域寒、冻害风险指数为 1.0%～5.0%，冬季偶有霜冻出现，且维持天数多为 1～2 d，超过 3 d 的概率极小，低于香蕉受害临界指标值的积寒值也较小，香蕉越冬条件理想，而且受地形等因素影响，风灾也相对无寒、冻害区域轻。因此，该区域为广西香蕉主产区，种植面积和产量比重最大。

3)中寒、害冻害风险区：包括玉林市辖区、陆川、北流、贵港、桂平、平南、宾阳、上林等地大部分地区。该区域寒、冻害风险指数为 5.1%～10.0%，冬季霜冻出现概率较大，低于香蕉受害临界指标值的积寒值也较大，越冬条件不是十分理想。该区域除南坡、东南坡或向南开口的低谷地带有大田种植外，其余为零星种植或不种植，产量比重小。

4)高寒、冻害风险区：包括桂林市辖区和资源、灌阳、全州、兴安、灵川、临桂、阳朔、恭城、永福、龙胜、荔浦、平乐，贺州市辖区和钟山、昭平、富川，梧州市辖区和岑溪、苍梧、藤县、蒙山，柳州市辖区和鹿寨、柳江、柳城、融水、融安、三江，河池市辖区和宜州、天峨、凤山、南丹、东兰、都安、罗城、巴马、环江、大化，来宾市辖区和忻城、象州、武宣、金秀、合山，百色市的右江区、田阳、田东、平果等四区县的右江河谷乡镇外的其他乡镇大部和凌云、西林、乐业、德保、田林、靖西、那坡县、隆林等。该区域寒冻害风险指数＞10.0%，为广西冬季霜冻出现概率最大区域，而且低于香蕉受害临界指标值的积寒值也是最大，寒、冻害风险极高，香蕉无法安全越冬，不适宜香蕉大田生产。

(3)云南省

1)无寒、冻害风险区：包括德宏州的畹町、瑞丽，西双版纳州的景洪、勐腊；临沧地区耿马县芒卡、孟定两镇大部，以及元江—红河流域的河谷地带，即玉溪市的新平、元江两县的元江河谷，红河州的红河、元阳、金平、个旧、屏边、河口等县的红河河谷，或海拔高度相对较低的坝区等，以及文山州的富宁县剥隘、谷拉两乡镇局部。这些区域冬春季节热量条件好，日照充足，气温也较高，常年地面最低温度≤0℃日数在 3 d 以下，年平均霜冻日数在 0.2 d 以下，低于香蕉受害临界指标值的日最低气温≤4.0℃的积寒值＜10 ℃・d。计算结果表明：该区域寒、冻害风险指数最低，仅为 0.1%～1.0%，为云南省香蕉主要种植分布区(图 4.13)。

2)低寒、冻害风险区：包括文山州的富宁县大部，马关、麻栗坡两县南部，红河州的绿春、开远、金平三县局部，思茅地区的江城、思茅、澜沧、西盟、孟连等县大部分地区，临沧地区的临沧、镇康、耿马、永德、沧源等县部分乡镇，西双版纳州的勐海县中部及南部临近边境的乡镇，德宏州的盈江、陇川及怒江下游河谷地带或海拔高度相对较低的区域。这些区域香蕉越冬条件虽不如无寒、冻害风险区，但寒、冻害风险指数多为 1.0%～5.0%，冬季偶有霜冻出现，且维持天数多为 1～2 d，超过3 d的概率极小，低于香蕉受害临界指标值的日最低气温≤4.0℃的积寒值10～50 ℃・d，香蕉越冬条件较理想，是云南省香蕉种植发展潜在的主要区域。

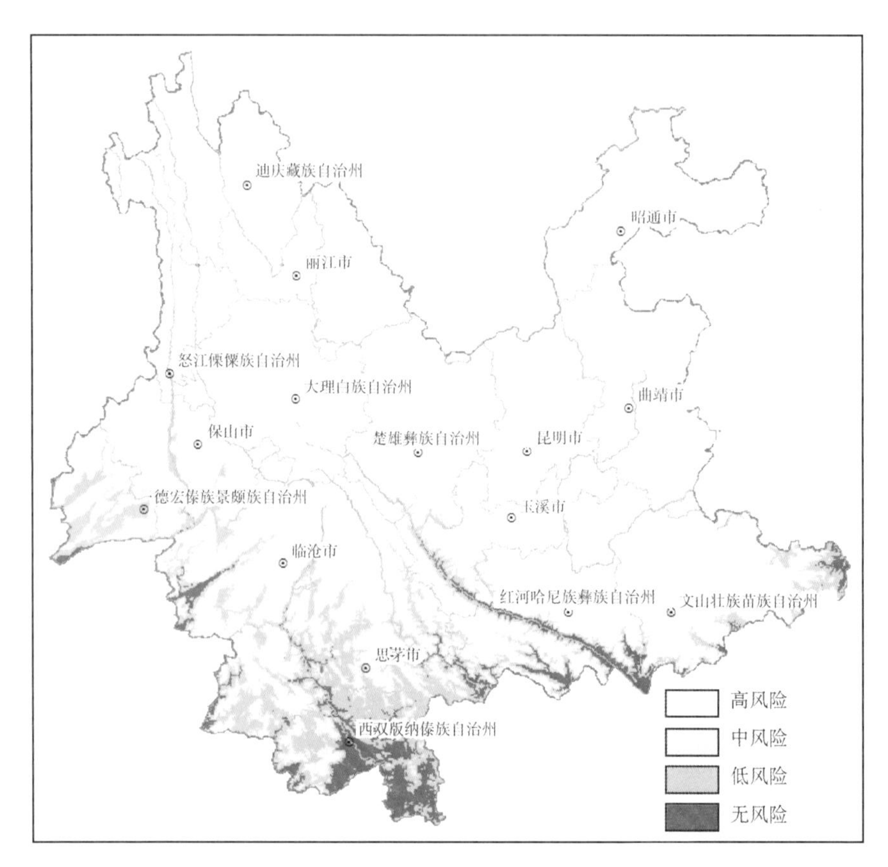

图 4.13　云南省香蕉寒、冻害风险等级图

3)中寒、冻害风险区:包括文山州的广南县南北海拔高度相对较低的乡镇,富宁县西部,马关、麻栗坡两县中北部,文山、砚山两县南部;红河州的建水、石屏、个旧、绿春、开远、金平局部乡镇;思茅地区的镇沅、普洱、墨江、景谷、宁海等县大部;德宏州的潞西、梁河、盈江、陇川等县(市)谷地或坝区保山市的昌宁、腾冲,楚雄州的元谋县局部;昭通地区的盐津县局部以及临沧地区的凤庆县局部等区域。这些区域冬春季节热量条件相对较差,地面最低温度≤0℃日数在15～30 d左右,年霜冻日数在20～40 d左右,低于香蕉受害临界指标值的日最低气温≤4.0℃积寒值>50 ℃·d,寒、冻害风险指数多为5.0%～10.0%,香蕉常遭受不同程度寒、冻害危害,导致香蕉产量波动和品质下降。因此,该区域发展香蕉生产,宜选择气候温暖的小气候环境零星种植,同时注意选用耐低温及受冻后恢复较快的香蕉早熟品种。

4)高寒、冻害风险区:包括迪庆州的香格里拉、德钦、维西;丽江地区的华坪、永胜、丽江、宁蒗;大理市的鹤庆、剑川,怒江州的兰坪、福贡、贡山;昭通市的昭阳区、鲁甸、彝良、威信、大关、永善、水富、绥江、镇雄等地和盐津县大部分地区;昆明市辖区和安宁、富民、嵩明、呈贡、晋宁、宜良、禄劝、石林、寻甸;楚雄州的楚雄、南华、牟定、武定、大姚、双柏、禄丰、永仁、姚安;大理市的大理、剑川、弥渡、云龙、洱源、祥云、宾川、永平、漾濞、巍山、南涧;玉溪市的红塔区、华宁、澄江、易门、通海、江川、峨山等县和新平、元江两县大部分地区;曲靖市的麒麟区、宣威、会泽、陆良、富源、罗平、马龙、师宗、沾益;保山市的辖区和施甸、隆阳、腾冲、龙陵、昌宁等县大部分地区;红河州的弥勒、泸西、建水、开元等县大部分地区;文山州的广南县中部乡镇和丘北县大部分地区等。该区域冬春地面最低温度≤0℃日数和霜冻日数在30～120 d,低于香蕉受害临界指标值的日最低气温≤4.0℃的积寒值>65 ℃·d,居全省之最,为云南省寒害、冻害最为严重区域。香蕉寒、冻害风险指数>10%,夏秋两季的气温也相对较低,即使种植耐寒早熟的正造香蕉品种,也难获得较好的收成,品质也受到影响,不宜种植香蕉。

(4)福建省

图 4.14 为福建省种植香蕉寒、冻害风险区划分布图。由图 4.14 可见,福建省香蕉寒、害各等级气候风险概率均呈纬东南向西北方向分布。闽西南寒、冻害气候风险最小,闽西北地区最高。具体分区如下:

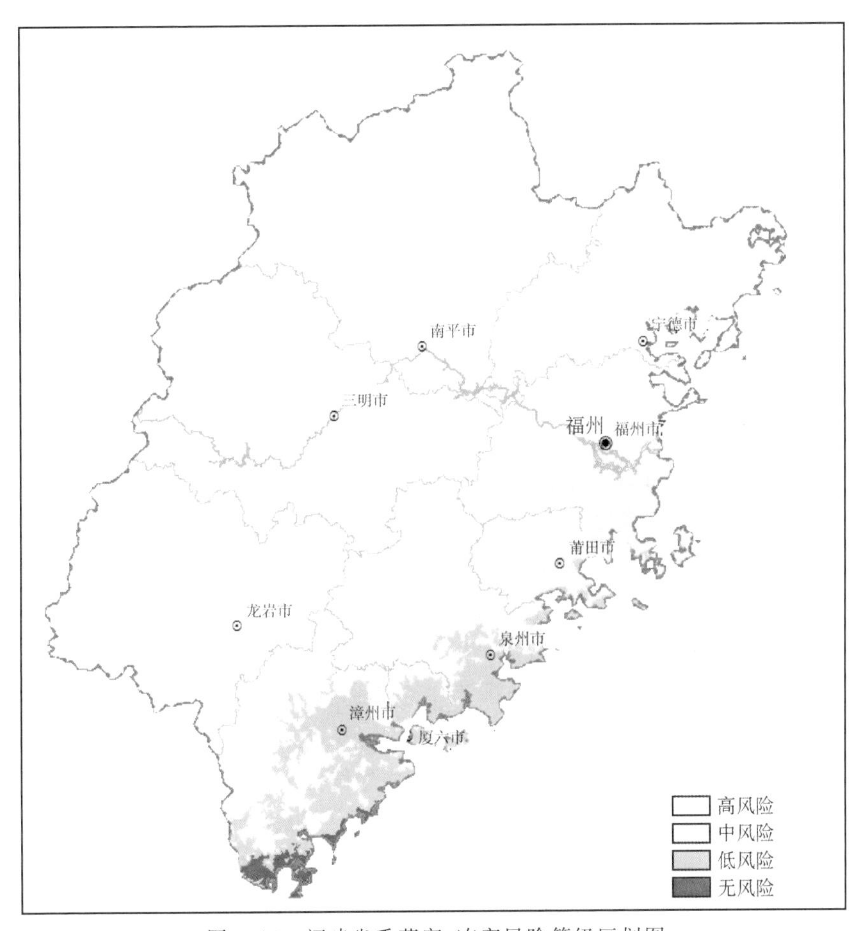

图 4.14 福建省香蕉寒、冻害风险等级区划图

1)无寒、冻害风险区:本区域主要包括诏安、东山、云霄、漳浦等地,该区域寒、冻害风险指数最低,仅为 0.1%~1.0%,但常年易受台风登陆或台风外围影响,风灾较重,常造成香蕉叶片损伤和果实外观损伤,甚至倒伏、折断,从而影响产量和商品质量。因此,该区域发展香蕉,宜选择常年台风影响较小区域或采取防风措施,以减少台风造成的损失。

2)低寒、冻害风险区:本区主要包括漳州市辖区及云霄、长泰、南靖、华安、龙海大部分地区,诏安、东山、漳浦等县北部,厦门市辖区;泉州市辖区、惠安、晋江、南安、晋江、石狮;莆田市的湄洲县等地。该区域寒、冻害风险指数较低,大多在 1%~5%。与福建省无寒、冻害风险区类似,常年易受台风登陆或台风外围影响,风灾较重,常造成香蕉叶片损伤和果实外观损伤,甚至倒伏、折断,从而影响产量和商品质量。因此,该区域发展香蕉,同样宜选择常年台风影响较小区域或采取防风措施，以减少台风造成的损失。

3)中寒、冻害风险区：本区包括漳州市平和西南部，泉州市的安溪、永春、德化，龙岩市辖区、上杭、武平、永定；莆田市辖区、仙游、湄洲；福州市辖区、永泰、福清、长乐、平潭、闽侯、连江、罗源、闽清等地大部分地区；宁德市辖区局部。该区域寒、冻害风险指数为5.1%～10.0%，冬季霜冻出现概率较大，低于香蕉受害临界指标值的总天数、积寒值也较大，越冬条件不是十分理想。该区域除南坡、东南坡或向南开口的低谷地带可大田生产种植外，其余区不提倡种植。

4)高寒、冻害风险区：本区包括三明市辖区、明溪、清流、宁化、大田、尤溪、沙县、将乐、泰宁、建宁、永安；南平市辖区、武夷山、建阳、建瓯、邵武、浦城、松溪、政和、光泽、顺昌；龙岩市辖区、长汀、连城、漳平；宁德市辖区大部分地区和福安、福鼎、霞浦、寿宁、周宁、柘荣、古田、屏南等地。该区域为福建全省寒、冻害最严重的地区，香蕉寒冻害风险指数超过10%。

(5)海南省

海南省地处低纬度热带北缘，属于热带海洋气候，冬季北方强冷空气达到海南省时多已变性，海南省东部和南部沿海地区年最低气温大多高于5℃，极少达到寒潮标准，即使最低气温低于5℃，持续日期也仅为1～2 d。海南省中部山区，即以五指山山区为中心的白沙、琼中、五指山等三市县的部分乡镇，为全省冬季最为“冷”区域，但年平均寒潮不足1次，最多年份也仅2～3次。据历史资料记载，自20世纪60年代以来，海南冬季“冷”区域的白沙县日最低气温<3℃的年份有1963年、1975年、1982年和1999年，达到中等程度寒害标准的频率为8.0%；琼中县日最低气温<3℃的年份有1973年和1999年，达到中等程度寒害标准的频率为4.0%；计算白沙、琼中历年过程日最低气温≤4℃的积寒(℃·d)，结果表明：两地历年出现辐射降温的积寒值过程均<10℃，为轻度寒、冻害。其余县市过程日最低气温≤3℃出现频率为0～4.0%，2008年初中国南方省(区)遭受历史同期罕见持续低温雨雪冰冻灾害天气，海南省各地平均气温均较常年同期明显偏低，大部分地区偏低4.0～6.0℃，其间除儋州2月12日出现7.6℃的全省最低气温值外，其余大部为7.7～10.0℃，香蕉受害为轻度或轻微。

海南省除中南部山区，即以五指山山区为中心的白沙、琼中、五指山等三市县的部分乡镇香蕉寒、冻害风险指数为0.3～0.8%外，其余各地寒、冻害风险指数不足0.2%。参照中国大陆其他省(区)香蕉种植寒、冻害划分标准，海南省香蕉种植为无寒、冻害风险区。但是，值得指出的是，海南省是中国遭受生成于西太平洋和南海的台风或热带气旋影响最严重的省份。而每年来自西太平洋频发和南海的热带气旋、台风登陆或外围影响而给香蕉产区造成的严重风灾、涝灾。因此，海南省香蕉发展注意选择植株相对矮小的品种，在加强防风林种植的同时，注意做好大蕉株的防风加固及排涝工作。

4.5 香蕉风害

4.5.1 指标的选取

根据调查结果，广东秋植香蕉抽蕾—收获期为每年4—8月，与大风高发期重合，此时香蕉处于抽蕾期或挂果期，大风对其生产的影响最大，容易造成较大损失；而春植香蕉到这时株苗尚矮小，通常影响不大。因此参考香蕉的抽蕾和挂果期的对应的风力等级和影响程度确定香蕉树风害影响因子。香蕉风害风险区划划分参考因子主要考虑风力大小、香蕉灾损等级、灾损指数等参考因素。由于对于香蕉的防灾抗灾(比如植株打桩)缺少调查数据,本文的香蕉风害风险区划主要针对大风对无防范措施的植株产生的影响进行划分。

(1)风力数据。

根据30年整编资料的极大风速数据,计算研极大风速达到7～12级的大风日数,≥7级风速的持续天数(各级风力分布见4.2节图4.1)。根据实际灾情调查数据显示:当风力达到7级以上,香蕉会随着风力的增大发生不同等级的灾损情况(表4.10)。香蕉所处的生长阶段对不同风力产生不同的风害结果。

(2)香蕉灾损等级指数

根据灾情调查数据确定的不同受害等级数据。根据风害损失的情况,可以将香蕉受害程度分成不同的等级,一般等级越高受害程度越大,对香蕉的结果产量有影响越大。调查表明,香蕉轻度风害指香蕉在某一生长期遭受的风速达到受害指标,造成产量损失0～10%;香蕉中度风害指香蕉在某一生长期遭受的风速达到受害指标,造成产量损失10%～30%;重度风害指香蕉在某一生长期遭受的风速达到受害指标,造成产量损失在30%以上。根据不同风力等级和香蕉受损程度确定香蕉轻度风害对应的风力等级为7级及以下,中度风害对应的风力等级在8～9级,重度风害对应的风力等级为10级及以上的风力。香蕉风害的损失指数主要以损失量为参考(表4.10)。主要根据风力的不同,确定香蕉的受害等级。

(3)香蕉风害等级灾损系数

在确定香蕉的不同等级的灾损后,通过灾损对于植株损害以及香蕉产量等造成不同程度的影响进行评估,从而确定不同风害等级下香蕉的受害程度。通常灾损系数越大表示植株损害和产量损失越大(表4.11)。

4.5.2 香蕉风害风险评估模型

考虑收集到风力数据(主要以8～12级大风日数)、香蕉风害等级指标、风害等级对应的损失系数指标(表4.11)建立广东省香蕉风害风险区划指数

$$\text{香蕉风害区划指数} = \sum_{i=7}^{12} \text{大风日数}(i) \times \text{损失系数} \qquad (4.29)$$

式中,i为风力等级。

注:由于尚无香蕉确切的分布情况,本文所求的香蕉树、香蕉风害风险区划主要由风力大小分布决定。

表4.10 广东省香蕉风害指标

受灾级别	受害情况描述	产量损失(%)	风力指标	
			营养生长期	抽蕾挂果
0(无)	未受害	0	<7级	<7级
1(轻)	叶片撕裂,破碎	0～10	≥7级	≥7级
2(中)	倾斜的假茎与地面夹角≤60°	10～30	≥9级	≥8级
3(重)	假茎被折断;连根拔起;假茎与地面的夹角≤30°	≥30	≥11级	≥10级

表 4.11 香蕉风力等级及对应损失系数

风力	7	8	9	10	11	12 及以上
损失指数	0.1	0.3	0.3	0.9～1.0	0.9～1.0	0.9～1.0

4.5.3 结果与评述

根据南方 6 省(区)(广东、广西、福建、海南、贵州、云南)1981—2010 年 30 年 7～12 级大风日数数据,采用广东省调查研究确定的香蕉风害等级指标和风害等级损失系数指标,建立南方省份香蕉风害风险区划指数,基于"3S"技术构建香蕉风害风险区划指数,计算不同地区的香蕉风害指数即香蕉风害风险区划指数,结合各级大风多发区域及区划指数绘制南方 6 省(区)香蕉风害风险区划图(图 4.15)。结果表明:南方 6 省(区)的香蕉风害风险区划与风力高值区存在良好的对应关系。

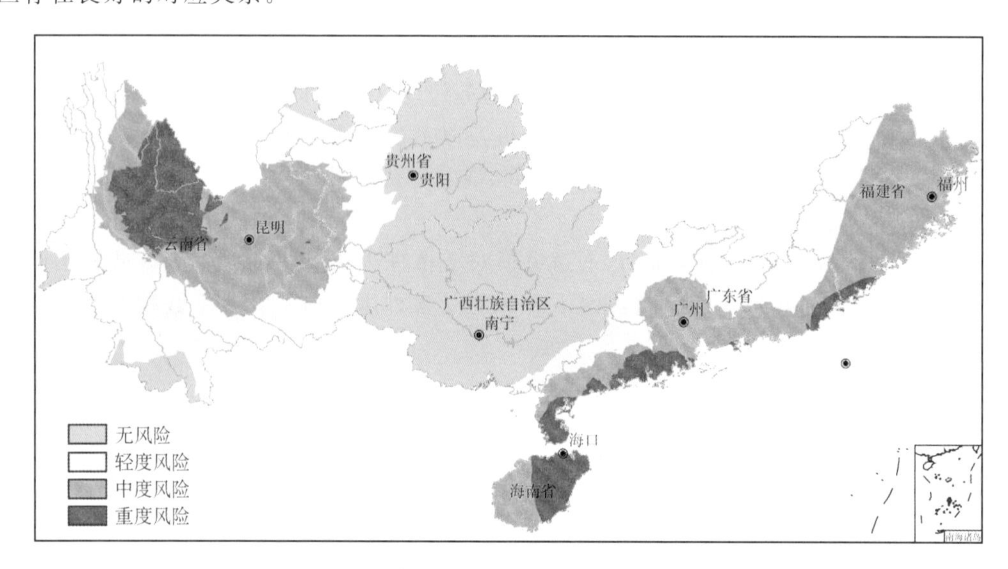

图 4.15 南方 6 省(区)香蕉风害风险区划

4.5.3.1 综述

(1)无风害风险区:本区域主要分布于广西的玉林、钦州、崇左、百色、南宁、贵港、柳州、河池、来宾、梧州、贺州、桂林等地市,贵州的贵阳、遵义、铜仁、安顺、黔东南苗族侗族自治州、黔南布依族苗族自治州,云南的西双版纳傣族自治州西南部。

(2)轻度风害风险区:本区域主要分布于广东省梅州、河源、韶关、云浮地市大部,福建西侧市县如光泽、邵武、建宁、宁化、清流、连城、武平等县。广西的钦州市、博白、陆川、浦北县、上思县等部分地区,贵州的毕节地区和黔西南布依族苗族自治州,云南昭通、德宏傣族景颇族自治州、临沧、思茅、红河哈尼族彝族自治州、文山壮族苗族自治州、西双版纳州大部分地区。

(3)中度风害风险区:本区域主要分布于广东的揭阳、惠州、汕尾、东莞、佛山、广州、清远、肇庆、江门、珠海、深圳、中山、茂名和湛江的西部地区,广西的北海、防城、防城港、东兴等地市,贵州的六盘水市海南的东方、昌江、白沙、乐东等西部地区,福建的南平、三明、福州、莆田、泉州、龙岩、福州等东部市县,云南的昆明、玉溪、楚雄彝族自治州、保山、迪庆藏族自治州、怒江傈僳族自治州等地区。

(4)重度风害风险区：本区域主要分布于广东的阳江、雷州半岛、茂名和湛江沿海地区、汕头、潮州等地市、海南的三亚、海口、琼海、五指山、万宁、陵水、屯昌、琼中、文昌、澄迈、安定、临高等东部县市大部分地区、福建南部沿海地区、云南的大理白族自治州、丽江、保山市和怒江傈僳族自治州东部地区。

4.5.3.2　分省评述

(1)广东省

广东省香蕉风害风险区划具体分区如下：重度风害区包括阳江、雷州半岛、茂名和湛江沿海地区、汕头、潮州等地市；中度风害区主要包括惠揭阳、惠州、汕尾、东莞、佛山、广州、清远、肇庆、江门、珠海、深圳、中山、茂名和湛江的西部地区；轻度风害主要包括梅州、河源、韶关、云浮地市大部分地区。

(2)广西壮族自治区

广西香蕉风害风险区划具体分区如下：中度风害区主要包括北海、防城、防城港、东兴等地市；轻度风害区主要包括广西的钦州市、博白、陆川、浦北县、上思县等部分地区；其余地区无风害。

(3)云南省

云南香蕉风害风险区划具体分区如下：重度风害区主要包括大理白族自治州、丽江、保山市和怒江傈僳族自治州东部地区；中度风害风险区划主要包括昆明、玉溪、楚雄彝族自治州、保山、迪庆藏族自治州、怒江傈僳族自治州等地区；轻度风害区域主要包括昭通、德宏傣族景颇族自治州、临沧、思茅、红河哈尼族彝族自治州、文山壮族苗族自治州、西双版纳州大部分地区；无风害区域主要包括西双版纳西南部、德宏傣族景颇族自治州西部地区。

(4)福建省

福建香蕉风害风险区划具体分区如下：中度风害区主要包括三明、宁德、南平、福州、莆田、泉州、漳州、厦门等东部地市；轻度风害区域主要包括上饶、抚州、赣州、三明、龙岩等西侧市县。

(5)海南省

海南香蕉风害风险区划具体分区如下：重度风害区主要包括三亚、海口、琼海、五指山、万宁、陵水、屯昌、琼中、文昌、澄迈、安定、临高等东部县市大部分地区；中度风害区主要包括东方、昌江、白沙、乐东等西部地区。

(6)贵州省

贵州香蕉风害风险区划具体分区如下：轻度风害风险区域主要包括安顺、毕节、六盘水大部和黔西南布依族苗族自治州大部地区；其余地区基本无风害。

4.6　枇杷冻害

4.6.1　枇杷冻害风险评估模型

自然灾害风险是指未来若干年内可能达到的灾害程度及其发生的可能性。根据自然灾害风险的形成机理，自然灾害风险是危险性、暴露性和防灾减灾能力三者综合作用的结果，通常采用自然灾害风险指数表征风险程度，可表示为：

$$自然灾害风险指数 = f(危险性,暴露性,防灾减灾能力)$$

致灾因子危险性是指致灾因子发生的强度和概率，本节中灾害危险性主要指冻害危险性。暴露性是指可能受到危险因素威胁的人员、财产或其他能以价值衡量的事物。防灾减灾能力表示出受灾区在长期和短期内能够从灾害中恢复的程度。由于枇杷冻害的暴露性和防灾减灾能力包括的范围很广，数据的收集受到条件限制，因此，本文从冻害的危险性角度分析枇杷冻害风险。

4.6.1.1 枇杷冻害指标

枇杷冻害指标选择见 3.4.1 枇杷气候适宜性区划指标。

为了进一步考虑枇杷风险区划的需要，将枇杷冻害指标做进一步细化处理，本书以年极端最低气温作为枇杷冻害的主导因子，并按影响强度对其进行等级划分(表 4.12)，通过分析枇杷不同强度冻害发生频率来评估枇杷冻害致灾危险性。

表 4.12 枇杷冻害分级指标

冻害等级	轻度(1)	中度(2)	重度(3)	严重(4)
年极端最低气温 T_d(℃)	$-2.5 \leqslant T_d < -1.0$	$-3.5 \leqslant T_d < -2.5$	$-4.5 \leqslant T_d$	$T_d < -4.5$

根据枇杷幼果受冻临界值(−1℃)，综合考虑枇杷各熟型品种，分别统计各气象站年极端最低气温在−2.5～−1℃、−3.5～−2.5℃、−4.5～−3.5℃、≤−4.5℃各温度段的出现次数，计算频率，记为 P_{ij}，代表 i 站点的 j 等级冻害强度的发生频率。

4.6.1.2 枇杷冻害风险指数

灾害危险性是指造成灾害的自然变异的程度，主要是由灾变活动强度和活动频次决定的。一般灾变强度越大，频次越高，灾害所造成的损失越严重，灾害的风险也越大。对于枇杷冻害的危险性，以年度最低气温的发生强度 G 和发生时间频率 P 来表示，其表达式为：

$$H_i = \frac{1}{n_j}\sum_{j=1}^{4} G_{ij} P_{ij} \tag{4.30}$$

式中，H_i 为某 i 站点的枇杷冻害风险指数，n_j 为 j 冻害强度出现次数，j 冻害强度，G_{ij} 为 i 地区 j 等级强度的权重值，其取值通过层次分析法确定为 0.0833、0.1875、0.3125、0.4167，层次分析法计算方法见 3.1.1。

由于现有气象站比较少，为了表征各地冻害风险，运用数理统计方法建立危险性 H_i 与经、纬度及海拔高度关系模型：

$$H_i = 0.020567361\phi + 0.054404958\varphi + 0.000345937h - 3.552699324 \tag{4.31}$$

式中，ϕ，φ，h 为 i 地区的经度、纬度和海拔高度，从经济栽培角度考虑，采用 95%保证率的 H_i 来反映枇杷冻害危险性。

4.6.1.3 枇杷冻害风险等级划分标准

根据式(4.31)计算出冻害危险性指标形成相应的风险区划进行风险评估。根据计算结果和实际情况确定危险性分级标准，见表 4.13。

表 4.13 枇杷冻害风险等级划分标准

冻害风险等级	无	低	中等	较高	高
风险指数	<0.25	0.25～0.30	0.31～0.35	0.36～0.40	>0.40

4.6.2 枇杷冻害风险区划结果分析

根据 AHP 法构建的冻害强度判断矩阵表，见表 4.14。

表 4.14 冻害强度判断矩阵表

冻害等级	轻度冻害	中度冻害	重度冻害	严重冻害
轻度冻害	1	2.25	3.75	5
中度冻害	0.4444	1	2.25	3.75
重度冻害	0.2667	0.4444	1	2.25
严重冻害	0.2	0.2667	0.4444	1

利用上述判断矩阵计算得出，CI 为 0.01522，CR 为 0.017，$CR<0.1$，表明判断矩阵具有满意的一致性，说明对冻害强度权重的分配是合理的。

枇杷冻害风险与地理推算模型的相关系数 R 达到 0.7907；F 检验值为 92.31，远远大于显著性水平为 0.01 的 F 临界值 3.78，说明建立的地理因子风险模型是可用的。

4.6.3 结果与评述

根据枇杷冻害风险与地理因子的关系模型，利用 GIS 软件对枇杷冻害风险的地理分布状态进行模拟。按照风险指数等级划分标准，得到枇杷冻害风险区划图，将冻害风险划分为 5 级，即无风险区、低风险区、中等风险区、较高风险区和高风险区，见图 4.16。

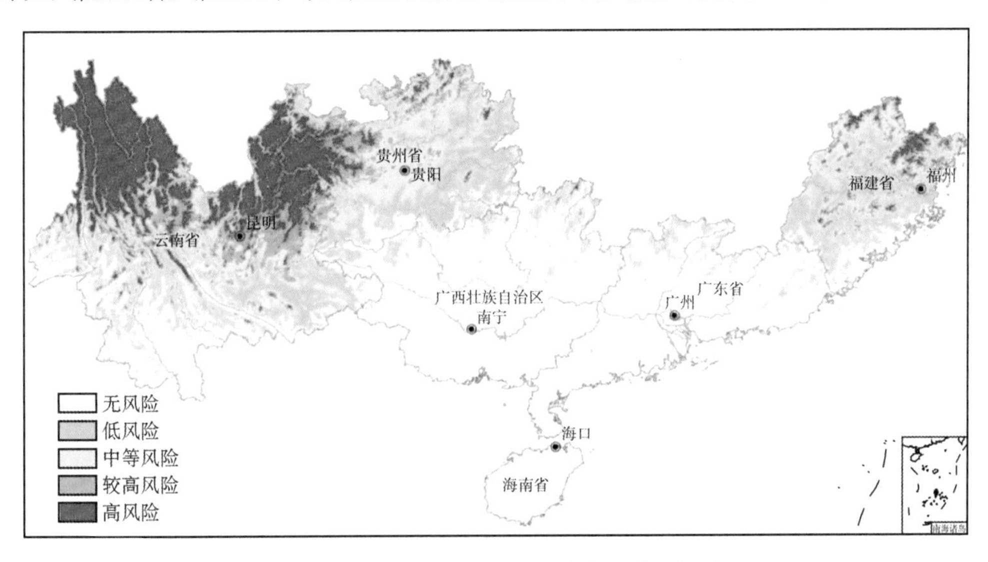

图 4.16 南方 6 省(区)枇杷冻害风险区划图

4.6.3.1 综述

从图 4.16 可以看出，枇杷冻害风险总体上呈现内陆高于沿海，东南部、沿海北部高于南部的趋势，主要可分为为无风险区、中风险区和高风险区。其中无风险区的范围最大，主要分布在福建中南部沿海、广东、广西以及云南南部地区和海南，该区冬季较温暖，枇杷越冬条件佳，基本无冻害，利于枇杷生产和高产、稳产、优质，可考虑大规模种植。轻风险区面积较小，主要分布在贵州东南部及福建几大河流流域附近，云南中部、广西和广东北部也有零散分布，该区冬季气候比较温暖，热量条件较理想，冻害轻，能满足枇杷生长发育需要，可考虑大面积种植，但应做好越冬期的冻害防御工作。中风险区为福建中北部、贵州中北部及云南中部零散区域，该区越冬条件偏差，冻害出现频率相对较高，容易导致枇杷受冻。在此区域不宜大规模发展枇杷种植，即使局部小气候允许小范围种植也要注意采取防冻措施。较高风险区分布也很零散，主要分布在云南泸西—玉溪—景东一带，该区冬季气温低，冻害频率高，冻害相对严重，对枇杷种植容易造成冻害，不建议在该区进行枇杷种植。高风险区为福建鹫峰山区、贵州西部及云南北部，该区海拔较高，冬季气温更低，冻害频率更高，冻害严重，对枇杷种植很容易造成严重冻害，不建议在该区种植。

4.6.3.2　分省评述

(1)海南省

海南省位于中国的最南端，地处热带北缘，属热带季风性海洋气候，温高少寒，光温水资源丰富。年极端最低气温平均值在5℃以上，无冻害发生，热量条件能充分满足枇杷生长需求。在海南温度不是影响枇杷生长的限制因素，全省为枇杷冻害无风险区，适宜枇杷种植。因此，应充分利用海南省的气候资源，结合局部地理地形特性，合理安排枇杷的种植规模，并在枇杷高产优质栽培技术上多下功夫，提高枇杷的产量与品质。

(2)福建省

福建地处欧亚大陆东南边缘，属于亚热带海洋性季风气候，地势东南低、西北高，立体气候明显，海陆差异显著。各站点年极端最低气温平均值−9.1(九仙山)～6.4℃(东山)，其中极端最低气温−1℃以上的站点占44.8%，−1℃以下的站点占35.8%，−4.5℃以下站点占19.4%。

福建极端最低气温分布自东南向西北递减，各等级冻害发生频率也呈现相同的趋势(图4.17)。轻度冻害发生频率为0～0.5%，中南部沿海及内陆部分地区发生频率<0.1%，西南部地区发生频率>0.3%，其余地区轻度冻害发生频率介于0.1%～0.3%。中度冻害发生频率为0～0.3%，中南部沿海地区发生频率<0.05%，西部地区发生频率>0.1%，局部>0.2%，其余地区中度冻害发生频率介于0.05%～0.1%。重度冻害发生频率为0～0.25%，与中度冻害发生频率空间分布相似，发生频率<0.05%的范围扩大，发生频率>0.1%范围相对缩小。严重冻害发生频率为0～1%，主要发生在武夷山和鹫峰山等山区，发生频率>0.5%，局部>0.7%。

总的来说，福建气候暖热，冬短温和，光温资源丰富，优于同是中国西部亚热带地区。福州以南的沿海县市地处南亚热带北缘，冬季温度比较温暖，是福建热量资源最丰富的地区，轻、中度冻害发生频率低，基本无重度以上冻害发生，属于无风险区，是福建枇杷生产的主要产区。闽江流域、交溪流域、汀江流域及九龙江流域上游的低平地区属于轻风险区，重度以上冻害发生频率低，应注意做好防寒防冻措施。鹫峰山区及武夷山等山区热量条件相对较少，严重冻害发生频率较高，属于高风险区，不适宜枇杷种植。其余地区为中—较高风险区，只能在局地气候条件较好的地区进行栽培，同时要加强防寒防冻能力。

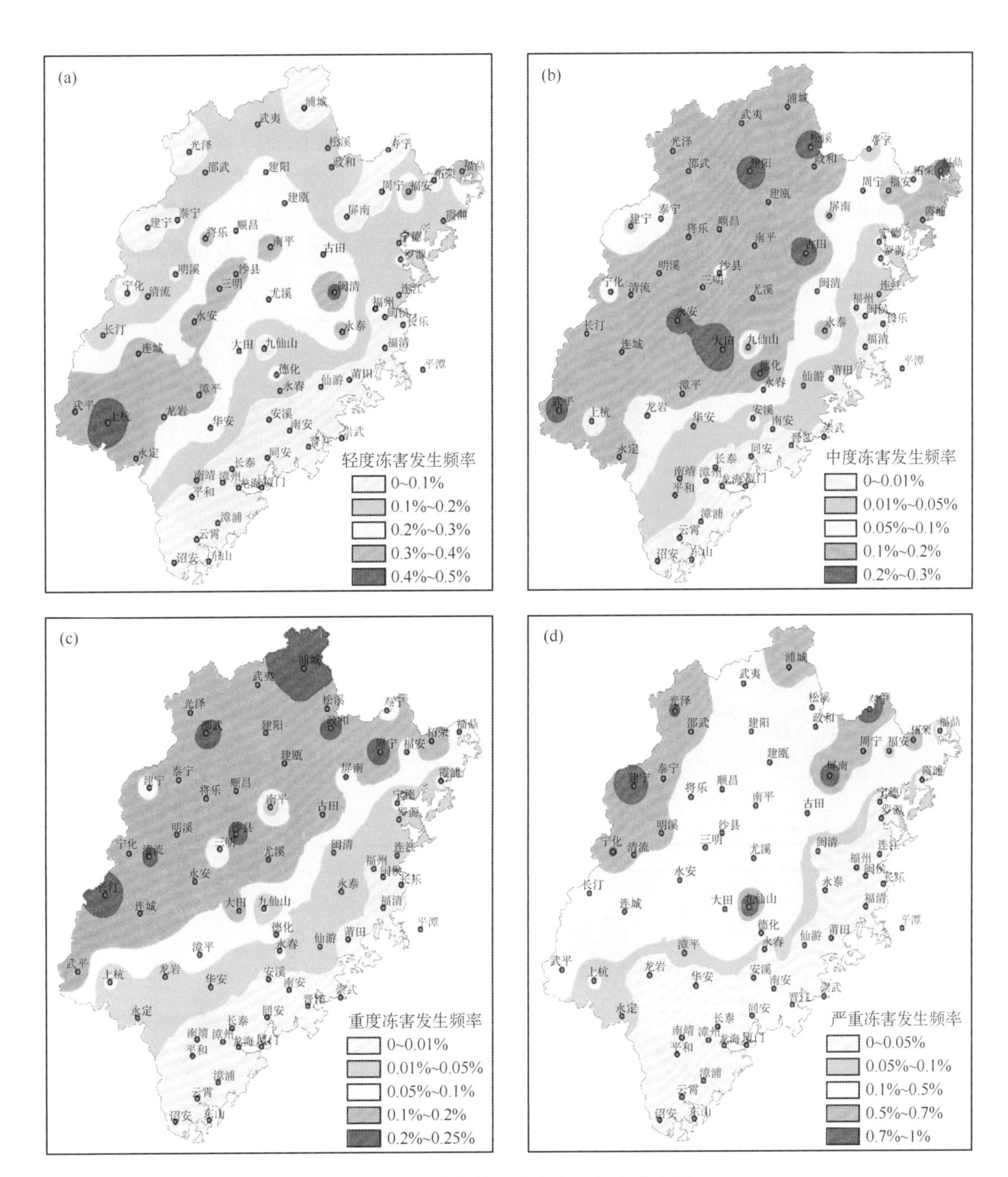

图 4.17 福建各等级冻害发生频率分布图

(3)广东省

广东地处中国大陆南端，南北跨北热带、南亚热带和中亚热带，属亚热带季风气候，气候温暖，冬无严寒，各站点年极端最低气温平均值－1.5(连州)～6.0℃(徐闻)，其中极端最低气温－1℃以上的站点占92%，－1℃以下的站点占8%。

广东各等级冻害发生频率变化趋势基本一致，均呈现由南向北增加的趋势(图4.18)。轻度冻害发生频率为0～0.02%，信宜—台山一带以南以及深圳、汕尾、惠来、汕头等地发生频率<0.02%，罗定—增城—惠阳—河源一带发生频率介于0.02%～0.1%，佛冈—五华一带发生

频率介于 0.1%～0.2%，其余地区发生频率＞0.2%，其中连山、南雄、连平等地发生频率＞0.3%。中度冻害发生频率为 0～0.16%，高要—河源—汕头一线以南发生频率＜0.02%，佛冈—五华一带发生频率介于 0.02%～0.05%，其余地区发生频率＞0.05%，其中连山和梅县发生频率＞0.1%。重度冻害发生频率为 0～0.04%，高要—河源—五华一线以南发生频率＜0.01%，其余地区发生频率＞0.01%，其中广宁和连平发生频率＞0.02%。严重冻害发生频率为 0～0.04%，广州、惠阳及汕头以南的沿海县市无严重冻害发生，连山和南雄发生频率＞0.01%，其余地区发生频率介于 0～0.01%。

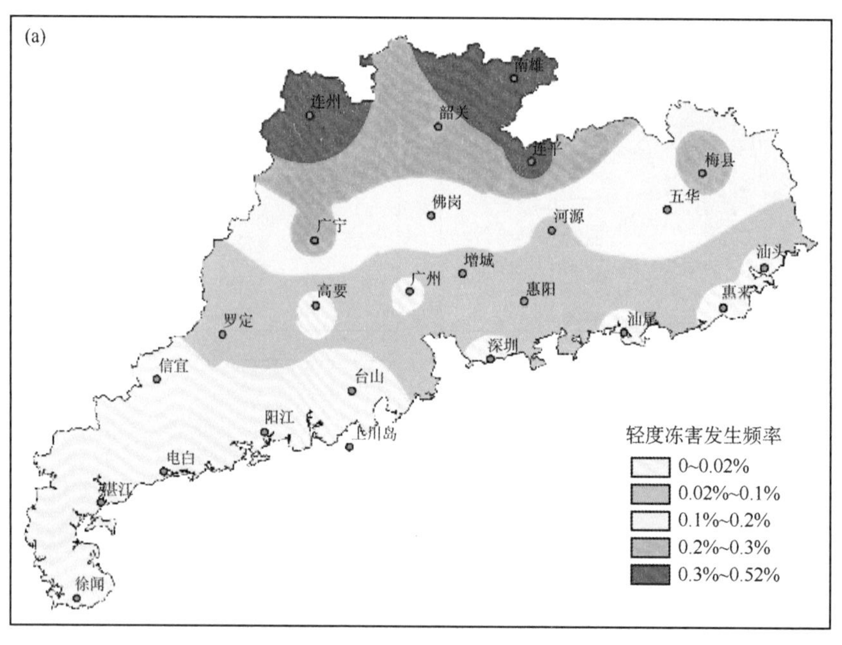

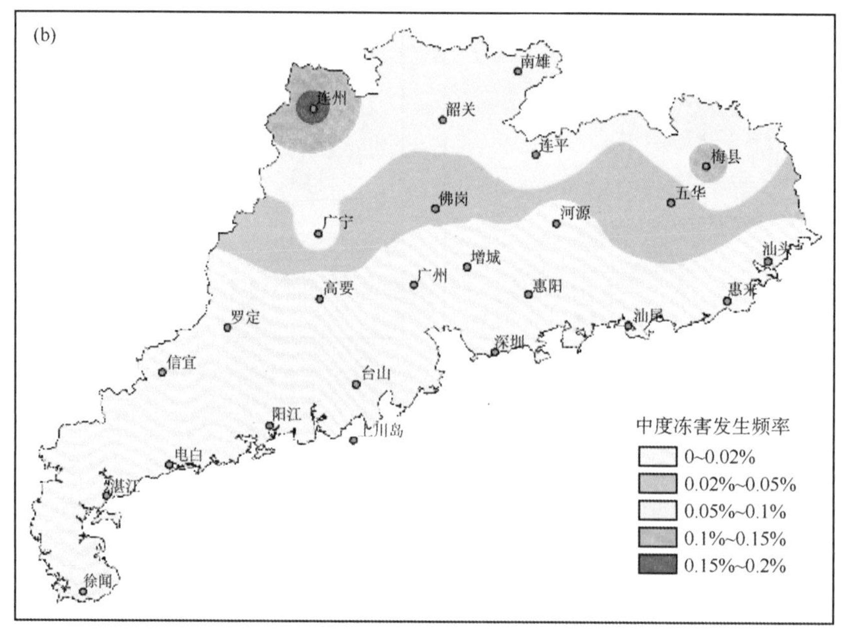

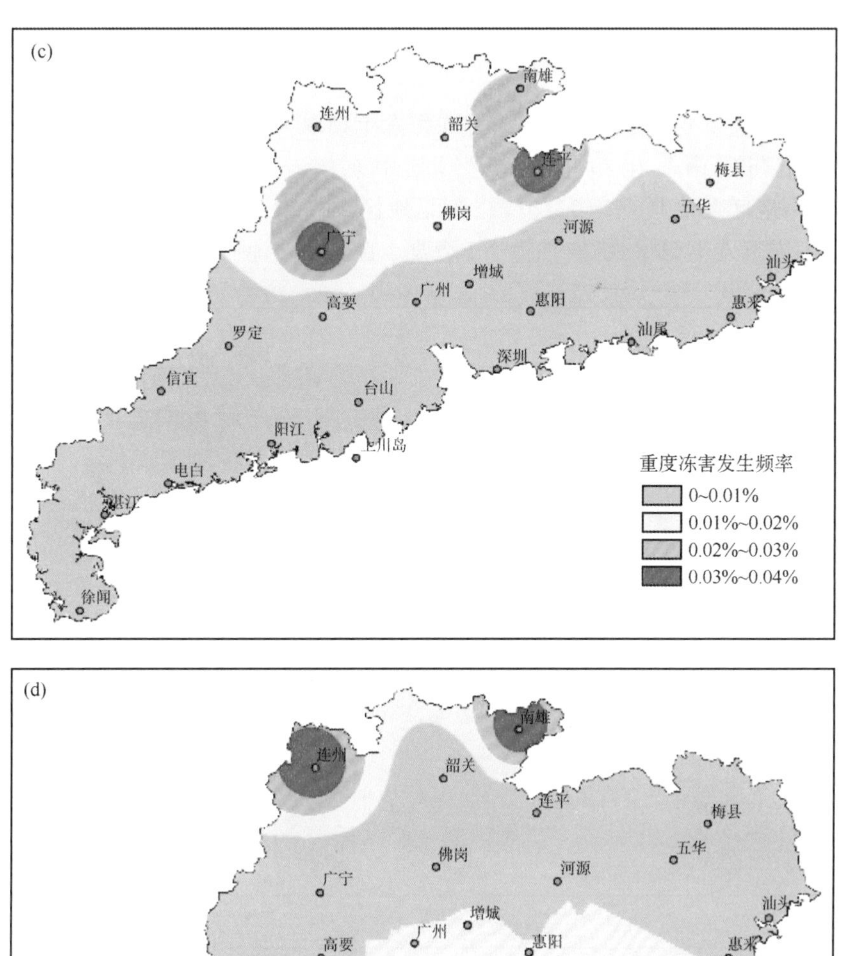

图 4.18 广东各等级冻害发生频率分布图

广东热量资源丰富，全省大部分区域尤其是南部及沿海区域，主要为台地或平原，海拔较低，各级冻害发生频率低，甚至无严重冻害发生，为枇杷冻害无风险区，适宜枇杷种植。北部、东北部山地较多，海拔较高，轻度、中度冻害发生频率相对较高，但与贵州、云南等比较仍为轻风险区，在做好防寒措施的条件下，仍可大力发展枇杷种植业。

(4)广西壮族自治区

广西地处低纬度地区，南濒热带海洋，北为南岭山地，西延云贵高原。北半部属于中亚热带气候，南半部属于南亚热带气候。广西气候温暖，冬短夏长，热量条件丰富。各站点年极端最低气温平均值－1.3（融安）～5.8℃（东兴），其中极端最低气温－1℃以上的站点占95%，－1℃以下的站点占5%。

广西冻害发生频率变化见图4.19，轻度冻害发生频率为0～0.38%，龙州—百色—河池—柳州—桂平—梧州以南发生频率＜0.1%，其中东兴—钦州—北海沿海区域发生频率＜0.01%。其余地区发生频率＞0.1%，桂东北地区发生频率＞0.2%，融安、桂林发生频率＞0.3%。中度冻害发生频率为0～0.18%，靖西—百色—河池—都安—桂平—玉林以南发生

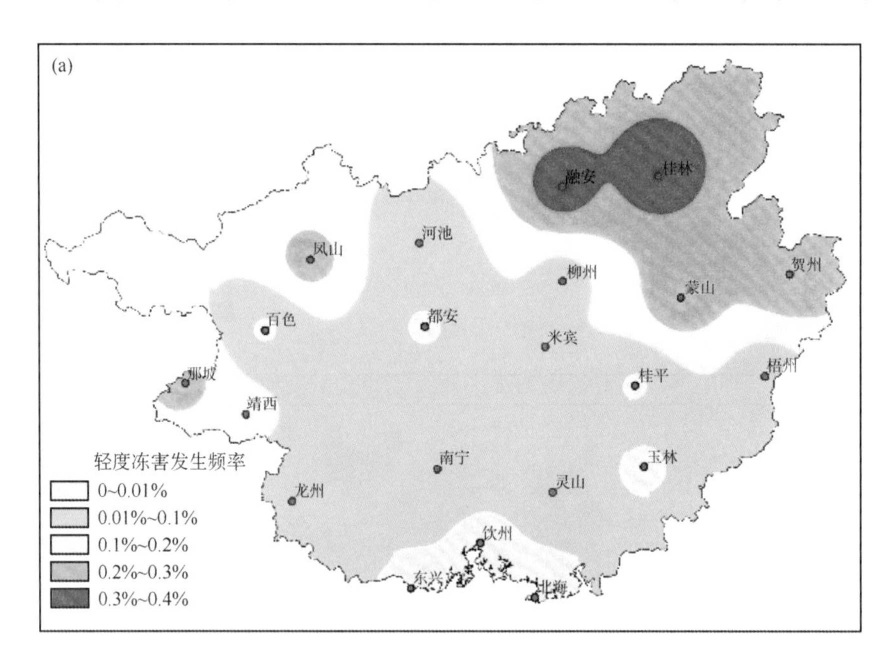

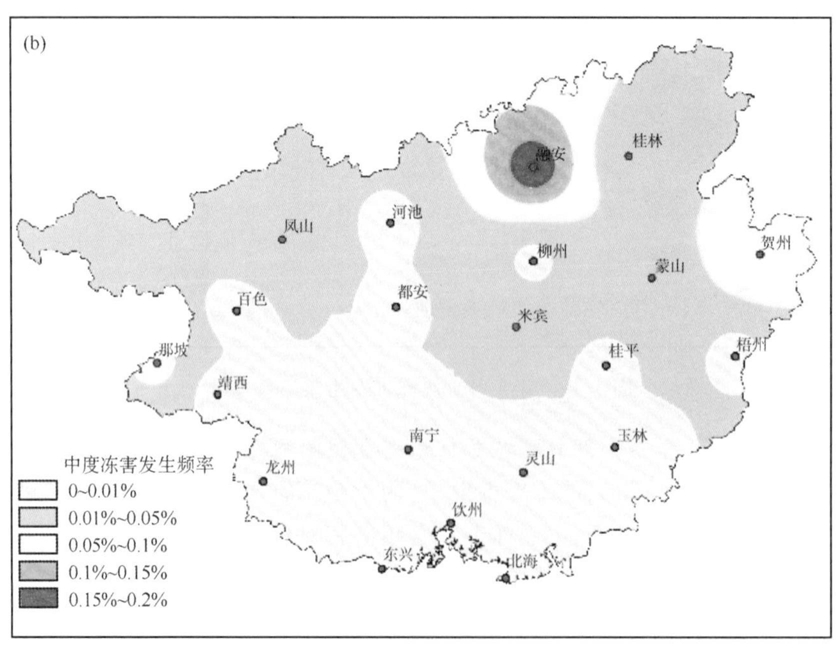

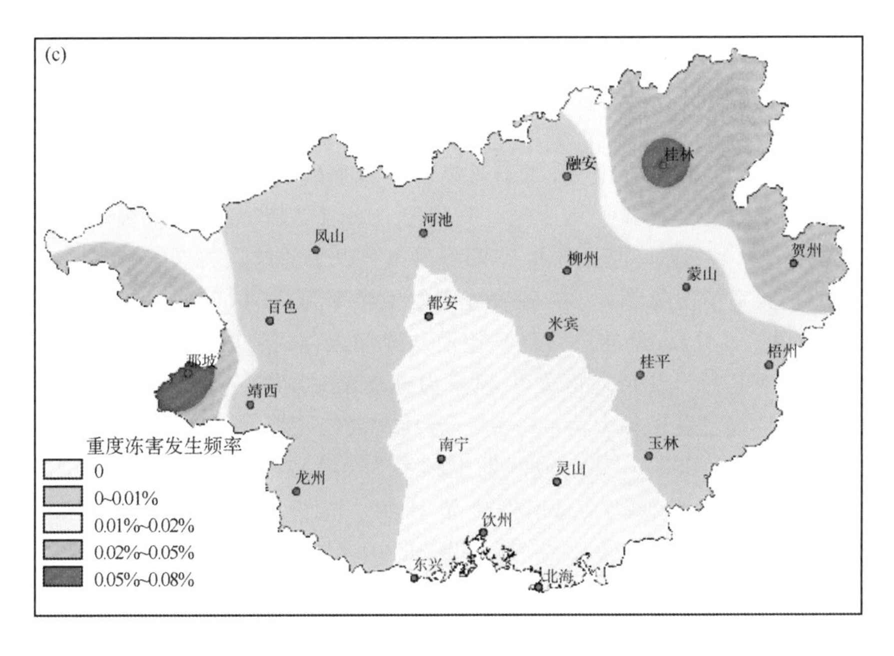

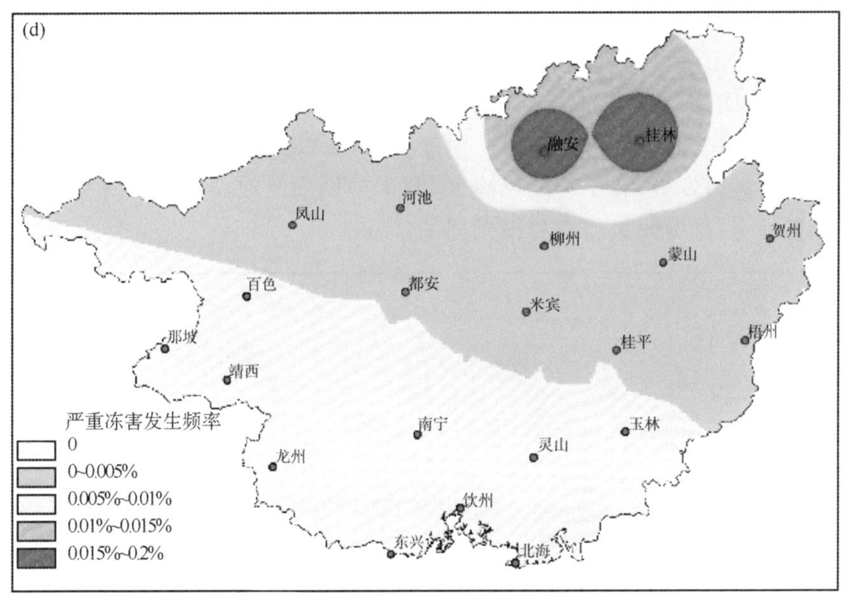

图 4.19 广西各等级冻害发生频率分布图

频率<0.01%，那坡、贺州发生频率介于 0.05%～0.1%，融安发生频率>0.15%，其余地区发生频率介于 0.01%～0.05%。重度冻害发生频率为 0～0.08%，分布呈由中南部向东北、西北增加的趋势。东兴—南宁—都安—灵山一带的“倒 V 形”区域无重度冻害发生，融安—蒙山—梧州以东、百色、靖西以西发生频率>0.01%，其中桂林和那坡发生频率>0.05%。其余地区发生频率介于 0.01%～0.05%。严重冻害发生频率自西南向东北增加，百色—玉林一线为界，以南无严重冻害发生，以北有严重冻害发生，以融安和桂林为 0.02%最大。

总体上看，广西大部分区域为无风险区，主要是桂南地区，其具有温暖湿润的海洋气候特色，冻害少发，利于枇杷生产和高产稳产优质。而桂北、桂西具有山地气候特征，有轻度冻害风险，局部有中—较高风险。与其邻省广东一样，只要注意做好越冬期的冻害防御工作，仍可发展枇杷种植业。

(5)贵州省

贵州省属于中国西南部高原山地，属于亚热带湿润季风气候，境内地势西高东低，立体气候明显。各站点年极端最低气温平均值－8.6(威宁)～0.1℃(罗甸)，其中极端最低气温－1℃以上的站点占10%，－1℃以下的站点占58%，－4.5℃以下的站点占32%。

贵州冻害发生频率情况见图4.20，轻度冻害发生频率为0～0.36%，威宁—毕节—黔西一带、三穗发生频率为<0.1%，盘县—兴仁—望谟—罗甸以西、榕江以南、思南—铜仁以东发生频率>0.2%，局部>0.3%，其余地区发生频率为0.1%～0.2%。中度冻害发生频率为0～0.34%，望谟—罗甸、威宁发生频率为<0.1%，盘县—兴仁一带、桐梓—遵义—湄潭一带、铜仁发生频率>0.2%，局部>0.3%，其余地区发生频率为0.1%～0.2%。重度冻害发生频率为0～0.36%，望谟—罗甸一带、威宁、思南发生频率为<0.1%，毕节—兴仁—安顺—贵阳—独山—凯里—湄潭以北发生频率>0.2%，其中贵阳>0.3%。其余地区发生频率为0.1%～0.2%。严重冻害发生频率为0～1%，毕节—黔西以西、三穗发生频率>0.5%，其中威宁>0.75%。盘县—兴仁—望谟—罗甸一带、榕江、思南—铜仁一带发生频率<0.25%。其余地区发生频率为0.25%～0.5%。

贵州省地形地貌由西部高原向黔中部丘陵山地过渡，地形崎岖破碎。西部地区海拔高，严重冻害发生频率高，属于高风险。中部地区虽然轻度、中度冻害发生频率低，但重度冻害相对较频发，北部重度冻害发生频率低，但轻度、中度冻害相对较频发，均属于中—较高风险。南部为各等级冻害中等频率发生，属于轻度风险区，其中望谟—罗甸一带轻度冻害发生较频繁，但无中度以上冻害发生，是贵州最适宜种植枇杷的区域。

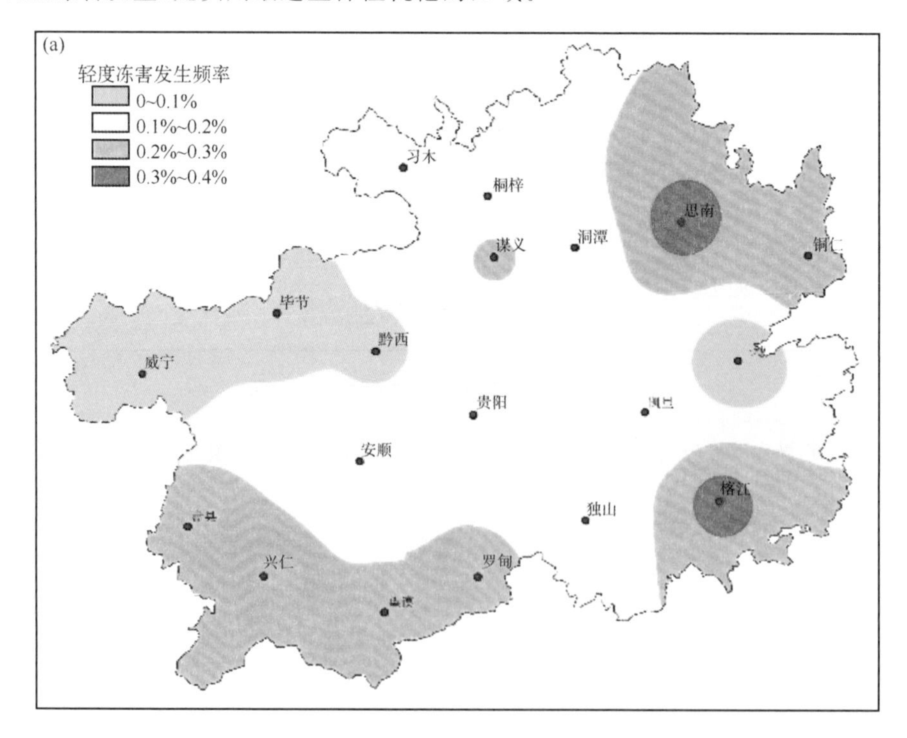

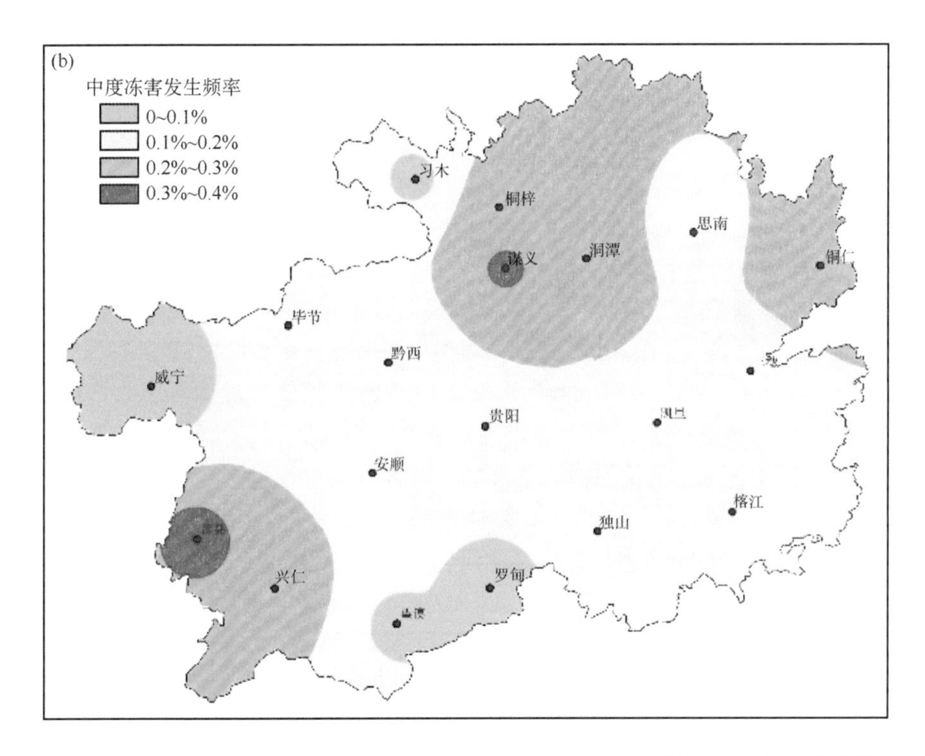
(b)
中度冻害发生频率
0~0.1%
0.1%~0.2%
0.2%~0.3%
0.3%~0.4%
桐梓
思南
铜仁
毕节
黔西
威宁
贵阳
安顺
独山
兴仁
罗甸

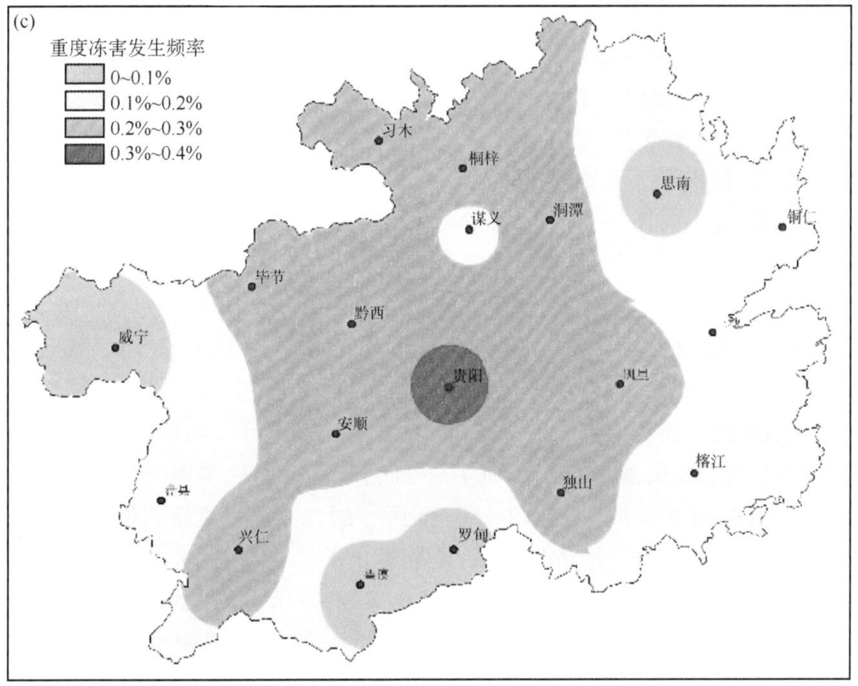
(c)
重度冻害发生频率
0~0.1%
0.1%~0.2%
0.2%~0.3%
0.3%~0.4%
桐梓
思南
铜仁
毕节
黔西
威宁
贵阳
安顺
独山
兴仁
罗甸

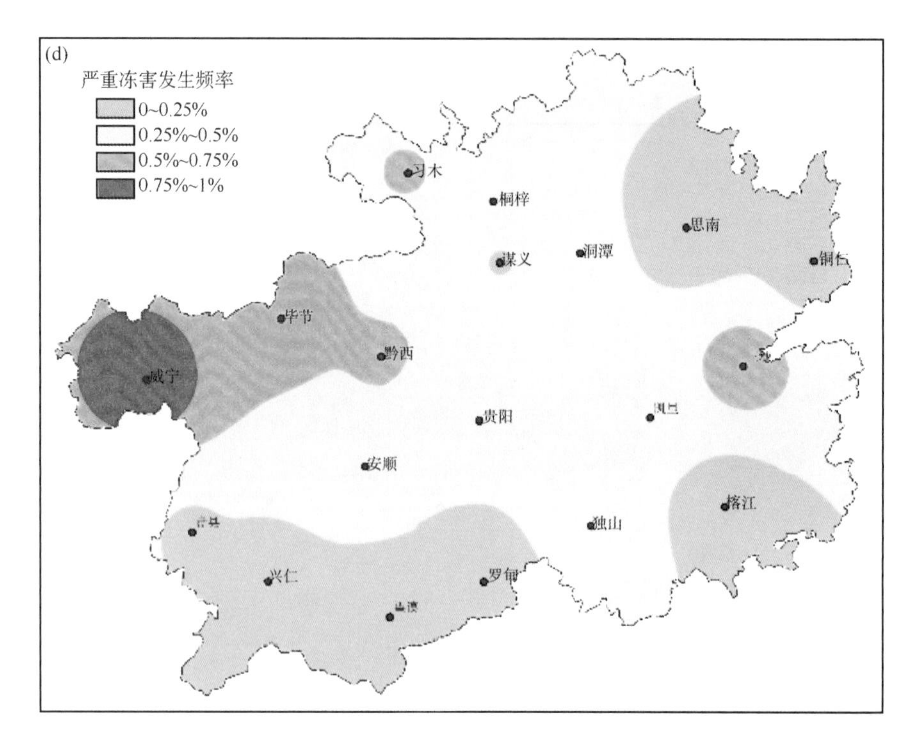

图 4.20　贵州各等级冻害发生频率分布图

(6)云南省

云南省位于中国西南边陲,地处青藏高原东南、云贵高原西部,是一个以山地高原地形为主的省份。全省总体地势呈西北高、东南低,逐级下降趋势。各站点年极端最低气温平均值−18.5℃(中甸)~6.7℃(景洪),其中极端最低气温−1℃以上的站点占46%,−1℃以下的站点占32%,−5℃以下的站点占22%。

云南冻害发生频率变化见图4.21,轻度冻害发生频率为0~0.72%,大部分地区发生频率<0.2%;昆明—玉溪—泸西—沾益一带介于0.2%~0.4%;瑞丽—临沧—景东—楚雄—元谋—华坪—丽江—维西—德钦一带以西发生频率>0.2%,其中腾冲—保山一带介于0.4%~0.6%,贡山、大理局部>0.6%。中度冻害发生频率为0~0.22%,呈现南北高、中部低的空间分布状态。临沧—景东—蒙自—屏边以南、贡山—维西—丽江—华坪—元谋以北以及昭通发生频率<0.05%,其余地区发生频率>0.05%,其中腾冲、保山、大理、楚雄、昆明、玉溪、泸西、沾益等地发生频率>0.1%,局部>0.15%。重度冻害发生频率为0~0.26%,瑞丽—景东—元江—屏边一带以南、华坪—元谋一带、德钦—贡山—中甸一带以及昭通发生频率<0.05%,维西—丽江一带、楚雄、泸西和沾益一带发生频率>0.1%,局部>0.15%,其余地区发生频率介于0.05%~0.1%。严重冻害发生频率为0~1%,泸西—沾益一带发生频率介于0.25%~0.5%;会泽以北、丽江以北频率>0.5%,其中德钦—中甸—维西一带、昭通—会泽一带发生频率>0.75%;其余大部分区域发生区域<0.25%。

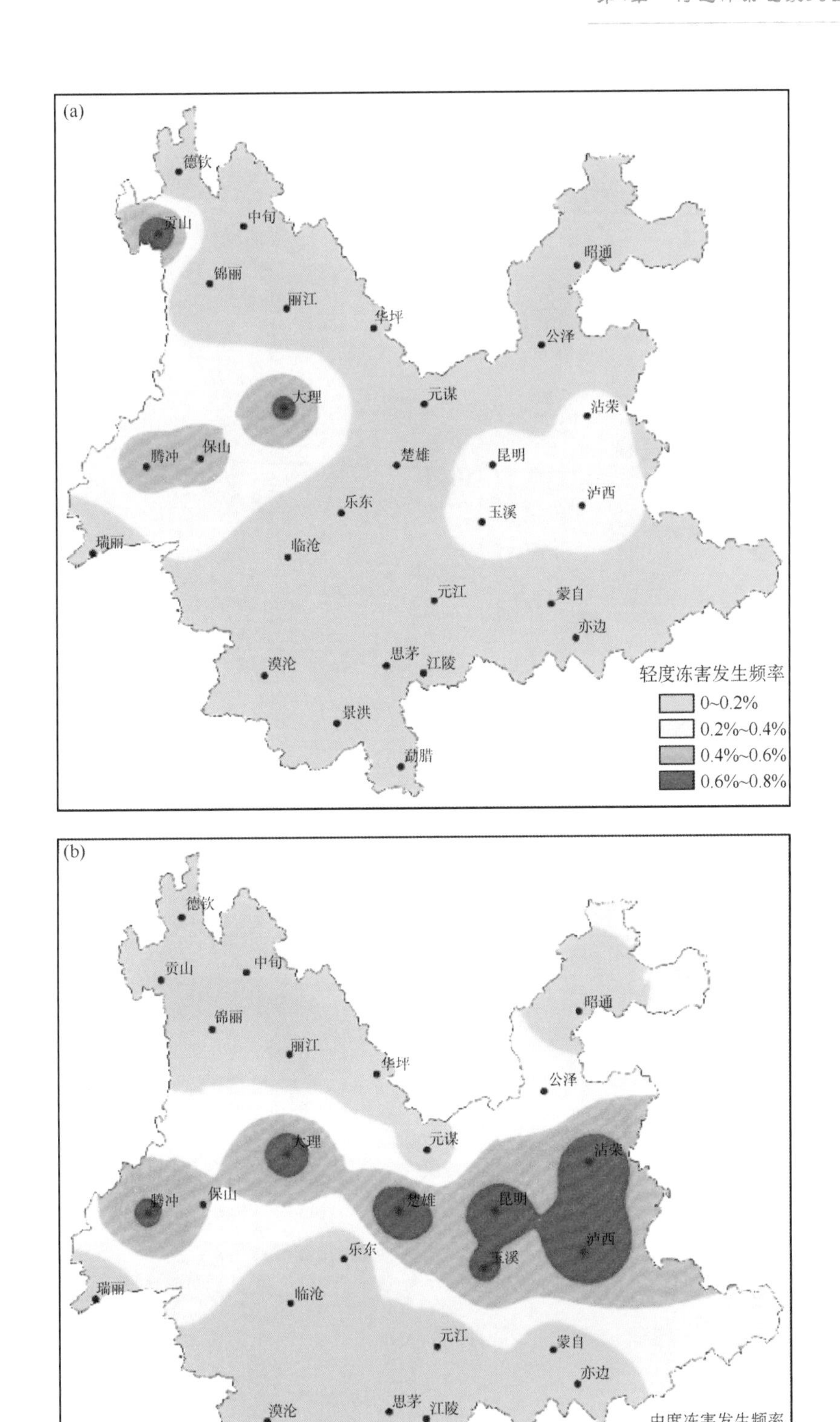
(a)
德钦
贡山
中甸
锦丽
丽江
华坪
昭通
公泽
大理
元谋
沾荣
腾冲
保山
楚雄
昆明
乐东
泸西
玉溪
瑞丽
临沧
元江
蒙自
亦边
思茅
江陵
澳沧
景洪
勐腊
轻度冻害发生频率
0~0.2%
0.2%~0.4%
0.4%~0.6%
0.6%~0.8%
(b)
德钦
贡山
中甸
锦丽
丽江
华坪
昭通
公泽
大理
元谋
沾荣
腾冲
保山
楚雄
昆明
泸西
乐东
玉溪
瑞丽
临沧
元江
蒙自
亦边
澳沧
思茅
江陵
景洪
勐腊
中度冻害发生频率
0~0.05%
0.05%~0.1%
0.1%~0.15%
0.15%~0.22%

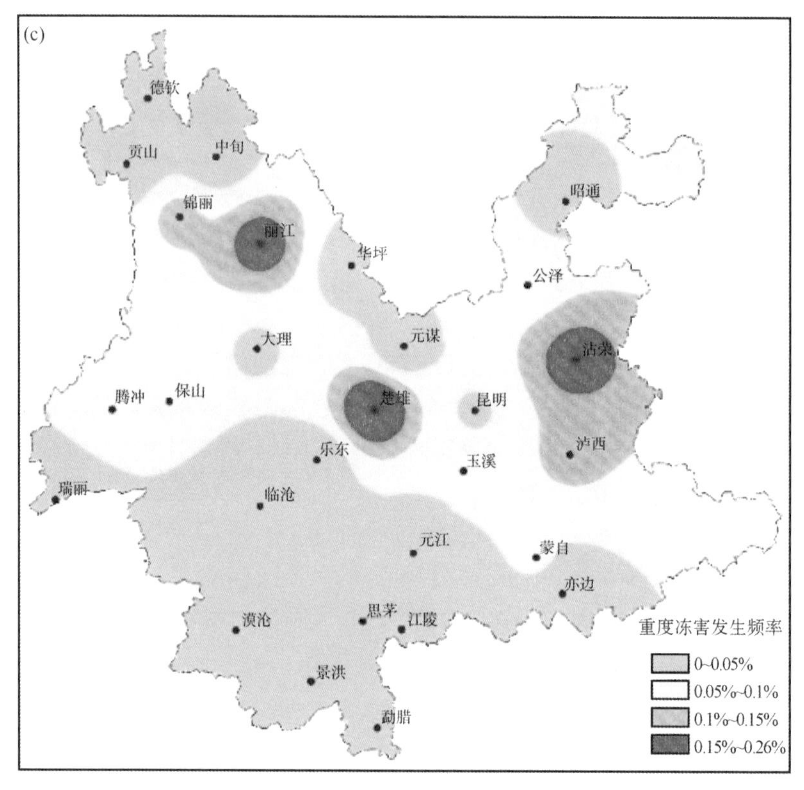

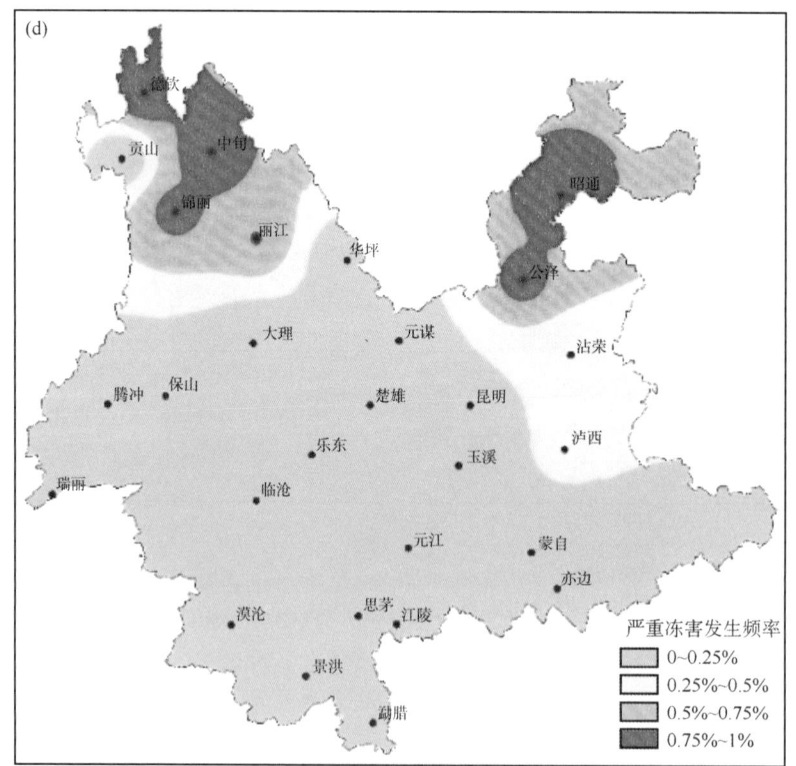

图 4.21　云南各等级冻害发生频率分布图

云南地处低纬度高原，与其他五省相比较，冻害发生频率高。北部地区严重冻害发生频率高达0.7%，不适宜枇杷种植。中部地区严重冻害发生频率相对北部地区低，但是其他等级冻害发生频繁，特别是泸西和沾益，总体上不适宜种植，局部地段小气候适宜种植，也应特别注意防寒防冻。只有西南部边境附近地区，地势较低，有河谷地带，部分地区海拔在500 m以下，是云南主要的热带和亚热带地区，该区域各等级冻害发生频率均较低，为枇杷冻害无风险区，可在该区大力发展枇杷种植业。

4.7　刺梨干旱

4.7.1　刺梨干旱灾害风险评估模型

根据自然灾害风险形成理论，刺梨干旱灾害是致灾因子危险性、承灾体易损性指数、孕灾环境敏感性等多因子综合作用的结果。据此，并利用加权综合评价法，建立刺梨干旱灾害风险评估模型，见式(4.32)

$$FDRI = VH \times wh + VE \times we + (1 - VR) \times wr \tag{4.32}$$

式中，$FDRI$ 为干旱风险指数，表示干旱风险程度，其值越大，灾害风险越大；VH、VE、VR 分别为致灾因子危险性指数、孕灾环境敏感性指数、抗灾能力指数；wh、we、wr 为各评价因子的权重。

(1)指标归一化处理

为消除式(4.32)中各评价因子的量纲差异，须对每一个指标进行归一化处理，使每组数据均落在[0,1]区间内，各指标的标准化公式为式(4.33)

$$X_{ij} = (x_{ij} - X_{i\min})/(X_{i\max} - X_{i\min}) \tag{4.33}$$

式中，X_{ij} 是 j 站点第 i 个指标的归一化值，x_{ij} 是 j 站点第 i 个指标值，$X_{i\min}$ 和 $X_{i\max}$ 分别是第 i 个指标值中的最小值和最大值。

(2)致灾因子危险性指数的计算

致灾因子的危险性主要表现为气象灾害的发生概率(或频次)和发生强度。这里以降水距平百分率 Pa 作为刺梨干旱指标，根据刺梨的生态特性，将干旱划分为轻度、中度和重度三个等级(表4.15)，然后计算三个等级的干旱发生概率。

三个等级干旱发生概率是指某一地区轻旱、中旱、重旱在近40年中出现的频数分别占总干旱发生频数的百分比，其计算式为

$$P = \frac{m}{n} \times 100$$

式中，P 为不同等级干旱发生概率；m 为不同等级干旱频数；n 为总干旱频数。

由刺梨干旱的发生概率和干旱灾损系数构建刺梨果实成熟期干旱致灾因子危险性风险指数 VH：

$$VH = SD \times ws + MD \times wm + LD \times wl \tag{4.34}$$

式中，VH 为致灾因子危险性指数，用于表示致灾因子风险大小，其值越大，则致灾因子致灾风险程度越大；SD、MD、LD 分别为重度、中度、轻度气象灾害发生的概率，ws、wm、wl 分别为重度、中度、轻度灾害的灾损系数，其值的确定主要依据经验和专家意见(表4.15)。

计算 VH 时，需先对刺梨的干旱指标—降水距平百分率 Pa 采用公式(4.33)进行归一化处理，据式(4.34)得到刺梨干旱致灾因子危险性区划结果，见图 4.22。

表 4.15 刺梨干旱致灾因子危险性区划指标

致灾气候因子	干旱等级	成灾等级指标	灾损系数
降水距平百分率 Pa(%)	轻旱	$-50\% \leqslant Pa < -20\%$	0.2
	中旱	$-70\% \leqslant Pa < -50\%$	0.3
	重旱	$Pa < -70\%$	0.5

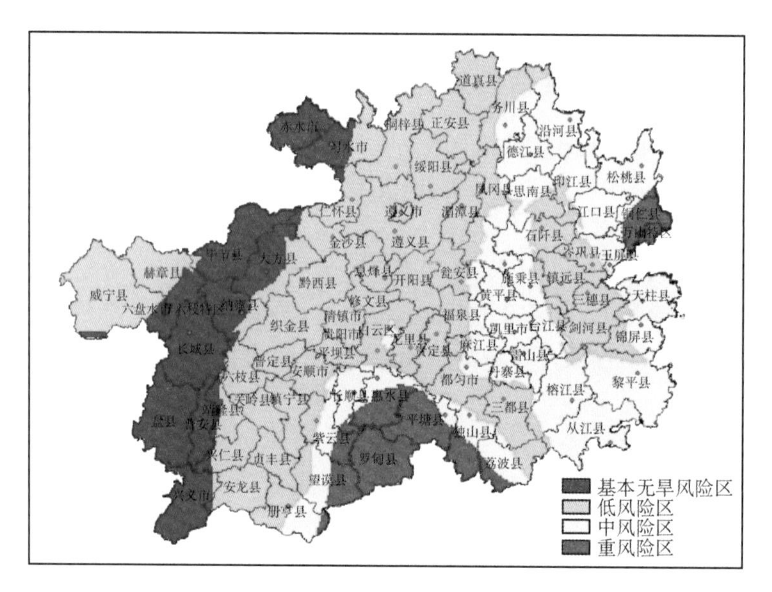

图 4.22 贵州刺梨干旱致灾因子危险性区划

(3)孕灾环境敏感性指数的计算

当降水条件相同时，某个孕灾环境的地理条件与高温干旱灾害配合，在一定程度上能加剧或减弱高温干旱致灾影响及次生灾害。因此，选取海拔高度作为孕灾环境敏感性指标，利用模糊集的线性隶属函数的方法，与贵州省刺梨高温干旱灾害调查和专家打分相结合，构建贵州省刺梨干旱孕灾环境敏感指数 u_i：

$$u(x_i)=\begin{cases}0 & x_i \geqslant 1200 \\ \dfrac{1200-x_i}{600} & 600 < x_i < 1200 \\ 1 & x_i \leqslant 600\end{cases} \tag{4.35}$$

式中，u_i 为孕灾环境敏感性指数，x_i 为某一格点上的海拔高度(m)。

然后，利用式(4.33)，对 u_i 进行归一化处理，得到归一化后的孕灾环境敏感性指数，贵州刺梨干旱孕灾环境敏感指数计算结果如图 4.23 所示。

(4)抗灾能力评价指数的计算

抗灾能力即防灾减灾能力，是灾害发生时人的主观能动性以及采取防灾减灾措施。通常情况下，某地区人均可支配收入可表征当地的经济发展水平，人均可支配收入越高，表明该地经济发展水平越高，防灾减灾能力就越强；反之亦然。因此，选用贵州省各县人均可支配收入作为刺梨干旱防灾减灾能力评价指标，利用式(4.33)对贵州省各县人均可支配收入进行归一化处理后，得到贵州省刺梨抗灾能力指数，计算结果如图 4.24 所示。

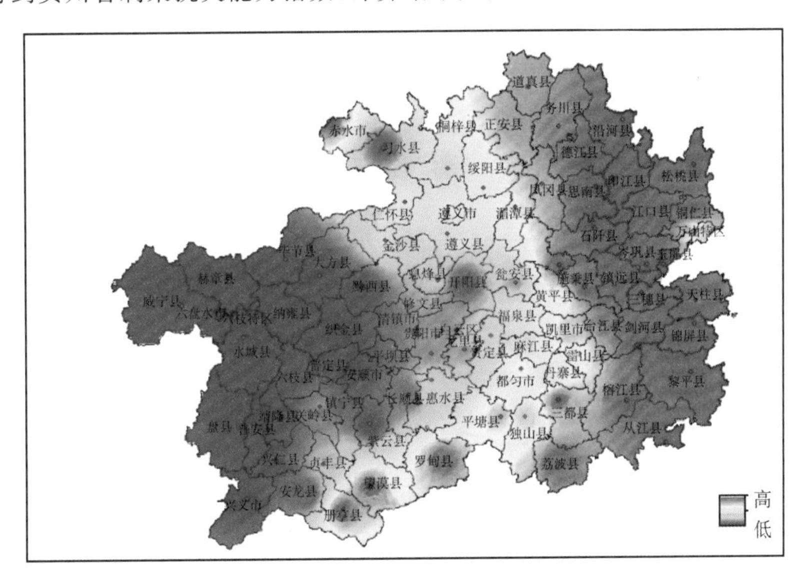

图 4.23 贵州刺梨干旱孕灾环境敏感性区划

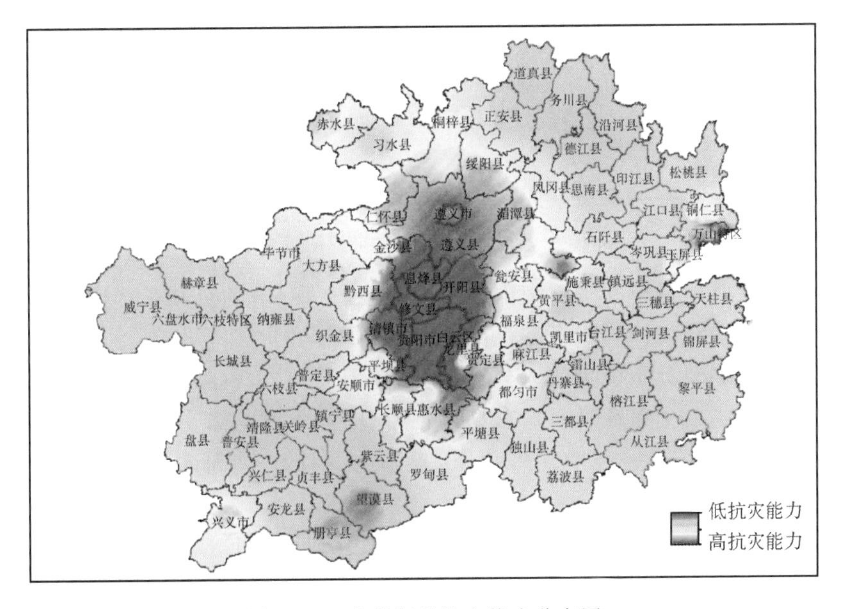

图 4.24 贵州刺梨抗灾能力分布图

(5)评价因子的权重系数的确定

高温干旱灾害风险是致灾因子危险性、孕灾环境敏感性和防灾减灾能力综合作用的结果，各个因子对气象灾害的影响程度大小，结合专家意见和当地实际情况，采用专家打分法对 3 个因子的权重系数进行赋值，见表 4.16。

表 4.16　刺梨干旱风险区划各风险源致灾权重系数

干旱	刺梨不同成灾因子的权重系数		
	致灾因子危险性	孕灾环境敏感性	防灾减灾能力
致灾权重	0.75	0.15	0.10

4.7.2　结果与评述

利用 GIS 空间分析模块，依式(4.32)，得到贵州省刺梨干旱灾害风险区划结果，见图 4.25。由图可见：

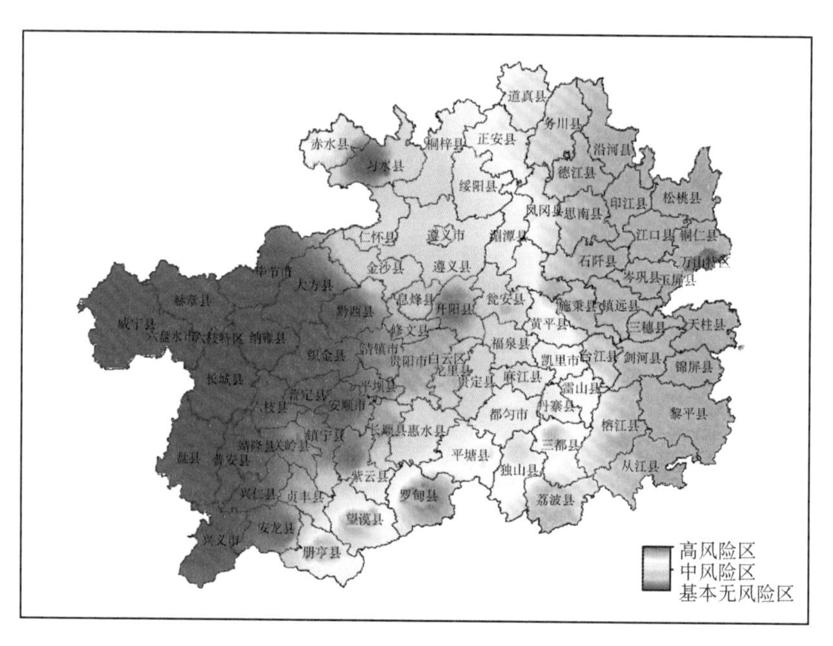

图 4.25　贵州刺梨干旱风险区划

(1)重度风险区主要分布在贵州南部地区的册亨、望谟、罗甸县和东部边缘一带，该区地势低，夏季高温日数多，持续时间长，极端最高气温高，干旱致灾因子指数>0.06，是刺梨干旱的重度风险区，该地区刺梨分布极少或无分布。

(2)中度风险区主要分布在贵州的东部铜仁市、黔东南州大部分县市，该区域干旱致灾因子指数 0.05～0.06，海拔主要在 600 m 以下，夏季高温日数多，降水少，是制约刺梨产量的主要因素，该区域刺梨产量低，果实小。

(3)轻度风险区主要分布在贵州的中部贵阳市、遵义地区和黔南州各县市。该区域海拔在 600～1200 m，干旱致灾因子指数主要集中在 0.04～0.06，但是由于抗灾能力强，刺梨受旱影响轻。该区域刺梨分布多，结实率高，果实大，产量高。

(4)基本无风险区主要分布在贵州的西部和西北部。该区海拔高，在 1200 m 以上的。干旱致灾因子指数主要在 0.04 以下，夏季高温日数少，除威宁县外，其余地区降水充沛，刺梨果实成熟期基本不存在高温干旱灾害风险。

第5章　特色林果气象灾害监测预警

5.1　橡胶树寒害

5.1.1　橡胶树寒害及其危害

寒害主要指热带、亚热带作物在冬季生育期间温度不低于0℃时，因气温降低引起作物生理机能障碍，导致减产甚至死亡的一种农业气象灾害。橡胶树原产于南美洲亚马孙流域的热带雨林地区，是抗寒性较弱的经济林木之一。据研究，20～30℃为橡胶树生长和产胶的适宜温度，当温度下降到在18℃以下，橡胶树生长缓慢；15℃以下时顶芽活动和产胶能力都受到抑制；10℃以下时橡胶树光合作用停止，对苗木新陈代谢产生有害影响。当林间气温低于5℃时，橡胶树便会出现不同程度的寒害，部分树种基部出现溃烂流胶；气温达到0℃时树梢和树干枯死，低于−2℃时，根部出现爆皮流胶现象（许闻献，1992）（图5.1）。早期寒害症状包括嫩

图5.1　云南省植胶区橡胶树遭受低温寒害

叶萎蔫，顶芽、嫩梢和割面爆胶或有水渍状斑块、茎秆爆皮流胶等，症状会随着有害天气时间加长而加重，并在寒害结束后出现枝干回枯，最后表现为落叶、枝条或茎秆干枯，茎秆基部溃烂（烂脚）等的现象。爆胶肿胀和溃烂部分有时会漫延，干枯部分往往会招引小蠹虫侵入或腐烂，受害胶园的叶片物候也不整齐，抗病能力下降，易发生病害等，可导致寒害造成的损失进一步扩大（郭金斌，2013）。

中国橡胶树种植区位于北纬 18°09′～25°，东经 97°39′～118°的广大区域，属热带、南亚热带季风气候，冬春季节常遇冷空气南侵。而橡胶树在适应低温方面还保留着热带雨林树种的特征，不耐低温。因此，中国植胶区冬春季节常会因受寒潮天气影响，使橡胶树遭受不同程度的危害。

5.1.2 橡胶树寒害具体实例

低温寒害是影响中国天然橡胶产业发展的主要限制因子之一。如 1955 年冬广西植胶区平均气温降至－1～2℃，一、二年生的橡胶幼树 90%以上受到重害。1963 年遭遇特大平流寒潮侵袭，广东省粤西北部植胶区 1—2 月低温阴雨长达一个月，湛江、汕头 2 月平均气温 10～11℃，比常年偏低 4～5℃。当年粤东植胶区 RRIM600、PR107、GT1 三大品系橡胶树 4～6 级寒害率达 59%，粤西地区达 70%～80%（农牧渔业部热带作物区划办公室，1988）。

1973/1974 年，云南植胶区遭遇特强低温，使全垦区开割林地受害指数达 28.8，4～6 级占 14.6%，受害率达 70.1%；已分枝未开割林地受害指数达 35，4～6 级占 31.4%，受害率 66.4%，1～3 生年林地，受害指数 68.1，3 级占 57%，受害率达 79.5%。1975/1976 年寒害，云南全垦区开割林地受害率达 78.2%，平均 2.5 级，4～6 级占 36.4%，已分枝未开割林地受害率达 52.1%，4～6 级占 17.6%；1～3 年生林地受害率 65%，3 级占 30.8%。这两次低温寒害使云南植胶区全区各类橡胶林损失近 30 万亩，减产干胶近万吨，造成经济损失近亿元（闭德益，1985）。

1999 年 12 月下旬一股强冷空气侵袭云南省热区，这是继 1973—1974 年冬和 1975—1976 年冬两次强烈降温且时隔 20 余年之后的又一次全省性强烈降温天气，使云南省热区橡胶、咖啡、甘蔗等热带、亚热带作物遭受了严重的寒害和冻害，给企业经济造成较大损失，据垦区各农场寒害普查统计汇总，全垦区各龄林地共普查 140.33 万亩，3751.4 万余株，受害面积 49.69 万亩，1318.46 万株，受害率为 35.1%，4～6 级（幼林 3 级）重寒害树约 11.3 万多亩，289.3 万多株，占 7.7%。其中：开割林地普查 93.45 万亩，2173.5 万多株，受害率 28.5%，平均受害级别 0.51 级，4～6 级重害树占 2.98%；已分枝未开割幼林普查 18.86 万亩，574.4 万多株，受害率 44.5%，平均受害级别 0.99 级，4～6 级重害树占 9.79%；1～3 年生幼林普查 27.97 万亩，885.4 万多株，受害率 43.9%，3 级重害树占 19.01%，平均受害级别 0.90 级（云南热区寒害专业调研组，2001）。

2007/2008 年冬春，受太平洋出现的拉尼娜事件影响，中国南方地区出现历史上罕见的持续低温雨雪冰冻天气，滇东南植胶区连续多次出现了日均温≤15℃，持续时间长达 41d 的强降温及连续低温阴雨冻害天气过程，造成文山的健康农场、天保农场，红河的河口植胶区橡胶树严重寒害。其中，开割胶林受害率 100%，平均受害级别 2.19 级，4～6 级重害树占 8.7%，受害指数 36.52；已分枝幼林受害率 97.5%，平均受害级别 3.74 级，4～6 级重害树占 57.6%，受害指数 62.39；未分枝幼林地受害率 96.5%，平均受害级别 3.27 级，3～4 级重害树占 80.4%，受害指数 81.82(王树明等,2008)。广东茂名垦区也出现了建垦以来降温幅度最大,持续时间最长,并伴有阴雨的寒冷天气过程。这次低温阴雨过程中,垦区极端低温降至 3.5℃,12℃以下的低温持续时间共 432 h,属典型的平流型降温。橡胶树受害表现为树冠嫩梢、叶片和枝条枯死,枝条、茎干爆皮流胶,部分吸收根和输导根冻死。垦区开割胶树共约 477 万株,受害率100%。其中,1~3 级约占 88.7%,4~6 级占 11.3%(郑杰,2008)。这次低温过程也给海南农垦橡胶树的生产造成了严重影响,调查显示,全垦区橡胶树受寒害总面积约 19 万公顷,受灾约 7493 万株,3 级以上受害率达 22.3%,2008 年比 2007 年平均推迟割胶 30~60d,经济损失约 5.54 亿元(覃姜薇等,2009)。

5.1.3 全国各地橡胶树寒害发生频率和分布情况

依据气象行业标准《橡胶寒害等级》中所计算的自建气象站以来至 2011 年橡胶树主要种植省(区)代表县的综合寒害指数、橡胶树寒害等级指标分级标准和该县的地理位置,可以得到中国橡胶树种植区寒害发生频率和分布示意图(图 5.2),图中可见,随着纬度的增加,橡胶树寒害发生的次数有明显增加趋势,高纬度地区的中度—特重的次数明显高于低纬度地区。就同一纬度而言,地处内陆的景洪和勐腊站明显低于地处沿海的合浦站。

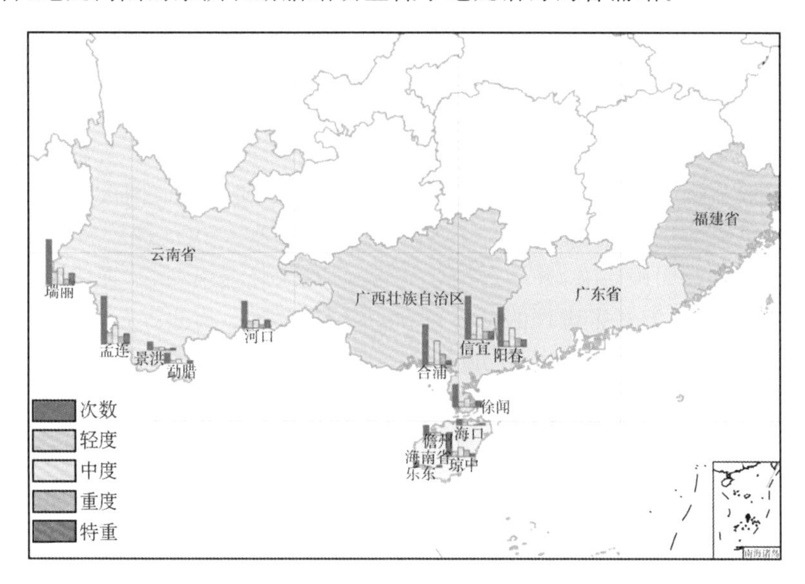

图 5.2 全国各地橡胶树寒害发生频率和分布情况

5.1.4 橡胶树寒害指标

5.1.4.1 橡胶树寒害指标研究进展

对寒害的研究,国内始于 20 世纪 50 年代,著名植物生理学家(罗宗洛,1955)指出寒害是温度不低于 0℃,热带、亚热带植物,因气温降低引起物种生理机能上的障碍,因而遭受损伤。20 世纪 50 年代中后期,针对国家扩大天然橡胶生产的迫切需求中出现的寒害问题,著名农业气象学家江爱良考虑到生态环境和生理因素提出橡胶树寒害的两种基本类型(平流型和辐射型)和四种亚类型(霜冻型、烂脚型、短期风寒型和长期阴冷型)。不同类型受害的气象指标不同,在选择避寒小环境和防寒栽培措施方面也不相同。这种类型的划分,在世界上有关植物低温冷害方面，尚属首次提出（江爱良，1997）。著名农业气象学家崔读昌从温度强度、发生时期、作物生理反应、受害作物和危害后果等方面，对寒害、冻害、冷害、霜冻进行了区分（冯颖竹等，2005）。以上相关研究主要是以定性描述居多，定量研究较少。对寒害的临界受害温度只是指出不低于0℃，并没有给出不同作物的临界受害温度。这些都是早期涉及寒害的初步研究。20世纪90年代以来，随着华南地区多次严重寒害的出现，华南各省相继展开了作物寒害受害症状、经济损失调查，寒害特点、天气和气候学特征分析等研究（刘锦銮等，2003；涂悦贤等，1994）。

就橡胶树寒害指标的研究而言，20世纪80年，温福光等就橡胶树寒害提出了平流型和辐射型橡胶树寒害指标。其中平流型寒害指标是基于寒害积温建立的，认为当日平均气温低于12℃时，对橡胶树代谢作用就有不利影响，且持续时间越长，受害越严重。辐射型橡胶树寒害指标是基于极端最低气温建立的，由于资料有限，仅是根据橡胶树受害率和最低气温进行粗略的划分（温福光，1982）。

岑洁荣利用多年多点小气候平行观察和历次各地大面积寒害调查资料，用模拟的方法和数值的形式反映冬期气象条件和橡胶树寒害的关系。研究认为，平流型寒害对橡胶树的危害是受低温和平流日数这两个因子控制的，低温对橡胶树危害的可能性用“平流有害积寒”表示，一定数量的平流有害积寒对橡胶树产生的危害还受到平流日数的影响，连续平流日数越多，平流有害积寒造成寒害的有效率越高。辐射低温对橡胶树的危害是受低温和低温连续日数这两个方面的因素决定的。用“辐射有害积寒”表示辐射低温使橡胶树产生寒害的可能性，随着辐射日最低温度的下降，辐射有害积寒是呈级数关系递增（岑洁荣，1981）。

陈瑶等用中国云南、海南、广东三省主要橡胶树种植区内11个气象站建站至2008年逐日气象资料以及橡胶树寒害灾情史料，开展橡胶树寒害等级的研究。根据橡胶树寒害的特点，提出橡胶树平流型低温天气过程、辐射型低温天气过程的概念，给出了橡胶树平流型寒害、辐射型寒害和混合型寒害的明确定义，并用极端最低气温、最大降温幅度、寒害持续日数、辐射型积寒、平流型积寒和最长平流寒害过程的持续日数6个致灾因子，构建综合寒害指数。依据寒害指数的大小，将橡胶树寒害分为轻度、中度、重度、特重四个等级，同时给出了橡胶树遭受不同寒害等级时可能导致的橡胶干胶减产率和橡胶树受害率的参考值（陈瑶等，2013）。

5.1.4.2 橡胶树寒害过程分类及判断标准

橡胶树寒害过程根据天气原因及橡胶树受害特征，目前普遍认为分为平流型寒害过程和辐射型寒害过程两类。一些研究和文献（陈瑶等，2013；张勇等，2015）也将平流型寒害和辐射型寒害相继发生的寒害过程定义为混合型寒害过程。总体而言，平流型寒害危害范围较大，程度也较重，虽然温度不很低，但持续时间颇长。辐射型寒害危害范围较小，程度亦较轻。

（1）平流型寒害过程

平流型寒害是因冷空气的前锋侵入后，受大气环流背景和地形地貌的阻滞作用，形成静止状态的阴雨低温天气或者可以说是静止锋型的低温天气，其主要特征是阴、湿、风、寒。在静止锋控制下，除气温较低、风力较大外，加之锋面气流受山原及局部地形地势的抬升作用而进一步降温增湿，凝云致雨，造成云量大，云层低，使地面接收太阳光的照射少，形成阴冷寡照的天气。这种平流低温天气在对空分布上除受冷空气入侵路径、强弱的直接影响外，还受西太平洋副高的强弱、西伸的脊点及北界位置的影响。在局部地区，则因地貌、地形、地势、海拔高度的不同而出现差异。一般来说，溪流沟谷、风口、迎风坡面、丫口和海拔较高气流汇集抬升的地方寒害比较重。

根据橡胶树平流型寒害受害临界温度及平流型寒害的天气特点，定义橡胶树平流型寒害过程为：橡胶树越冬期内（11 月至次年 4 月）日平均气温≤12.0℃，且气温日较差<5.0℃时，称为平流日，持续 3 d 或以上，便认为发生平流型寒害。

（2）辐射型寒害过程

橡胶树辐射型寒害过程的降温主要是由夜间辐射冷却作用引起的，其天气特点是晴天，过程期间日最低气温基本都在 5.0℃以下，且气温日较差甚大（一般都>10.0℃）。当橡胶树发生辐射型寒害时，部分叶片和嫩枝会出现干枯，且夜间低温越低受害越重；而当辐射型寒害持续时间达到一定长度，橡胶树茎干基部尤其是北面的树皮开始出现坏死，且低温天气持续越长，橡胶树受害越重。

根据橡胶树辐射型寒害受害临界温度及辐射型寒害特点，定义橡胶树辐射型寒害过程为：橡胶树越冬期内（11 月至次年 4 月）日最低气温≤5.0℃，且气温日较差>10.0℃时，辐射型寒害过程开始；当日最低气温>5.0℃，或气温日较差<10.0℃时，辐射型寒害过程结束。

5.1.4.3　橡胶树寒害气象指标确立技术方法概述

橡胶树平流型寒害过程中，橡胶树的受害程度主要与平流型寒害期间日平均气温及其持续时间有关。寒潮平流期如果出现 5～10 d 的日平均气温在 10.0℃或 12.0℃以下（视地区和品种而异）的天气，此时日最低气温不一定很低，但橡胶树就可能遭受平流型寒害（江爱良，2002）。橡胶树平流型寒害过程有害积温 T_{ah} 可近似采用下式计算：

$$T_{ah} = \sum_{i=1}^{n}(C - T_{avei}) \tag{5.1}$$

式中，T_{ah} 为一次平流型寒害过程有害积温，单位℃·d，T_{avei} 为平流型寒害过程期间逐日平均气温，单位为摄氏度（℃），$i=1,2,\cdots,n$；C 为平流型寒害过程橡胶树受害临界温度（$C=12.0$℃），n 为一次平流型寒害过程的持续日数。

橡胶树辐射型寒害过程中，橡胶树的受害程度主要与辐射型寒害期间日最低气温成负相关而与辐射型寒害持续时间成正相关，气温愈低，持续时间愈长，受害愈重，严重者可使茎干枯死，甚至整株死亡（江爱良，2002）。辐射型寒害过程有害积温可近似采用下式计算：

$$T_{rh} = \sum_{i=1}^{n}(C - T_{\min i}) \tag{5.2}$$

式中，T_{rh} 为一次辐射型寒害过程有害积温，单位为℃·d，$T_{\min i}$ 为辐射型寒害过程期间逐日最低气温，单位为摄氏度（℃），$i=1,2,\cdots,n$；C 为辐射型寒害过程橡胶树受害临界温度（$C=5.0$℃），n 为一次辐射型寒害过程的持续日数。

采用 5 年滑动平均法从橡胶干胶产量数据中分离出橡胶干胶的气象产量（王馥棠，1990），计算出两类橡胶树寒害年中橡胶干胶气象产量的减产率，通过分析两类橡胶树寒害各气象要素指标与减产率的相关性，确定两类橡胶树寒害监测预警指标；使用 Pearson 相关系数法分析橡胶树平流型寒害和辐射型寒害过程中各致灾因子的相关性（施能，1995），并利用主成分分析法对多个致灾因子进行综合和简化，得到橡胶树平流型寒害和辐射型寒害评估气象指标。主成分分析法的基本原理和分析步骤见文献（裴鑫德，1991）。

5.1.4.4　橡胶树寒害监测预警和评估气象指标的建立

（1）资料来源

云南省 37 个橡胶树种植县橡胶树寒害易发期（11 月至次年 4 月）气象资料来自云南省气

候中心，起止时间为1974—2005年，相关气象要素包括逐日平均气温、逐日最低气温、逐日最高气温、日平均风速、逐日日照时数、日平均相对湿度和日降水量。1974—2000年橡胶树低温寒害历史灾情资料来源于中国气象灾害大典—云南卷（温克刚等，2006），1974—2005年橡胶树干胶产量资料取自云南农垦历年统计资料汇编—天然橡胶专辑。

(2)各年橡胶减产率的计算

影响作物产量形成的各种因素可以按影响的性质和时间尺度划分为农业技术进步、气象条件和“随机噪声”三大类，其中“随机噪声”类比较小，可忽略不计。与此对应，作物产量序列分解为两个周期不同的波动的合成。

$$Y = Y_t + Y_w \tag{5.3}$$

式中，Y为作物实际单产；Y_t为反映品种更新、栽培技术进步等历史时期生产力发展水平的长周期产量分量，称为趋势产量；Y_w是受以气象要素为主的产量分量，称为气象产量。取云南省各橡胶树种植县1974—2005年的橡胶干胶单产资料，用5年线性滑动平均法确定橡胶干胶趋势产量Y_t，则橡胶干胶气象产量Y_w为：

$$Y_w = Y - Y_t \tag{5.4}$$

定义各橡胶树种植县橡胶减产率Y''逐年的橡胶实际产量偏离其趋势产量的相对气象产量的负值，则各县各年橡胶干胶减产率Y'为：

$$Y' = \frac{Y - Y_t}{Y_t} \times 100\% \tag{5.5}$$

式中，Y为橡胶干胶实际产量，Y_t为橡胶干胶趋势产量，且$Y<Y_t$。

(3)两类橡胶树寒害过程预警气象指标的确定

将橡胶树寒害过程期间出现的极端最低气温、持续时间、有害积温作为过程最低气温、过程持续时间和过程有害积温。将历年橡胶树寒害敏感时段(11月至次年4月)全部平流型(辐射型)寒害过程持续时间之和、最长持续时间、极端最低气温、最大有害积温和有害积温之和作为该年平流型(辐射型)寒害总持续时间、最长持续时间、极端最低气温、极端有害积温和有害积温和。

利用各橡胶树种植县1974—2005年逐日气象资料，根据平流型(辐射型)寒害过程判断标准，分离出各县平流(辐射)寒害年，并计算出各平流(辐射)寒害指标值。选取平流寒害年序列相对较长的麻栗坡县和辐射型寒害年序列相对较长的勐海县来分析各平流(辐射)寒害指标与平流(辐射)寒害年减产率的相关性(表5.1和表5.2)。

表5.1　平流寒害指标与减产率的相关性分析

平流寒害指标	与减产率的相关系数
平流型寒害持续日数	−0.393
最长平流型寒害持续时间	−0.375
平流型寒害总有害积温	−0.534
最长平流型寒害有害积温	−0.646
最低日平均气温	0.456
极端最低气温	0.622
平流型寒害日平均日照时数	−0.108
平流型寒害日平均相对湿度	0.098
平流型寒害日平均风速	0.090
平流型寒害日平均降水量	0.361

表 5.2　辐射寒害指标与减产率的相关性分析

辐射寒害指标	与减产率相关系数
辐射型寒害持续日数	−0.539
最长辐射型寒害持续时间	−0.293
辐射型寒害总有害积温	−0.724
最长辐射型寒害有害积温	−0.602
极端最低气温	0.631

平流型寒害年中，各平流寒害指标与年减产率相关系数均未通过显著性检验，这可能与平流型寒害对橡胶树造成危害的特征有关系。平流型寒害主要使橡胶树的嫩枝和叶片受到伤害，当寒害过后，如果橡胶树恢复较好，干胶产量在一定程度上是可以恢复的。而在辐射型寒害年中，各辐射寒害指标与年减产率相关系数除最长辐射型寒害持续时间未通过显著性检验外，其余指标均通过水平为 0.01 的显著性检验。这可能与辐射型寒害对橡胶树造成危害的特征有关系。辐射型寒害主要使橡胶树的茎干基部受到伤害，且这种伤害一旦形成，寒害过后，橡胶树当年干胶产量较难恢复。

从表 5.1 和表 5.2 可以看出，两类橡胶树寒害过程的各类寒害指标中，寒害过程有害积温与橡胶干胶减产率相关系数最高，因此将过程有害积温作为两类橡胶树寒害过程的监测预警气象指标。

对橡胶树寒害过程进行分级，能够有效地评定单次橡胶树寒害过程中橡胶树的受损状况及干胶产量损失的程度。利用灾害年中由寒害造成的橡胶干胶减产率(相对气象减产率)和最长寒害有害积温的关系，确定出寒害过程有害积温的划分等级，如表 5.3。

表 5.3　橡胶树寒害等级指标及减产率

受害等级	轻	中	重	严重
平流型寒害过程有害积温 T_{ah}(℃·d)	$T_{ah}<81$	$81\leqslant T_{ah}<103$	$103\leqslant T_{ah}<124$	$T_{ah}\geqslant 124$
辐射型寒害过程有害积温 T_{rh}(℃)	$T_{rh}<11$	$11\leqslant T_{rh}<23$	$23\leqslant T_{rh}<34$	$T_{rh}\geqslant 34$
减产率 Y'(%)	$-10<Y'\leqslant 0$	$-20<Y'\leqslant -10$	$-30<Y'\leqslant -20$	$Y'\leqslant -30$

(4)两类橡胶树寒害综合评估气象指标的确定

从表 5.1 中选取相关系数＞0.45 的指标(平流型寒害总积寒 X_1，最长平流型寒害积寒 X_2，最低日平均气温 X_3，极端最低气温 X_4)作为橡胶树平流型寒害指标。从表 5.2 中选取通过水平为 0.01 显著性检验的指标(辐射型寒害持续时间 Y_1，辐射型寒害总积寒 Y_2，最长辐射型寒害积寒 Y_3，极端最低气温 Y_4)作为橡胶树辐射型寒害指标，并分析这些平流型寒害指标之间和辐射型寒害指标之间的相关性(表 5.4 和表 5.5)。

表 5.4　云南省各橡胶树种植县平流寒害指标间的相关系数矩阵

平流寒害指标	X_1	X_2	X_3	X_4
X_1	1	0.864**	−0.834**	−0.733**
X_2	0.864**	1	−0.762**	−0.656**
X_3	−0.834**	−0.762**	1	0.911**
X_4	−0.733**	−0.656**	0.911**	1

注：** 为在 0.01 水平上显著相关。

表 5.5　云南省各橡胶树种植县辐射寒害指标间的相关系数矩阵

辐射寒害指标	Y_1	Y_2	Y_3	Y_4
Y_1	1	0.905**	0.733**	−0.600**
Y_2	0.905**	1	0.896**	−0.752**
Y_3	0.733**	0.896**	1	−0.750**
Y_4	−0.600**	−0.752**	−0.750**	1

注：**为在 0.01 水平上显著相关。

由于 4 个平流寒害指标之间和 4 个辐射寒害指标之间相关显著(表 5.4 和表 5.5)，如果不对它们进行有效处理，就会导致信息大量或一定程度上的重叠，影响分析效果。为此，利用主成分分析对 4 个平流寒害指标和 4 个辐射寒害指标进行综合简化，使得简化后的指标既能有效地反映原来指标的主要信息量，同时新的指标之间又不存在相互关系。

利用主成分分析法分别对 4 个平流寒害指标和 4 个辐射寒害指标进行简化后，得到两类橡胶树寒害年寒害指数作为两类橡胶树寒害的年度综合评估气象指标，其表达式分别为：

$$HI_{ah} = \sum_{i=1}^{4} a_i X_i \tag{5.6}$$

$$HI_{rh} = \sum_{i=1}^{4} b_i Y_i \tag{5.7}$$

式中，HI_{ah} 为橡胶树年平流型寒害指数；X_1 为逐年平流型寒害总积寒的标准化值；X_2 为逐年最长平流型寒害积寒的标准化值；X_3 为逐年平流型寒害最低日平均气温的标准化值；X_4 为逐年平流型寒害极端最低气温的标准化值；a_i 为相应因子的权重系数。HI_{rh} 为橡胶树年辐射型寒害指数；Y_1 为逐年辐射型寒害总持续时间的标准化值；Y_2 为逐年辐射型寒害总积寒的标准化值；Y_3 为逐年最长辐射型寒害积寒的标准化值；Y_4 为逐年辐射型寒害极端最低气温的标准化值；b_i 为相应因子的权重系数。

5.1.4.5　*云南橡胶树寒害监测和预警技术*

(1)监测和预警气温资料来源

监测所用气温实况资料包括云南省 124 个地面气象站逐日平均气温、日最低气温、日最高气温以及各气象站的经、纬度和海拔高度资料。监测所用预警气温资料包括云南省 111 个预报乡镇点逐日最低气温和最高气温资料。资料均来自云南省气象局，通过业务网络实时采集。

(2)气温气候学模型

离散气象资料一般可以通过三角网插值法等数学方法网格化，然后绘制等值线图来显示气象要素的空间分布状况。常规数学插值手段无法全面反映立体气候资源丰富性，因此有必要根据地理细节进行订正处理(王春林等，2003)。研究(郭兆夏等，2000；黄浩辉等，2001)认为，经度、纬度和海拔高度与气温有着近似的线性关系，可采用经度、纬度和海拔高度 3 项地理因子与气温建立多元回归模型。

(3)橡胶树寒害监测、预警步骤及流程

橡胶树寒害监测步骤：

1)根据全省日平均气温、日最高气温和日最低气温的监测资料以及各气象站点经度、纬度和海拔高度资料，建立经度、纬度、海拔高度 3 项地理因子与气温的线性回归方程，并根据该回归方程，结合全省高分辨率格点 DEM 高程数据，反演格点气温，得到初步的全省气温格点资料。

2)计算回归方程残差,并利用反比距离插值法完成残差网格化,然后将网格化的残差数据叠加到回归方程反演的格点资料上,得到精度较高的全省气温格点资料。

3)通过卫星遥感资料反演,提取云南省橡胶树可种植区域。

4)根据橡胶树平流型寒害和辐射型寒害过程的定义以及受害标准,逐个格点分析橡胶树种植区寒害过程等级,得到两类橡胶树寒害分布栅格数据。

5)结合行政边界等地理信息,绘制两类橡胶树寒害分布图。

橡胶树寒害预警步骤:

根据云南省气象台未来 7 d 的气温预报,采用与寒害监测相似的步骤进行地理订正,最终得到寒害过程中橡胶树可能受害情况分布图,实现对橡胶树寒害的预警。寒害预警过程中,因日平均气温要素无直接预报结果,故采用 $T_{ave}=T_{\max}-T_{\min}$ 公式计算得到。

(4)效果分析

2013 年 12 月中旬后期开始,受高空冷平流降温和地面晴空辐射降温共同影响,云南省大部地区气温明显下降,西双版纳部分橡胶树遭受寒害并发生割面爆胶现象。

监测结果表明,2013 年 12 月中旬后期开始的降温过程对云南省橡胶树造成的寒害主要以辐射型寒害为主,平流型寒害较轻。受平流型寒害影响的橡胶树种植区主要分布在西双版纳、普洱、红河和文山 4 个州市,而德宏和临沧 2 个州市的橡胶树种植区基本没有受到平流型寒害的影响。辐射型寒害的影响区域除了西双版纳和红河等地的部分橡胶树种植区未受影响外,全省其余大部分橡胶树种植均受到影响。从辐射型寒害的动态监测结果来看,12 月 20 日,全省大部橡胶树种植区辐射型寒害以轻度和中度寒害为主;12 月 24 日,德宏州南部和临沧西南部橡胶树种植区出现重度辐射型寒害,橡胶树受害程度加重(图 5.3 和图 5.4)。

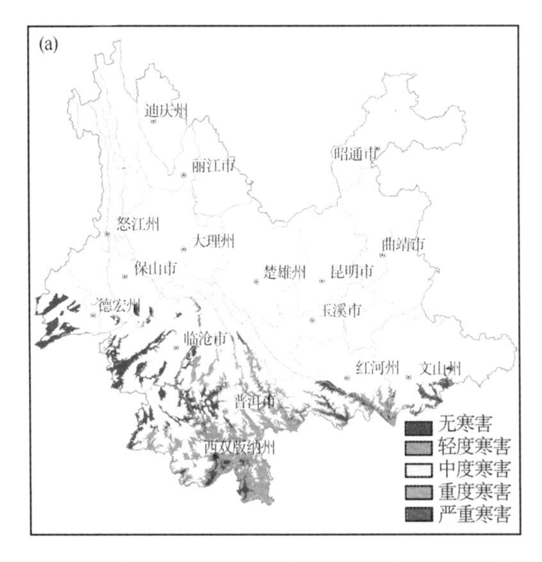

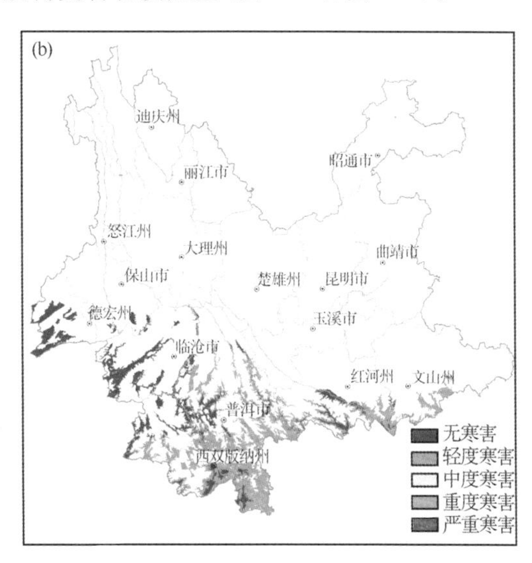

图 5.3 云南省橡胶树平流型寒害监测图((a)2013 年 12 月 20 日,(b)2013 年 12 月 24 日)

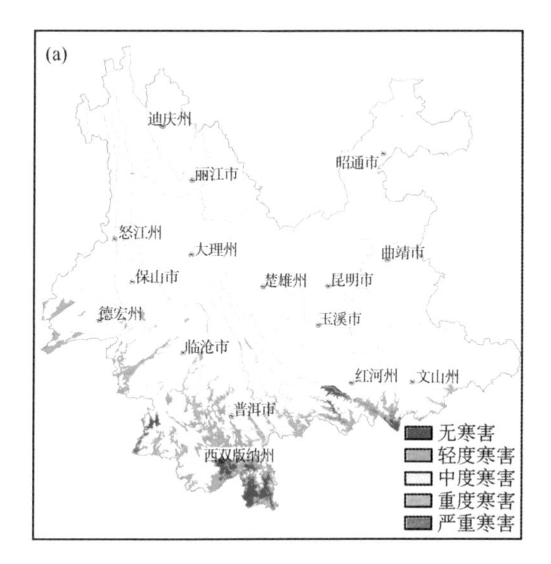

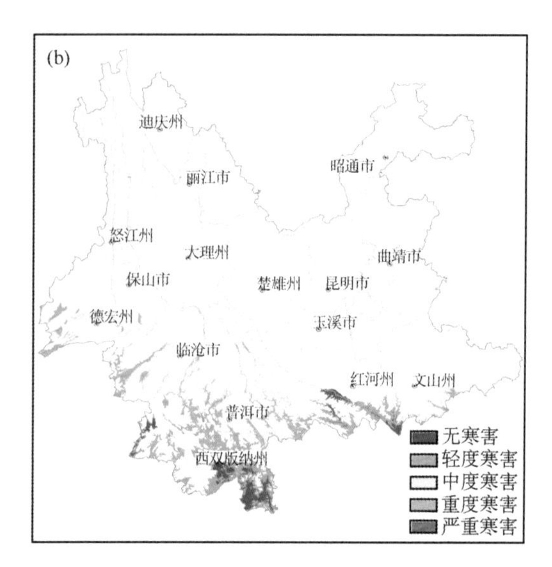

图 5.4　云南省橡胶树辐射型寒害监测图((a)2013 年 12 月 20 日,(b)2013 年 12 月 24 日)

5.1.4.6　云南橡胶树寒害时空变化特征

(1)云南橡胶树平流型寒害时空变化特征

利用描述分析法对云南省 1974—2005 年各橡胶树种植县年平流型寒害指数的变化特征进行分析,结果见表 5.6。

表 5.6　云南省 1974—2005 年各橡胶树种植县年平流型寒害指数变化特征

地区	县	发生年频率	最大值	最小值	均值	标准差
哀牢山以西地区	勐海	5	0.29	−1.47	−0.55	0.74
	江城	16	0.11	−1.59	−0.84	0.41
哀牢山以东地区	河口	9	−0.66	−1.56	−1.24	0.27
	金平	32	0.82	−1.47	−0.30	0.61
	麻栗坡	32	2.04	−0.71	0.46	0.70
	马关	32	2.40	−0.72	0.74	0.79

从 1974—2005 年云南省各橡胶树种植县橡胶树平流型寒害发生的地理位置来看,橡胶树平流型寒害主要发生在哀牢山以东地区,哀牢山以西的各橡胶树种植县平流型寒害的发生相对较少。从橡胶树平流型寒害发生的年频率来看,哀牢山以东地区橡胶树平流型寒害的发生年频率明显高于哀牢山以西地区,这和橡胶树平流型寒害的形成原因和机制有关。

分别从哀牢山以东和以西地区选取 1974—2005 年发生橡胶树平流型寒害的各县,研究橡胶树平流型寒害的年际变化特征和趋势(图 5.5 和图 5.6)。利用线性趋势分析法对各县 1974—2005 年逐年平流型寒害指数的变化进行分析发现,哀牢山以西地区橡胶树平流型寒害的变化呈上升趋势,而哀牢山以东地区橡胶树平流型寒害的变化呈下降趋势。

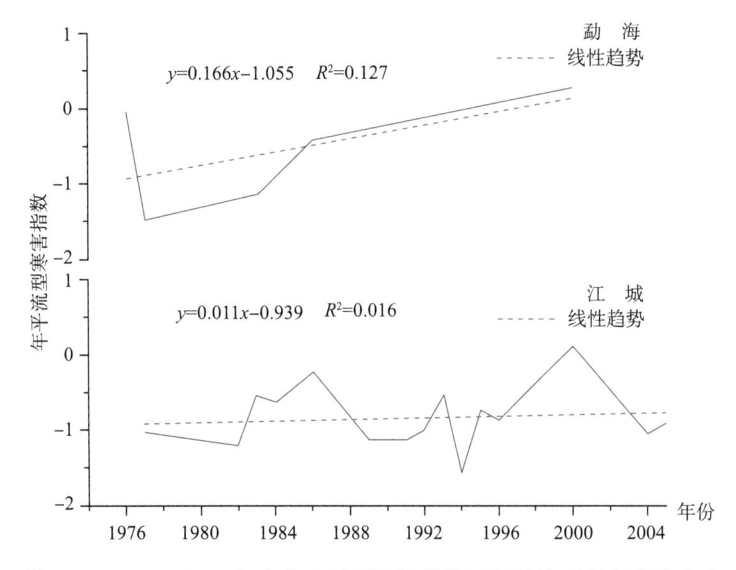

图 5.5　1974—2005 年哀牢山以西地区橡胶树年平流型寒害指数变化

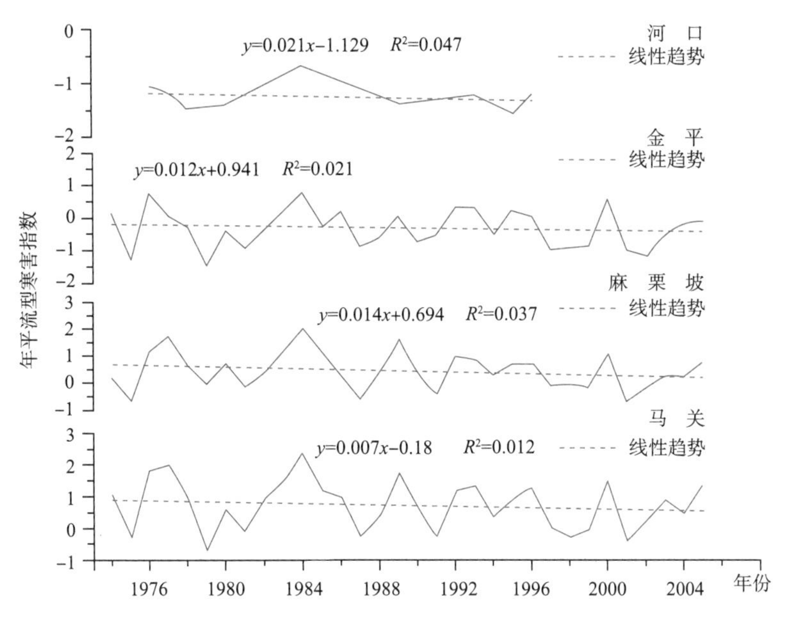

图 5.6　1974—2005 年哀牢山以东地区橡胶树年平流型寒害指数变化

(2)云南橡胶树辐射型寒害时空变化特征

利用描述分析法对云南省 1974—2005 年各橡胶树种植县年辐射型寒害指数的变化特征进行分析，结果见表 5.7。

表 5.7　云南省 1974—2005 年各橡胶树种植县年辐射型寒害指数变化特征

地区	县	发生年频率	最大值	最小值	均值	标准差
哀牢山以西地区	耿马	32	2.98	−0.33	1.21	0.93
	瑞丽	25	0.20	−1.09	−0.59	0.37
	江城	26	0.20	−1.12	−0.76	0.37
	盈江	32	2.62	−0.85	0.45	0.74

续表

地区	县	发生年频率	最大值	最小值	均值	标准差
哀牢山以西地区	勐连	27	1.22	−1.10	−0.40	0.64
	勐腊	5	0.32	−1.10	−0.45	0.58
	景洪	3	−0.39	−0.85	−0.59	0.24
	芒市	32	1.13	−0.96	0.09	0.56
	勐海	32	3.75	−0.75	0.61	1.00
哀牢山以东地区	河口	9	−0.22	−1.12	−0.80	0.31
	马关	31	1.04	−1.00	−0.15	0.67
	麻栗坡	24	1.72	−1.09	−0.21	0.77
	金平	12	0.19	−1.04	−0.74	0.33

从1974—2005年，云南省发生橡胶树辐射型寒害的橡胶树种植县的地理位置来看，辐射型寒害主要发生在哀牢山以西的滇西南地区，而哀牢山以东的滇东南地区虽然也有发生，但发生强度相对较轻。

从橡胶树辐射型寒害发生的年频率和发生的强度来看，哀牢山以西地区和哀牢山以东地区橡胶树辐射型寒害的发生年频率相差并不明显，但辐射型寒害发生强度却随着纬度的升高而增加。

分别从哀牢山以东和以西地区选取1974—2005年发生橡胶树辐射型寒害10年以上的县研究橡胶树辐射型寒害的年际变化特征和趋势（图5.7和图5.8）。利用线性趋势分析法对各

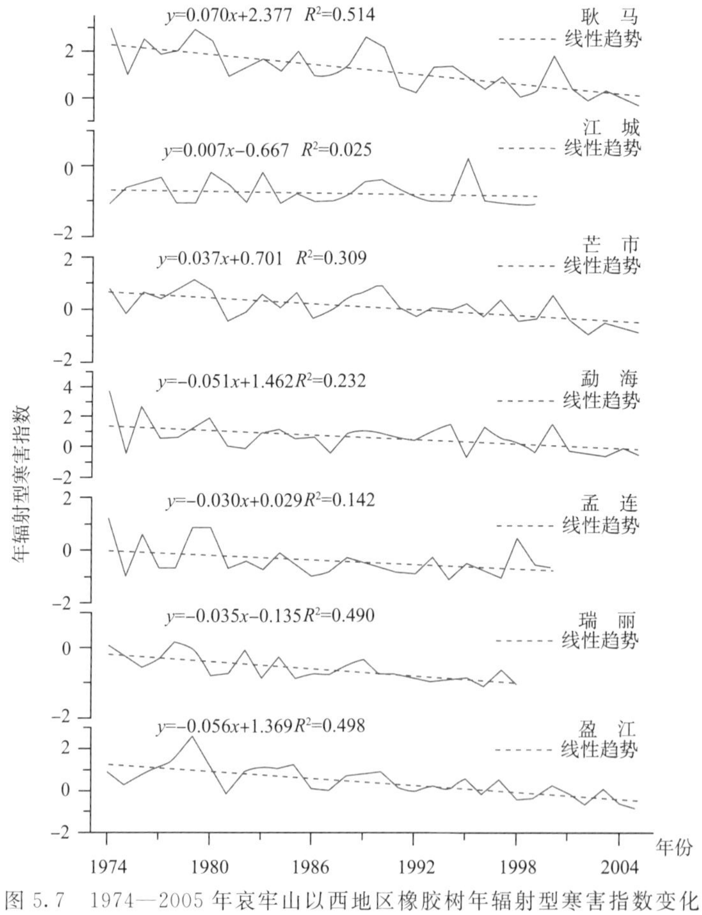

图5.7 1974—2005年哀牢山以西地区橡胶树年辐射型寒害指数变化

县 1974—2005 年逐年辐射型寒害指数的变化进行分析发现，随着全球气候的普遍变暖，各县橡胶树年辐射寒害指数整体上均呈下降趋势，但哀牢山以西地区各县橡胶树年辐射寒害指数的下降趋势较为明显，特别是以盈江县和耿马县为代表的滇西南北部地区；而哀牢山以东地区各县橡胶树辐射型寒害强度变化存在显著的波动，下降趋势并不明显。

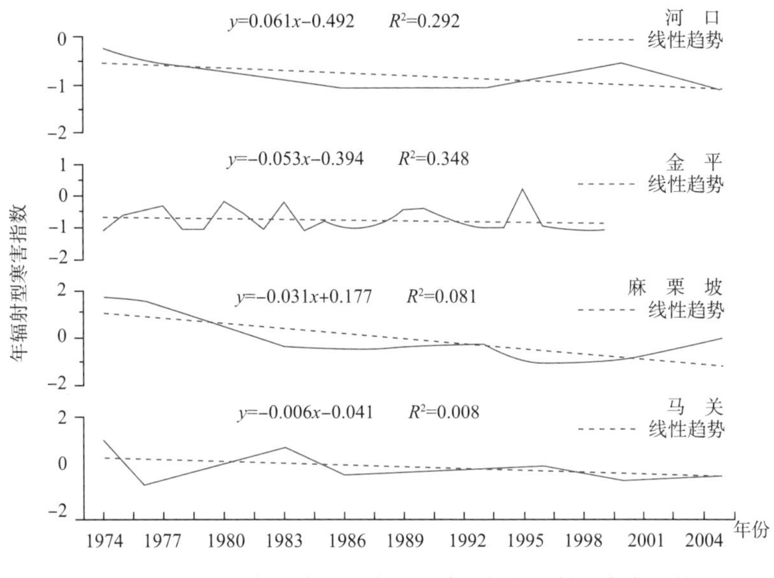

图 5.8　1974—2005 年哀牢山以东地区橡胶树年辐射型寒害指数变化

5.2　橡胶树风害

自 1904 年云南最早引种巴西橡胶树以来，橡胶树在中国位于北纬 18°～24°范围内大面积种植。其中，广东、广西、云南、福建等省(区)是中国橡胶树种植大省。橡胶树适于生长在气温较高、降水丰沛、静风和肥沃土壤的环境。橡胶树枝、叶、根的含水量约为植株的 50%，浅根性，枝条较脆弱，对风的适应能力较差，并易受风害并降低产胶量(何康等，1987；王利溥，1989；高素华等，1989)。由于中国橡胶树种植区地处热带北缘和南亚热带，橡胶树风害主要是由台风或雷雨前的大风造成的。例如广东、海南两省的风害主要是台风风害，而云南省植胶区则主要是雷雨前大风风害，其中橡胶树台风风害影响尤为明显。据统计，海南省 1950—2005 年期间，登陆海南的热带气旋 117 个，其中台风(≥12 级)40 个，给海南橡胶生产造成重大损失的有 4 个(周芝锋，2006；魏宏杰等，2009；余伟等，2006)。例如，2005 年台风达维登陆海南，海南垦区受风害 3 级以上的已开割橡胶树达 3372 万株，受害率 51.0%，损失金额达 22.4 亿元；未开割树 789.9 万株，受害率 33.9%。广东也是受台风影响比较大的省份，1951—2006 年登陆广东省的热带气旋总数为 215 个，达到台风等级的 49 个，其年频数为 3.7 个(台风为 0.85 个)，且登陆或影响强度有增强的趋势(胡娅敏等，2008；胡娅敏等，2009)。2003 年台风科罗旺登陆广东，湛江垦区受害株树已开割胶树 195.85 万株，未开割胶树 9.3 万株，其中三级以上的已开割受害株树 144.39 万株，未开割胶树 8.46 万株，预计减产干胶 2839 t。

橡胶树对风害的反应受多种因素影响。如橡胶树风害程度与林地环境(如迎风坡、背风坡、坡位等)、土壤特质、防护措施、橡胶树材质、形态、分支习性、树龄等因素有关(杨春雨等，

2007;刘少军等,2010;王秉忠等,1985;张献等,2012;何川生等,1998;蔡海滨等 2011;吴春太等,2012)。风力大小是橡胶树风害影响的直接因子和关键因子。据观测,当风力＞10 级时,橡胶树出现普遍折枝、断干,倒伏等灾情。因此,确定橡胶树在不同等级风力下的灾害指标,对于预报橡胶树直接风害具有重大意义。此外,除重点考虑强风对橡胶树的影响外,其他因素也可作为确定橡胶树风害的指标的影响因子。综合研究橡胶树风害及其相应指标,对于橡胶树的生产、防护、风害监测及前期预警有极其重要的意义。目前,橡胶树风害研究已经确立了一定的分级标准,但并没有结合气象因子和综合各因素给出完备的风害等级指标的级评估标准。因此,建立橡胶树风害等级指标及灾损评估标准对于橡胶树的灾害监测预警有重大意义。

5.2.1 橡胶树风害监测评估模型

橡胶树风害等级监测评估与预警技术路线如图 5.9 所示。

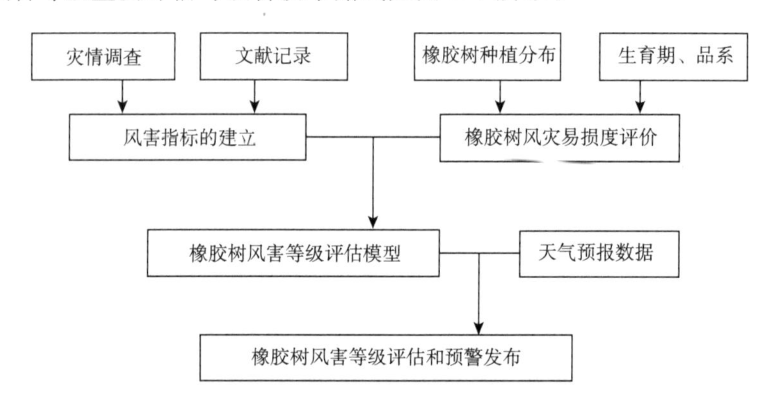

图 5.9 橡胶树风害等级监测评估与预警技术路线

5.2.1.1 橡胶树风害指标

根据已有的研究成果,橡胶树风害指标主要包括橡胶树风害的灾损指标和气象指标。橡胶树灾损指标用于大概预估不同风力等级下橡胶树的受害程度。橡胶树风害气象指标,主要根据以后灾情数据结合气象资料(风速、风力等)确立橡胶树风害的数学模型,来定量评估不同风力等级下橡胶树受害情况,对橡胶树风害给出定量的预估标准。如魏宏杰等(2011)利用物元模型评估了达维过程海南垦区橡胶树风害并进行了灾情评估。

确定橡胶树风害指标所用的方法是统计分析法中的个例分析法并结合文献资料。橡胶树风害主要分 5 个不同等级,倒伏状况主要分为三个等级。此外,结合海南、广东(主要是湛江、茂名垦区)2005 年台风达维、2002 年台风黄蜂、2003 年科罗旺、2008 年黑格比过程的橡胶树垦区风灾调查情况得出初步的橡胶树风害的 5 个不同等级和对应的风力和风速,以此确定为橡胶树风害等级风力标准。

5.2.1.2 橡胶树风害等级划分

(1)橡胶树风害等级划分标准

对于橡胶树风害等级,在以往的划分中主要根据胶树不同阶段包括未分支幼苗、未开割胶树、已开割胶树进行分类划分。在风害等级中主要分为 0～5 共 6 个等级,主要根据树冠受损情况、侧枝折断情况、主枝折断情况、主干折断高度来衡量风害等级程度。橡胶树倒伏状况主要分为三级，即倾斜(＜30°)、半倒(主干倾斜30°～45°)、全倒(主干倾斜超过45°，当主干倾斜＜10°又称暴根)。风害等级划分主要根据橡胶树折断情况、倒伏状况对胶树生长、产胶等影响，在结合具体台风过程中灾情调查的记录情况给出橡胶树风害灾损等级的划分(表5.8)。

表5.8　橡胶树风害等级划分标准

风害等级	为分支幼树	已分枝胶树(开割、未开割)			
		树冠	主枝	主干	倒伏状况
0	不受害	无伤害	无伤害	无伤害	无伤害
1	叶子破损，断茎不到1/3	树冠损失30%以下	小枝折断条数少于1/3		倾斜(对地倾斜≥50°)具体参见1类
2	断茎1/3～2/3	树冠损失30%～70%	主枝折断条数1/3～2/3		
3	断茎2/3以上，但留有接穗	树冠叶量损失＞70%	主枝折断条数多于2/3或全部主枝折断或一条主枝劈裂		半倒(对地倾斜30°～50°)
4	接穗劈裂，无法重萌			断干2m以上(2～4 m)	全倒(对地倾斜≤30°)当0°～10°也叫暴根
5	接穗全部断损			主干2m以下折断	

(2)橡胶树风害历史灾情调查数据

通过橡胶树风害灾情的整理，2002年台风黄蜂、2003年台风科罗旺、2008年台风黑格比过程风害灾情记录比较全面。其中，黄蜂和科罗旺过程有湛江市各农产(红星、五一、南华、友好、华海、幸福、火炬、丰收、剑麻公司、科研所)的各级受害比率(未开割记录不全)，不分品系。黑格比过程记录了茂名市各农产(建设、红峰、和平、红阳、新华、新时代、火星、团结、胜利、红旗、曙光、水丰)分品系和各级受害比率的风害资料，其中黄蜂、黑格比过程资料比较完备(表5.9和表5.11)。个例分析显示台风过程中瞬时极大风速对橡胶树风害起关键作用，因此，风害等级的确定标准采用极大风速。根据各台风过程记录的灾损资料和相应站点的气象资料(表5.10和表5.12)，分析各过程中发生不同灾害等级的比率以及不同受害等级下各站点的发生概率，综合得出三个台风过程中开割胶树和未开割胶树发生风灾等级概率的统计结果(表5.13)。

表5.9　黄蜂过程灾情统计及各级受害率

站点	开割			未开割		
	备注	倒伏率	折断率	备注	倒伏率	折断率
红星	总受害率:100% 风力:12	全倒:9.9% 半倒:1.98% 倒伏率:11.9%	5级:16.30% 4级:17.1% 3级:22.96%	——	——	——
五一	总受害率:38.3% 风力:12	0	5级:15.46% 4级:0 3级:22.84%	——	——	——

续表

站点	开割			未开割		
	备注	倒伏率	折断率	备注	倒伏率	折断率
南华	总受害率:56% 风力:12	0	5 级:11.44% 4 级:8.8% 3 级:35.75%	总受害率:30% 风力 12	0	5 级:1.94% 4 级:1.94% 3 级:26.13%
友好	总受害率:100% 风力:12	0	5 级:19.9% 4 级:26.4% 3 级:31.9%	——	——	——
华海	总受害率:100% 风力:12	全倒:1.67% 倒伏率:1.67%	5 级:8.89% 4 级:27.4% 3 级:9.26%	——	——	——
幸福	总受害率:100% 风力:12	全倒:26.1% 半倒:14.8% 倒伏率:40.9%	5 级:12.88% 4 级:10.08% 3 级:16.29%	总受害率:100 风力:12	全倒:12.9% 半倒:11.29%	5 级:11.29% 4 级:12.9% 3 级:37.08%
火炬	总受害率:100% 风力:12	全倒:6.62% 半倒:7.66% 倒伏率:14.38	5 级:13.32% 4 级:15.17% 3 级:18.26%	——	——	——
丰收	总受害率:100% 风力:12	全倒:2.38% 倒伏率:2.38	5 级:7.49% 4 级:38.52% 3 级:18.39%	——	——	——
剑麻	总受害率:100% 风力:12	全倒:0.53% 半倒:0.26% 倒伏率:0.79%	5 级:14.87% 4 级:27.63% 3 级:20%	——	——	——
科研所	总受害率:30% 风力:12	半倒:9.09% 倒伏率:9.09%	5 级:10.91% 4 级:21.82% 3 级:16.36%	——	——	——

注:倒伏率为半倒与倒伏株树的受害率,断倒率为 4 级以上风害受害率,受害率为受害总株数与橡胶树总株数的比值。

表 5.10　2002 年 8 月 25 日各农场风力分布情况(黄蜂)(单位:m/s,级)

	最大风速	等级	极大风速	等级	记录平均风力	记录最大风力
红星	17~18	8	29~30	11	11	12
五一	18~19	8	29~30	11	10	12
南华	17~18	8	29~30	11	10	12
友好	16~18	7~8	28~29	10~11	9	12
华海	17~18.5	8	30~31	11	11	12
幸福	20~22	8~9	31~33	11~12	10	12
火炬	21.5~22.5	9	33~34	12	9	12
丰收	20~21	8~9	33~34	12	10	12
剑麻					10	12
科研所					12	12

表 5.11 黑格比过程灾情统计及各级受害率

站点	开割			未开割		
	备注	倒伏率	折断率	备注	倒伏率	折断率
建设	断倒率:62.1%	倒伏率:41% 全倒:41%	3 级:13.30% 4 级:14.00% 5 级:47.60%	断倒率:21.2%	——	3 级:4.90% 4 级:7.00% 5 级:14.10%
红峰	断倒率:8.8%	倒伏率:0.37% 半倒:0.06% 全倒:0.31%	3 级:9.80% 4 级:5.46% 5 级:2.95%	断倒率:1.3%	——	3 级:3.60% 4 级:1.30% 5 级:0
红阳	断倒率:5.6%	倒伏率:1% 半倒:0.59% 全倒:0.41%	3 级:2.36% 4 级:1.90% 5 级:2.67%	断倒率:14.9%	倒伏率:4.96% 半倒:1.38% 全倒:3.58%	3 级:6.00% 4 级:1.38% 5 级:8.54%
和平	断倒率:1.7%	倒伏率:0.39% 半倒:0.09% 全倒:0.3%	3 级:2.95% 4 级:0.34% 5 级:1.02%	断倒率:12.3%	倒伏率:2.02% 半倒:1.4% 全倒:0.62%	3 级:24.40% 4 级:9.30% 5 级:1.00%
新华	断倒率:5.9%	倒伏率:0.38% 全倒:0.38%	3 级:4.98% 4 级:3.22% 5 级:2.28%	断倒率:4.5%	——	3 级:4.00% 4 级:3.00% 5 级:2.00%
新时代	断倒率:2.7%	倒伏率:2.25% 半倒:1.59% 全倒:0.65%	3 级:0.72% 4 级:0.29% 5 级:0.14%	断倒率:1.3%	——	3 级:3.60% 4 级:1.20% 5 级:——
火星	断倒率:14.5%	倒伏率:0.19% 半倒:0.1% 全倒:0.09%	3 级:16.60% 4 级:5.90% 5 级:8.30%	断倒率:14.59%	倒伏率:0.22% 半倒:0.13% 全倒:0.09%	3 级:21.00% 4 级:6.00% 5 级:9.00%
团结	断倒率:6.6%	倒伏率:0.13% 半倒:0.08% 全倒:0.04%	3 级:6.20% 4 级:3.40% 5 级:3.02%	断倒率:18.02%	倒伏率:7.44% 半倒:5.10% 全倒:2.30%	3 级:6.00% 4 级:4.00% 5 级:7.00%
胜利	断倒率:1.8%	倒伏率:0.2% 半倒:0.1% 全倒:0.1%	3 级:2.70% 4 级:0.50% 5 级:1.20%	断倒率:6.53%	倒伏率:1.12% 半倒:0.70% 全倒:0.40%	3 级:3.00% 4 级:3.00% 5 级:3.00%
红旗	断倒率:5.1%	倒伏率:0	3 级:6.00% 4 级:4.00% 5 级:1.00%	断倒率:11.76%	——	3 级:6.00% 4 级:5.00% 5 级:7.00%
曙光	断倒率:34.6%	倒伏率:4.17% 半倒:2.0% 全倒:2.17%	3 级:18.10% 4 级:21.40% 5 级:9.00%	断倒率:25.77%	倒伏率:4.63% 半倒:0.24% 全倒:4.39%	3 级:11.00% 4 级:8.00% 5 级:14.00%
水丰	断倒率:18.4%	倒伏率:3.39% 半倒:0.39% 全倒:3.0%	3 级:30.00% 4 级:15.00% 5 级:0	断倒率:14.84%	倒伏率:4.21% 半倒:2.40% 全倒:1.81%	3 级:6.00% 4 级:4.00% 5 级:6.00%

注:倒伏率为半倒与倒伏株树的受害率,断倒率为 4 级以上风害受害率,受害率为受害总株数与橡胶树总株数的比值。

表 5.12　2008 年 9 月 24 日各农场风力分布情况(黑格比)(单位:m/s,级)

	最大风速	等级	极大风速	等级	记录平均风力	记录最大风力
建设	15～18	7～8	30～35	11～12	——	——
红峰	18～21	8～9	35～40	12～13	——	——
红阳	18～21	8～9	35～40	12～13	——	——
和平	18～21	8～9	35～40	12～13	——	——
新华	15～18	7～8	25～30	10～11	——	——
新时代	15～18	7～8	30～35	11～12	——	——
火星	21～24	9～10	30～35	11～12	——	——
团结	15～18	7～8	25～30	10～11	——	——
胜利	18～21	8～9	30～35	11～12	——	——
红旗	9～12	5～6	15～25	8～10	——	——
曙光	21～24	9～10	40～45	13～14	——	——
水丰	21～24	9～10	40～45	13～14	——	——

表 5.13　黄蜂、科罗旺、黑格比过程橡胶树风害等级指标统计

未开割			
风力	倒伏	断干情况	受灾程度
<9 级风力(风速<24 m/s)	无伤害	——	无伤害
10 级风力(风速<29 m/s)	无倒伏	2 成调查点发生折断现象,且风害率较低	轻度伤害
11 级(29～33 m/s)	发生倒伏现象,概率较低 2 成	2 成调查点发生折断现象,但折断率较高如 3 级以上风害率达到 61.3%。	中度伤害
≥12 级(>33 m/s)	发生明显倒伏现象,概率 58.3%	11 个站点均发生折断现象,概率 100.0%	重
开割			
风力	倒伏	断干	受灾等级
<8 级风力(风速<24 m/s)	——	——	无伤害
9～10 级(24～29 m/s)	4 成调查点发生倒伏,发概率 40.0%,但倒伏率低	所有调查点均发生折断现象,但风害率较低,如低于 10.0%	轻度伤害
11 级(29～33 m/s)	7 成调查点发生显倒伏现象,发生概率 70.0%。	所有调查点均发生风害	中度伤害

续表

开割			
风力	倒伏	断干	受灾等级
≥12 级	所有调查点均发生倒伏现象，概率 100.0%。	所有调查点均发生风害	重度

(3)橡胶树风害等级指标及验证

根据黄蜂、科罗旺、黑格比等过程，进行统计分析后，得出定性的橡胶树风害等级，如表 5.14。

表 5.14 橡胶树风害等级指标

	开割				未开割			
风力	≤9	10	11	≥12	≤8	9～10	11	≥12
风速(m/s)	≤24	24～28	28～32	≥32	≤20	20～28	28～32	32
受害等级	无	轻	中	重	无	轻	中	重

根据周芝峰(2006)在海南省多年研究结果：橡胶树断倒率与风力强度存在着很好的正比关系。风力不到 8 级时，橡胶树断倒较少，风力 8～9 级时．曲线平缓上升，风力达到 10 级后，曲线急剧上升，断倒率达 13%，风力达 12 级时，断倒率达 35%，随着风力的不断加大，橡胶树的断倒率进一步加大，理论上当风力加大到 17 级时，断倒率 100%。因此，断倒率是衡量橡胶树风害的重要指标，利用断倒率与风力资料对风害等级指标进行验证。

其中，断倒率记为：

$$断倒率 = (A_4 + A_5 + A_{全倒})/ 调查总株数$$

式中，A_4、A_5 为 4 级和 5 级受害的株树，$A_{全倒}$ 代表全倒株树。

图 5.10 显示了根据黑格比、黄蜂、科罗旺调查结果得到断倒率和相应风力等级综合得出的风害等级实况。断倒率变化表明了风害等级的轻、中、重的三级变化情况，与海南多年调查结果相符合。图 5.11 和图 5.12 显示了根据上述风害等级标准划分的科罗旺和黑格比过程中湛江、茂名两市的橡胶树风害分布图和最大风速分布图。

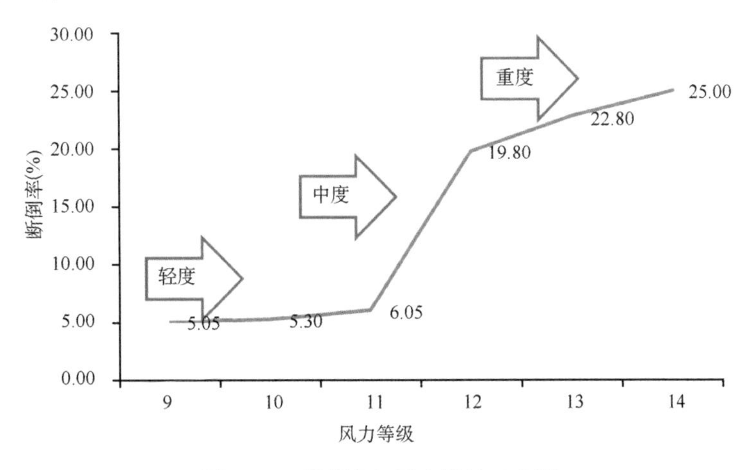

图 5.10 断倒率与风力等级对应图

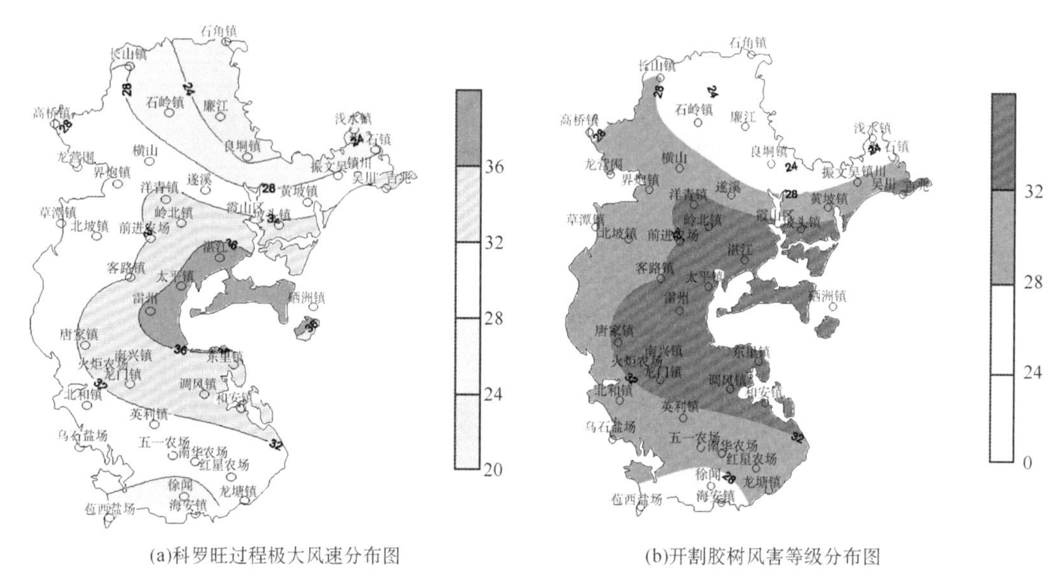

(a)科罗旺过程极大风速分布图　　(b)开割胶树风害等级分布图

图 5.11　科罗旺过程(8 月 25 日)极大风速分布图(a)和开割胶树风害分布图(b)

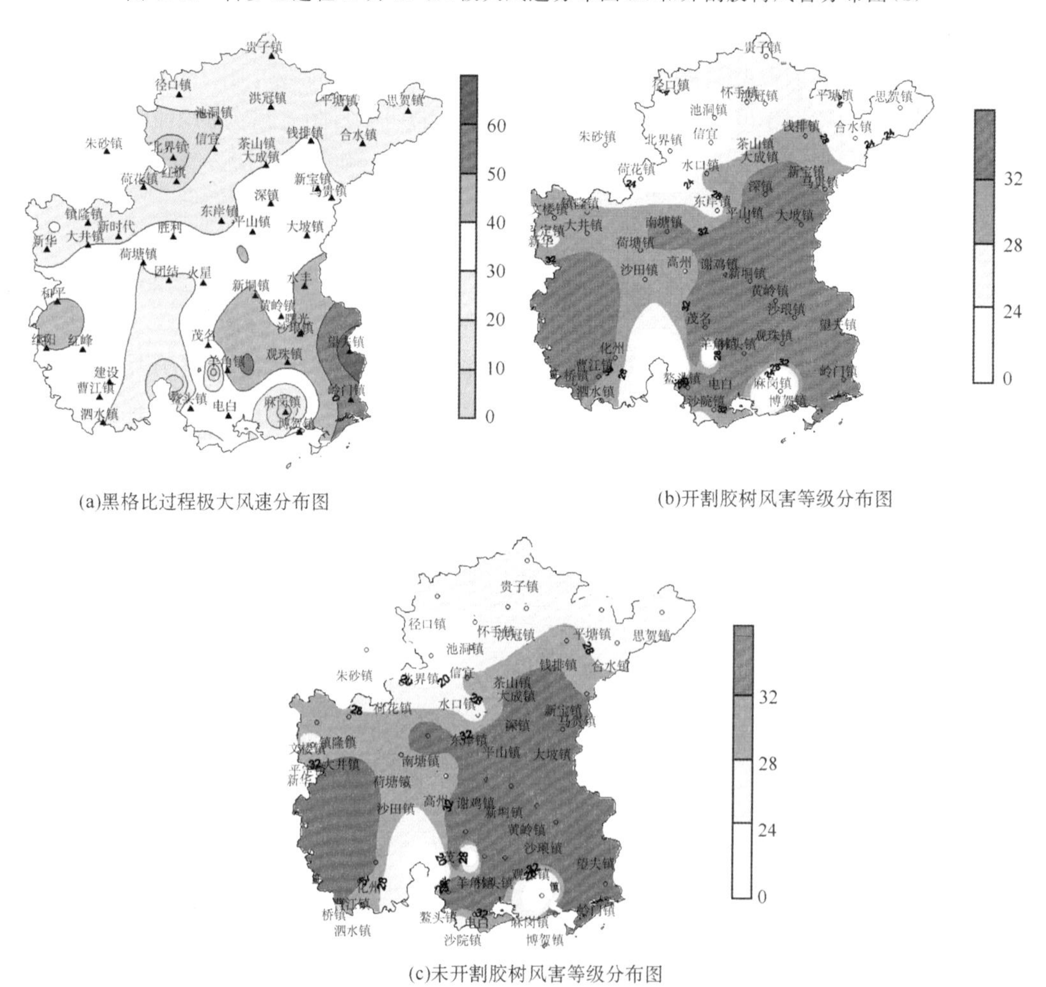

(a)黑格比过程极大风速分布图　　(b)开割胶树风害等级分布图

(c)未开割胶树风害等级分布图

图 5.12　黑格比过程极大风速分布图(a),开割胶树风害等级分布图(b)和未开割胶树风害等级分布图(c)

5.2.2 橡胶风害监测定量评估模型

以台风科罗旺、黑格比过程为例，探讨橡胶树风害监测定量评估模型建立（图5.13）。

工作的建设内容主要包括风害对橡胶影响的灾害指标建立、风险评估技术方法建立、预警标准的制定以及橡胶风害早期预警与防范应对的联动机制的建立等方面。主要的技术路线及方案如图5.13所示。

根据《气象灾害风险评估与区划方法》与《暴雨洪涝风险评估》中有关自然灾害风险分析理论，灾害是否发生（灾害风险度）不仅与致灾物理因子（如大风、暴雨）有关，还与承灾体的易损性有关，其中承灾体的易损性由承灾体的物理暴露和承灾体的脆弱性（包括承灾体的灾损敏感性和人类防灾减灾能力）有关。对于橡胶树而言，致灾因子主要考虑大风，在不考虑物理暴露情况下，橡胶树的灾损度公式可以表述为：

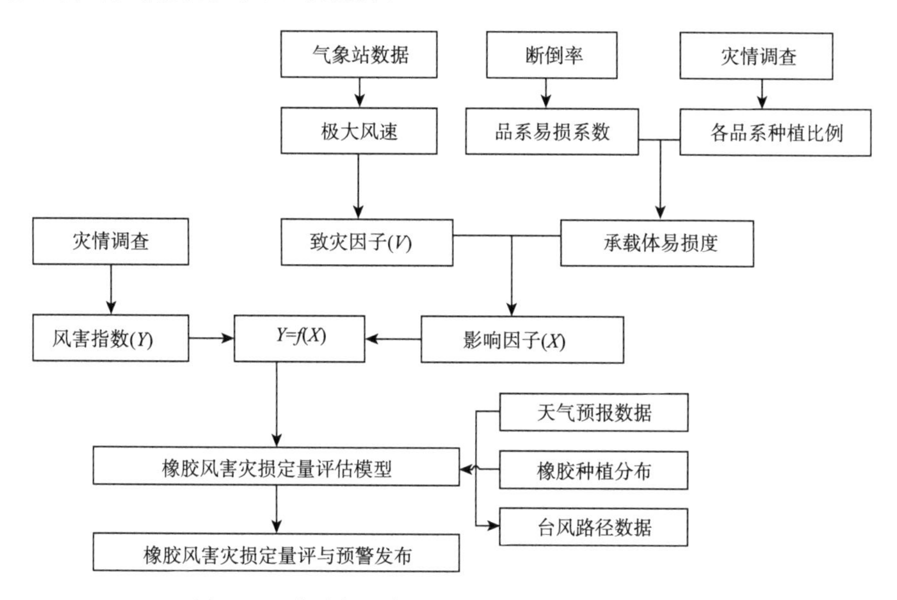

图5.13 橡胶树风害灾损定量评估与预警技术路线

$$R_d = V \times V_d \times (1 - C_d) = V \times V_b \tag{5.8}$$

式中，V 为致灾因子，V_d 为灾损敏感性，C_d 为防灾能力，$V_d \times (1-C_d)$ 称为承灾体易损性。

构建橡胶树风害定量评估指数（Y）来表示灾害风险 R_d。由上文分析的可知，Y 应该是风力（V）和橡胶树灾易损性（V_b）的函数。

根据实际调查和理论分析，当风力≤8级时候橡胶树几乎不受风害，风力大于一定值（理论上17级）全部折损风害率100%。风力处于8～17级橡胶树受害率不同。因此用分段函数形式表示 Y：

$$Y = \begin{cases} f(V \times V_b) = 0, V \leqslant 8 \\ f(V \times V_b), 8 << 17 \\ f(V \times V_b) = C, C\text{为常数代表全部受损} \end{cases} \tag{5.9}$$

(1)橡胶树灾损定量评估实地调查方法

蔡海滨、华玉伟等(2011)的研究中，采用风害指数对橡胶树灾损情况实地调查进行定量评估。

$$\text{风害指数}(y)=\sum \text{各株风害等级}\times\frac{\text{各级受害株数}}{\text{总株数}}$$
$$=\sum \text{各株风害等级}\times\text{各级受害比率} \tag{5.10}$$

由式可知,风害指数取值范围为[0,5]。根据实地调查数据可获得调查点的风害指数(y)。

(2)承灾体易损系数(V_b)

$$\text{承灾体易损系数}(V_b)=\text{各调查点断倒率}\times\text{种植比率} \tag{5.11}$$

对于有分品系调查的站点,橡胶树的易损系数 V_b 也可用各品系的断倒率与该品系相应种植比率表示。

(3)模型的构建

橡胶树风害定量评估指数(Y)是风力(V)和橡胶树灾易损性(V_b)的函数。该模型只考虑了致灾因子,橡胶树受害情况、橡胶树本身状况(品种、种植比例)等因子,而其他影响因子如植株密度、土壤类型、有无防护措施、种植环境等不予考虑。

为了便于模型构建,令

$$\text{影响因子}(X)=\text{致灾因子}\ V\times\text{承灾体易损系数}(V_b) \tag{5.12}$$

则橡胶树风害定量监测模型可表示为:$Y=f(X)$

根据实地调查数据和气象观测数据,得到科罗旺、黄蜂和黑格比三个过程各调查点的风害指数和影响因子值,应用数理统计方法,得到橡胶树风害定量评估监测模型(表5.15、表5.16和表5.17)。

表 5.15 科罗旺过程各农场综合风害指数与影响因子(开割胶树)

	红星	友好	南华	五一	华海公司	幸福	火炬	丰收公司	剑麻公司	科研所
风害指数(Y)	1.55	2.03	1.12	0.90	1.44	2.48	1.65	1.85	1.76	1.36
影响因子(X)	0.26	0.58	0.40	0.21	0.10	0.67	0.70	0.56	—	—

表 5.16 黄蜂过程各农场综合风害指数与影响因子(开割胶树)

	红星	友好	南华	五一	华海公司	幸福	火炬	丰收公司	剑麻公司	科研所
综合风害指数(Y)	0.42	0.19	0.16	0.11	0.32	0.06	0.07	0.07	0.43	0.18
影响因子(X)	0.071	0.039	0.037	0.028	0.012	0.009	0.026	0.014	0.086	0.001

表 5.17 黑格比过程各农场综合风害指数与影响因子

	建设农场	红峰农场	红阳农场	和平农场	新华农场	新时代农场	火星农场	团结农场	胜利农场	红旗农场	曙光农场	水丰农场
开割胶树(综合风害指数)												
Y	3.05	0.43	0.24	0.11	0.27	0.07	0.77	0.31	0.10	0.23	1.43	0.92
X	2.64	2.70	2.38	2.59	1.83	1.98	2.54	2.53	2.35	2.03	2.45	2.86
未开割胶树(综合风害指数)												
Y	1.02	0.07	0.7	0.61	0.2	0.07	0.83	0.7	0.27	0.52	1.2	0.62
X	10.26	11.00	10.57	11.20	8.15	9.23	10.02	9.17	10.04	7.89	11.96	11.96

(4)结果与分析

黑格比过程开割胶树和未开割胶树的调查数据比较全面，将二者整合成一组数据共 24 个样本。黄蜂和科罗旺过程由于均属于茂名垦区，分别对应不同台风(风力)过程将二者整合成一组数据共 18 个数据样本，属于开割胶树类别。结果显示，对于黑格比过程当 X 选择风力等级时，其与综合风害指数满足一定线性关系，尤其是各风力等级对应的综合风害指数的平均值(图 5.14)。当 X 选择其他参考因子时，线性与非线性拟合效果不明显。因此，黑格比过程损失情况与风力等级表现出更好的线性关系。结合黑格比实例，2008 年强台风“黑格比”在茂名市电白县登陆，登陆时中心气压 950 hPa，中心附近最大平均风速 48 m/s(15 级，相当于 173 km/h)，最大阵风 65 m/s(相当于 17 级)。而湛江部分调查点附近自动站录得 14 级左右大风，平均风力＞12 级，且伴随着强降雨。且“黑格比”具有强度强、移速快、范围广、破坏大等特点。在已有的调查数据中属于风力最强，强度最强的台风。因此，对于风力较大台风过程，橡胶树风害程度主要决定于风力大小。对比图 5.14 和图 5.10 可知，当风力约 12 级时，断倒率进入另一个拐点。说明 12 或 13 级风力是橡胶树风害程度的关键等级，当风力＞14 级断倒率可能出现新的上升曲线。但是线性过程只能简单的表示出风力和综合风害指数之间的关系，当风力接近 17 级理论上风害指数趋近于 4.5～5.0，线性拟合误差较大。而选择同样的因子，另一组数据线性拟合很差。

$$拟合模型为：Y = 0.1193X - 0.9678, R^2 = 0.62 \quad (5.13)$$

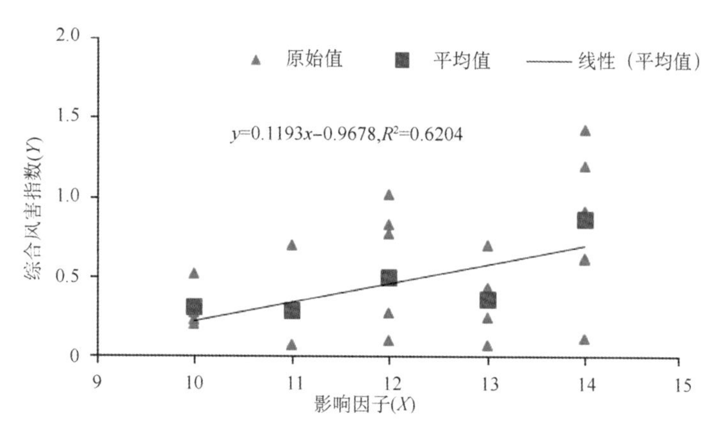

图 5.14　黑格比过程的线性拟合

拟合黄蜂、科罗旺过程第二组数据，结果显示综合风害指数(Y)与影响因子(X)可以建立很好的拟合关系如图 5.15。结合科罗旺、黄蜂实例，二者过程各站点的风力基本在 12 级以下，很明显风力是影响橡胶树风害的因子，但不是决定性的唯一因子。研究表明，橡胶树风害程度还和橡胶树品系、抗风能力、自然环境、有无防护林等其他因子有关。因此，模拟结果考虑了各参考点的胶树断倒率(该调查点胶林整体的易损性)、植株所占比例等因素(对于风灾记录分品系则为各品系断倒率及植株比例)。模拟结果表明，当风力≥12(或 13)级以上时，对橡胶林造成灾害性影响的即决定性因素为风力大小，当风力＜13 级时，灾损受到风力、橡胶树品系等诸多因素影响，模型不满足线性关系。

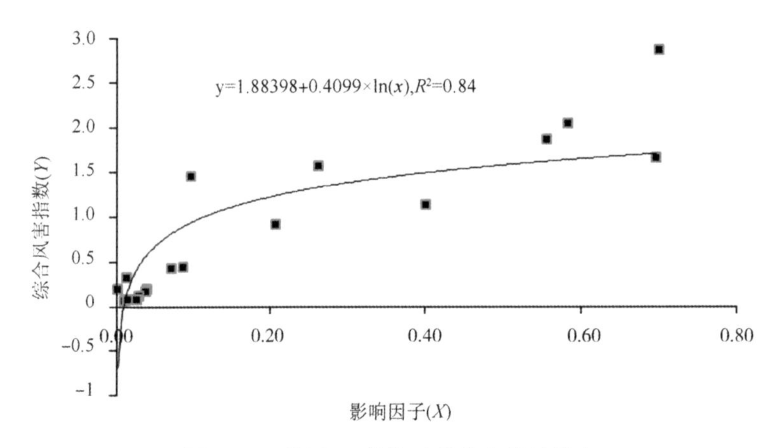

图 5.15　科罗旺、黄蜂过程的非线性拟合

$$Y = a - b \times \ln(X + C) \tag{5.14}$$

式中，$a=1.88398$，$b=0.4099$，$c=7.46425E-4$，$F=70.99$，$R^2=0.84$，$P<0.001$，通过显著性检验。

$$\text{近似表达为：} y = 1.88398 + 0.4099 \times \ln(x) \tag{5.15}$$

根据两个过程的拟合，初步数学拟合模型为：

$$Y = \begin{cases} 0, (V \leqslant 8) \\ 1.88398 + 0.4099 \times \ln(x) \quad x = K \times V, (8 < V < 17) \\ C \quad C \in (4.5,5) \text{ 为理论值}, (V \geqslant 17) \end{cases} \tag{5.16}$$

根据3部分的科罗旺、黄蜂过程的拟合曲线，$R^2=0.84$ 具有良好的拟合效果，利用原始参考因子回代，其均方差RMSE为0.4197$\left(\text{RMSE} = \sqrt{\sum_{i=1}^{n} \frac{(E_i - M_i)}{n}}\right)$拟合效果比较好。根据前面结论当风力 > 13级时，风力的大小在橡胶树风害过程中起主要作用，当风力 > 13级，带入非线性模型，风力大小与相应的综合风害指数分别为：14级(2.9657)、15级(2.9940)、16级(3.0205)、17级(3.0453)。理论上风力达到17级时，综合风害指数介于4.5～5，模拟值偏小，说明该结果对于较大风力模拟尚需进行相应修正。这需要更多调查数据进行相应的补充。

5.2.3　橡胶树风害预警实例

(1)台风概述

2014年第9号台风“威马逊”于7月12日14时在关岛以西约210 km的西北太平洋洋面上生成，之后快速向偏西方向移动，至18日05时加强为超强台风级，并于15时30分在海南省文昌市沿海地区登陆，19时30分在徐闻县龙塘镇沿海地区再次登陆，登陆时中心附近最大风力17级(60m/s)，中心最低气压910 hPa，这两个代表台风强度的指标，均超过广东有台风纪录以来的极值。19日05时减弱为强台风级，并已于07时10分在广西防城港市光坡镇沿海第三次登陆，登陆时中心附近最大风力15级(50 m/s)。“威马逊”具有“移速快、强度特强、路径稳定、破坏力大”的特点。受其影响，18日12时开始粤西海面和沿海市(县)出现了13～15级、阵风16～17级的大风，并持续约18个小时，其中18日20时徐闻县下桥镇测得最大阵风17级(59.8 m/s)(图5.16)。

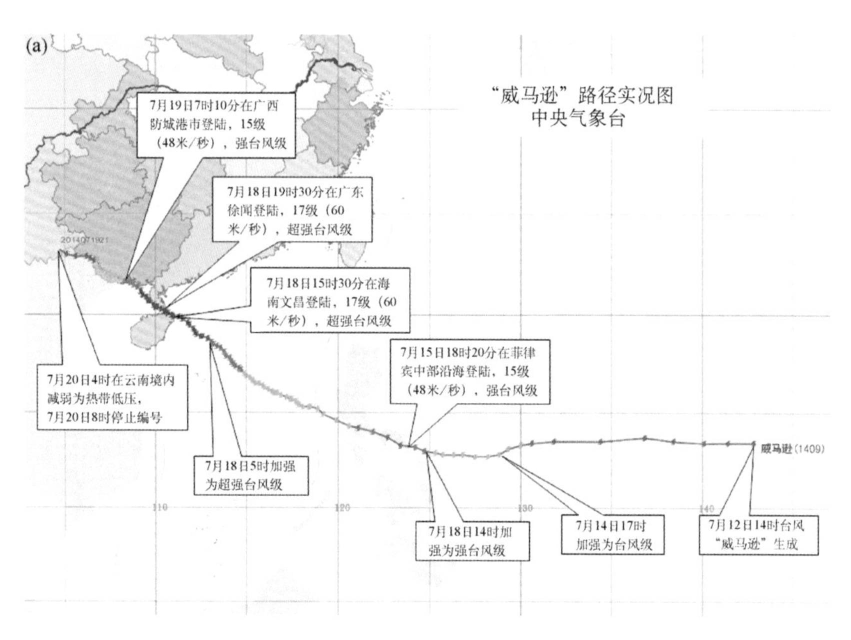

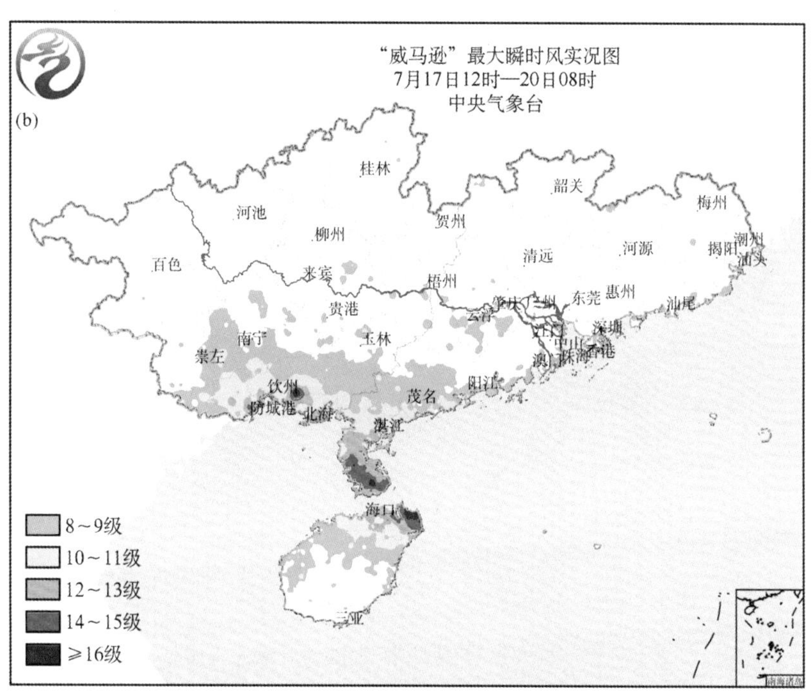

图 5.16　超强台风“威马逊”路径图(a)，最大瞬时风实况图(b)

(2)橡胶树风害监测预警

根据 GRAPES 模式对登陆 120 h 的逐小时预报结果，输出“威马逊”登陆前后的最大风速分布预测图，预计，“威马逊”登陆前后，海南北部、广东西南部和广西南部等地风速超过 20 m/s，其中海南文昌市、广东湛江市、广西北海市和防城港市风速将超过 25 m/s，部分沿海区域超过 35 m/s(图 5.17)。

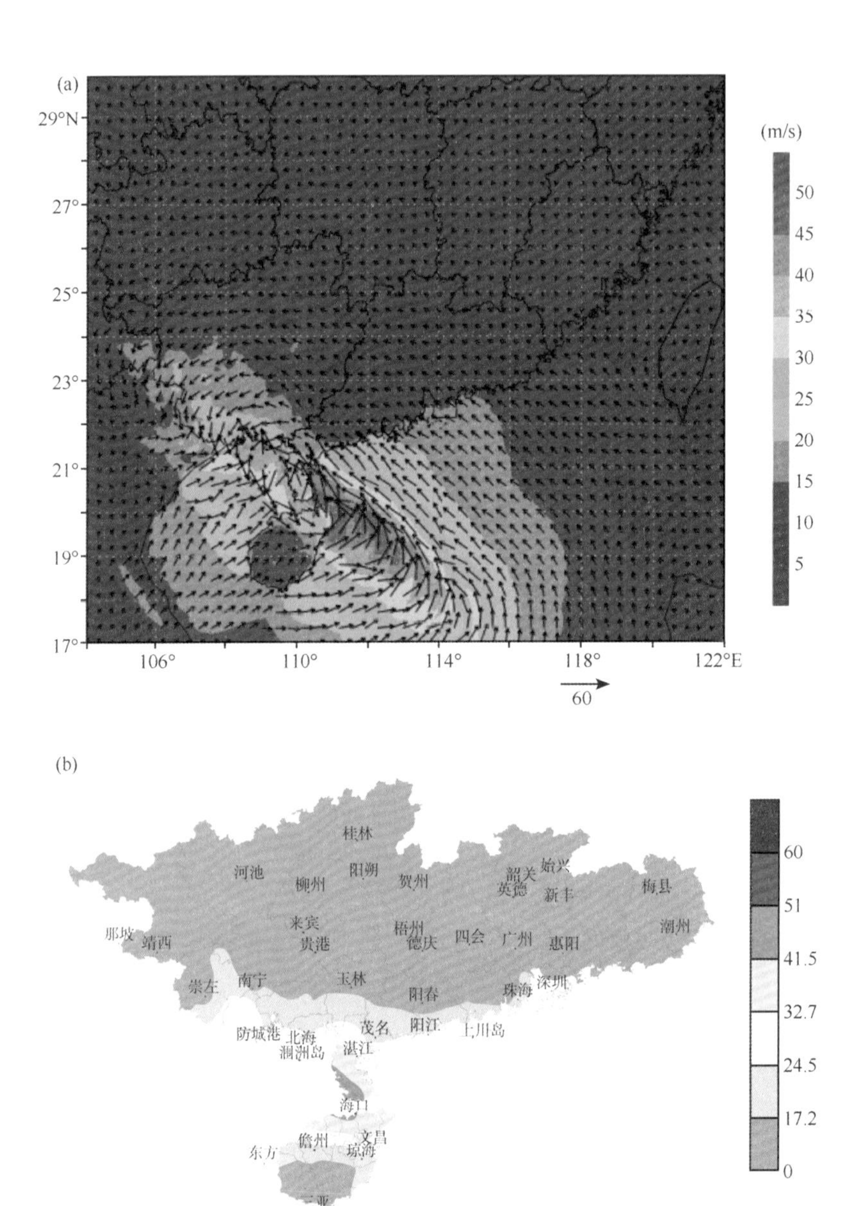

图 5.17　GRAPES 模式预测“威马逊”登陆前后最大风速分布图(a)，
2014 年 7 月 18 日 08 时至 19 日 08 时极大风速分布图(b)

根据对超强台风“威马逊”的大风的预报和实况，结合橡胶树风害等级指标，风力>9 级，橡胶树将发生折断现象，倒伏的概率随着风速的增加而增加，预估超强台风“威马逊”将对海南北部和西部地区、广东湛江地区和广西北海市、防城港市等地的橡胶树造成严重影响，受影响区域橡胶树叶片受损和树枝折断，严重区域可能出现倒伏。以广东为例，根据对广东橡胶树风害影响开展风险评估，制作橡胶树风害风险预警图(图 5.18)。

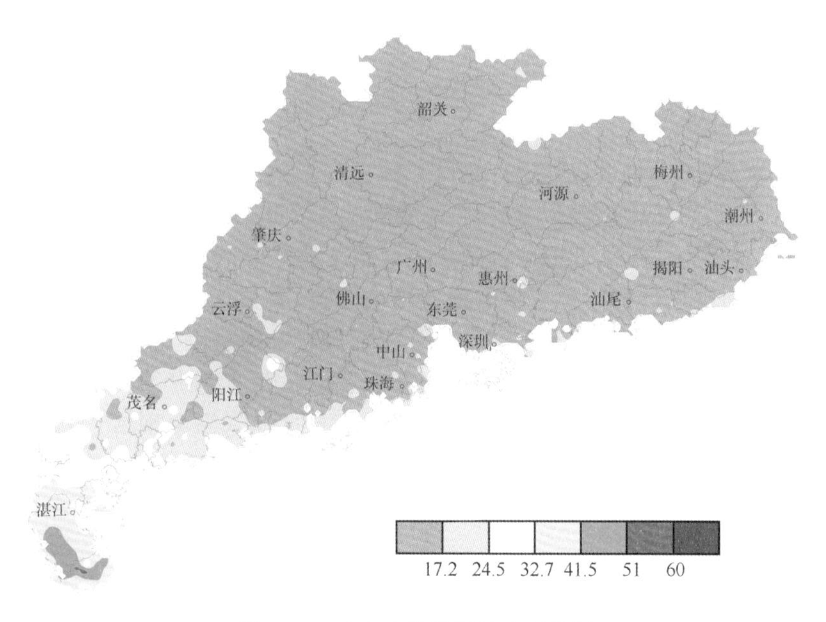

图 5.18 广东省橡胶树风险预警图

(3)实况灾情

据不完全统计,“威马逊”造成海南北部和西部地区橡胶树叶片受损、树枝折断,部分地区出现连片橡胶树树体整体倒伏(图 5.19),橡胶树三级以上受害率约 2.2%,橡胶树报废损失株数约 60 万株,部分配套生产设施存在不同程度损害,给胶农带来严重经济损失。广东湛江农垦系统的甘蔗、橡胶树损失严重,据 2014 年 8 月 9 日统计,湛江全市农垦系统的橡胶保险报损 18 万亩。

广东徐闻县橡胶树受损严重

海南文昌大片橡胶树林被摧毁

图 5.19 威马逊台风造成的橡胶树受损灾情图

5.3 香蕉寒、冻害

5.3.1 香蕉寒、冻害指标

鉴于过程极端最低气温、过程低于香蕉受害临界气温的持续天数及低于香蕉受害临界气温的差值累积量，均是表征香蕉是否遭受寒、冻害影响以及影响程度的重要物理量。定义香蕉遭受寒、冻害临界温度为香蕉受低温危害的日最低温度最低值；香蕉积寒为寒害过程中低于香蕉寒害临界温度逐时温度与临界温度差的绝对值累积量，单位为摄氏度(℃)。考虑到香蕉主产区香蕉各发育期同时并存，而香蕉不同发育阶段抵御寒、冻害能力差异等特点，在基于地理自然致灾试验、人工胁迫致灾试验、大田灾情调查结果及收集、整理历史典型寒、冻害年份香蕉产量损失等基础上，通过统计过程极端最低气温、过程日最低气温分别≤10℃、≤8℃、≤7℃、≤6℃、≤5℃、≤4℃持续日数及积寒与香蕉受灾或产量损失关系，综合确定香蕉受害等级指标。

根据定义，1 d内的积寒计算公式为：

$$X_n = \sum_{i=1}^{n}(T_c - T_i) \tag{5.17}$$

式中，X_n 为1 d内的积寒(℃·d)，T_c 为香蕉寒害临界温度(℃)，T_i 为逐时温度(℃)，且 $T_i \leqslant T_c$，n 为1 d内 $T_i \leqslant T_c$ 的终止时间。

过程积寒为：

$$X_{过程} = \sum_{n=1}^{N} X_n \tag{5.18}$$

式中，$X_{过程}$ 为过程的积寒(℃·d)，N 为过程持续天数。

对于无逐时观测温度的台站，1 d内的积寒可通过如下近似公式求算：

①最高气温(T_{max})≤香蕉受害临界温度时，即：

$$T_{max} \leqslant T_c \text{ 时}, X_n = 24 \times (T_c - T_{max}) + 12 \times (T_{max} - T_{min}) \tag{5.19}$$

②香蕉受害临界温度＞日最低气温(T_{min})，且香蕉受害临界温度＜日最高气温(T_{max})时，即

$$T_{max} > T_c > T_{min} \text{ 时}, X_n = 12 \times (T_c - T_{min})^2 / (T_{max} - T_{min}) \tag{5.20}$$

5.3.1.1 地理致灾试验

自然致灾试验结果表明，不同寒、冻害天气类型下，香蕉苗受害表现不尽相同，对辐射型寒冻害而言，当日最低气温达到1.9℃以下时，叶片开始表现出受害症状，且随着气温下降，受害症状越为明显；当日最低气温达到0.7℃以下时假茎出现死亡。而对于平流型寒、冻害而言，过程日最低气温持续2.9℃时叶片出现受害症状，当日最低气温达到0.9℃以下时假茎出现死亡。

从统计各试验点不同寒、冻害天气类型下，拟设定的不同临界温度下的持续天数、积寒等结果可以看出(表5.18)其差异较为明显。对辐射型寒、冻害而言，拟设定日最低气温4℃为香蕉受害临界的持续日数、积寒差异最小。对平流型寒、冻害而言，拟定的日最低气温6℃为香蕉受害临界的持续日数、积寒差异最小。

表 5.18 不同寒、冻害类型下香蕉小苗受害、致死与气象条件的关系

天气类型	地点(时间)	叶片边缘或10%以上叶片受害				假茎死亡		
		临界温度(℃)	过程最低气温(℃)	≤临界温度持续天数(d)	积寒(℃·d)	过程最低气温(℃)	持续≤临界温度天数(d)	积寒(℃·d)
辐射型寒害冻害	南宁(2007年12月)	10	1.0	3	225.9			
		8	1.0	3	147.9			
		7	1.0	3	111.1			
		6	1.0	3	80.7			
		5	1.0	3	52.9			
		4	1.0	3	30.0			
	桂林(2007年12月)	10	1.2	8	278.9	0.3	11	473.1
		8	1.2	4	119.8	0.3	6	243.9
		7	1.2	4	78.6	0.3	6	177.7
		6	1.2	3	57.4	0.3	5	129.7
		5	1.2	2	36.6	0.3	4	85.7
		4	1.2	2	19.4	0.3	4	49.9
	柳州(2008/2009年冬季)	10	1.9	5	440.3	0.1	7	358.3
		8	1.9	4	285.5	0.1	6	195.2
		7	1.9	4	178.7	0.1	5	123.2
		6	1.9	4	148.8	0.1	5	97.3
		5	1.9	4	86.8	0.1	4	66.3
		4	1.9	4	40.2	0.1	3	43.0
	南宁(2008/2009年冬季)	10	0.7	3	248.7	0.7	8	517.3
		8	0.7	3	166.6	0.7	8	327
		7	0.7	3	128.4	0.7	6	240.9
		6	0.7	3	92.6	0.7	5	161.7
		5	0.7	3	56.3	0.7	4	96.9
		4	0.7	3	33.4	0.7	4	52.7
平流型寒害冻害	来宾(2008年1—2月)	10	2.6	6	779.2	0.9	11	1780.4
		8	2.6	6	491.4	0.9	11	1204.5
		7	2.6	6	347.4	0.9	11	940.5
		6	2.6	6	219.1	0.9	11	651.2
		5	2.6	6	95.3	0.9	11	393.4
		4	2.6	3	26.8	0.9	8	204.2
	桂林(2008年1—2月)	10	0.6	4	738.8	−0.2	7	1229.9
		8	0.6	4	552.8	−0.2	7	996.7
		7	0.6	4	456.8	−0.2	7	828.7
		6	0.6	4	366.8	−0.2	7	666.7
		5	0.6	4	273.8	−0.2	7	501.7
		4	0.6	4	180.8	−0.2	7	337.9
	南宁(2008年1—2月)	10	2.9	14	1278			
		8	2.9	14	642.2			
		7	2.9	11	391.2			
		6	2.9	7	167.6			
		5	2.9	5	73.7			
		4	2.9	2	18.3			
	金秀银杉(2008年1月)	10	−1.7	3	391.2	−2.2	4	678.9
		8	−1.7	3	295.6	−2.2	4	498.6
		7	−1.7	3	254.4	−2.2	4	432.4
		6	−1.7	3	213.4	−2.2	4	358.8
		5	−1.7	3	174.7	−2.2	4	317.0
		4	−1.7	2	69.5	−2.2	3	162.6

5.3.1.2 人工胁迫致灾试验

试验结果表明：粉蕉在7～11℃低温处理24 h，叶片仅显现轻微失水症状，当温度下降到6℃时，叶片显现出失水症状，当温度降到0℃时，假茎显现受害症状，当温度下降到－2℃时，植株死亡。而香蕉在11℃低温处理24 h后叶片开始呈现的失水症状，且随着温度的下降，失水症状明显，当温度下降到3℃时，假茎开始出现受害症状，当温度下降到0℃时，植株死亡。可见，不同品种间抗寒能力存在一定差异。

对不同温度下粉蕉、香蕉的相对电导率、SOD、H_2O_2、游离脯氨酸等试验结果表明：在11℃低温下，香蕉和粉蕉幼苗叶片相对电导率即出现明显的变化，并随着温度的下降，相对电导率呈升高而逐渐趋于稳定。

香蕉和粉蕉幼苗叶片SOD含量和H_2O_2含量在5～11℃低温下即出现明显的变化，并随着温度的下降，SOD含量和H_2O_2含量呈现出较大的波动。但从－3～4℃低温下，SOD、H_2O_2含量快速下降，低于对照后则趋于稳定。这可能是由于寒害的加重，细胞组织破裂，SOD、H_2O_2含量不再变化结果。

在7～12℃低温胁迫下，香蕉和粉蕉幼苗叶片游离脯氨酸的变化远大于对照。从1～6℃低温下，游离脯氨酸含量快速上升，并维持在一个较高水平上。当气温下降至0℃时，游离脯氨酸含量则低于对照。这可能是由于寒害的加重，细胞组织破裂后组织机能丧失，游离脯氨酸含量不再积累有关。

综合各低温胁迫下各生理生化指标的变化，得到如下结论：当日最低气温≤11℃时，相对电导率已出现突变；当温度下降到5～6℃时，SOD、H_2O_2、游离脯氨酸等指标均发生明显的波动，同时叶片表现出失水、干枯等症状；当温度下降到3℃时，假茎表现出受害症状；当温度<0℃香蕉出现死亡，SOD、H_2O_2、游离脯氨酸等指标值趋于稳定。

5.3.1.3 大田灾情调查法确定香蕉寒冻害等级指标

2008年1月12日至2月12日广西大部分香蕉产区出现持续低温雨雪冰冻天气，过程最低气温为1.2～4.1℃。各地香蕉不同程度受害（表5.19）。

表5.19 2007/2008年冬季不同温度条件下大田香蕉受害状况调查表

<table>
<tr><th rowspan="2">地点（时间）</th><th rowspan="2">临界温度（℃）</th><th rowspan="2">过程最低气温（℃）</th><th rowspan="2">≤临界温度持续天(d)</th><th rowspan="2">积寒（℃·d）</th><th colspan="4">香蕉不同发育阶段香蕉受害表现</th></tr>
<tr><th>7成熟以上</th><th>抽蕾至7成熟</th><th>16叶龄至抽蕾</th><th>16叶龄以下</th></tr>
<tr><td rowspan="6">南宁市西乡塘区坛洛镇（2007/2008年冬季）</td><td>10</td><td>2.8</td><td>23</td><td>1677.1</td><td rowspan="18">叶片干枯、死亡，套袋保护未收获的香蕉果轴部分变黑，果皮黑丝严重，无食用价值。已收获的7成以上果实无法正常催熟，市场销售的香蕉因受冻果皮颜色不均一，出现硬结或硬块，味道偏涩，口感极差。</td><td rowspan="18">叶片干枯、死亡，处于抽蕾期的香蕉果轴、蕾片变黑色或腐烂；处于灌浆期套袋保护的香蕉穗轴抛弓处变黑，果皮黑丝严重、外观暗绿色，幼果僵硬暗绿，无法灌浆饱满。</td><td rowspan="18">大部分叶枯萎、死亡，部分假茎出现腐烂。</td><td rowspan="18">采用地膜、拱膜保护栽培的新植组培苗几乎未受害。未采取保护措施的新植组培苗、吸芽超过30%的叶片出现斑点，部分蕉苗心叶、生长点、球茎出现死亡。</td></tr>
<tr><td>8</td><td>2.8</td><td>16</td><td>732.7</td></tr>
<tr><td>7</td><td>2.8</td><td>16</td><td>473.1</td></tr>
<tr><td>6</td><td>2.8</td><td>10</td><td>211.6</td></tr>
<tr><td>5</td><td>2.8</td><td>4</td><td>46.8</td></tr>
<tr><td>4</td><td>2.8</td><td>3</td><td>15.6</td></tr>
<tr><td rowspan="6">隆安县那桐镇（2007/2008年冬季）</td><td>10</td><td>3.5</td><td>22</td><td>1519.2</td></tr>
<tr><td>8</td><td>3.5</td><td>15</td><td>632.2</td></tr>
<tr><td>7</td><td>3.5</td><td>15</td><td>399.2</td></tr>
<tr><td>6</td><td>3.5</td><td>9</td><td>165.5</td></tr>
<tr><td>5</td><td>3.5</td><td>8</td><td>53.0</td></tr>
<tr><td>4</td><td>3.5</td><td>2</td><td>2.0</td></tr>
<tr><td rowspan="6">浦北县大成镇（2007/2008年冬季）</td><td>10</td><td>3</td><td>20</td><td>1597.4</td></tr>
<tr><td>8</td><td>3</td><td>13</td><td>781.0</td></tr>
<tr><td>7</td><td>3</td><td>13</td><td>520.2</td></tr>
<tr><td>6</td><td>3</td><td>9</td><td>278.3</td></tr>
<tr><td>5</td><td>3</td><td>8</td><td>132.6</td></tr>
<tr><td>4</td><td>3</td><td>3</td><td>19.4</td></tr>
</table>

续表

地点（时间）	临界温度（℃）	过程最低气温（℃）	≤临界温度持续天（d）	积寒（℃·d）	香蕉不同发育阶段香蕉受害表现			
					7成熟以上	抽蕾至7成熟	16叶龄至抽蕾	16叶龄以下
田东县祥周镇（2007/2008年冬季）	10	4	23	1029.3	2/3左右叶片干枯，套袋保护未收获的香蕉果轴部分变黑，果皮黑丝严重，无食用价值。已收获的7成以上果实可正常催熟，市场销售的香蕉未出现硬结或硬块，但味道偏涩、甜度偏差。	2/3左右叶片干枯，处于抽蕾期的香蕉果轴、蕾片变褐色；处于灌浆期套袋保护的香蕉穗轴抛弓处变暗绿或褐色，果皮出现黑丝、正常灌浆受影响。	叶片颜色偏淡、偏黄，少量老叶枯萎、死亡，叶柄、假茎未出现明显受害现象。	采用地膜、拱膜保护栽培的新植组培苗几乎未受害。未采取保护措施的新植组培苗、吸芽10%～30%的叶片出现斑点。
	8	4	16	340.6				
	7	4	4	90.3				
	6	4	3	36.8				
	5	4	2	8.3				
	4	4	1	0				
龙州县（2007/2008年冬季）	10	4.8	15	868.1				
	8	4.8	8	264.2				
	7	4.8	4	84.1				
	6	4.8	4	30.5				
	5	4.8	1	0.6				
	4	4.8						

从表5.19可以看出，对平流型寒冻害而言，过程极端最低气温≤4.8℃，日最低气温≤6℃持续4 d以上、积寒≥30.5 ℃·d时，不同发育期的香蕉叶片及果轴、果皮均受到不同程度影响；过程极端最低气温≤3.5℃，日最低气温≤6℃持续9 d以上、积寒≥165.5 ℃·d时部分蕉苗心叶、生长点、球茎出现死亡，果实出现绝收。

2009年1月10—12日、1月14—17日广西南宁、隆安、武鸣、浦北、龙州等香蕉产区先后出现1～2 d轻霜，日最低气温为0.8～2.1℃，部分香蕉不同程度受害（表5.20）。

表5.20 2008/2009年冬季不同温度条件下大田香蕉受害状况调查表

地点（时间）	临界温度（℃）	过程最低气温（℃）	≤临界温度持续天数（d）	积寒（℃·d）	香蕉不同发育阶段香蕉受害表现			
					7成熟以上	抽蕾至7成熟	16叶龄至抽蕾	16叶龄以下
隆安县那桐镇（2008/2009年冬季）	10	1.7	8	400.7	60%～80%老片枯黄，靠近穗部叶柄青绿，套袋保护未收获的香蕉果轴色泽正常，但果皮出现少量黑丝，不影响成熟和食用。	20%～40%叶片枯黄，处于灌浆期套袋保护的香蕉穗轴抛弓处色泽正常，果皮无黑丝现象，可正常灌浆饱满。	大部分叶片色泽稍偏淡、偏黄，部分老叶边缘出现枯黄或枯萎现象，叶柄、假茎未受灾。	未采取保护措施的新植组培苗、吸芽叶片稍偏淡、偏黄。
	8	1.7	8	224.8				
	7	1.7	8	117.8				
	6	1.7	5	72.8				
	5	1.7	3	33.8				
	4	1.7	3	15.8				
南宁市西乡塘区坛洛镇（2008/2009年冬季）	10	1.8	8	416.0				
	8	1.8	8	214.3				
	7	1.8	3	110.1				
	6	1.8	3	68.5				
	5	1.8	3	38.1				
	4	1.8	3	17.0				
龙州县（2008/2009年冬季）	10	2.6	8	384.4				
	8	2.6	8	204.4				
	7	2.6	3	110.6				
	6	2.6	3	48.1				
	5	2.6	3	24.0				
	4	2.6	3	8.3				
崇左市江州区江州镇（2008/2009年冬季）	10	2.6	8	384.4				
	8	2.6	8	204.4				
	7	2.6	8	141.4				
	6	2.6	3	45.9				
	5	2.6	3	23.8				
	4	2.6	2	9.6				

续表

地点（时间）	临界温度(℃)	过程最低气温(℃)	≤临界温度持续天数(d)	积寒(℃·d)	香蕉不同发育阶段香蕉受害表现			
					7成熟以上	抽蕾至7成熟	16叶龄至抽蕾	16叶龄以下
浦北县大成镇（2008/2009年冬季）	10	0.8	9	431.7	80%叶片枯黄，靠近穗部叶柄暗绿，套袋保护未收获的香蕉果轴色泽正常，但果皮出现黑丝，不影响成熟和食用。	40%～60%叶片枯黄，处于灌浆期套袋保护的香蕉穗轴抛弓处色泽偏暗，果皮有少练黑丝，可正常灌浆。	叶片色泽偏淡、偏黄，部分老叶出现枯萎，叶柄、假茎未受灾。	未采取保护措施的新植组培苗、吸芽叶片稍偏淡、偏黄。
	8	0.8	7	251.4				
	7	0.8	7	188.6				
	6	0.8	3	63.9				
	5	0.8	3	41.0				
	4	0.8	2	22.4				
田东县祥周镇（2008/2009年冬季）	10	5.4	8	117.1	50%～60%老片枯黄，靠近穗部叶柄青绿，套袋保护未收获的香蕉果轴色泽正常，果皮未黑丝，可正常灌浆成熟。	10%～20%叶片枯黄，处于灌浆期套袋保护的香蕉穗轴抛弓处色泽正常，果皮无黑丝现象。	叶片颜色偏淡，叶柄、假茎未出现受害现象。	新植组培苗、吸芽叶片色泽正常，无受害症状。
	8	5.4	5	31.3				
	7	5.4	2	18.3				
	6	5.4	2	1.2				
	5	5.4	—	—				
	4	5.4	—	—				

从表5.20可以看出，对辐射型寒冻害而言，过程极端最低气温≥5.4℃，香蕉各发育期无明显受害。过程日最低气温≤2.6℃，日最低气温≤4℃持续2 d以上、积寒≥8.3 ℃·d时，大蕉株（16叶龄以上）叶片不同程度受灾；过程极端最低气温≤0.8℃时，日最低气温≤4℃持续2 d以上、积寒≥22.4 ℃·d时大蕉株叶片受灾程度呈加重趋势。

2009/2010年冬季各香蕉产区过程降温以辐射降温为主，且日最低气温多在5.1℃以上。各地香蕉主产区无明显受害迹象，说明香蕉受害临界温度应<5℃。这与2008、2009年冬季调查结果得到的结论类似。

自2011年1月3日起至2月上旬初，广西大部香蕉产区先后出现不同程度的持续低温阴雨寡照天气，各产区香蕉遭受了不同程度的影响（详见表5.21）。

从表5.21可以看出，对2010/2011年冬季平流型寒冻害而言，调查点部分香蕉出现死亡时，拟定的日最低气温8℃为香蕉受害临界及其持续天数、积寒相对差异最小。过程极端最低气温≤4.1℃，或者日最低气温≤8℃持续5 d以上、积寒≥108.0 ℃·d时，抽蕾至7成熟香蕉的部分叶片出现不同程度受害；日最低气温≤8℃的积寒≥194.5 ℃·d时，部分大蕉株出现死亡现象，但小苗香蕉受害不明显。

比较4个冬季香蕉受害调查结果及气象要素统计结果不难看出，对平流型寒冻害而言，大田香蕉受害临界温度为日最低气温≤8.0℃，当过程极端最低气温≤4.8℃，日最低气温≤8℃持续5 d以上、积寒≥108.0 ℃·d时，香蕉受灾症状开始呈现，当过程积寒≥632.2 ℃·d时各发育期香蕉均出现死亡现象。对辐射型寒冻害而言，大田香蕉受害临界温度为日最低气温≤4.0℃。

表 5.21　2010/2011 年冬季不同温度条件下大田香蕉受害状况调查表

地点（时间）	临界温度(℃)	过程最低气温(℃)	≤临界温度持续天数(d)	积寒(℃·d)	香蕉不同发育阶段香蕉受害表现			
					7 成熟以上	抽蕾至 7 成熟	16 叶龄至抽蕾	16 叶龄以下
南宁市西乡塘区坛洛镇（2010/2011年冬季）	10	3.6	31	1510.5	大部分叶片枯萎、死亡；部分植株叶鞘、假茎腐烂倒伏、果轴变褐、果皮黑丝严重、部分果变黑，失去食用价值和商品价。	大部分叶片枯萎、死亡，香蕉穗轴抛弓处变黑，果皮黑丝严重、外观暗绿色，幼果僵硬暗绿，无法灌浆饱满。	部分叶片枯黄或枯萎，少量香蕉假茎出现腐烂。	未采取保护措施的新植组培苗、吸芽30%左右叶片受灾。
	8	3.6	10	218.1				
	7	3.6	7	80.0				
	6	3.6	2	44.9				
	5	3.6	2	36.9				
	4	3.6	2	1.3				
隆安县那桐镇（2010/2011年冬季）	10	4.1	30	1372.2				
	8	4.1	14	194.5				
	7	4.1	5	56.9				
	6	4.1	2	34.2				
	5	4.1	2	7.7				
	4	4.1	—	0				
浦北县大成镇（2010/2011年冬季）	10	2.9	31	1571.8				
	8	2.9	11	258.6				
	7	2.9	4	101.3				
	6	2.9	3	68.7				
	5	2.9	3	38.4				
	4	2.9	2	12.2				
武鸣县双桥镇（2010/2011年冬季）	10	3.7	21	990.5				
	8	3.7	14	244.7				
	7	3.7	3	112.3				
	6	3.7	3	65.6				
	5	3.7	2	29.1				
	4	3.7	2	4.2				
田东县祥周镇（2010/2011年冬季）	10	3.3	31	974.6	40%左右叶片干枯、死亡；叶鞘出现腐烂现象较少，果柄完好，果轴表面稍微变褐、果皮穗出现少许黑丝，可正常灌浆成熟。	30%～40%叶片枯黄，处于灌浆期套袋保护的香蕉穗轴抛弓处色泽正常，果皮无黑丝现象，可正常灌浆饱满。	叶片颜色偏淡，叶柄、假茎未出现明显受害现象。	未采取保护措施的新植组培苗、吸芽叶片色泽正常，无受害症状。
	8	3.3	5	108.0				
	7	3.3	4	44.1				
	6	3.3	2	31.9				
	5	3.3	2	9.1				
	4	3.3	1	1.4				

5.3.1.4 历史典型寒、冻害年份对香蕉产量影响分析

(1)辐射型寒、冻害对香蕉产量影响的分析

相对气象产量比气象产量能更好地描述以气象要素为主的各种短期变动因子对产量序列的影响,其负值主要是由不利气象条件(灾害)所造成的减产(邵晓梅等,2001),将相对气象产量为负值的年份定义为减产年,其对应的相对气象产量为"减产率"。

统计结果表明:过程极端最低气温、日最低气温≤4℃的过程持续天数及积寒与产量损失率最为密切,相关关系分别为0.6446、0.6310和0.5791,均达到极显著检验($\alpha=0.001$)。过程极端最低气温 T_n 与香蕉减产率 Y 的关系模型如下式:

$$Y = 0.344T_n^3 - 1.374T_n^2 + 3.1463T_n - 14.257 \tag{5.21}$$

计算结果可以看出(表5.22),当极端最低气温达到4℃时各地香蕉显现出减产态势,当极端最低气温≤−1.5℃,产量损失率>20%。鉴于大多数香蕉主产县、市冬季产量仅占全年产量20%左右,因此,当过程极端最低气温≤−1.5℃,可视为该冬季出现绝收现象。

表5.22 过程极端最低气温与香蕉减产率的关系

最低气温(℃)	−1.5	−1.0	0.0	1.0	2.0	2.5	3.0	3.5	4.0	4.5
减产率(%)	−23.3	−19.1	−14.0	−11.6	−9.9	−8.7	−7.0	−4.5	−1.1	3.7

过程日最低气温≤4℃的持续天数、积寒与香蕉减产率关系模型的计算结果可看出(表5.23和表5.24):过程日最低气温≤4℃持续2 d,积寒≥3.0 ℃·d时,香蕉显现出减产态势;当过程日最低气温≤4℃持续7 d,积寒≥70.0 ℃·d时,香蕉出现绝收。

$$Y = -3.9935D + 4.6952 \tag{5.22}$$

式中,D 为过程日最低气温≤4℃的持续天数。

$$Y = -0.003AHT^3 + 0.0352AHT^2 - 1.3632AHT + 2.8649 \tag{5.23}$$

式中,AHT 为过程日最低气温≤4℃的积寒。

表5.23 过程日最低气温≤4℃持续天数与香蕉减产率的关系

≤4℃持续天数(d)	0	1	2	3	4	5	6	7	8
减产率(%)	4.70	0.70	−3.29	−7.29	−11.28	−15.27	−19.27	−23.26	−27.25

表5.24 过程日最低气温≤4℃积寒与香蕉减产率的关系

积寒(℃·d)	2.0	3.0	8.0	10.0	15.0	20.0	30.0	40.0	50.0	60.0	65.0	70.0
减产率(%)	0.3	−0.9	−5.9	−7.5	−10.7	−12.7	−14.4	−14.5	−14.8	−17.0	−19.4	−23.0

(2)平流型寒、冻害对香蕉产量影响的分析

统计结果表明:冬季平流型寒、冻害下极端最低气温、过程日最低气温<某一温度值的总天数、积寒与香蕉减产率相关关系均比过程极端最低气温、过程日最低气温<某一温度值的持续天数、积寒与香蕉减产率相关关系密切,这一结果说明了冬季期间香蕉遭受多次平流性寒、冻害后,其产量损失率往往大于一次寒、冻害过程所造成的损失。鉴于过程寒、冻害监测预警与评估服务是防灾减灾等决策的重要参考。重点分析过程寒、冻害与香蕉减产率的相互关系。

从式(5.21)过程极端最低气温 T_n 与香蕉减产率的关系模型 Y 推算结果可以看出(表5.25):当过程日最低气温达到7.8℃时香蕉显现出减产态势,当日最低气温≤3.0℃,产量损

失率即超过 20％。

表 5.25　过程极端最低气温与香蕉减产率的关系

极端最低气温(℃)	2.0	3.0	4.0	5.0	6.0	6.5	7.0	7.5	7.8	8.0
减产率(％)	−28.2	−23.4	−18.6	−13.8	−9.0	−6.6	−4.2	−1.8	−0.3	0.6

$$Y = 4.8054T_n - 37.809 \tag{5.24}$$

过程日最低气温≤8℃的持续天数 D、积寒 AHT 与香蕉减产率关系 Y 模型的计算结果也可以看出(表 5.26 和表 5.27)：

过程日最低气温≤8℃持续 8 d、积寒≥50.0 ℃·d 时，香蕉显现出减产态势；当过程日最低气温≤4℃持续 14 d、积寒≥550.0 ℃·d 时，香蕉出现绝收。

日最低气温≤8℃的持续天数与减产率关系模型：

$$Y = -0.0159D^3 + 0.7631D^2 - 12.405D + 43.529 \tag{5.25}$$

最低气温≤8℃的积寒与减产率关系模型：

$$Y = -0.002AHT^2 - 0.0539AHT + 2.4021 \tag{5.26}$$

表 5.26　过程日最低气温≤8℃持续天数与香蕉减产率的关系

≤8℃持续天数(d)	7	8	9	10	11	12	13	14	15
减产率(％)	5.1	−1.41	−6.86	−11.37	−15.0	−17.9	−20.1	−21.75	−22.9

表 5.27　过程日最低气温≤8℃积寒与香蕉减产率的关系

积寒(℃·d)	40	50	100	150	200	250	300	350	400	450	500	550
减产率(％)	0.28	−0.24	−2.8	−5.2	−7.6	−9.8	−12.0	−14.0	−16.0	−17.8	−19.6	−21.2

5.3.1.5　香蕉寒、冻害等级指标及灾害损失指标的确立

综合上述分析结果可看出，因灾害调查点的环境条件、香蕉栽培品种、生产管理水平等差异，以及供试验用的香蕉小苗与大田香蕉发育期相差甚大等，因而所确立的香蕉受害临界温度或致死温度值存在一定的差异。考虑到农业生产气象服务的实际需要，除要考虑挂果香蕉的产量直接损失外，也要考虑香蕉间接产量损失，如果实受害后销售价格造成的损失、幼苗或吸芽受害后恢复正常生长的肥料、农药等投入，即考虑灾损应是综合性的损失。根据这一原则，参照杜尧东(2006)、李娜(2010)等人研究的指标值，选择任一温度使之与地理自然致灾试验、人工胁迫致灾试验、大田灾情调查和典型寒、冻害灾情反演结果所分别确定的香蕉辐射型、平流型的受害临界(致死)温度的距离之和最小，即为香蕉辐射型、平流型的受害临界(致死)温度：

$$T = \sum_{i=1}^{n} \sqrt{(t - t_i)^2} \tag{5.27}$$

同理，分别确定辐射型、平流型低于香蕉临界温度持续日数、积寒等级。最终集成以过程最低气温、低于临界温度持续日数和积寒为致灾因子的香蕉不同寒、冻害类型等级指标体系(表 5.28 和表 5.29)。在实际评估产量损失时，若多个影响因子等级不一致时，则考虑受害等级最高的因子。

表 5.28 香蕉辐射型寒、冻害等级指标及灾损指标

致灾等级	1 级(轻)	2 级(中)	3 级(重)	4 级(严重)
最低气温(℃)	$3 \leqslant TD < 4$	$1 \leqslant TD < 3$	$-1 \leqslant TD < 1$	$TD < -1$
过程日最低气温≤4℃持续天数(d)	$2 < D \leqslant 3$	$3 < D \leqslant 6$	$6 < D \leqslant 8$	$D > 8$
过程日最低气温≤4℃的积寒(℃·d)	3.0～10.0	10.1～50.0	50.1～65.0	>65.1
寒害特征	果皮表层轻度黑丝;影响抽蕾、幼果灌浆;叶缘轻微变褐;假茎和吸芽未受损	果皮表层中度黑丝,影响外观及幼果灌浆或抽蕾;50%～70%叶片干枯;假茎和吸芽轻微受损	果皮表层重度黑丝,影响外观,幼果僵硬无法灌浆或抽蕾;>70%叶片干枯;假茎和吸芽受害	果实无商品价值,地上部假茎干枯;球茎和吸芽受害严重
综合灾损(%)	0～10	10～20	20～30	>30

表 5.29 香蕉平流型寒、冻害等级指标及灾损指标

致灾等级	1 级(轻)	2 级(中)	3 级(重)	4 级(严重)
最低气温(℃)	$5 \leqslant TD < 8$	$3 \leqslant TD < 5$	$1 \leqslant TD < 3$	$TD < 1$
过程日最低气温≤8℃持续天数(d)	$0 < D \leqslant 4$	$4 < D \leqslant 6$	$6 < D \leqslant 10$	$D > 10$
过程日最低气温≤8℃的积寒(℃·d)	50～200	201～450	451～550	>550
寒害特征	果皮表层轻度黑丝;影响抽蕾、幼果灌浆;叶缘轻微变褐;假茎和吸芽未受损	果皮表层中度黑丝,影响外观及幼果灌浆或抽蕾;部分嫩叶变褐、变暗,老叶干枯;假茎和吸芽轻微受损	果皮表层重度黑丝,影响外观,幼果僵硬无法灌浆或抽蕾;嫩叶变褐、变暗,老叶干枯;假茎和吸芽受害	果实无商品价值,地上部假茎腐烂;球茎受害严重,部分吸芽死亡
综合灾损(%)	0～10	10～20	20～30	>30

5.3.1.6 香蕉寒、冻害等级指标及灾害损失指标的验证

(1)2008 年 3 月 11—19 日调查结果

2008 年 1 月上旬末至 2 月上旬初中国南方省(区)遭受历史同期罕见的低温雨雪冰冻灾害天气,给香蕉等热带、亚热带作物造成了严重危害,农业生产直接、间接经济损失巨大。为了验证所建立的香蕉平流型寒、冻害等级指标及灾损指标的合理性,以便为今后灾情判断、灾害损失评估、灾后恢复生产及今后香蕉、粉蕉生产发布寒害预警及防寒工作提供理论及实践依据,拟以广西农业科学院生物技术研究所、国家热带果树品种改良中心广西香蕉分中心、广西植物组培苗有限公司等单位于 2008 年 3 月 11—19 日对广西、广东、海南、云南、福建等香蕉主产省(区)实地调查结果进行验证。调查组共设 14 个调查项目,分别为:香蕉品种、种植情况(包括种植时间、蕉园面积、种植密度)、受寒害时生育期(一代苗 50 cm 以下、吸芽苗未抽大叶前、营养生长期、抽蕾期、果实发育成熟期、苗期)、损失估算、蕉园地形(山地、坡地、平地、低洼地、水田)、蕉园土壤类型、蕉园管理水平、种植方式(露地、地膜、天膜)、灌溉设施、寒害前采取的措施、寒害后采取的措施、抽叶情况、萌芽情况、当地越冬气候、当地受寒害情况概述。蕉类

寒害级别针对叶片、假茎、果实、球茎、根系，分别设0～4共个等5级记录标准。将每片蕉园按面积平均分割为9块样地，抽查1～5块，每块3～5个点，每样点1～2株。

调查结果表明：香蕉主产区最低气温在2～10℃，大部分香蕉均受到不同程度的寒害影响，最主要的表现是外观及内在品质下降、产量降低、商品性受到影响，生育期延长；小部分特别低温的蕉区香蕉整株冻死、绝收。另外，香蕉收获期，受中国南方雨雪及冷空气长时间影响，绿色通道不畅通，大批香蕉难以北运，香蕉收购价从低温前的2.00元/kg降至1.00元/kg，直接经济损失巨大。详细调查结果如下：

广西产区：香蕉大田生产区过程最低温度2.2～4.5℃，香蕉果实、假茎、叶片、球茎受寒害总体严重，局部地区十分严重；粉蕉假茎、叶片轻度受寒，抽蕾发育期局部中等受害。抽蕾幼果期受害最严重；盖天膜栽培比露地栽培受害轻或基本不受害；管理粗放园重于精细园；粉蕉受害较轻；香蕉品种间没有明显差异。除右江河谷的采用珍珠棉＋防寒袋套袋的香蕉外，全区30多万吨未收果实被冻坏，没有覆盖的新植蕉和宿根蕉的吸芽60%～70%受冻，上半部分变黑，生长点尚未被破坏。因为低温时间较长，部分地区如南宁市西乡塘区、隆安县、扶绥县、武鸣县、浦北县、玉林市等地香蕉受寒害严重，叶片、假茎、球茎、根系、部分果实等器官寒害程度达到严重等级(4级)；盖天膜的小苗轻微受寒，对生长影响很小。特别是武鸣县里建农场正安分场广东承包种植户，2007年3月连片种植5000多亩香蕉，寒害发生时还是2～3成蕉果，全部冻坏，颗粒无收，受害程度达严重等级(4级)，损失惨重；浦北县、玉林市等地蕉园普遍采用水田改种，受害程度严重，植株地上部分完全冻坏腐烂，一代苗萌芽率在90%左右，但二代苗管理不够精细，萌芽较低，对2008年生产造成一定影响。田东县、田阳县、百色市、龙州县一带过程最低温度4.2～5.0℃，受寒害程度相对较轻，受寒程度为1～2级，具体表现为挂果母株叶片不同程度的发生冻害干枯，香蕉果实发育饱满受阻，蕉果商品率大大降低，太大的吸芽(杆高1.3 m以上的)叶片被冻黑，解剖发现，距离生长点往上10 cm左右心部基本完好，较小的吸芽发育正常。香蕉受灾等级、灾损等级实际分类与指标分类基本吻合。

广东省产区：香蕉主产县市过程最低气温多在4.0℃以上，低温持续天数也明显小于广西，因此各地香蕉受寒害程度较比广西稍弱，总体中等偏轻，局部地区受害中等；粉蕉仅局部轻受害。受寒害趋势可简要概括为：粤西北地区重于粤南地区，粗放管理蕉园受害重于精细管理蕉园，香蕉受冻重于粉蕉。粤西地区高州市等地受害情况表现为：约1/3的香蕉种植面积受害严重，约1/3的香蕉种植面积受害中等偏轻，约1/3的香蕉种植面积轻微受寒。沿途观察没有发生大面积连片受害至死的蕉株，偶有局部、小面积受害严重而腐烂死亡的植株。吸芽基本不受危害，对2008年香蕉生产没有明显影响。湛江市徐闻县等地香蕉叶片受害为轻度(1级)，假茎、球茎、根系和吸芽几乎不受危害；粉蕉没有受寒害，对2008年香蕉生产没有影响。香蕉受灾等级、灾损等级实际分类与指标分类基本相符。

云南省产区：香蕉受寒程度与广东省相似，总体中等偏轻，局部中等；粉蕉没有明显受寒害。香蕉受寒趋势可简要概括为：高海拔香蕉种植区域重于低海拔香蕉种植区域；相同海拔及产区内，管理粗放蕉园受害重于管理精细蕉园，小苗受害重于大苗，不套果袋(或单层果袋)受害程度重于套多层果袋；香蕉各品种间没有明显差异。河口县、屏边县、普洱市普文镇香蕉受寒中等偏轻，局部中等，海拔高度约600 m以上球茎未受损，吸芽都能够正常萌芽，根系没有明显受冻，叶片受寒程度达到3～4级，6成成熟以下的果没有商品价值，7

成成熟以上的果可以勉强低价销售,受寒偏重。露地小苗受寒 1～2 级,果实商品性影响较大。景洪市、元江县、个旧市、金平县轻度受寒,仅果实尾部 1～3 梳有黑丝,小苗能够正常生长。不同生育时期香蕉受寒冻害情况具体表现为:在果实发育期,总体上香蕉冬春茬果实轻微受寒害(可划分为 1 级受害),尾部 1～4 梳受害有黑丝,成龄蕉树叶片轻度受寒、假茎、球茎、根系生长正常,果皮外观暗绿,没有变黑;局部高寒山区(海拔约 600 m 以上的)香蕉果实受害 2～3 级,成龄株假茎心部损伤腐烂,但球茎未受损,吸芽尚正常萌芽,根系没有明显受冻,叶片受寒害严重达到 3～4 级;粉蕉果实、叶片、吸芽均正常生长,无明显寒害。综合管理(特别是套多层袋防寒)到位的蕉园,果实没有受寒害,管理粗放的蕉园,受害稍重。营养生长期,总体上 50 cm 以上的蕉树没有表现受寒害;但高寒山区海拔约 600 m 以上区域的吸芽树或新植树,嫩叶片受害2～3级,个别植株受害达 4 级。二级假植苗期,大棚二级假植育苗正常生长,个别育苗点因炼苗通风程度把握不当,有轻微受冷害的表现。定植苗,2007 年 12 月前后露地种植的营养杯苗,小于约 400 m 海拔区域的正常生长或轻微受冷害;约>400 m 海拔区域的,叶片受寒害,但生长点、心叶、根系均成活;定植后盖地膜保护的表现比露地无保护措施的稍好;利用坑面或拱竹盖天膜的生长正常。护果辅助措施采用多种形式护果,规模化、基地化种植的多以 2～5 层袋护果,纸塑混合 3 层以上套袋护果,效果很好,基本不受寒害,少于 3 层的,尾部几梳受轻微伤害;除套袋外,对树体的管理与防寒效果明显相关,护根护叶水肥到位的蕉园,果相明显优于粗放管理蕉园。当时价格为优果 2.6～2.8 元/kg,中等果 2.0 元/kg 左右,轻微受寒果 1.5 元/kg 左右。零星农户和小规模种植管理较粗放,果相果价中等以下。各县市越冬气候情况具体为:景洪市春节后雨水较去年多,往年较干旱,低温期较去年长,最低气温比去年稍高 2℃;普文镇冬天光照强,盖天膜易烧苗,气温比去年低,无霜;元江县风较大,蕉株叶片普遍呈梳状撕裂;个旧市、河口县、屏边县长时间阴雨,低温 3～4℃,低温时间长,光照弱。孟连、河口的山顶香蕉寒害较重。香蕉受灾等级、灾损等级实际分类与指标分类基本一致。

海南省产区:气温明显高于其他香蕉种植区,过程最低温度普遍在 8℃以上。香蕉总体受寒程度 0 级,全省大部分地区不受害,仅海南北部福山镇一带因长时间低温阴雨,熏烟、喷药工作没法开展,香蕉生长速度减慢,叶片失去光泽;有做好套袋工作的蕉园,香蕉果实基本上不受寒害;没有及时套袋以及套袋材料选择不当的蕉园果实均有不同程度的寒害,表现果指短、果皮变黑、产量降低,蕉果尾梳轻度受寒,对商品性稍有影响,但可收获。海南南部生产区因确切观察到香蕉枯萎病的危害,没有近距离抽样调查,目测蕉株蕉果没有受到寒害影响。

福建省产区:漳州市主产区过程最低气温为 3～6℃,蕉类受寒比广西稍轻。该市北部香蕉产区局部蕉叶出现冻害现象,蕉叶褪绿呈黄绿色,冻害严重地区的蕉叶失绿变黄色,叶缘干枯,严重的整片蕉叶干枯,加上持续几天阴雨天气,假茎中心被冻死,抽蕾期抽不出蕉蕾,或只能抽一半蕉蕾,呈“指天蕉”,或硕端两梳,果实难以饱满。不同环境条件下香蕉受冻害程度不同。沿海香蕉冻害程度轻,地势较高或蕉园有覆盖植株有遮挡的香蕉受冻程度轻,肥水管理好的蕉园受冻害程度也较轻。

(2)2011 年 3 月 9—16 日调查结果

2011 年 1 月上旬中至月底,中国香蕉主产省(区)再次遭受平流型寒、冻害影响,各主产省(区)香蕉不同程度受灾。根据各省(区)香蕉主产地过程最低气温及日最低气温低于 8℃的持续天数、积寒等，结合广西农业科学院生物技术研究所、国家热带果树品种改良中心广西香蕉分中心、广西植物组培苗有限公司等单位，于 2011 年 3 月 9—16 日对广西、广东、海南、云南、福建等香蕉主产省(区)进行实地调查结果汇总。结果表明：香蕉寒、冻害等级指标及灾损指标与香蕉实际受害分类吻合。

广西产区：广西西乡塘、隆安、武鸣、横县、浦北等产区过程最低气温 2.0～5.0℃，日最低气温＜5.0℃的持续天数为 2～4 d。其中未达到 7～8 成成熟的挂果株叶片干枯、叶鞘、假茎腐烂倒伏、果轴变褐色、果皮黑丝严重、部分果实变黑，不能继续灌浆饱满，挂果株处于绝收状态。大中型吸芽叶片大部干枯、假茎腐烂，但生长点未坏死，受害严重，小吸芽假茎心部、球茎腐烂率较低，受害稍轻。而广西龙州、崇左、田东、田阳等产区过程最低气温 5.0～6.5℃，为达到采收标准的挂果蕉株假茎叶鞘有一定程度的腐烂、干枯，有约 50%的绿色蕉叶未倒伏，果皮出现黑丝，果柄完好，果轴表面轻微冻黑，心部完好，蕉果仍能缓慢灌浆饱满，所有蕉类吸芽生长点球茎完好，假茎叶鞘受害较轻，大中型吸芽心部有部分受害断层现象，小吸芽比中大西芽生长好。

云南产区：云南省的文山、红河、玉溪等产区气象台站过程最低气温为 5.0～9.0℃，但由于香蕉种植海拔高度存在差异，受灾差异显著：屏边县大树乡(海拔 701 m)和河口县瑶山乡(海拔 600 m 以上)香蕉受害严重，叶片干枯，假茎和果轴腐烂，未达到采收成熟的香蕉约占 50%，处于失收状态；大中型吸芽叶鞘及假茎受影响，但生长点完好，小吸芽受灾不明显。海拔高度在 500 m 以下的香蕉受害症状不明显或无受害症状。西双版纳的橄榄坝、勐腊县等地过程最低气温在 8℃，该区域香蕉受寒害较轻，母株(含抽蕾和为抽蕾的母株)和大、中、小各类吸芽的叶片、叶柄、球茎及根系未见寒、冻害症状出现，果实表现为轻度寒害症状，套袋防寒的香蕉不表现无受害症状。

广东产区：高州、雷州、徐闻等主产区过程最低气温为 5.0～6.0℃，持续时间 1～2 d。香蕉受害程度随纬度变化，纬度偏北的高州市产区，香蕉果皮黑丝程度稍重，叶片小部分干枯，假茎外层腐烂，果轴轻微腐烂，香蕉植株的生长点、根系和球茎完好。而纬度偏南的雷州、徐闻等地产区除为采收香蕉果皮外观稍受轻微影响外，叶片、叶柄、假茎、球茎和大、中、小各类吸芽均未受影响。

海南产区：临高、乐东、琼海等主产区过程最低气温为 6.0～7.0℃，持续时间 1～2 d，除为采收香蕉果皮外观稍受轻微影响外，叶片、叶柄、假茎、球茎和大、中、小各类吸芽均未受影响。

福建产区：漳州等主产区过程最低气温为 2.0～5.0℃，持续时间 1～2 d，属辐射型寒冻害。挂果株叶片主要表现为脱水状干枯，倒伏较少。5 成饱满的套袋蕉果果皮黑丝为轻度，不套袋或破损袋果皮黑丝中等；5 成以下饱满度的套袋蕉果果皮有黑点寒害，为中等偏轻程度。整体上该区域约有 30%～40%蕉果损失；中小型吸芽苗叶片、根系、球茎、生长点外部形态和解剖形态均为正常，而大型吸芽叶片受害干枯约 50%，其他形态结构及解剖观察显示受害影响较小。这与香蕉辐射型寒、冻害等级及灾损等级标准基本相符。

5.3.2 区域近地层气温降尺度模型构建

一般说来，区域近地层气温的空间差异是天气系统、地理信息和地表信息(也称下垫面信息)等因素综合影响的结果。

天气系统是指具有一定的温度、气压或风等气象要素空间结构特征的大气运动系统。其中以气温分布特征划分确定的天气系统有冷锋、暖锋、静止锋、锢囚锋等。冷暖气团的空间位移是引发区域空间气温、湿度等差异及变化主要因素。地理信息是区域不同地点所属的经度、纬度、海拔高度、坡度、坡向等基础信息,其中基础地理信息数据中的纬度、海拔高度等对近地层气温影响最大。地表信息称下垫面信息:是指地球表面的地物特征,包括海洋、河流、大型水体、草地、农田、城镇、森林、裸露土地、雪等。由于不同的地表信息对太阳辐射的反射率以及射出长波辐射存在一定的差异,因此,不同地表信息吸收的太阳辐射能,以及夜间长波辐射释放能量不尽相同,对应的近地层气温必然存在一定的差异。由此可见,构建合理的区域近地层气温降尺度模型需考虑天气变化类型、地理基础信息及下垫面信息等要素。

(1)区域下垫面特征信息的获取

众所周知,不同的下垫面对太阳的可见光及近红外等波段的反射率存在一定差异。因此,根据不同地表对太阳可见光和近红外波段的反射率的差异,可辨别不同的地表信息。地表反射率也称为地表反照率,即自然地物的半球反射率,是指地表物体向各个方向上反射的太阳总辐射通量与到达该物体表面上的总辐射通量之比。地表反照率可以通过遥感成像提供的辐射亮度值 L 或反照率 p,二向性反射率分布函数 BRDF 来获得。不同的地表状态,其地表反射率的值是不同的,如表 5.30。

表 5.30 典型下垫面的地表反照率(%)

地表状态	裸地	沙漠	草地	森林	雪(紧、洁)	雪(湿、脏)	海面(太阳高度角>25°)
反射率	10～25	25～46	15～25	10～20	75～95	25～75	<10

注:引自《大气科学辞典》。

根据定义,应用 ENVI 等软件,可从 EOS/MODIS、FY-3A 等卫星数据中提取研究区域任意格点的地表反射率值。

(2)基础地理信息的提取

区域基础地理信息数据的获取一般有两种途径。一是从国家测绘局及省属测绘局获取 1∶100 万、1∶25 万、1∶10 万等不同比例尺区域基础地理数据资料。二是利用 EOS/MODIS、FY-3A 等卫星资料自身携带的地理经纬度、高程(DEM)等地理信息。运用 ARCGIS 软件,分布构建研究区域,如云南、广西、广东、海南、福建等省级区域 250 m×250 m 网格点,并根据格点的地理坐标信息,从卫星遥感数据中提取对应格点的经度、纬度、海拔高度、坡度、坡向等基础地理信息数据。

(3)区域气温降尺度模型的构建

为了客观地描述云南、广西、广东、海南、福建等省级行政区域寒、冻害过程最低气温的空间变化,根据各省(区)的空间气候差异特点,应用数理统计学中的多元线性回归分析方法,除海南省外,云南、广西、广东、福建等省(区)按行政分区,在全省(区)所有县(市)气象台站中随机抽取 1/3～1/2 县、市气象台站冬季寒、冻害过程逐日最低气温与气象台站对应的经度、纬度、海拔高度、坡度、坡向及地表反射率等数据构造寒、冻害过程逐日最低气温空间变化模型若干个,从中选取回代拟合效果较好的模型作为该日最低气温降尺度模型,并以此推算任意格点的最低气温。关系模型为:

$$T = f(\phi, \varphi, h, \alpha, \beta, \kappa) + \xi \tag{5.28}$$

式中，T 为台站气温实况值；$\phi, \varphi, h, \alpha, \beta, \kappa$ 分别代表纬度、经度、海拔高度、坡度、坡向和地表反射率；ξ 为残差项，称为综合地理残差，可认为 $\phi, \varphi, h, \alpha, \beta, \kappa$ 所拟合的气候学方程的残差部分，即

$$\zeta = T - f(\phi, \varphi, h, \alpha, \beta, \kappa) \tag{5.29}$$

点的经度 ϕ、纬度 φ、海拔高度 h、坡度 α、坡向 β 和地表反射率值 κ 等数据分别代入模型方程，推算寒、冻害过程某日最低气温在 250 m×250 m 网格上的分布；再以各省（区）所有气象台站的该日最低气温残差值为样本，运用反距离权重插值法，得到最低气温值 250 m×250 m 网格的残差分布；将 250 m×250 m 网格的模型值与残差值相加，得到该日 250 m×250 m 网格最低气温值。

同理，分别构建寒、冻害过程中逐日 250 m×250 m 网格最低气温值，并提取区域每个格点在寒、冻害过程中逐日最低气温的最小值，在 GIS 中，将格点值转化为栅格数据，得到此次寒、冻害过程该省级区域的空间分布图，如图 5.20。

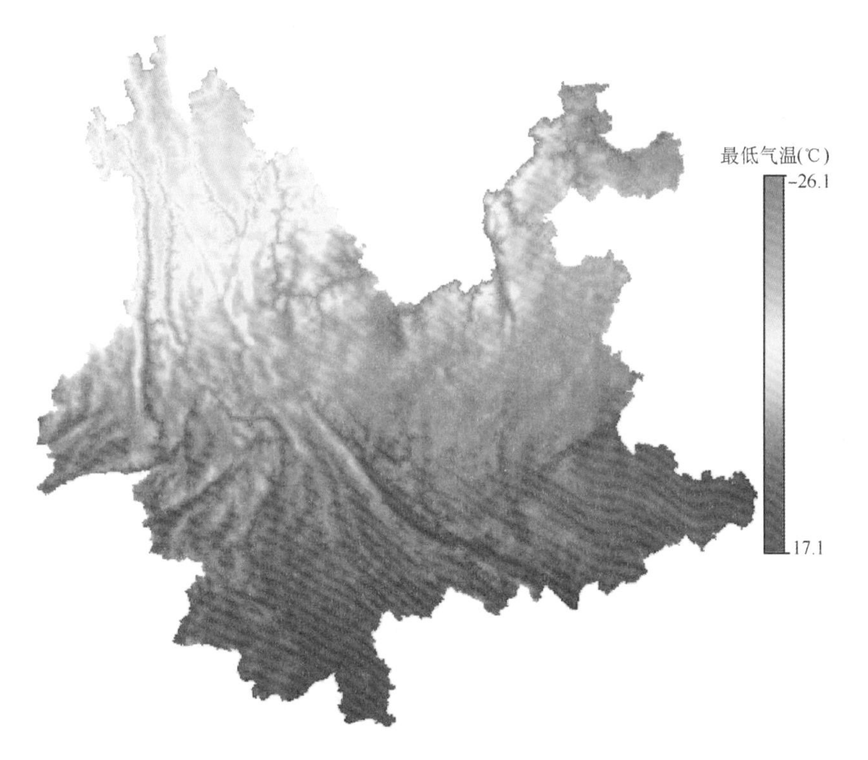

图 5.20　云南省 2013 年 12 月 13—16 日过程极端最低气温分布图

5.3.3　基于数值天气预报解析产品的区域气温降尺度模型构建

同理，基于区域气温时空变化与天气系统、地理基础数据及下垫面信息等关系密切，以区域数值天气预报解析产品为因变量，构建区域数值天气预报解析产品与地理信息数据、下垫面信息等相耦合的区域不同时效的气温变化模型，以此实现区域寒害冻害的动态预警。

如应用广西区气象台 2012 年 12 月 28 日发布 24 小时的广西区域极端最低气温数值预报

产品，并与其对应的经度、纬度、海拔和下垫面性质等因子所构建的2012年12月29日极端最低气温模型为：

$$T = 109.4809 - 0.7719\phi - 0.5134\varphi - 0.00229h - 0.1707\alpha + 0.1641\beta + 0.0059\kappa \quad (5.30)$$

模型的复相关系数为0.9387，F值为191.63，通过α=0.001的显著性检验。

同理，可建立48—168小时等不同时效的寒害、冻害预测模型，以及预测模型对应的广西区域寒害、冻害空间分布预测图。

经过对2012年/2013年冬季广西区气象台发布24—168小时数值预报结果为例来检验偶合遥感信息的寒害预警模型效果，结果表明：预报回代与台站发布数值预报值误差在±1.5℃的准确率平均为88%，误差在±1.2℃的准确率平均为81.4%。

5.3.4 基于区域气温降尺度模型的香蕉寒冻害监测、预警与灾损量化评估

基于区域气温实况、不同时效数值天气预报解析产品的气温降尺度模型，结合区域乡镇自动站气温资料实况、区域不同时效的气温预报数值及农作物寒、冻害等级指标，即可实现区域农作物寒、冻害受灾等级的划分，即实现区域农作物寒、冻害的动态监测和预警。在此基础上，结合采用区域农作物种植分布遥感信息图层与农作物灾害损失等级指标图层融合、镶嵌等方法，可实现作物灾损量化评估。其技术流程详见图5.21。

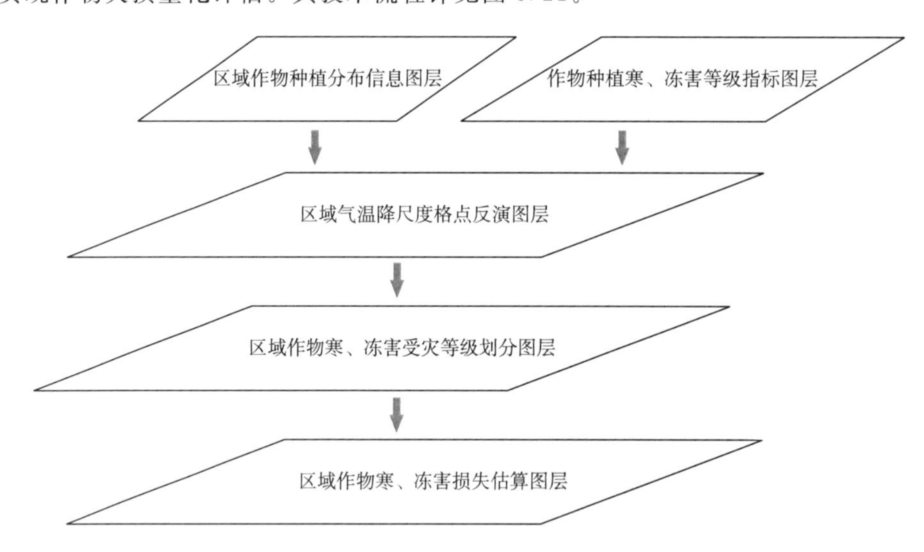

图5.21　区域农作物寒、冻害监测预警与灾损量化评估流程框图

根据图5.21技术流程，以广西1999年12月22—27日出现历史同期罕见的霜冻、冰冻灾害天气过程为例，监测和评估霜冻、冰冻灾害天气过程对广西香蕉生产造成的损失。监测结果表明：广西各地香蕉遭受不同程度寒、冻害，其中重度受害的占总种植面积的53.5%，严重以上寒、冻害占当年种植面积46.7%。监测结果与实况调查基本吻合(图5.22)。

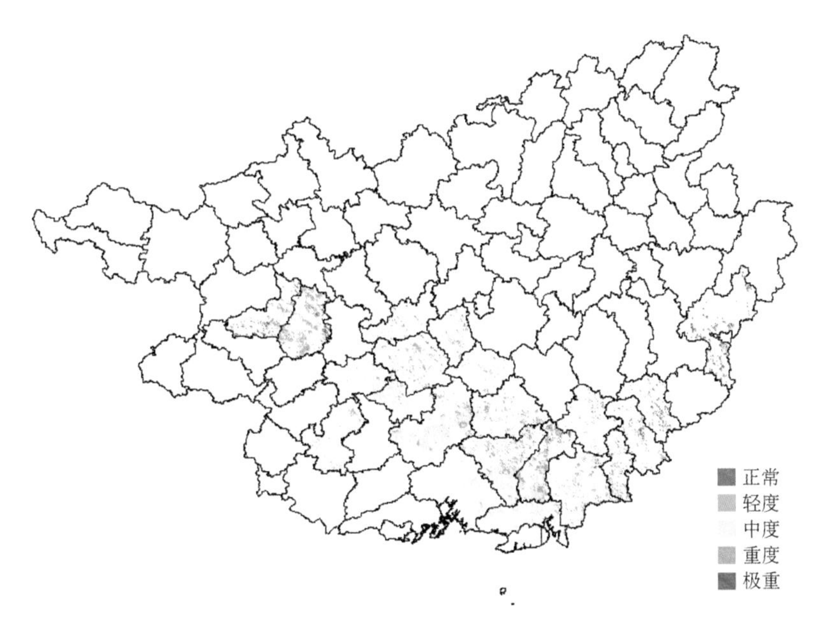

图 5.22 1999 年 12 月 22—27 日霜冻、冰冻过程广西香蕉受害监测与评估示意图

5.4 香蕉风害

香蕉是芭蕉科(*Musaceae*)芭蕉属(*Musa*)植物(Fortescue et al,2005),由于果品风味独特,营养价值高,深受人们喜爱。广东是全国香蕉生产主产区,产量居全国之冠,2007 年全省香蕉种植面积和总产量分别占全国的 42%和 45%以上(吴雪珍等,2009)。香蕉产量最大的是茂名市,2011 年产量为 140 万吨,占全省总面积 1/4,其次为湛江产量为 132 万吨,广州、肇庆、江门、中山等地产量也都在 10 万吨以上(广东农村统计年鉴编辑委员会,2012)。香蕉叶大干高,根系浅生,韧性不强,极不抗风,风力达 8~9 级时,假茎被吹断,甚至连根拔起,风力 10 级以上时,植株会遭到毁灭性危害。粤西南地区是香蕉种植最适宜气候区(薛丽芳等,2010),但同时是全省各沿海地区中台风、大风频繁出现的地区之一,粤西沿海台风登陆次数占到全省 45%(唐晓春等,2003),风害较为突出。如 1996 年在湛江吴川登陆的 9615 号台风"莎莉"造成直接经济损失 210.5 亿元(刘云华等,2005),2008 年在茂名电白登陆的 0814 号强台风"黑格比"造成直接经济损失 113.8 亿元(广东省防灾减灾年鉴编纂委员会,2009),2 次台风过程都对当地香蕉种植造成了毁灭性的打击。在 21 世纪全球气候变暖的大背景下,各种极端天气气候事件增多(IPCC,2007;黄镇国等,2007),由于温室气体的增温效应,到 2100 年热带气旋的强度也将增大 2%~11%(Knutson et al,2010),香蕉种植面临的风险将更加突出(钟秀丽等,2000)。

现有研究成果主要集中在台风自身特征分析(Emanuel,2005;Oouchi et al,2006;赵珊珊等,2009)和台风整体灾情评估(刘玉函等,2003;唐晓春等,2003;陈香等,2007;苏高利等,2008),而针对香蕉这一具体承灾体的风害特征分析未见有报道。台风活动季节在 6—9 月。有研究表明如果有计划控制香蕉抽蕾挂果避开台风活动期,则可避过台风灾害(彭俊伟等,2003)。但并没有给出具体的风害定量分析。利用前人研究及灾情调查结果初步总结出香蕉风害评估等级指标,结合广东香蕉主产区代表站点的气象站逐日极大风速资料,对各站多年风害频率变化趋势、逐月大风日数、不同种植周期风害概率等进行分析，分析结果可用于香蕉种植周期安排、防风减灾决策制定、风害保险、防灾措施准备等。

5.4.1 香蕉风害气象指标的建立

巴西香蕉（*MusaAAACavendishBaxi*）于20世纪80年代自巴西引入中国，由于巴西香蕉具有多方面的品种优势，近年来已发展成为国内最主要的栽培品种（王艳琼等，2009）。本书所研究的香蕉品种均为巴西香蕉。巴西香蕉生育期316 d，大苗春植后5个多月开始抽蕾，再过3个月开始收获，越冬蕉约12个月收获（许林兵等，2010）。在广东，香蕉 ·年四季均可种植，不同大小的焦苗种植时间也有差异，但以春植和秋植居多，根据主产区较为普遍的种植时间归纳了春植和秋植香蕉的生育期周期（表5.31）。不同生育期的香蕉抗风能力差别很大，苗期植株矮小抗风能力较强，而当香蕉处于抽蕾期或挂果初期时，台风对其生产的影响最大，容易造成植株倒伏或蕉蕾，蕉串折断造成“颗粒无收”，即使不倒伏和折断，大风也会把香蕉叶片撕烂，造成大量的伤口，容易诱导病害的发生率增大（刘晓鹏，2008）。

表5.31 广东省香蕉主产区种植周期

种植周期	春植		秋植	
生育期	营养生长期	抽蕾—收获期	营养生长期	抽蕾—收获期
时间段	5—10月	11月至次年4月	9月至次年3月	4—8月

确定香蕉风害指标所用的方法是统计分析法中的个例分析法并结合文献调查。在香蕉风害分析中，首先对收集到的相关文献进行总结，得出影响香蕉风害受灾程度主要因素为香蕉株高及所处的生育期，为此将在构建不同生育期香蕉风害指标时将香蕉分为幼苗期、营养生长期、抽蕾挂果期这三个生育期，并由文献描述初步得出不同生育期的香蕉致灾风速范围。然后利用2011—2012年四次台风过程中20个调查点的数据进行分析。具体调查的台风灾害过程如下：

2011年第8号强热带风暴“洛坦”于7月29日17时40分在海南省文昌市龙楼镇沿海登陆，登陆时中心附近最大风力10级（28 m/s），中心最低气压980 hPa。根据登陆情况项目组于7月30赴徐闻调查香蕉、橡胶树风灾情况。2011年第17号台风“纳沙”于9月29日14时30分在海南文昌翁田镇沿海地区登陆，登陆时中心附近风力14级（42 m/s）、中心最低气压960 hPa。29日21时15分，台风“纳沙”在徐闻县角尾乡沿海地区再次登陆，登陆时中心附近风力12级（35 m/s），中心最低气压968 hPa。项目组于9月27日前往徐闻调查灾情。7月24日4时15分，2012年第8号台风“韦森特”在江门台山市赤溪镇沿海地区登陆，登陆时中心附近最大风力13级（40 m/s），中心最低气压955 hPa。26日灾情调查组前往台风登陆地区实地调查台风灾情。灾调组一行从广州出发，驱车经由中山、珠海至江门台山，“韦森特”登陆地点——台山市赤溪镇，沿途实地调查台风对香蕉的影响。2012年第13号台风“启德”于8月17日在湛江市麻章区湖光镇登陆，登陆时中心附近最大风力达13级（38 m/s），中心最低气压为968 hPa受“启德”影响，17日粤西沿海普遍出现了11～13级阵风，14级的大风，其中17日10时茂名电白放鸡岛最大阵风达到15级（47.1 m/s）；17日粤西沿海7个县（市）降暴雨到大暴雨，徐闻降雨122.9 mm。项目组8月16日前往湛江东海岛及附近地区调查灾情。

根据调查得到的数据，利用香蕉风害灾损指数与其株高、生育期、防灾措施等进行相关分析，得出灾损指数与株高、生育期有明显的正相关，相关系数都通过了 0.05 的显著性检验。从灾情调查个例中找出典型个例进行个例分析，从而确定香蕉风害气象指标。

根据广东省气候中心多次台风灾害的灾情调查结论分析和农户经验，得出香蕉风害等级指标如表 5.32。

表 5.32 广东省香蕉风害指标

受灾级别	受害情况描述	产量损失(%)	风力指标	
			营养生长期	抽蕾挂果期
0(无)	未受害	0	<7 级	<7 级
1(轻)	叶片撕裂，破碎	0～10	≥7 级	≥7 级
2(中)	倾斜的假茎与地面夹角≤60°	10～30	≥9 级	≥8 级
3(重)	假茎被折断；连根拔起；假茎与地面的夹角≤30°	≥30	≥11 级	≥10 级

5.4.2 香蕉风害变化特征

5.4.2.1 风害特征描述

大风日数定义为日极大风力达到 8 级或以上的日数。香蕉中度风害指香蕉在某一生长期遭受的风力达到受害指标，造成产量损失 10%～30%；重度风害指香蕉在某一生长期遭受的风力达到受害指标，造成产量损失在 30%以上。由于香蕉生长周期跨年度，为方便统计一个生长周期的风害情况，参照农户习惯，以香蕉收获年份来确定香蕉风害年份，如春植香蕉 2011 年 5 月种植到 2012 年 4 月收获，期间受到风害记为 2012 年春植蕉风害，秋植香蕉 2011 年 9 月种植到 2012 年 8 月收获，期间受到风害记为 2012 年秋植蕉风害。风害概率参照计算寒害概率的方法(Cittadini et el，2006)用一个生长周期中至少出现一次风害的年数除以总年数得到。

5.4.2.2 大风日数年际变化

8 级风是香蕉受害的下限风速，分析大风日数有助于了解广东香蕉主产区各地的风害特征。1997—2012 年期间，番禺、高州、徐闻三个地区平均大风日数分别为 1.9 d，3.7 d 和 3.9 d，番禺的大风日数较高州、徐闻少。三个地区大风日数的年际变化也相当大(图 5.23)。对于番禺，大风日数最多的 2008 年为 6 d，其次是 2003 年的 4 d，而全年未出现大风日数的年份有5 a，占 31%；高州大风日数最多的 1997 年为 9 d，其次是 1998 年为 8 d 和 2003 年的 8 d，而全年未出现大风日数的年份为 0 a；徐闻大风日数最多的 2005 年达到 11 d，其次是 2009 年的8 d，类似高州，徐闻每年大风日数均不为 0 d。香蕉大风日数长期变化趋势，反映了气候变化对广东香蕉主产区大风现象发生的影响。16 年来，番禺、徐闻的大风日数分别以 0.88 d/10 a 和1.1 d/10 a的速率增加，而高州大风日数则以 3.7 d/10 a 的速率减少。不过番禺和徐闻大风日数增加的趋势系数分别为 0.25 和 0.19，均未通过 0.05 显著性检验，这表明大风日数增加的趋势并不显著。高州大风日数减少的趋势系数为－0.62，可以通过 0.01 的显著性检验，表明高州地区大风日数减少的趋势显著。这与西北太平洋热带气旋的总频数的长期减少趋势(赵珊珊等，2009)一致。

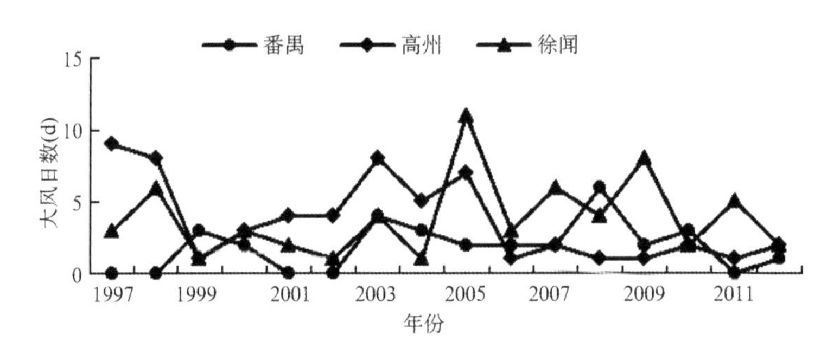

图 5.23 1997—2012 年广东香蕉主产区大风日数年际变化

5.4.2.3 大风日数月际变化

香蕉营养生长期的抗风能力显著强于抽蕾及成熟期，分析大风日数的月际变化有助于控制香蕉抽蕾挂果期避开台风活动期，以此减少台风造成的损失。总体看，大风日集中于 4—10 月，但不同月份出现的大风日数差异极大(图 5.24)。最高的徐闻 9 月平均大风日数为0.88 d，这表明徐闻几乎每年 9 月都会出现大风。将三站平均起来看，2 月份平均大风日数均为 0 d，其次是 1 月(0.02 d)，12 月(0.04 d)，3 月(0.1 d)和 11 月(0.12 d)，这 5 个月共发生的大风日数仅占全年的 9.2%，其余 91%均发生在 4—10 月。结合表 5.31 中广东主产区香蕉生育期及风害指标，发现秋植香蕉抽蕾—收获期为每年 4—8 月，与大风高发期重合，此时香蕉处于抽蕾期或挂果期，台风对其生产的影响最大，容易造成较大损失；而春植香蕉到这时株苗尚矮小，通常影响不大。

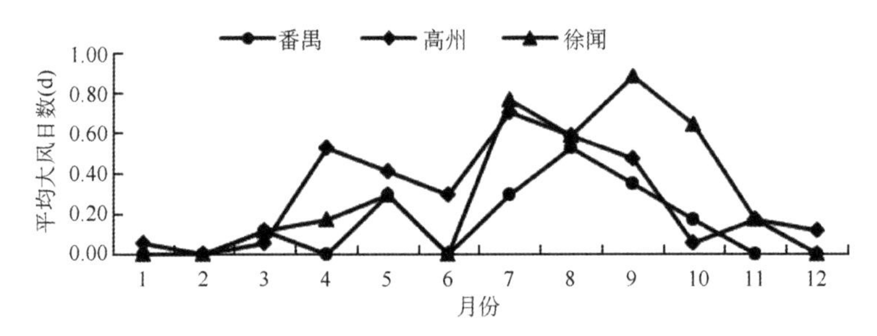

图 5.24 1997—2012 年平均广东香蕉主产区大风日数月际变化

5.4.2.4 香蕉风害日数对比

以香蕉收获年份来确定香蕉风害年份，如春植香蕉 1997 年 5 月种植到 1998 年 4 月收获，期间遭受到的风害记录为 1998 年的春植香蕉的风害，秋植香蕉类似于此。由于风速数据最早为 1997 年 3 月，故香蕉风害起始年份为 1998 年。对照表 5.31 中广东省香蕉主产区种植周期及表 5.32 中对应风害指标，逐日判断番禺、高州和徐闻三个地区春植和秋植香蕉不同生育期的风害情况，以此获得多年累计风害日数并汇总于表 5.33。

表 5.33　1998—2012 年广东香蕉主产区累计风害日数

种植周期	生育期	番禺		高州		徐闻	
		中度(d)	重度(d)	中度(d)	重度(d)	中度(d)	重度(d)
春植	营养生长期	6	0	9	1	12	2
	抽蕾—收获期	2	0	15	1	8	0
	合计	8	0	24	2	20	2
秋植	营养生长期	1	0	1	0	8	2
	抽蕾—收获期	21	0	32	7	28	1
	合计	22	0	33	7	36	3

对于春植香蕉，营养生长期为 5—10 月与当地大风高发期重合，但由于此时香蕉尚未抽蕾，因此遭受的风害以中度风害为主，损失不大。期间番禺、高州和徐闻中度风害日数分别为 6 d，9 d，12 d，重度风害只有徐闻 2 d 和高州 1 d。抽蕾—收获期为 11 月至次年 4 月，大风发生较少，但抽蕾的香蕉抗风性下降，番禺、高州和徐闻中度风害日数分别为 2 d，15 d，8 d，重度风害番禺和徐闻是 0 d，高州 1 d。全生育期合计起来看，番禺、高州和徐闻中度风害日数分别为 8 d，24 d，20 d，重度风害只有徐闻 2 d 和高州 1 d。

对于秋植香蕉，营养生长期为 9 月至次年 3 月，大风发生较少，且此时香蕉抗风能力较强，遭受的风害以中度风害为主，且风害日数较少，番禺、高州和徐闻中度风害日数分别为 1 d，1 d，8 d，重度风害只有徐闻 2 d。抽蕾—收获期为 4—8 月与大风高发期重合，此期间香蕉已经抽蕾，抗风性降低，番禺、高州和徐闻中度风害日数分别到达 21 d，32 d，28 d，重度风害番禺是 0 d，高州和徐闻分别是 7 d 和 1 d。全生育期合计起来看，番禺、高州和徐闻中度风害日数分别为 22 d，33 d，36 d，重度风害高州 7 d 和徐闻 3 d。

春植与秋植对比来看，春植香蕉营养生长期中度风害日数均高于秋植香蕉，三个地区重度风害日数略高或等于秋植。而抽蕾至收获期秋植香蕉的风害日数则显著高于春植，番禺、高州和徐闻秋植香蕉中度风害日数比春植分别多 19 d，17 d 和 20 d，高州和徐闻重度风害日数比春植分别多 6 d 和 1 d。全生育期合计起来比较也是秋植香蕉风害日数多于春植香蕉，其中番禺、高州和徐闻秋植香蕉中度风害日数比春植分别多 14 d，9 d 和 16 d，高州和徐闻重度风害日数比春植分别多 5 d 和 1 d。

5.4.2.5　香蕉风害风险对比

根据逐年的香蕉风害日数可以计算得到 1998—2012 年平均风害发生概率并汇总于表 5.34。

表 5.34　1998—2012 年广东香蕉主产区风害平均发生概率

种植周期	番禺		高州		徐闻	
	中度风害	重度风害	中度风害	重度风害	中度风害	重度风害
春植	0.33	0.00	0.73	0.13	0.73	0.13
秋植	0.73	0.00	0.73	0.47	0.67	0.20

对于春植香蕉，高州和徐闻中度风害发生的概率较高，均为0.73大于2年一遇，而番禺发生概率仅为0.33为3年一遇。秋植香蕉中度风害发生概率均高于2年一遇，高州和徐闻发生概率与春植接近，番禺发生概率则大于春植。重度风害发生概率较中度风害显著偏低，番禺近年来没有发生重度风害，高州和徐闻春植香蕉发生概率均为0.13，约为8年一遇，秋植香蕉重度风害概率较高，高州和徐闻概率达到0.47和0.2，分别为2年一遇和5年一遇。

从地域分布上比较，番禺春植和秋植香蕉风害风险较低，总体低于高州和徐闻，特别是没有发生过重度风害。高州与徐闻春植香蕉发生风害概率相同，而秋植香蕉中度、重度风害概率均高于徐闻。

5.4.3 香蕉风害监测等级评估模型

5.4.3.1 香蕉风害等级监测评估模型

根据香蕉风害指标代入评估模型即可得出风害受损等级。

香蕉风害等级评估模型：

$$R_d = V \times G \tag{5.31}$$

式中，R_d 表示风害等级，V 表示风力等级，G 为香蕉生育期。具体参数见表5.32广东省香蕉风害指标。

5.4.3.2 香蕉风害监测定量评估模型探讨

工作的建设内容主要包括风害对香蕉影响的灾害指标建立、风险评估技术方法建立、预警标准的制定以及香蕉风害早期预警与防范应对的联动机制的建立等方面。主要的技术路线及方案如图5.25所示。

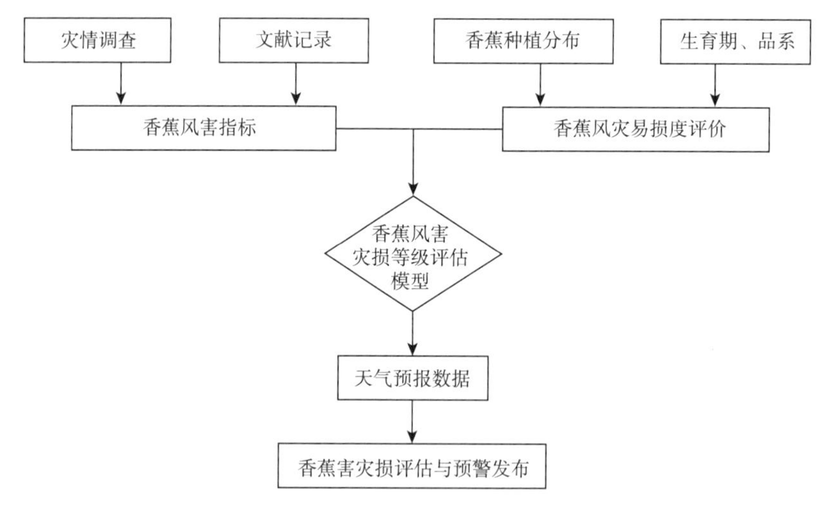

图5.25 香蕉风害灾损监测评估技术路线

(1)模型构成

章国材的《气象灾害风险评估与区划方法》中灾害风险评估模型构建，灾害风险评估模型表述如图5.26所示：

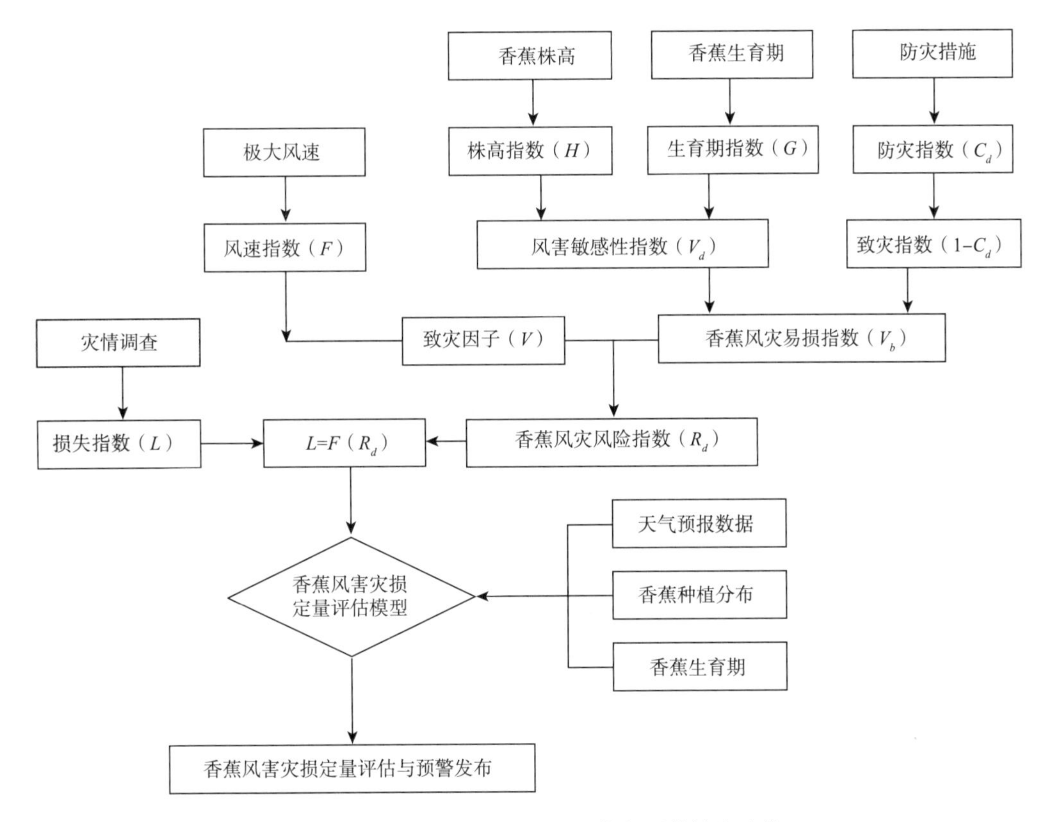

图 5.26　香蕉风害灾损定量评估与预警技术路线

$$\text{灾害风险}(R_d) = \text{致灾因子}(V) \times \text{灾损敏感性}(V_d) \times \text{致灾指数}(1 - C_d) \tag{5.32}$$

式中，V_d 灾损敏感性，C_d 防灾能力，后 2 项称为承灾体易损性，即承灾体易损性 $V_b = V_d \times (1 - C_d)$

$$R_d = V \times H \times G \times (1 - C_d) \tag{5.33}$$

风害灾损(L)与风害风险指数(R_d)的函数关系为 F(x)即，

$$L = F(R_d) \tag{5.34}$$

(2)模型因子指数化

包括灾害损失指数(L)、致灾因子(V)、株高指数(H)、生育进程数值(G)、防灾能力指数(C_d)。

根据专家及农户生产经验综合认为，对于单株香蕉而言，叶片撕烂产量损失 10%，植株倾斜损失产量 30%，植株折断损失产量 100%。对于整片蕉园(见式 5.36)，

$$\text{损失指数}(L) = \text{撕烂比例} \times 0.1 + \text{倾斜比例} \times 0.3 + \text{折断比例} \times 1。$$

模型因子指数值化过程需要对极大风速、香蕉株高样本数据进行归一化处理，处理后得到风速指数(致灾因子 V)与株高指数(H)，处理方法如下：

$$X' = 0.998\frac{X - X_{\min}}{X_{\max} - X_{\min}} + 0.001 \tag{5.35}$$

样本的还原处理为：

$$X = X_{\min} + (X' - 0.001)\frac{X_{\max} - X_{\min}}{0.998} \tag{5.36}$$

式中，X'为归一化后的数据；$X_{\max}$和 $X_{\min}$分别为每一个样本序列的最大值、最小值，其中风力的标准化中最大值为 17 级风对应风速最大值 61.2m/s，最小值为 0，香蕉株高取项目灾情调查

样本中的最大值 3.35 m 和最小值 0.14 m。

生育进程指数(G)和防灾能力指数(G_d)见表 5.35 和表 5.36。

表 5.35 香蕉的生育进程数值化

生育期	苗期	营养生长	抽蕾	挂果	成熟
判断标准株高(cm)	株高 30～100	株高≥100 且未抽蕾	出现蕾	出现果实	成熟可采收
生育期指数	0.3	0.5	0.75	0.9	1

表 5.36 香蕉的防灾措施数值化

措施	无措施	剪除叶片	打桩,1 根竹竿	打桩,3 根竹竿
指数	0	0.5	0.8	0.9

(3)模型建立

Logistic 曲线方程广泛应用于社会经济现象研究,以及动植物生长发育或繁殖过程等研究。其特点是开始增长缓慢,而在以后的某一范围内迅速增长,达到某限度后,增长又缓慢下来。曲线略呈拉长的“S”型(崔党群,2005)。Logistic 曲线方程形式,

$$y = a/(1 + \exp(-k \times (x - x_c))) \tag{5.37}$$

拟合时模型参数 a 受损指数最大值,确定为 100,参数 x_c,k 由统计分析软件 Origin8.1 作出参数估计得到(图 5.27)。

$x_c = 0.08035$,$k = 59.0878$ 模型 $R^2 = 0.7413$,$F = 85.6$,$P < 0.001$ 通过显著性检验。将参数代入方程得,

$$L = \frac{100}{1 + e^{-59.0878 \times (R_d - 0.08035)}} \tag{5.38}$$

式中,$R_d = V \times H \times G \times (1 - C_d)$

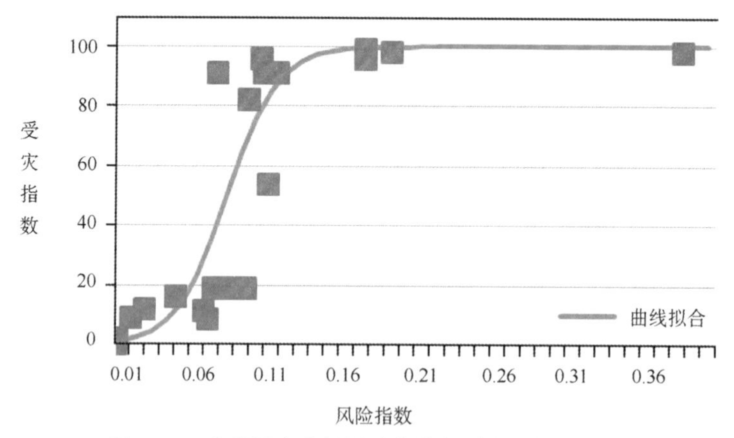

图 5.27 香蕉风害灾损风险指数与受灾指数拟合图

(4)模型误差分析

根据模型预测值与实际值之差来分析,20 个样本点灾损指数拟合的平均误差为 13.99。

如图 5.28 所示,模型在风险指数 0.06～0.11 误差较大。在≤0.06 及≥0.11 时误差较小。这可能是由于在接近临界致灾风速时,香蕉折断与否变异较大,与地形,周围环境等众多因素有关。对 2 个模拟误差较大的样本点分析如下:

江门新会崖南镇香蕉株高 280 cm,处于挂果成熟期,防护措施为打桩 1 根竹竿,位于高速公路边,极大风速 28.1 m/s,折断 95%预测误差 57.9,该调查点风速不算大,但折断较多,可能受局地小环境影响较大,或者是竹竿质量不好。

东海岛东简镇香蕉株高 258 cm,处于挂果成熟期,防护措施为打桩 1 根竹竿,极大风速 39.2 m/s,折断 10%预测误差−41.5 易损指数很高,但折断的却较少,可能是由于打桩所用的竹竿质量好,或者是局地风速较小导致的。

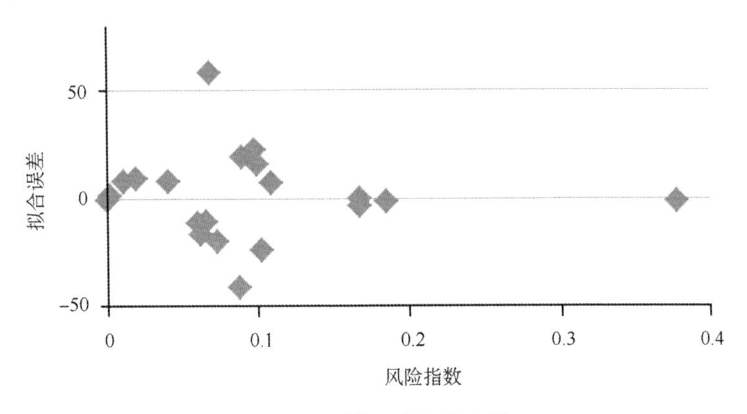

图 5.28 模型误差检验图

(5)存在的问题

①风害典型过程资料较少,香蕉、香蕉树风害模型的建立尚需更多个例样本以进一步完善。香蕉灾损定量评估模型的建立需要的数据包括株高及生育期,很多历史灾情调查数据没有这些记录。

②香蕉风害定量评估模型得到的评估结果与等级评估模型得到的结果,对于风速较小处于抽蕾期的香蕉,差异较大。

5.4.4 监测评估与预警

5.4.4.1 香蕉风害监测评估实例

根据 2011—2012 年 3 次登陆或严重影响湛江地区的热带气旋资料,采用湛江地区 58 个自动气象站的日极大风速数据,代入香蕉风害等级评估模型可以得到不同生育期香蕉受到风害影响损失情况的评估图,风速及香蕉风害评估分布图如图 5.29 所示。

相关热带气旋:2011 年第 8 号强热带风暴"洛坦"于 7 月 29 日 17 时 40 分在海南省文昌市龙楼镇沿海登陆,登陆时中心附近最大风力 10 级(28 m/s)。2011 年第 17 号台风"纳沙"于 9 月 29 日 21 时 15 分,台风"纳沙"在徐闻县角尾乡沿海地区再次登陆,登陆时中心附近风力 12 级(35 m/s)。2012 年第 13 号台风"启德"于 8 月 17 日在湛江市麻章区湖光镇登陆,登陆时中心附近最大风力达 13 级(38 m/s)。

5.4.4.2 香蕉风害预警实例

(1)台风概述

2014 年第 9 号台风"威马逊"于 7 月 12 日 14 时在美国关岛以西约 210 km 的西北太平洋洋面上生成,之后快速向偏西方向移动,至 18 日 05 时加强为超强台风级,并于 15 时 30 分在

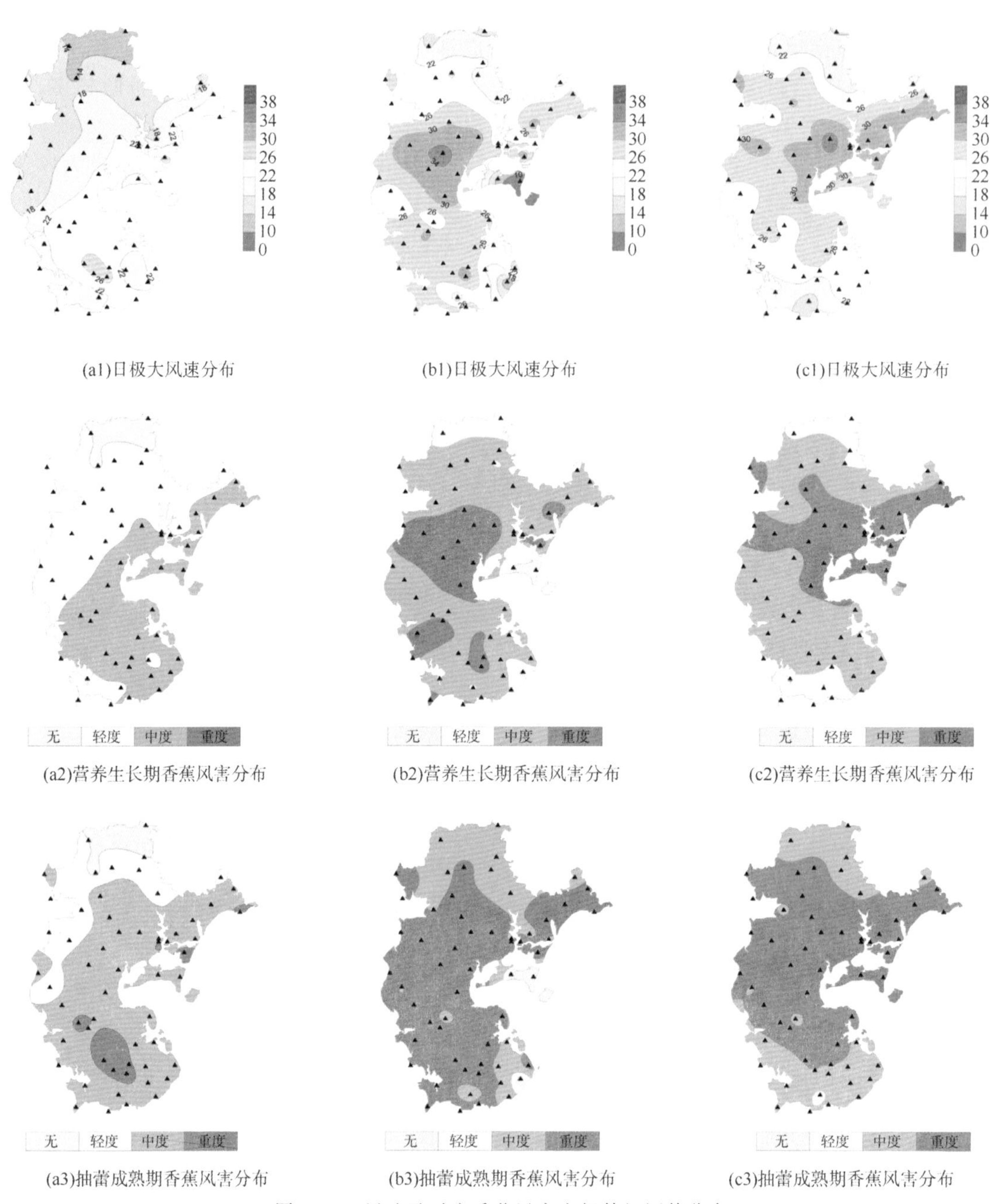

(a1)日极大风速分布　(b1)日极大风速分布　(c1)日极大风速分布

(a2)营养生长期香蕉风害分布　(b2)营养生长期香蕉风害分布　(c2)营养生长期香蕉风害分布

(a3)抽蕾成熟期香蕉风害分布　(b3)抽蕾成熟期香蕉风害分布　(c3)抽蕾成熟期香蕉风害分布

图 5.29　风速及对应香蕉风害灾损等级评估分布

注：图中(a1)～(a3)分别表示湛江 2011 年 7 月 29 日强热带风暴“洛坦”影响时日极大风速分布，营养生长期香蕉风害分布，抽蕾成熟期香蕉风害分布；(b1)～(b3)分别表示湛江 2011 年 9 月 30 日台风“纳沙”影响时日极大风速分布，营养生长期香蕉风害分布，抽蕾成熟期香蕉风害分布；(c1)～(c3)分别表示湛江 2012 年 8 月 17 日台风“启德”影响时日极大风速分布，营养生长期香蕉风害分布，抽蕾成熟期香蕉风害分布。

海南省文昌市沿海地区登陆，19 时 30 分在徐闻县龙塘镇沿海地区再次登陆，登陆时中心附近最大风力 17 级(60 m/s)，中心最低气压 910 hPa，这两个代表台风强度的指标，均超过广东有台风纪录以来的极值。19 日 05 时减弱为强台风级，并已于 07 时 10 分在广西防城港市光坡镇沿海第三次登陆，登陆时中心附近最大风力 15 级(50 m/s)。“威马逊”具有“移速快、强度特强、路径稳定、破坏力大”的特点。受其影响，18 日 12 时开始粤西海面和沿海市(县)出现了 13～15 级、阵风 16～17 级的大风，并持续约 18 个小时，其中 18 日 20 时徐闻县下桥镇测得最大阵风 17 级(59.8 m/s)(图 5.16)。

(2)香蕉风害监测预警

根据 GRAPES 模式对登陆 120 h 的逐小时预报结果，输出“威马逊”登陆前后的最大风速分布预测图，预计“威马逊”登陆前后，海南北部、广东西南部和广西南部等地风速超过 20 m/s，其中海南文昌市、广东湛江市、广西北海市和防城港市风速将超过 25 m/s，部分沿海区域超过 35 m/s(图 5.17)。

“威马逊”影响期间，秋植香蕉正处挂果期，根据对超强台风“威马逊”的大风的预报和实况，结合香蕉风害等级指标，当风速>7 级时，香蕉开始出现叶片撕裂、破碎等现象，当风速超过 10 级时会出现折断、倒伏等灾害，预估超强台风“威马逊”将对海南北部地区、广东西南部沿海地区和广西南部地区的香蕉种植带来影响，严重区域将会出现大面积倒伏。以广东为例，根据对广东香蕉风害影响开展风险评估，制作香蕉风害风险预警图(图 5.30)。

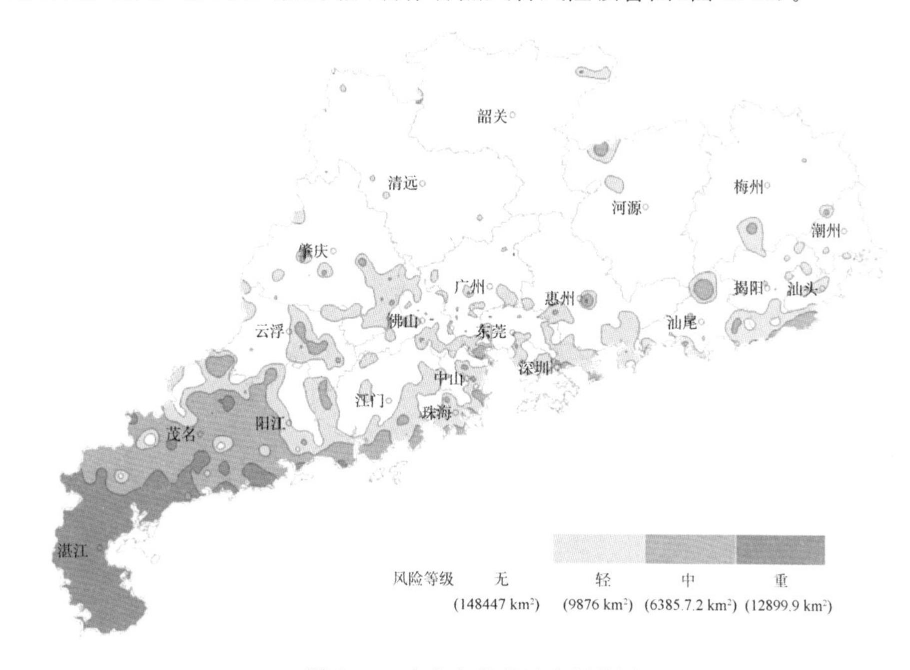

图 5.30 广东省香蕉风险预警图

(3)实况灾情

据不完全统计，海南文昌、海口、临高、澄迈等地香蕉树大面积受损，其中澄迈福山镇香蕉绝收面积达到 90.5%，整个海南北部地区香蕉产量更是减少 90%以上。广东徐闻地区香蕉几乎无一幸免，绝大多数香蕉树被台风刮倒。素有“中国香蕉之乡”的广西坛洛镇香蕉受灾 3000 亩以上，扶绥近 3 万亩香蕉损失近 1 亿元(图 5.31)。

广东徐闻县香蕉全部折断

广西坛洛镇香蕉几乎被全部拦腰折断（来源南国早报）

图 5.31　威马逊台风香蕉受损灾情图

5.5　枇杷冻害

5.5.1　枇杷冻害监测指标

通过山坡地枇杷冻害试验和幼果低温箱冻害试验，并结合主产区及临近省冻害实例及文献资料验证确定枇杷的冻害监测指标。

5.5.1.1　枇杷冻害试验

（1）山坡地枇杷冻害试验

为了客观的确定枇杷冻害的临界温度，本项目于 2010 年在福建省枇杷主产区福清一都善山村（中国枇杷之乡）坡地从上至下设置 8 个小气候观测点，主要观测记录 2010/2011 年冬季枇杷种植坡地各观测点 1.5 m 百叶箱内、1.5 m 百叶箱外、枇杷冠层气温。在冬季低温过程后（2010 年 12 月 17—18 日），对各测点的枇杷幼果随机采样，每株枇杷树采 1～2 个果穗，每个果穗 3 个幼果，共采 60 个幼果解剖，记录幼果的褐变率。在枇杷成熟采摘期对山坡地各测点的种植农户调查访问，获取各测点的枇杷产量损失率（表 5.37）。

表 5.37　山坡地冻害试验各观测点记录数据

观测点	经度	纬度	海拔高度（m）	T_{d1}（℃）	T_{d2}（℃）	T_{d3}（℃）	幼果褐变率（%）	产量损失率（%）
1	119°09.042′	25°47.105′	446	−1.8	−2.1	−2.1	44	66.7
2	119°09.012′	25°46.982′	368	−1.1	−1.9	−1.7	18	66.7
3	119°09.004′	25°46.896′	352	−0.7	−1.0	−1.2	0	0
4	119°09.035′	25°46.791′	267	−1.4	−1.6	−2.1	30	33
5	119°09.161′	25°46.673′	222	−1.0	−1.8	−1.8	26	20
6	119°09.713′	25°46.378′	151	−2.6	−5.0	−3.3	94	75
7	119°09.890′	25°46.543′	151	−2.2	−3.5	−3.1	80	75
8	119°10.297′	25°47.084′	124	−2.0	−3.5	−3.0	66	75

注：T_{d1}、T_{d2}、T_{d3} 分别代表 1.5 m 百叶箱内、1.5 m 百叶箱外、枇杷冠层 2010/2011 年冬季（12 月至次年 1 月）极端最低气温。

由表5.37可见，海拔高度的差别造成各测点极端最低气温的明显差异。总体上看，坡地上部各点温度较高，下部各点温度相对较低。而同一测点上，百叶箱内的极端最低气温均比百叶箱外高；山坡上部第1～5号观测点百叶箱外的极端最低气温与枇杷冠层上的极端最低气温相差不大，但山坡下部即第6、7、8号观测点百叶箱内的极端最低气温明显低于百叶箱外。结合幼果受冻褐变率和产量损失率观测结果可见，第6、7、8号观测点的冬季极端最低气温最低，冻害也最严重；第3个测点百叶箱内温度为－0.7℃，幼果褐变率和产量损失率为0，枇杷未受害；当温度达到－1.0℃(第5点)时，枇杷开始受到冻害。因此，初步确定百叶箱内－1.0℃为枇杷冻害的临界温度，即当最低气温≤－1.0℃时冻害过程开始，当最低气温＞－1.0℃时冻害过程结束。

统计定位观测点低温值y与褐变率x(早熟)之间的相关性，发现两者有显著的负相关，其线性回归方程如下。

$$\text{早熟(早钟6号)}: y = -0.072 - 0.307x, (R = -0.781) \tag{5.39}$$

(2)枇杷幼果冻害低温箱试验

选取的福建省种植面积最大的3种枇杷品种：早钟6号(早熟，2010年、2011年)、长红3号(中熟，2011年)、解放钟(晚熟，2010年和2011年)；阴天早晨，到福清市一都镇未发生冻害地点进行采果；采果样本分为大果(横径≥2.0 cm)，中果(横径约1.5 cm左右)，小果(横径≤1.0 cm)。每个品种各采得500～600果的果穗。

设10个处理：温度设定区间为－6.0～－1.5℃，每隔0.5℃设1个处理共10个处理，每个处理样品约50～60个果的果穗。

试验方法：所有果穗均插于预先备好的花泥中，全部放入低温箱中仿造自然降温至－1.5℃，恒温40 min后取出50～60个果的果穗放在室内(做好标记，下同)，低温箱中继续40 min降低温度至－2.0℃，恒温0.5 h后取出50～60果的果穗放在室内，每隔0.5 h降低0.5℃取出50～60果的果穗放在室内，直至－6.0℃。早熟(早钟6号)、中熟(长红3号)、晚熟(解放钟)根据以上步骤进行处理，过3 d后分别统计种子和果肉褐变情况(表5.38，表5.39和表5.40)。

表5.38 枇杷幼果冻害低温箱试验结果(2011年)

处理温度(℃)	早钟					解放钟				
	果实横径(cm)	幼果数(个)	种子褐变率(%)	果肉褐变率(%)	受冻率(%)	果实横径(cm)	幼果数(个)	种子褐变率(%)	果肉褐变率(%)	受冻率(%)
－2.5	≤1.0	24	0	0	0	≤1.0	49	4.08	0	2.90
	≌1.5	20	0	0	0	≌1.5	10	0	0	
	≥2.0	10	0	0	0	≥2.0	10	0	0	
－3.0	≤1.0	17	23.53	35.29	41.30	≤1.0	54	31.48	7.41	34.21
	≌1.5	14	28.57	7.14		≌1.5	17	29.41	0	
	≥2.0	15	26.67	0		≥2.0	5	0	0	
－3.5	≤1.0	19	57.89	0	53.33	≤1.0	37	51.35	18.92	60.00
	≌1.5	19	52.63	5.26		≌1.5	33	48.48	0	
	≥2.0	7	28.57	0		≥2.0	5	40.00	20.00	

续表

处理温度(℃)	早钟					解放钟				
	果实横径(cm)	幼果数(个)	种子褐变率(%)	果肉褐变率(%)	受冻率(%)	果实横径(cm)	幼果数(个)	种子褐变率(%)	果肉褐变率(%)	受冻率(%)
−4.0	≤1.0	21	4.76	85.71	95.45	≤1.0	53	16.98	81.13	98.82
	≦1.5	14	28.57	71.43		≦1.5	26	30.77	69.23	
	≥2.0	9	33.33	66.67		≥2.0	6	66.67	33.33	
−4.5	≤1.0	30	3.33	93.33	94.12	≤1.0	35	2.86	97.14	100.00
	≦1.5	13	23.08	61.54		≦1.5	29	0	100.00	
	≥2.0	8	62.50	37.50		≥2.0	9	22.22	77.78	
−5.0	≤1.0	21	4.76	57.14	73.33	≤1.0	33	6.06	93.94	100.00
	≦1.5	17	23.53	64.71		≦1.5	14	0	100.00	
	≥2.0	7	71.43	0		≥2.0	9	0	100.00	
−5.5	≤1.0	15	0	100.00	100.00	≤1.0	45	4.44	95.56	100.00
	≦1.5	18	0	100.00		≦1.5	17	0	100.00	
	≥2.0	12	0	100.00		≥2.0	6	0	100.00	
−6.0	≤1.0	19	0	100.00	100.00	≤1.0	52	0	100.00	100.00
	≦1.5	13	0	100.00		≦1.5	13	7.69	92.31	
	≥2.0	6	0	100.00		≥2.0	5	0	100.00	

表 5.39　早钟 6 号枇杷幼果冻害低温箱试验结果(2012 年)

处理温度(℃)	果实横径(cm)	幼果数(个)	种子褐变率(%)	果肉褐变率(%)	受冻率(%)
−1.0	≦1.5	62	0	0	0
	≥2.0	23	0	0	
−1.5	≦1.5	41	0	0	1.15
	≥2.0	46	2.17	0	
−2.0	≦1.5	36	0	0	4.88
	≥2.0	46	8.70	0	
−2.5	≦1.5	42	28.57	0	21.59
	≥2.0	46	15.22	0	
−3.0	≦1.5	47	29.79	0	38.71
	≥2.0	46	47.83	0	
−3.5	≦1.5	32	84.38	15.63	54.84
	≥2.0	61	31.15	0	
−4.0	≦1.5	36	2.78	61.11	68.75
	≥2.0	44	72.73	0	
−4.5	≦1.5	60	41.67	45.00	74.36
	≥2.0	57	59.65	1.75	
−5.0	≦1.5	45	2.22	97.78	100.00
	≥2.0	43	74.42	25.58	
−5.5	≦1.5	70	0	100.00	100.00
	≥2.0	30	36.67	63.33	

表 5.40 解放钟和长红 3 号枇杷幼果冻害低温箱试验结果(2012 年)

处理温度(℃)	解放钟					长红 3 号				
	果实横径(cm)	幼果数(个)	种子褐变率(%)	果肉褐变率(%)	受冻率(%)	果实横径(cm)	幼果数(个)	种子褐变率(%)	果肉褐变率(%)	受冻率(%)
-1.0	≤1.0	55	1.82	0	1.82%	≤1.0	60	0	0	0
-1.5	≤1.0	55	0	0	0.00%	≤1.0	77	1.30	0	1.30
-2.0	≤1.0	53	0	0	0.00%	≤1.0	58	3.45	0	3.45
-2.5	≤1.0	49	10.20	0	10.20%	≤1.0	61	47.54	0	47.54
-3.0	≤1.0	59	38.98	8.47	47.46%	≤1.0	61	68.85	0	68.85
-3.5	≤1.0	47	12.77	76.60	89.36%	≤1.0	56	58.93	21.43	80.36
-4.0	≤1.0	50	2.00	98.00	100.00%	≤1.0	62	24.19	61.29	85.48
-4.5	≤1.0	51	0	100.00	100.00%	≤1.0	62	1.61	91.94	93.55
-5.0	≤1.0	51	0	100.00	100.00%	≤1.0	58	6.90	91.38	98.28
-5.5	≤1.0	50	0	100.00	100.00%	≤1.0	76	1.32	98.68	100.00

结果表明:不同品种稍有差别,从-2.5～-1.5℃幼果开始褐变,随着低温强度增加褐变率增加,到-5.5～-4.5℃枇杷幼果果肉褐变率就达 100%。同时可看出幼果横径小的比横径大的总体易受冻,这可能也是造成解放钟比早钟冻害更严重的原因,因为同时采果,解放钟成熟期迟,小果比例大。

统计试验低温值 y 与褐变率 x(分别早熟、中熟、晚熟)之间的相关性,发现两者有显著的负相关,其线性回归方程分别如下:

$$\text{早熟(早钟 6 号)}: y = -2.114 - 2.195x \quad (R = -0.907) \tag{5.40}$$

$$\text{中熟(长红 3 号)}: y = -2.105 - 0.031x \quad (R = -0.914) \tag{5.41}$$

$$\text{晚熟(解放钟)}: y = -2.105 - 2.887x \quad (R = -0.911) \tag{5.42}$$

5.5.1.2 枇杷冻害监测指标和等级划分

根据坡地枇杷冻害试验和枇杷幼果冻害低温箱试验结果分析,结合冻害实地调查。可以得到:百叶箱内-1.0℃为枇杷冻害的临界温度,即当最低气温≤-1.0℃时冻害过程开始,当最低气温>-1.0℃时冻害过程结束。枇杷早熟、中熟、晚熟品种从-2.5～-1.5℃幼果开始褐变,随着低温强度增加褐变率增加,到-4.0℃时褐变率已达 90%以上。早钟 6 号(早熟)在-5.5℃、长红 3 号(中熟)在-5.0℃、解放钟(晚熟)在-5.5～-4.5℃,枇杷幼果果肉褐变率就达 100%。幼果横径小的比横径大的总体易受冻,这可能也是造成解放钟比早钟 6 号冻害更严重的原因,因为同时采果,解放钟成熟期迟,小果比例大。

综上分析得出枇杷轻、中、重、严重各级冻害指标分别为:$-2.5℃ \leqslant T_d < -1.0℃$、$-3.5℃ \leqslant T_d < -2.5℃$、$-4.5℃ \leqslant T_d < -3.5℃$、$T_d < -4.5℃$。

5.5.1.3 结果验证与分析

(1)主产区莆田市

福建莆田市是中国枇杷主产区,种植面积 30 万亩,占全国 1/4,产量 8 万吨,占全国1/3。表 5.41 为莆田市冻害致灾因子年变化,及据近两年莆田标准站与莆田枇杷主产区(常太镇、新县镇、白沙镇和大洋镇）自动气象站年极端最低气温对比可知，莆田枇杷主产区年极端最低气温比莆田标准站低 3～6℃，平均值约为 4.5℃，订正后莆田枇杷主产区年极端最低气温见表 5.41，并据此依据枇杷冻害等级标准得到的逐年冻害等级，结果与实际相符。

表 5.41　莆田市冻害致灾因子年变化

年份	相对气象产量(%)	极端最低气温(℃)	主产区极端最低气温订正值(℃)	枇杷冻害等级	≤3.0℃低温日数之和(d)	≤3.0℃冻害持续日数(d)
1992	−45.11	−0.3	−4.8	极重	5	3
1993	−5.483	1.2	−3.3	中度	5	4
1994	1.532	2.1	−2.4	轻度	1	1
1995	1.992	2.5	−2	轻度	3	2
1996	−2.384	2.9	−1.6	轻度	3	2
1997	−12.227	3.1	−1.4	轻度	1	1
1998	3.137	4.4	−0.1	无	0	0
1999	36.295	4.7	0.2	无	1	1
2000	−42.24	0.1	−4.4	重度	5	4
2001	−7.194	5.0	0.5	无	0	0
2002	19.829	3.7	−0.8	无	1	1
2003	10.365	4.2	−0.3	无	0	0
2004	−8.467	2.2	−2.3	轻度	3	2
2005	−23.32	0.8	−3.7	重度	4	2
2006	12.506	2.0	−2.5	中度	3	1
2007	9.694	4.4	−0.1	无	0	0
2008	4.391	3.1	−1.4	轻度	2	1
2009	−14.465	1.8	−2.7	中度	4	3

从表 5.41 可见，福建省 1999/2000 年、2004/2005 年冬季为枇杷重度冻害年，1991/1992 年冬季为枇杷严重冻害年，2008/2009 年冬季为枇杷中度冻害年。据查历史灾情资料（《中国气象灾害大典—福建卷》），1999—2000 年冬福建部分地区出现严重霜冻、冰冻天气，全区受灾作物面积近 140 万公顷，果树、冬菜、粮食作物以及水产养殖业等均严重受灾；1992 年度冬季的强寒潮是 1975 年以来最强的一次寒潮过程，对内陆山区的交通、通讯、自来水供应，蔬菜、经济作物等危害严重。2004—2005 年冬福建省枇杷各主产区受冻害严重，损失较大；2008—2009 年，莆田和永春等地枇杷园出现冻害，遭受一定的经济损失。从主要冻害年来看，福建枇杷冻害评估结果与实际寒害灾情相符（表 5.42）。

从以上验证情况可以看出，枇杷冻害等级的划分合理适用。

表 5.42 枇杷历史灾情调查资料

年份	地点	灾情
1999 年	福建省	全省枇杷受冻面积 0.60 万公顷，受冻面积比例 37%，减产约 4 万吨，产量损失比例 65%。
1999 年 12 月 22 日后	莆田市常太镇	全镇栽培面积四千多公顷，去年底发生的重霜冻，给早开花、已坐果的枇杷树造成减产或绝收的面积达一千多公顷，直接经济损失 7000 多万元。
2005 年 1 月前后	福清市	福清市枇杷种植面积 4800 公顷，约占全省枇杷种植面积的 10%，枇杷受害面积达 3667 公顷，约占全市枇杷种植面积的 76%，重灾区集中在一都、东张两镇和音西、阳下、渔溪、镜洋、新厝、海口等镇(街)的局部丘陵地带。地处海拔 350 m 的善山村和海拔 150 m 的少林村，树冠下满地落果，漫山遍野的枇杷套袋中，枇杷幼果直径在 0.5～2.0 cm，掰开幼果，二层皮已经变黄，内部竟露出发黑的胚珠。
2004 年 12 月下旬至 2005 年 1 月上中旬	莆田市	全市枇杷受灾面积达 1.39 万公顷，占全市枇杷面积 1.67 万公顷的 80.32%。预计产量损失 6.13 万吨，直接经济损失 3 亿元以上，枇杷幼果受冻后，种子、果肉褐变，严重的果实萎蔫。
2004 年 12 月下旬至 2005 年 1 月上中旬	永春县	截至 1 月 2 日，该县枇杷投产树幼果冻死面积达 698 公顷，已基本绝收，经济损失约 7000 万元。
2005 年 1 月中旬	连江县(莒溪镇)	2005 年 1 月中旬最低气温 −5.6℃，持续 65 h，果实冻害 95% 以上，损失产量 6500 kg。
2009 年 1 月 11 日起	永春县	受连日强冷空气影响，永春县 1 万多亩枇杷遭受冻害。据永春县农业局估计，全县枇杷将减产近 80%，预计果农损失超过 1000 多万。
2009 年 1 月中旬	莆田涵江山区乡镇	据 1 月 12 日该区农业局统计，涵江的大洋、新县、庄边、白沙等山区乡镇 10 万亩枇杷树有 30% 面积将绝收，70% 面积不同程度受冻，直接经济损失达 5000 多万元。

(2)贵州枇杷主产区开阳

贵州开阳枇杷基地面积 5 万余亩，枇杷种植始于 2000 年，以大五星和白荔枝为主。开阳枇杷基地开花期 10—12 月，12 月开花基本结束，幼果生长期是 1—5 月，5—6 月成熟。枇杷主要的受灾情况是：2008 年因幼果冻害枇杷绝收，2013 年花期温度低雨水多造成枇杷基本绝收；其他年份产量尚好。

开阳气象站海拔 1277 m，枇杷基地在 600～900 m。根据气温随着海拔高度的升高而降低的原理，利用开阳气象站对枇杷基地的气温的订正：

$$Tp = T + 0.6 \times (1277 - Hp)/100 \tag{5.43}$$

式中，T_p 为枇杷基地气温，单位℃；T 为气象站的气温，单位℃；H_p 为枇杷基地的海拔高度，单位 m。故此得出枇杷基地和气象站温差在 2.26～4.06℃(表 5.43)。

表 5.43 2013 年订正后开阳枇杷基地极端最低气温

时间	气象站最低气温(℃)	T_{900}(℃)	T_{600}(℃)
20130104	−7.1	−4.84	−3.04
20130105	−6.7	−4.44	−2.64
20130106	−5.4	−3.14	−1.34
20130107	−3.9	−1.64	0.16
20130108	−3.1	−0.84	0.96

由表 5.43 可知，2013 年 1 月 4 日出现了 $T_{min} \leqslant -4.5$℃的极端最低气温，灾害等级极重，导致幼果冻害，枇杷当年产量绝收。因此，根据枇杷冻害等级标准得到的开阳枇杷基地的冻害等级，评估结果与实际发生情况相符。

(3)浙江枇杷主产区

表 5.44 是浙江枇杷主产区临海市、黄岩区 2008—2011 年枇杷产量与幼果期极端最低气温关系，可见除 2010 年临海市验证不对外，其他 7 个样本均为正确，准确率为 88%。

表 5.44 浙江临海市与黄岩市近年枇杷产量与幼果期极端最低气温关系

	年份	产量(kg/亩)	极端最低气温(℃)	枇杷冻害等级	对比
临海市	2008	452.4	−2.3	轻度	√
	2009	508.3	2.5	无	√
	2010	208.4	−1.1	重	
	2011	222.9	−3.3	极重	√
黄岩区	2008	569.3	−1.3	轻度	√
	2009	584.9	3.1	无	√
	2010	566.7	−1.0	轻度	√
	2011	576.4	−0.3	无	√

(4)重庆枇杷主产区

据李英等(2005)指出，2005 年 1 月 1 日，重庆主城区最低气温−1℃，路璜枇杷良种场与主城区气温可低 3℃左右，推算当时路璜枇杷良种场最低气温为−5～−4℃；研究中得到的枇杷花穗冻害与极端最低气温关系与指标等级相符(表 5.45)。

表 5.45 重庆市 2005 年枇杷花穗冻害与极端最低气温关系

品种	树势	死穗率(%)	平均死穗率(%)	枇杷花冻害等级	极端最低气温	对比
解放钟	中强	30.42	32.66	中度	−4℃左右	√
	较弱	34.91				
洛阳青	中强	31.50	27.98	轻度		
	较弱	24.47				

(5)已有成果验证

多数文献中指出枇杷幼果冻害临界温度为−3℃，花冻害临界温度为−6℃，但未明确临界温度是达到何等级冻害。如王化坤等(2008)在中国南方罕见低温天气过程对枇杷种植北缘苏州市调查表明，过程极端最低气温−4.3℃对枇杷花和幼果造成严重冻害。黄寿波(2000)指出杭州 1986 年 12 月 8—19 日期间最低气温仅−3℃，而枇杷的花和幼果几乎全部冻死或干枯。郑国华等(2009)分别对早钟 6 号、解放钟两个品种枇杷通过不同低温胁迫枇杷幼果细胞超微结构的变化结果一致，0℃低温胁迫 48 h，幼果原生质膜已出现破裂现象，叶绿体出现解体，双层膜结构破坏严重；−3℃低温胁迫 24 h，幼果原生质膜已完全破裂，细胞壁解体，叶绿体完全解体，双层膜消失。胡又厘等(2002)指出美国学者将−3℃作为杀死幼果的温度。

以上验证可见，所制定的等级指标结果与实况一致。

5.5.2 枇杷冻害综合气候指标的研究

随着全球气候持续变暖，将直接或间接地对陆生植物产生不同程度的影响（曾小平等，2006）。因此，以枇杷低温害过程为研究对象，在剔除气候变化及社会经济等影响后，通过对福建省枇杷冻害临界温度的确定，并对致灾因子进行系统分析，提出客观、定量的枇杷低温害综合气候指标，以期为枇杷低温害的评估和区划提供依据，为当地枇杷生产部门制定适宜的引种扩种、防灾减灾决策和措施提供科学依据。

（1）冻害过程温度累积值的计算

福建省果树遭受冻害的低温，绝大多数是冷平流过后的晴夜辐射降温引起的。许多学者研究发现采用低温持续日数和过程有害积寒可较好地表示中弱冷空气多次补充造成的平流型寒害的累积作用（杜尧东等，2006；李娜等，2010）。参考此方法，构建冻害过程温度累积值的概念（书中简称冻害积温值）。冻害积温值是指枇杷冻害过程中逐时低于临界受害温度的温度累积值，则一日内的积温值 $X_{日}$（℃·d）为

$$X_B = \int_{t_1}^{t_2} (Tc - Tt)\,\mathrm{d}t,\ (Tc \leqslant Tt) \tag{5.44}$$

式中，Tc 为枇杷遭受冻害的临界温度，Tt 为逐时温度（℃）；t_1、t_2 分别为一日起始和终止时间，$\mathrm{d}t$ 表示对时间 t 求积分。由于大多数气象台站没有逐时资料，因此一日内低于某一界限温度的冻害过程积温值，可采用近似公式求得。假设温度的日变化具有周期性，则将式（5.44）离散化，经过求阴影三角形面积、积分变量转换后，冻害积温值可表示为：

$$\begin{aligned} X_{过程} &= \int_{n=1}^{N}\int_{i=0}^{24} (T_c - T_t)\,\mathrm{d}t\mathrm{d}n \\ &= \int_{n=1}^{N} \frac{6(T_c - T_{\min})^2}{24(T_m - T_{\min})}\mathrm{d}n \\ &= \frac{1}{4}\sum_{n=1}^{N}(T_c - T_{\min})^2/(T_m - T_{\min}),\ (T_{\min} \leqslant Tc) \end{aligned} \tag{5.45}$$

式中，$X_{过程}$ 为冻害积温值（℃·d）；N 为低温过程持续日数（d）；$T_{\min}$ 为日最低气温（℃）；T_m 为日平均气温（℃）。X 在计算时包含了过程持续日数、日最低温度等信息。

（2）临界温度的确定

根据山坡地枇杷冻害试验，可以初步确定百叶箱内－1.0℃为枇杷冻害的临界温度，即当最低气温≤－1.0℃时冻害过程开始，当最低气温＞－1.0℃时冻害过程结束。福建省枇杷主要种植在山区和半山区，而市（县）气象观测站一般设在平坦的开阔地，受地形因素影响，山区与气象观测站的温度差异明显，尤其是极端最低温度差异更大，县城最低气温可比山区高3.0～5.0℃（典型的晴天可高8℃）（陈惠等，2010）；有研究也指出两个邻近测点之间的1.5 m高度温度，由于地形差异，冬季最低温度差一般可达0.6～5.8℃，最多可达到12℃以上（傅抱璞，1963），且一般种植园内不会配备测温系统。因此，为了充分利用气象站观测资料进行冻害预警预报，需要将枇杷受害临界温度转换成市（县）气象站观测记录温度。对2008—2012年莆田市气象观测站与莆田枇杷主产区（常太镇、新县镇、白沙镇和大洋镇）各自动气象站冬季日极端最低气温的对比分析表明（表5.56 干旱对刺梨果实的影响），主产区冬季日极端最低气温均比莆田市气象观测站低，总体上平均低4.0℃左右。因此，在百叶箱内－1.0℃的基础上增加4.0℃，确定依据市（县）气象观测站资料判断枇杷冻害的实际临界温度为3.0℃（表5.46）。

表 5.46　莆田市气象站与各主产区自动气象站观测的冬季日极端最低气温的差值(2008—2012 年)

自动气象站	经度	纬度	海拔高度(m)	地理特征	差值(℃)
常太镇	118°56′09″	25°30′01″	125.0	山地	2.8
新县镇	119°05′34″	25°37′05″	576.0	山地	4.6
白沙镇	118°59′49″	25°33′36″	160.0	山地	4.4
大洋镇	119°04′48″	25°43′17″	367.0	山地	4.4

根据枇杷冻害的临界温度，定义冻害过程为：当市(县)气象观测站观测最低气温≤3.0℃时，为冻害过程开始，当最低气温>3.0℃时，为冻害过程结束。期间出现的日平均温度降温幅度、最低气温、持续日数、冻害过程温度累积值作为过程降温幅度、过程最低气温、过程持续日数、冻害积温值。将历年冬季(12 月至翌年 2 月)全部冻害过程日平均温度的最大降幅、极端最低气温、持续日数之和、冻害过程温度累积值之和作为该年的最大冻害降温幅度、冻害最低气温、冻害持续日数、冻害积温值。

(3)致灾因子的确定

枇杷产量是在各种自然和非自然因素综合影响下形成的，一般可将其分解为趋势产量和气象产量(杨继武 1994；游超等 2011)，即

$$Y = Y_t + Y_w \tag{5.46}$$

式中，Y 为枇杷实际单产，Y_t 是反映历史时期生产力发展水平的长周期产量分量，称为趋势产量；Y_w 是受以气象要素为主的短周期变化因子影响的产量分量，称为气象产量，以一年为周期。产量单位均为 kg/公顷。

利用 5 年移动平均法计算趋势产量，即

$$Y = (Y_{i-5} + Y_{i-4} + Y_{i-3t} + Y_{i-2} + Y_{i-1})/5 \tag{5.47}$$

式中，Y_t 为第 i 年的趋势产量；Y_{i-5}，Y_{i-4}，Y_{i-3}，Y_{i-2}，Y_{i-1}是与第 i 年相邻的近 5 年实际产量。

则气象产量为

$$Y_w = Y - Y_t \tag{5.48}$$

相对气象产量为

$$Y'_w = Y_w / Y_t \times 100\% \tag{5.49}$$

利用莆田市 1992—2009 年冬季极端最低气温(X_1)、日最低气温≤3.0℃冻害积温值(X_2)、≤3.0℃低温日数之和(X_3)、≤3.0℃冻害最大持续日数(X_4)资料，与枇杷相对气象产量进行相关分析，结果表明 X_1 与相对气象产量间为显著的正相关关系，其他因子均为显著的负相关关系(表 5.47)，4 个气象因子与枇杷相对气象产量的相关系数均通过了 0.05 水平的显著性检验。因此，选取这 4 个气象因子作为枇杷冻害的致灾因子。

表 5.47　1992—2009 年莆田市 4 个气象因子与枇杷相对气象产量的相关系数

致灾因子	相关系数
X_1	0.529*
X_2	−0.517*
X_3	−0.528*
X_4	−0.588*

注：X_1 为极端最低气温，X_2 为日最低气温≤3.0℃冻害积温值，X_3 为≤3.0℃低温日数之和，X_4 为≤3.0℃冻害最大持续日数。*，** 分别表示相关系数通过 0.05，0.01 水平的显著性检验。下同。

选取枇杷种植面积较大的站点福清市(闽中部地区)、云霄县(闽南地区)、霞浦县(闽东北地区)和上杭县(闽西南地区),针对每个致灾因子,计算莆田市与4个站点之间的Pearson相关系数,其结果见表5.48。由表可见,莆田市与4个站点的相关系数均通过了0.05或0.01水平的显著性检验,说明该4个致灾因子在福建省具有一定的代表性。

表5.48 莆田市与其他站点4个致灾因子的相关系数

致灾因子	福清市	云霄县	霞浦县	上杭县
X_1	0.886**	0.903**	0.882**	0.527*
X_2	0.769	0.708	0.884**	0.763**
X_3	0.742**	0.694**	0.815**	0.523*
X_4	0.667**	0.833**	0.837**	0.727**

(4)枇杷冻害综合气候指标的计算

枇杷冻害4个致灾因子X_1、X_2、X_3、X_4序列间的相关系数见表5.49,由表可以看出,致灾因子两两之间的相关系数均通过了0.01水平的显著性检验,表明致灾因子之间并不独立,而是互有影响。因此,为了避免信息重叠而影响分析效果,利用主成分分析对4个致灾因子进行综合简化。

表5.49 致灾因子间的相关系数矩阵

致灾因子	X_1	X_2	X_3	X_4
X_1	1			
X_2	−0.866	1		
X_3	−0.927	0.838	1	
X_4	−0.884	0.874	0.941	1

运用SPSS15.0统计软件采用主成分分析法对枇杷冻害4个致灾因子X_1、X_2、X_3、X_4序列进行分析。根据主成分个数提取原则为主成分对应的特征值>1的前m个主成分(特征值在某种程度上可以被看成是表示主成分影响力度大小的指标),软件提取了第一主成分,其累计方差贡献率达到91.6%,说明这一主成分已能充分说明数据间的波动原因,并得到协方差矩阵的特征根$\lambda=(3.665, 0.178, 0.117, 0.040)$,以及特征向量$A_1$、$A_2$、$A_3$、$A_4$分别为−0.501、0.487、0.506和0.505。

由此可得,枇杷冻害综合气候指标HI:

$$HI=-0.501X_1+0.487X_2+0.506X_3+0.505X_4 \tag{5.50}$$

从物理意义上看,极端最低气温X_1越低,≤3.0℃冻害积温值X_2越大,≤3.0℃低温日数之和X_3越多,≤3.0℃冻害最大持续日数X_4越长,对综合指标HI的贡献均越大。

(5)枇杷冻害综合气候指标分级

参照农业上划分灾害年型的方法,将枇杷冻害划分为轻度、中度、重度、严重冻害4个灾害等级,灾害等级指标见表5.50。冻害综合气候指标(HI)与相应的相对气象产量资料绘制点聚图如图5.32。

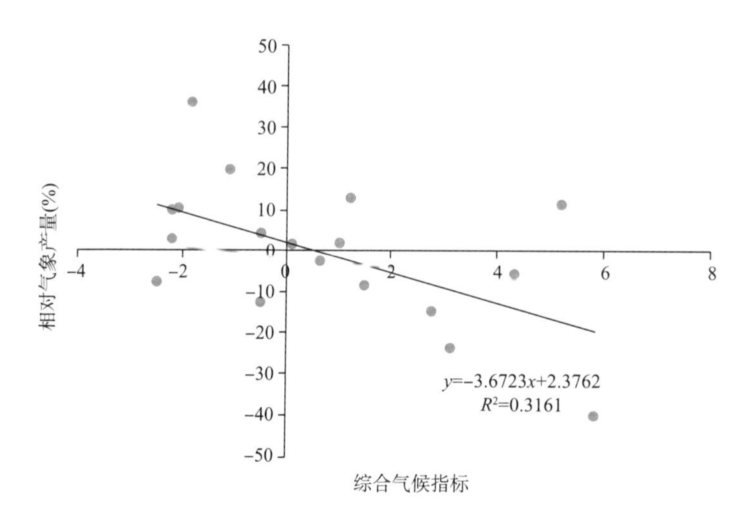

图 5.32 冻害综合气候指标与枇杷相对气象产量点聚图

由图 5.32 可见，枇杷冻害综合气候指标 HI 与相对气象产量呈显著的负相关关系，即冻害综合气候指标越高，相应的相对气象产量越低，两者之间的相关系数通过了 0.05 水平的显著性检验。采用线性回归方法对两者进行分析，可得到一元线性回归方程

$$y = -3.6723x + 2.3672 \tag{5.51}$$

式中，y 为相对气象产量，x 为冻害综合气候指标。用 $y=-100$、-30、-20、-10、0 代入方程，可得到枇杷各级冻害指标的阈值，并据此确定各级的指标区间(表 5.50)。

表 5.50 枇杷冻害综合气候指标等级

冻害指标	等级			
	轻度	中度	重度	严重
综合气候指标 HI	$0.65 \leqslant HI < 3.37$	$3.37 \leqslant HI < 6.09$	$6.09 \leqslant HI < 8.82$	$8.82 \leqslant HI < 27.88$
减产率 y(%)	$-10 < y \leqslant 0$	$-20 < y \leqslant -10$	$-30 < y \leqslant -20$	$y \leqslant -30$

(6)枇杷冻害综合气候指标与相对产量的比较

选取福建省枇杷主产区莆田市枇杷相对气象产量与 1992—2009 年冬季冻害综合气候指标进行比较，以检验枇杷冻害综合气候指标的代表性和准确性(图 5.33)。从图 5.35 中可以看出，冻害综合气候指标数值大的年份，一般枇杷的产量较低；而综合气候指标小的年份，枇杷产量较高，两者表现出相反的趋势变化，其中 2000、2005 和 2009 年综合气候指标较大，对应年的枇杷产量就较低，这与莆田市 1999—2000 年冬季、2004—2005 年冬季和 2008—2009 年冬季枇杷遭受冻害，从而造成当年产量降低的实际情况相一致。计算枇杷冻害综合气候指标与相对气象产量的相关系数为−0.562，达到 0.05 的显著水平，表明可以用本研究的冻害综合气候指标分析福建省枇杷冻害的轻重。

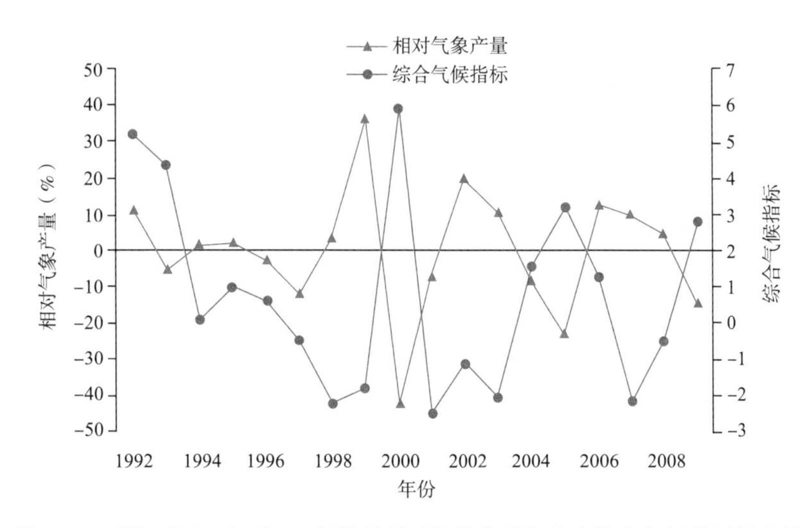

图 5.33　莆田市 1992—2009 年枇杷相对气象产量与冻害综合气候指标的比较

(7)结论与讨论

本研究以自然条件下枇杷冻害过程为研究对象，在剔除气候变化及社会经济等影响后构建新的综合气候指标。通过山坡地枇杷冻害试验初步确定福建枇杷冻害的临界温度为−1.0℃(百叶箱内)，对比枇杷主产区气象观测资料，进一步确定其冻害的实际临界温度为3.0℃。在此基础上，根据福建省 1992—2009 年冬季逐日气候资料和枇杷相对气象产量，确定枇杷冻害致灾因子为：极端最低气温、≤3.0℃冻害温度累积值、≤3.0℃低温日数之和、≤3.0℃冻害最大持续日数。

冻害的 4 个致灾因子之间相关性明显，在福建省的代表性较好。通过对 4 个致灾因子进行综合简化所得到的冻害综合气候指标，物理意义清晰，且第一主成分累计方差贡献率达到 91.6%。利用综合气候指标与相对气象产量的关系确定指标分级，并对莆田市资料进行试算，冻害综合气候指标与枇杷相对气象产量间有显著的负相关关系，说明该指标对评价福建省枇杷低温受害程度有实际参考价值。因此可以用来分析福建省枇杷冻害的轻重。

影响枇杷冻害的因子很复杂，其发生及程度不仅受气象因子的影响，还受植物学因子的影响，在气象因子中除低温的影响外，还与阴雨、大风、日照不足等气象条件有关。由于资料的限制，本书仅考虑温度对枇杷生产的影响，在以后的研究中将进一步深入完善。

5.5.3　枇杷冻害预报预警

根据福建省 68 个气象台站 1963—2008 年冬季气候资料，利用数理统计和 GIS 方法，对福建省果树寒、冻害短期精细预报预警技术进行了研究。结果表明：福建省果树寒、冻害预警期为 12 月上旬至翌年 2 月中旬，预警关键期为 12 月中旬至翌年 1 月中旬；采用数值天气预报逐日每 3 h 温度预报的 05 点温度格点预报进行插值可以得出全省各气象台站日最低气温短期预报；建立各气象台站日最低气温与经度、纬度、海拔高度的地理关系推算模型，利用 GIS 制作日最低气温预报分布图，可以开展日最低气温空间精细预报；结合枇杷寒、冻害指标，对枇杷寒、冻害的发生、发展和范围进行短期预报预警；2011 年、2012 年冬季利用该方法制作枇杷寒、冻害预警，预警结果与枇杷寒、冻害实际发生情况一致。

历史气象资料及数值天气预报资料来自福建省气象台。地理信息资料采用 68 个气象台站的公里网坐标及海拔高度和“数字福建”提供的 1:25 万福建基础地理背景资料。

5.5.3.1 寒、冻害预警期的确定

分析全省 68 个气象台站 1963—2008 年共 46 年逐年极端最低气温(t_d)出现的日期，再按年度统计冬季(11 月至翌年 2 月)各日期出现 t_d 的台站数，以台站数之和最大的一个低温过程作为当年最强低温过程的个例，并计算历年全省各站平均值(T_d)(表 5.51)。

表 5.51 福建省历年最强低温过程出现在各旬的时间、次数及平均 T_d

时间	出现年数	出现年份	平均 T_d
12 月上旬	2	1987、1990	0.5
12 月中旬	3	1975、1985、1988	−1.9
12 月下旬	12	1999、1991、1973、1967、1984、1965、1982、1995、2001、1963、2002、2006	−1.8
1 月上旬	6	2005、1971、1965、2008、1997、1973	−1.4
1 月中旬	5	1967、1970、1982、1981、2001	−1.7
1 月下旬	10	1963、1993、1977、2004、1994、1980、1987、2007、1990、1998	−1.3
2 月上旬	6	1984、1969、1979、1995、1972、1999	−1.2
2 月中旬	2	1978、1975	0.5
平均			−1.0

从表 5.51 可见，福建省冬季最强低温天气过程的出现时段为 12 月上旬至翌年 2 月中旬，为福建省果树寒、冻害预警期。而 12 月中下旬出现强低温天气过程概率最高，低温强度最大，其次是 1 月中旬，因此 12 月中旬至翌年 1 月中旬为果树寒、冻害预警关键期。

5.5.3.2 福建省枇杷寒、冻害短期精细预报预警技术

(1)最低气温(t_d)的短期预报

采用欧洲中心数值天气预报逐日每 3 h 温度预报的 05 点温度格点预报进行插值，可以得出全省各气象台站日最低气温短期预报。本项目以 2011、2012 年冬季低温过程为例，欧洲中心 2012 年 12 月 29 日 08 时对 31 日 05 时平均气温预报温度格点预报进行插值，可以得出福建省 12 月 31 日日最低气温短期预报。

(2)建立低温预报值空间推算模型

因福建山地多，地形复杂，68 个气象台站的日最低气温预报资料难以反映未布设气象观测站点的可能出现的低温状况，但低温预报值与地理因子关系密切，随纬度、海拔高度的升高而降低。为进一步提高低温模拟精度，将经纬网坐标转换为公里网坐标(单位:m)，公里网中的横向坐标用 X 表示，纵向坐标用 Y 表示，海拔高度用 H 表示，建立 68 个气象站的低温预报值(t_d)与 X、Y、H 的空间推算模型，进行相关分析。以 2012 年 12 月 31 日低温预报结果为例，建立的推算模型如下：

$$T_d = 49.68417223 + 0.0000128883X - 0.0000200847Y - 0.006265849H \quad (5.52)$$

$R(T_d, X, Y, H) = 0.9544$，$F = 214.82$，$f_1 = 3$，$f_2 = 64$，$\alpha = 0.01$，$f_{0.01} = 4.112$，$F >> f_{0.01}$，相关极为显著

(3)应用 GIS 制作枇杷寒、冻害等级预报分布图

据式(5.52)，利用 GIS 制作福建省低温预报空间分布图(图 5.34)，2012 年 12 月 31 日预报的全省最低气温为从东南向西北降低的趋势，与实况一致。

据式(5.52)，结合枇杷寒、冻害指标，利用 GIS 制作福建省枇杷寒、冻害等级预报分布图(图 5.35)，在寒、冻害等级分区图中，红色代表无寒、冻害区，橙色代表轻寒、冻害区，黄色代表中寒、冻害区，浅蓝色代表重寒、冻害区，深蓝色代表严重寒、冻害区。

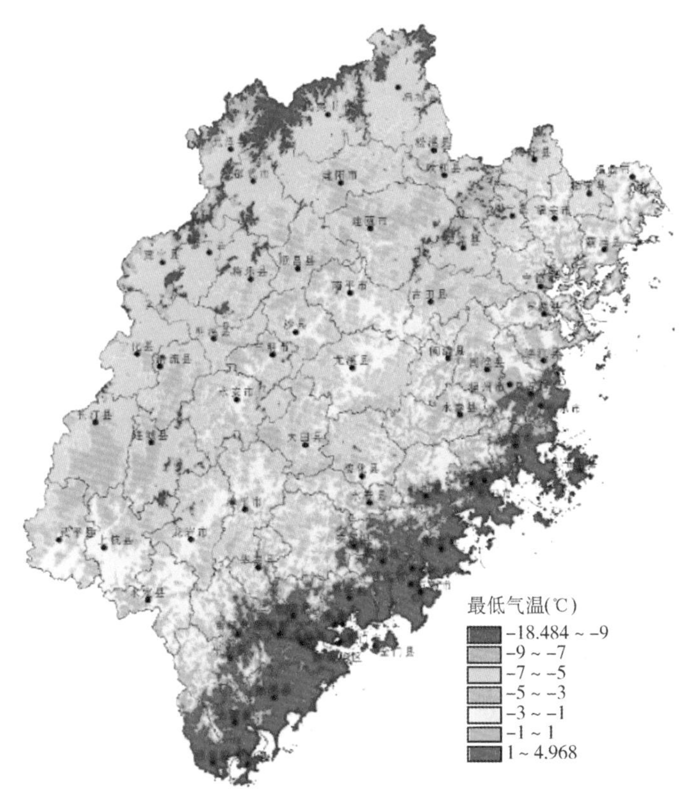

图 5.34　2012 年 12 月 31 日最低气温预报值分布图

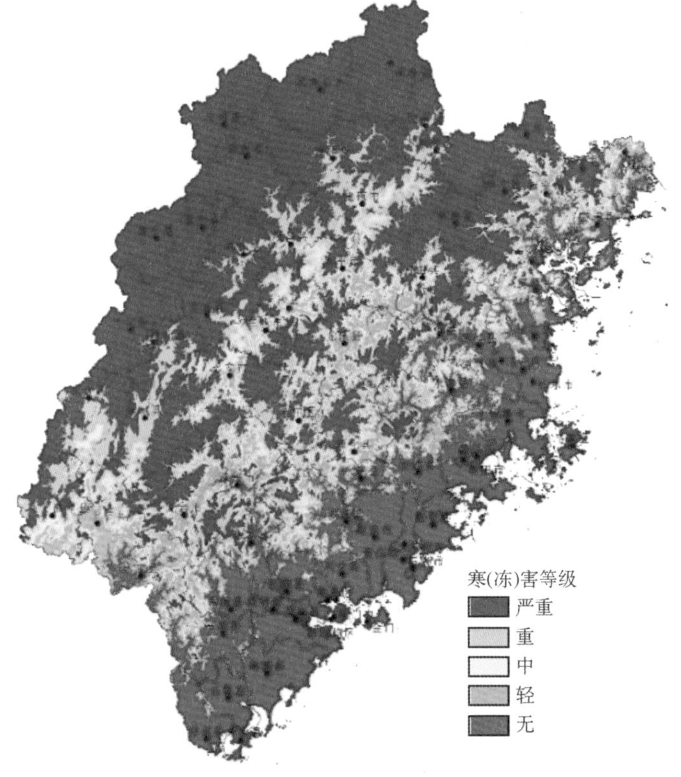

图 5.35　2012 年 12 月 31 日枇杷低温冻害等级预报分布图

从图中可见，福建枇杷无寒、冻害区主要集中在厦门、漳州、泉州、莆田及福州、宁德南部沿海少数地区。对比田间调查实况及收获期减产率调查结果，预警结果与实况相近，可以投入业务应用。

5.5.3.3 福建省枇杷寒、冻害精细化监测技术

与低温预警方法一致，我们以2012年12月31日低温实况为例，进行68个气象台站的低温实测值 T_d 与 X、Y、H 间的相关分析，建立空间推算模型，建立的推算模型如下：

$$T_d = 52.78837512 + 0.0000150471X - 0.0000215833Y - 0.006302676H \quad (5.53)$$

$R(T_d, X, Y, H) = 0.968$，$F = 311.64$，$f_1 = 3$，$f_2 = 64$，$\alpha = 0.01$，$f_{0.01} = 4.112$，$F >> f_{0.01}$，相关极显著。

据式(5.53)利用GIS制作福建省低温监测空间分布图(图5.36)，结合枇杷寒、冻害指标，利用GIS制作福建省枇杷寒、冻害等级监测分布图(图5.37)。从图中可见，福建枇杷无寒、冻害区主要集中在厦门、漳州、泉州、莆田及福州、宁德南部沿海少数地区。对比田间调查实况及收获期减产率调查结果，预警结果与实况相近，可以投入业务应用。

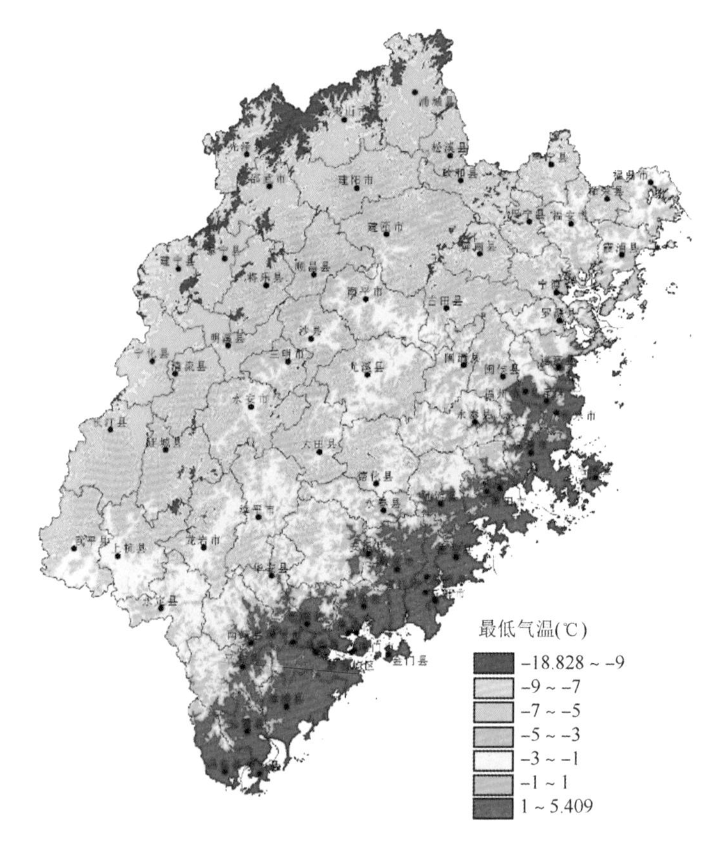

图5.36 2012年12月31日最低气温实况分布图

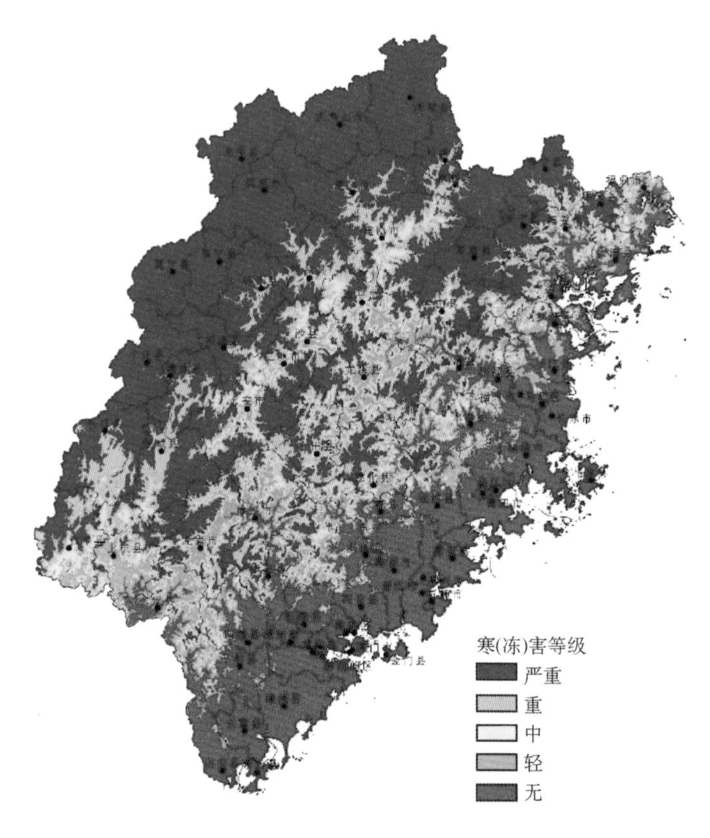

图 5.37　2012 年 12 月 31 日枇杷寒、冻害等级监测分布图

5.6　贵州刺梨干旱

5.6.1　刺梨干旱监测指标

贵州省常用的干旱监测标准指数有单项气象干旱指数(干旱时段持续日数、降水距平百分率、标准化降水指数 *SPI* 或 *Z*、相对湿润度指数 *MI*、土壤湿度干旱指数等)和干旱综合指数。

根据对比分析,相对湿润度指数和干旱日数对刺梨干旱描述较好。

(1)相对湿润度指数

相对湿润度指数的定义可写成如下形式:

$$MI = \frac{P - E}{E} \tag{5.54}$$

式中,P 为某时段的降水量,E 为某时段的可能蒸散量。可能蒸散量计算以经典算法是彭曼—蒙蒂斯公式,但是由于其中涉及数十个参数不易获取,故采用山地环境气候研究所研发的简化模型进行计算。

不同区域简化模型如表 5.52 和图 5.38。

表 5.52　贵州省潜在蒸散经验模型

区域	潜在蒸散经验模型
A	$y=0.4286e^{0.0762x}$
B	$y=0.3645e^{0.0776x}$
C	$y=0.3867e^{0.0398x}$
D	$y=0.4609e^{0.0694x}$
E	$y=0.4421e^{0.0703x}$
F	$y=0.4466e^{0.0886x}$
G	$y=0.3822e^{0.0793x}$

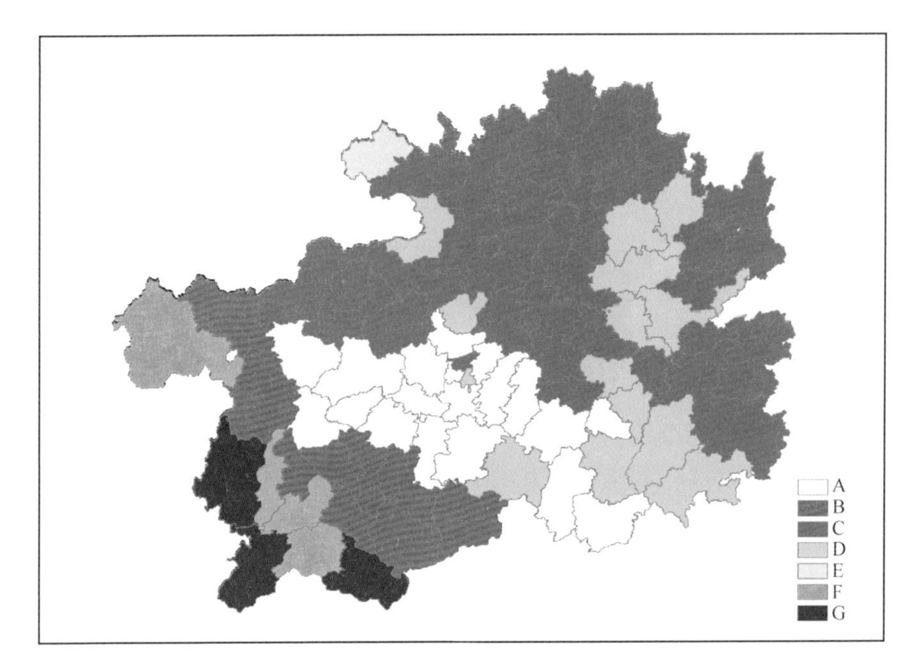

图 5.38　贵州省潜在蒸散经验模型分布区域

表 5.53 为贵州干旱指标分级标准，由表 5.53 相对湿润度指数 MI 分级标准可知，当相对湿润度指数(月尺度)$\leqslant -0.50$ 时，达到轻旱指标；相对湿润度指数(月尺度)$\leqslant -0.75$ 时，达到中旱指标；相对湿润度指数(月尺度)$\leqslant -0.90$ 时，达到重旱指标。

表 5.53　相对湿润度指数 *MI* 分级标准

类型	相对湿润度指数 MI(月尺度)	相对湿润度指数 MI(季尺度)
无旱	$-0.50<MI$	$-0.25<MI$
轻旱	$-0.75<MI\leqslant -0.50$	$-0.50<MI\leqslant -0.25$
中旱	$-0.90<MI\leqslant -0.75$	$-0.75<MI\leqslant -0.50$
重旱	$-1.00<MI\leqslant -0.90$	$-0.90<MI\leqslant -0.75$
特旱	$MI\leqslant -1.00$	$MI\leqslant -0.90$

(2)降水距平百分率

降水距平百分率(Pa)是指某时段的降水量与降水气候平均值相比的百分率(表 5.54)：

$$Pa = \frac{P - \bar{P}}{\bar{P}} \times 100\% \tag{5.55}$$

式中，P 为某时段降水量，$\bar{P}$ 为降水气候平均值。

$$\bar{P} = \frac{1}{n}\sum_{i=1}^{n} P_i \tag{5.56}$$

式中，n 为样本数，$n=30$。

表 5.54 降水距平百分率 *Pa*(%)分级标准

类型	Pa(月尺度)	Pa(季尺度)
无旱	$-50<Pa$	$-25\leqslant Pa$
轻旱	$-75<Pa\leqslant-50$	$-50\leqslant Pa<-25$
中旱	$-90<Pa\leqslant-75$	$-75<Pa\leqslant-50$
重旱	$-100<Pa\leqslant-90$	$-90<Pa\leqslant-75$
特旱	$Pa=-100$	$Pa\leqslant-90$

(3)干旱对刺梨果实受害的影响分析

据朱维藩研究，刺梨在干旱条件下，叶片易黄化脱落，枝条干枯，如根系受到损害，叶片就很快发生萎蔫现象，且生长与结果都很差(图 5.39)。而且食心虫的危害特别严重，轻者被害超过 50%，重者达到 100%，如图 5.42。由图 5.40 可知，当相对湿润度指数<-0.50，干旱日数>20 d 时，刺梨果实受到不同程度的损害，刺梨果实受食心虫害超过 50%，有些叶片发生黄化现象，或者叶片萎蔫，甚至出现枝条干枯现象(表 5.55)。

无旱

轻旱

重旱

图 5.39 刺梨受旱影响

表 5.55 不同地区相对湿润度指数对刺梨果实危害影响

地名	MI	干旱日数(d)	食心虫危害果实程度(%)	备注
正安碧丰	-0.36	15	10	
晴隆安谷	-0.21	15	20	
凯里旁海	-0.74	26	50	叶片有黄化现象
贞丰小屯	-0.65	20	75	有 10%叶片发生黄花、萎蔫，5%枝条干枯
仁怀三合	-0.48	19	25	
长顺摆所	-0.37	17	30	
毕节岔河	0.48	14	5	
金沙安底	-0.42	20	15	
余庆城关	-0.68	21	85	刺梨叶片发生萎蔫现象，叶片下垂、发黄

续表

地名	*MI*	干旱日数(d)	食心虫危害果实程度(%)	备注
兴义乌沙	0.11	10	10	
兴仁巴陵	−0.44	21	50	
惠水好花红	−0.51	16	20	
黔西绿化	−0.70	21	60	刺梨叶片15%发黄
瓮安玉华	−0.48	20	8	
桐梓娄山关	−0.21	16	5	
湄潭兴隆	−0.36	16	10	
遵义枫香	−0.30	15	5	
紫云坝羊乡	−0.37	21	40	

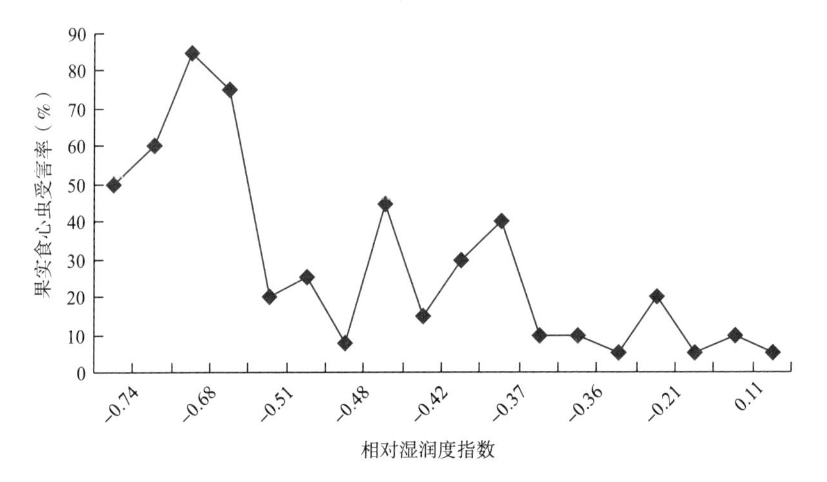

图5.40　相对湿润度指数对刺梨果实受害率的影响

(4)干旱对刺梨产量与品质的影响分析

14个观测样地2011年刺梨平均单果重在2012年的基础上降低1～6成(余庆);13个观测样地单果干物质均重降低10%～50%(余庆);4个观测样地单果均直径减少10%～30%,见图5.41～图5.43。而刺梨品质2011年比2012年好,2012年刺梨维生素C含量有11个观测样点比2011年低10%～30%;所有观测样点SOD总活性比2011年低10%～87%(瓮安玉华);还原糖除湄潭兴隆比2011年增加10%外,其余均降低,大部分观测点降低10%～50%;单宁含量除贞丰小屯、兴仁、龙里谷脚比2011年低外,其余在2011年的基础上增加9%～42%。见图5.44～5.47。

2011年是大旱年,2012年雨水充足,比常年偏多。根据以上分析得出:2011年降水量过少,影响刺梨果实生长发育及干物质的形成,低海拔温度过高抑制品质的形成,而日照充足有利于果实成熟和品质形成,所以2011年刺梨果实的特点是果实小,但涩味轻,口感好。

2012年降水充足有利于果实建成,日照偏少不利于果实成熟。2012年刺梨果实不能完全成熟,颜色全部是青黄色,见图5.50。雨水过多影响刺梨品质优劣,果实维生素C含量、SOD总活性、还原糖含量大幅度降低,特别是SOD活性在2011年的基础上降低高达87%。而单宁含量增加,即涩味增加,口感较差。另外,雨水容易滋生病虫害,2012年果实病虫害较严重,部分地区果实受害率达50%以上(图5.48)。

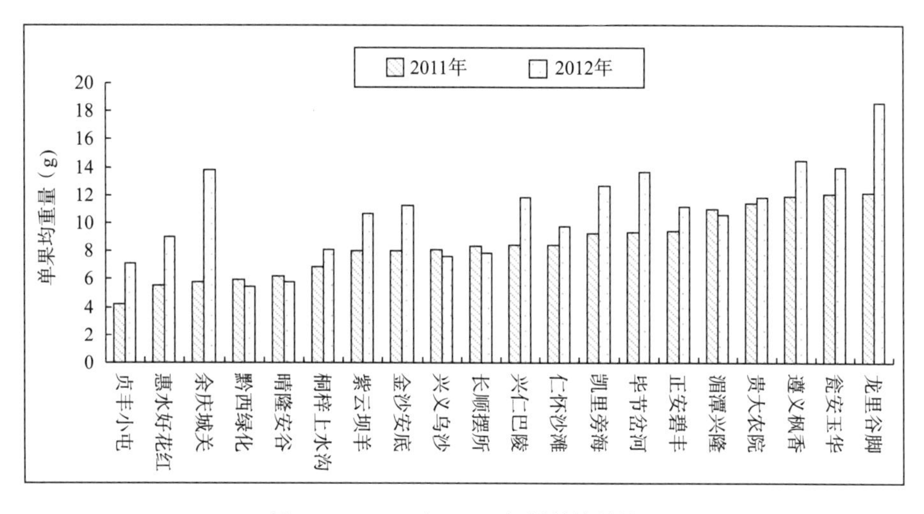

图 5.41 2011 与 2012 年刺梨单果均重

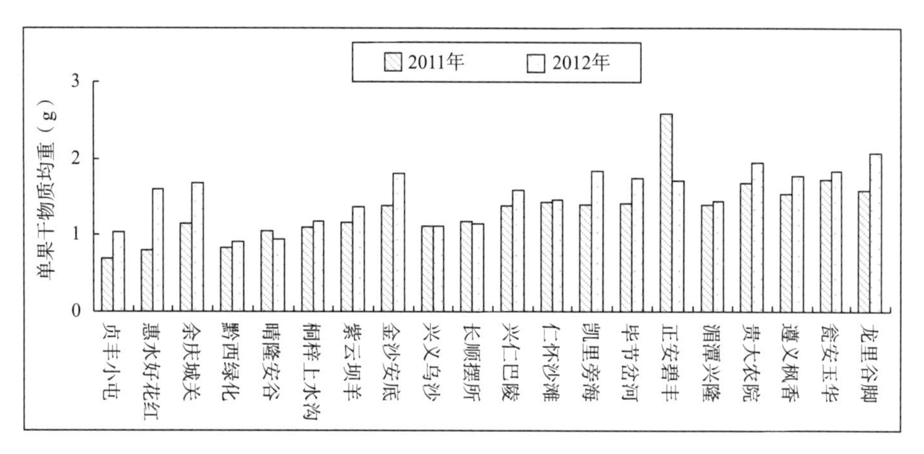

图 5.42 2011 与 2012 年刺梨单果干物质均重

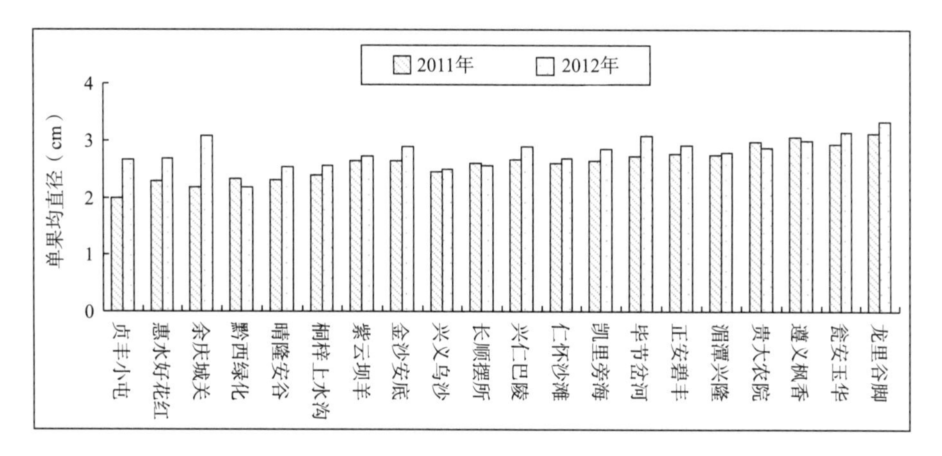

图 5.43 2011 与 2012 年刺梨单果均直径

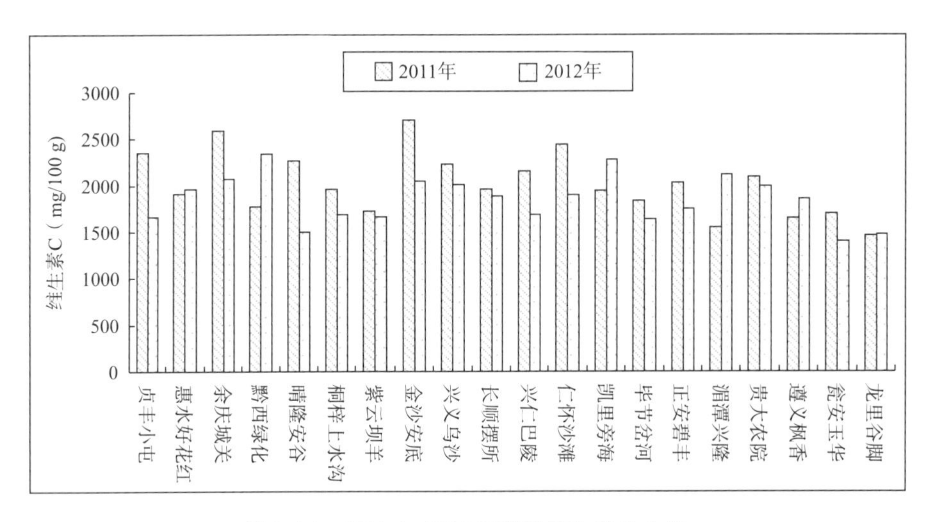

图 5.44 2011 与 2012 年刺梨维生素 C 含量

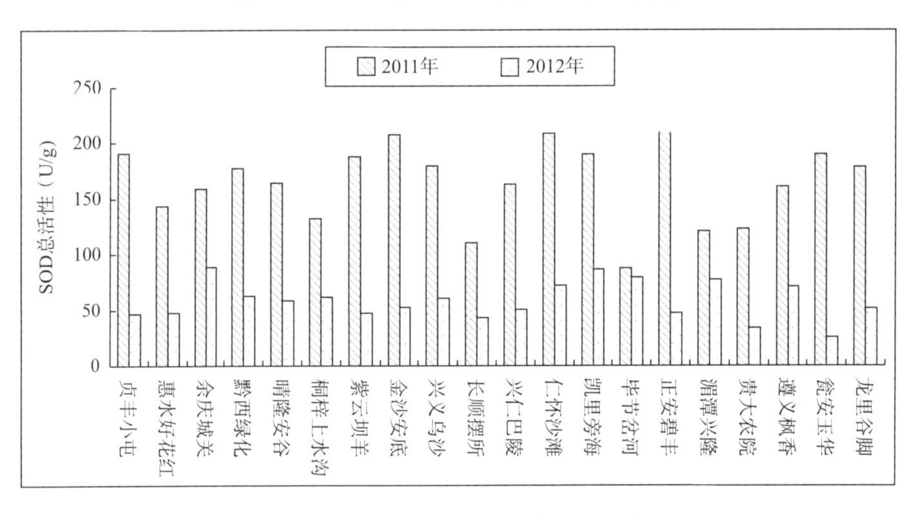

图 5.45 2011 与 2012 年刺梨 SOD 活性

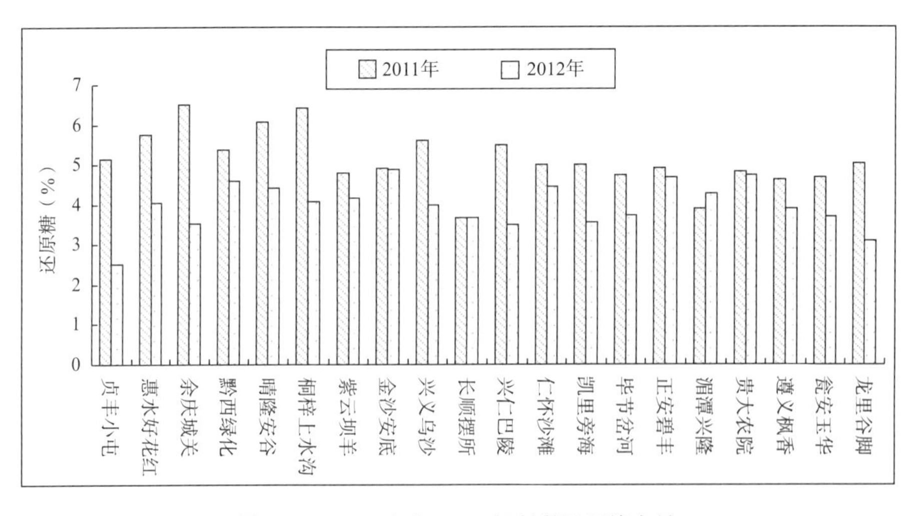

图 5.46 2011 年与 2012 年刺梨还原糖含量

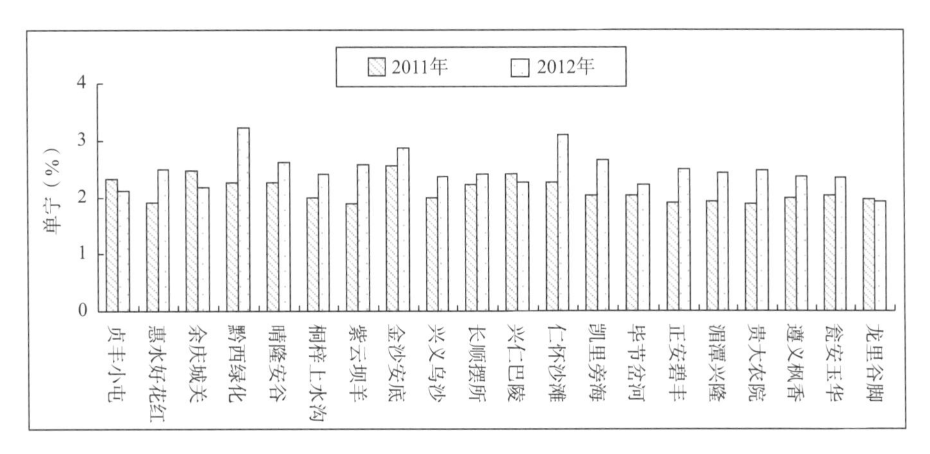

图 5.47 2011 年与 2012 年刺梨单宁含量

2012年

2011年

图 5.48 同株刺梨树成熟果实对比

(5)刺梨干旱等级指标

2011 年是干旱年,2012 年降雨充足,是无旱年,所以本研究以 2012 年刺梨果重、果实干物质重、果大为参考(即果实正常生长,无旱影响),分析 2011 年干旱对刺梨产量品质的影响。

由表 5.56 可知,晴隆安谷至瓮安玉华 2011 年单果均重、单果干物质重、单果均直径与 2012 年相比持平或减少幅度小;而以上观测点 2011 年 6—8 月相对湿润度指数为 −0.70～0.11,降水距平百分率 −42%～−25%,因为这些观测点抗灾能力强,2011 年刺梨实际受旱影响小,且 2012 年雨水过多,日照较少,对果实成熟受到一定的影响。

桐梓娄山关至兴仁巴陵观测点 2011 年单果均重、单果干物质重、单果均直径与 2012 年相比分别减少幅度主要在 30%、24%、10%以下;以上观测点 2011 年 6—8 月相对湿润度指数主要范围集中在 −0.50～−0.21,降水距平百分率 −50%～−20%。

毕节岔河至余庆城关 2011 年单果均重、单果干物质重、单果均直径与 2012 年相比分别减少幅度主要在 30%、24%、10%以上;2011 年 6—8 月相对湿润度指数在 −0.70～−0.50,降水距平百分率 −70%～−50%。

表 5.56　干旱对刺梨果实的影响

观测地点	单果均重(%)	单果干物质重(%)	单果均直径(%)	2011 年 6—8 月相对湿润度指数	2011 年 6—8 月降水距平%
晴隆安谷	7.6	12.9	−9.1	−0.21	−42.4
兴义乌沙	6.7	1.0	−2.0	0.11	−42.5
长顺摆所	6.4	2.6	1.6	−0.37	−39.7
湄潭兴隆	3.8	−3.3	−1.1	−0.36	−25.3
黔西绿化	9.2	−7.9	7.4	−0.70	−39.1
花溪	−3.7	−14.1	4.2	−0.52	−36.2
仁怀三合	−13.4	−1.6	−3.3	−0.48	−29.3
瓮安玉华	−13.5	−5.5	−6.4	−0.48	−29.8
桐梓娄山关	−14.8	−6.9	−7.0	−0.21	−19.3
正安碧丰	−15.7	51.6	−5.1	−0.36	−38.1
遵义枫香	−17.6	−13.6	2.3	−0.30	−29.4
紫云坝羊	−24.8	−14.4	−3.3	−0.37	−34.2
凯里旁海	−26.7	−23.8	−7.4	−0.74	−48.9
金沙安底	−28.6	−23.2	9.3	−0.42	−47.5
兴仁巴陵	−29.1	−12.4	−7.6	−0.44	−41.2
毕节岔河	−31.7	−19.6	−11.4	0.48	−51.5
龙里谷脚	−34.6	−23.1	−6.3	−0.65	−44.9
惠水好花红	−39.1	−50.0	−15.0	−0.51	−61.5
贞丰小屯	−40.1	−33.3	−25.3	−0.65	−50.3
余庆城关	−58.0	−31.9	−29.3	−0.68	−59.9

注：单果均重(%)＝(2011 年单果均重－2012 年单果均重)/2012 年单果均重；单果干物质(%)、均直径(%)算法同上。

由表 5.56 分析得出刺梨干旱等级指标：相对湿润度指数(月尺度)为 $-0.50 \leqslant MI < -0.2$，6—8 月降水距平 $-50\% \leqslant Pa < -20\%$ 时，刺梨受到轻旱影响；相对湿润度指数(月尺度)为 $-0.70 \leqslant MI < -0.50$，6—8 月降水距平 $-70\% \leqslant Pa < -50\%$ 时，刺梨受到中旱影响；相对湿润度指数(月尺度) $MI < -0.70$，6—8 月降水距平 $Pa < -70\%$ 时，刺梨受到重旱影响(表 5.57)。

表 5.57　刺梨干旱监测指标与等级划分标准

干旱程度	相对湿润度指数(月尺度)	6—8 月降水距平(季尺度)
无旱	$MI \geqslant -0.20$	$Pa \geqslant -20\%$
轻旱	$-0.50 \leqslant MI < -0.20$	$-50\% \leqslant Pa < -20\%$
中旱	$-0.70 \leqslant MI < -0.50$	$-70\% \leqslant Pa < -50\%$
重旱	$MI < -0.70$	$Pa < -70\%$

5.6.2　刺梨干旱预报预警

土壤水分是作物水分的最主要来源，干旱发生时，土壤水分含量能够直接反映作物水分胁迫状况。喀斯特山地环境下的贵州刺梨的种植完全属于旱地雨养农业，土壤水分的补给完全依赖于降水。同时，土壤水分的蒸发和作物蒸腾过程，主要受气象条件影响。因此，土壤水分收支过程在很大程度上由气象条件决定，可基于气象要素来计算土壤水分变化，从而试验刺梨干旱预报预警。

分别考虑土壤水分收入和支出与气象条件的关系，研究了量化计算水分收支的经验公式，实现对土壤含水量的定量计算，在此基础上构建了能够反映土壤水分干旱胁迫程度的刺梨干旱预报指数。

5.6.2.1 土壤水分变化模拟

(1)土壤水分收入

土壤水分来源于降水，但并非所有降水都能转化为土壤水，有一定比例的降水会通过径流、渗漏等形式流失。因此，真正被土壤吸收，转化为土壤水的那部分降水，才对旱地作物农业生产有用，定义为有效降雨量。本文通过建立降水转化系数(K)，来量化计算降水转化为土壤水的量。

$$Pe = P \times K \tag{5.57}$$

式中，Pe 为有效降雨量(mm)，P 为日降雨量(mm)，K 为降水转化率系数。

在降水转化为土壤水的过程中，主要受到下垫面状况、土壤状况和降水状况等因素影响。其中，下垫面包括地形坡度、植被覆盖等多种因素，贵州复杂地貌类型决定了下垫面的多样性，但由于影响因素复杂，本书暂不考虑这种差异性。土壤状况包括土壤质地类型、土壤物理结构、土壤含水量等，其中对于特定地块而言，土壤质地类型和物理结构相对稳定，仅土壤含水量变化相对较大，其含量的大小决定了降水转化为土壤水分的多少。降水状况，主要受降水强度影响。

综合考虑上述因素，分别构建了温度订正系数(Kt)、连续无雨日数订正系数(Kd)、累积降水订正系数(Ka)、降水强度订正系数(Kp)来综合反映降水转化系数。

$$K = Kt \times Kd \times Ka \times Kp \tag{5.58}$$

式中，各系数采用分段函数表示，详细分段标准略。

温度订正系数(Kt)：反映土壤水分消耗状况决定的土壤吸收水分能力。温度越高，土壤水分消耗快，土壤吸水能力越强，降水转化率高。

连续无雨日数订正系数(Kd)：连续无雨日数越长，土壤含水量越低，吸水能力越强，降水转化率越高。

累积降水订正系数(Ka)：反映累积降雨量，避免出现有一定量降雨，但仍未解除干旱的情况，减少由无雨日数订正带来的误差。主要考虑最近一次降水过程前五日的累积降雨量。

降水强度订正系数(Kp)：考虑日降水强度，强度越大，径流越大，降水转化率越低。

(2)土壤水分支出

蒸发和蒸腾(合称蒸散)是土壤水分消耗的主要形式。蒸散作用，除与作物有关外，主要受温度、日照等气象条件影响。由于不同海拔高度同样日照条件下，所获得的辐射量不同，由此会造成水分消耗差异，日照需经过海拔订正。

考虑气象条件对蒸散的影响，构建了土壤水分消耗函数 $f(T,S,H)$。

$$f(T,S,H) = \frac{T + S/10 \times (1 + H/1000)}{Ty} \times Py \tag{5.59}$$

式中，T 为当日气温，S 为当日日照时数，H 为海拔，Ty 为年平均气温，Py 为日均降雨量。

(3)土壤水分动态计算

综合考虑土壤水分收支动态,则当日土壤含水量(H_d)(mm):

$$H_d = H_{d-1} + Pe - f(T,S,H) \times H_{d-1}/fc \tag{5.60}$$

式中,H_{d-1}为前一日土壤含水量(mm),fc 为田间持水量状态下的土壤有效水分含量,H_{d-1}/fc 代表由土壤水分含量决定的水分消耗系数。

由此,给定某日土壤含水量初值后,即可逐日计算土壤水分含量。

5.6.2.2 刺梨干旱预报指数构建

考虑土壤水分干旱胁迫程度,构建了如下刺梨干旱预报指数(D_I):

$$D_I = \frac{\text{实际有效水分含量} - \text{干旱临界状态有效水分含量}}{\text{干旱临界状态有效水分含量} - \text{凋萎湿度}} \tag{5.61}$$

由指数模型可以看出,当土壤水分达到作物临界干旱状态时,$D_I=0$,无干旱发生;当土壤水分达到凋萎湿度时,$D_I=-1$,作物凋萎。

从干旱临界状态至作物凋萎,平均划分五个等级,分别代表无旱、轻旱、中旱、重旱和特重旱(表 5.58)。

表 5.58 刺梨干旱预报指数等级划分标准

干旱指数 D_I	干旱等级
$D_I \geqslant 0$	无旱
$0.25 \leqslant D_I < 0$	轻旱
$-0.50 \leqslant D_I < -0.25$	中旱
$-0.75 \leqslant D_I < -0.50$	重旱
$-1 \leqslant D_I < -0.75$	特重旱

根据未来精细化城镇预报,在逐日气温、天气现象预报结果基础上,实现对未来逐日平均气温、降雨量的定量化预测,结合前述水分收支模拟技术,实现未来逐日土壤水分的模拟,进而实现干旱指数计算。

5.6.2.3 预报资料序列构建

通过对未来逐日最低气温、最高气温、天气现象等精细化城镇预报结果,实现对逐日平均气温、降雨量的定量化预测。其中,日平均气温以日最高气温和日最低气温的平均值代替。日降雨量基于天气现象进行定量化评估。日照时数基于历史日平均日照资料进行定量化评估,基于天气现象进行订正应用(表 5.59)。

表 5.59 天气现象量化推算降雨量对照表

天气现象	降雨量(mm)	天气现象	降雨量(mm)
晴	0	雾	1
多云	0	冻雨	1
阴	0	阵雨	3
浮尘	0	雷阵雨	3
扬沙	0	雷阵雨伴有冰雹	3
沙尘暴	0	小雨	5

续表

天气现象	降雨量(mm)	天气现象	降雨量(mm)
强沙尘暴	0	小雨～中雨	8
雨夹雪	2	中雨	10
阵雪	1	中雨～大雨	15
小雪	3	大雨	25
小雪～中雪	4	大雨～暴雨	30
中雪	5	暴雨	50
中雪～大雪	6	暴雨～大暴雨	55
大雪	8	大暴雨	100
大雪～暴雪	9	大暴雨～特大暴雨	105
暴雪	10	特大暴雨	200

通过对实况气象资料和预报资料的量化应用，形成了从实况到预报的气象资料序列。

5.6.2.4　水分变化定量预测

基于构建的实况和预报资料序列，结合前述土壤水分模拟方法，对未来逐日土壤水分含量收入和支出分项进行定量化模拟，进而得到土壤水分的逐日动态模拟结果。

当日土壤含水量预测(Hn_d)(mm)：

$$Hn_d = Hn_{d-1} + Pne - fn(Tn, Sn, h)$$

$$fn(Tn, Sn, h) = \frac{Tn + Sn/10 \times (1 + h/1000)}{Ty} \times Py$$

式中，Hn_{d-1}为前一日土壤含水量(mm)，Pne为有效降雨量预测值，Tn为温度预测值，Sn为日照预测值。

由此，基于当前土壤水分监测结果，即可逐日计算未来土壤水分含量和旱地农业气象干旱指数，进而实现对刺梨干旱的预测(图 5.49)。

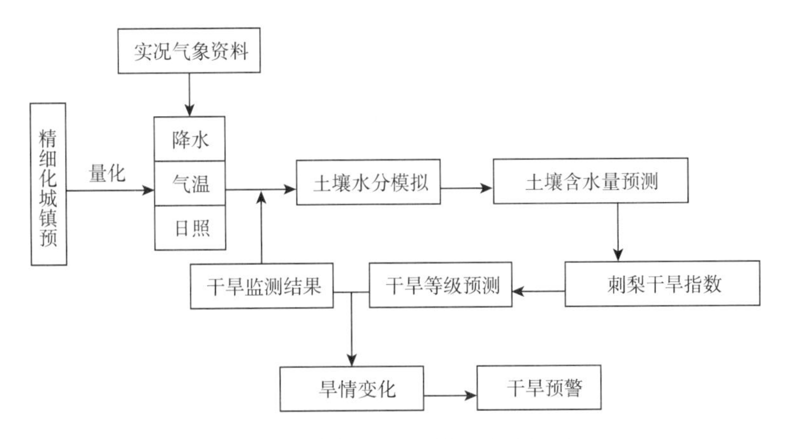

图 5.49　刺梨干旱指数预警流程图

5.6.2.5　干旱预报预警

基于刺梨干旱预报指数，实现对未来逐日干旱等级的监测。在此基础上，根据干旱等级变化实现干旱的预报预警(表 5.60)。

表 5.60　干旱变化与预报预警表

旱情变化	当日旱情	未来旱情	旱情预报预警
无	无旱	无旱	无
出现(入旱)	无旱	有旱	是
维持	有旱	有旱,等级不变	是
发展(加重)	有旱	有旱,等级加重	是
缓和	有旱	有旱,等级减轻	否
解除	有旱	无旱	否

5.6.2.6　在2013年干旱气象服务中的应用

基于刺梨干旱预报指数,在2013年的干旱气象服务实践中,实现了干旱演变过程、干旱区域分布、单站干旱变化动态等的监测,为客观分析干旱发生程度及影响提供了重要依据。

(1)干旱演变过程

利用刺梨干旱预报指数,统计全省逐日不同等级干旱站数,可以直观清晰了解旱情发展过程(图5.50)。自6月中旬开始部分站点旱象露头,6月下旬的降水有效遏制了旱情,但随后7月上旬因晴热少雨、气温高,干旱再次开始露头,省北部及东部大部分地区出现轻至中旱。自7月中旬起,部分站点发展为重旱至特重旱等级,至8月1日,重旱以上站点达到最多的54站。8月3—4日在热带风暴“飞燕”影响下,旱情降水范围相对较大,重旱站点减少,重旱区逐步向东转移。随后旱情又一度加重。自8月14日开始先后在台风“尤特”和“潭美”的降水影响下全省大部分地区干旱陆续解除。

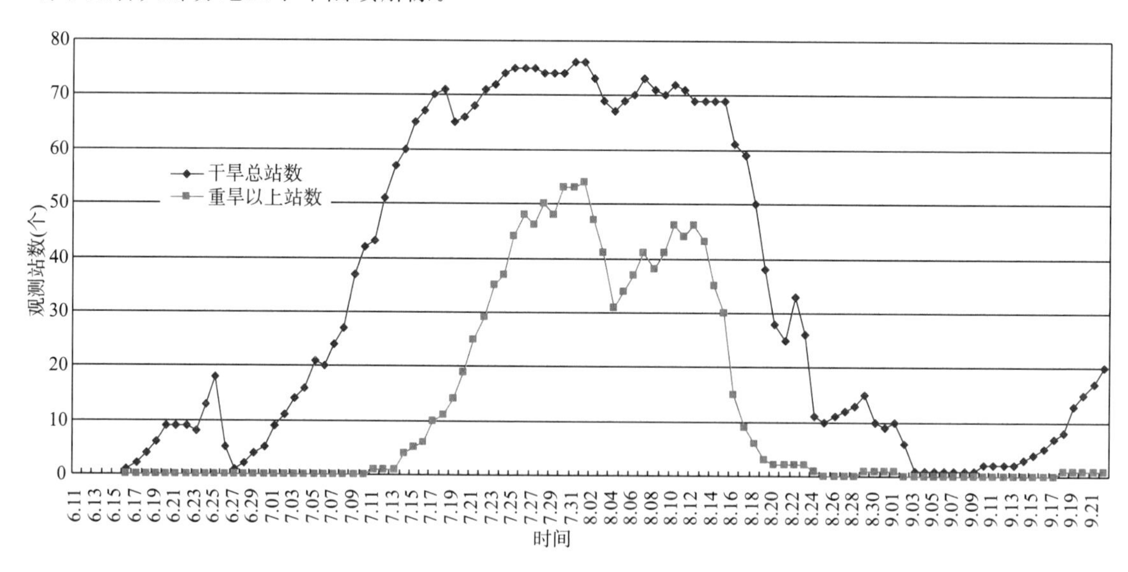

图5.50　2013年贵州省逐日干旱站数演变

(2)刺梨干旱旱情实时监测预警

图5.51列出了不同时间全省干旱监测结果,从中可以看出,基于刺梨干旱预报指数,能够了解各地旱情发生程度和变化,且能够比较灵敏地反映出降水带来各地旱情的变化。

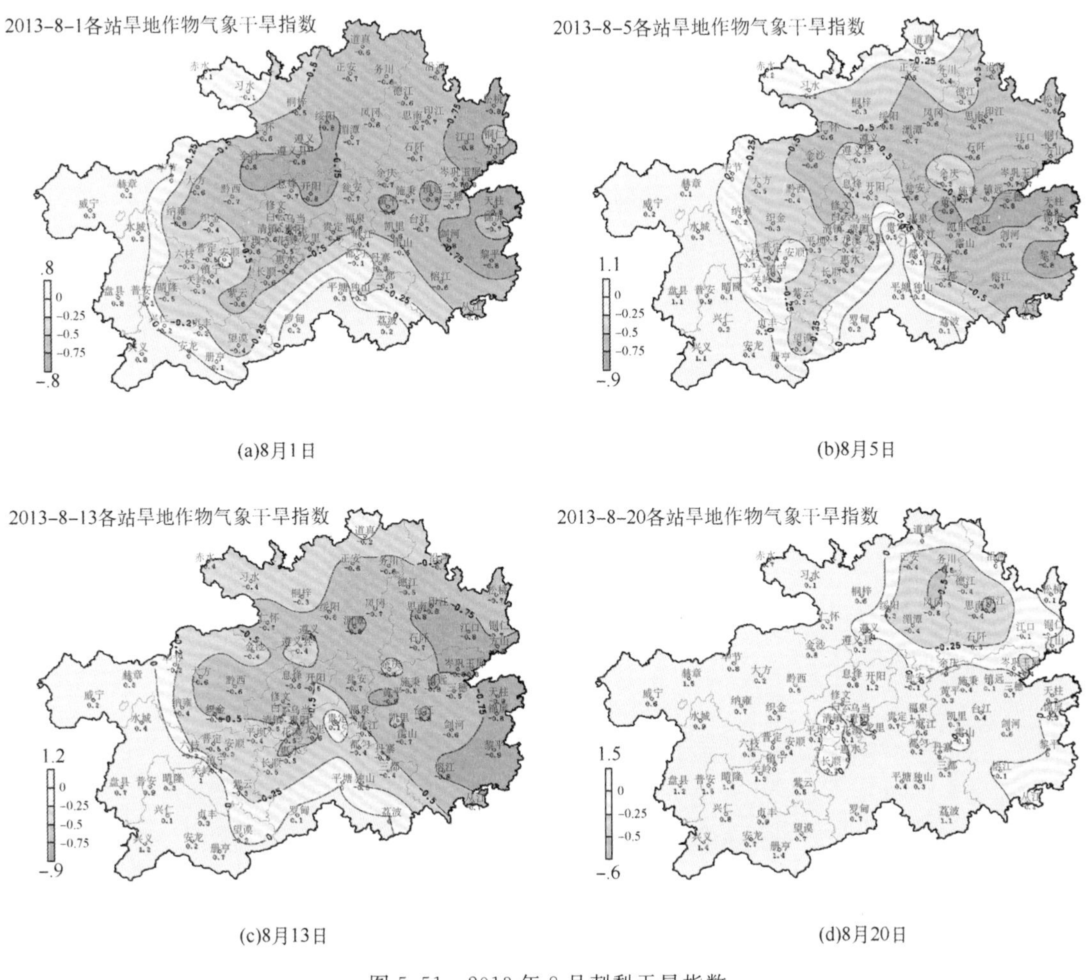

(a)8月1日　(b)8月5日

(c)8月13日　(d)8月20日

图 5.51　2013 年 8 月刺梨干旱指数

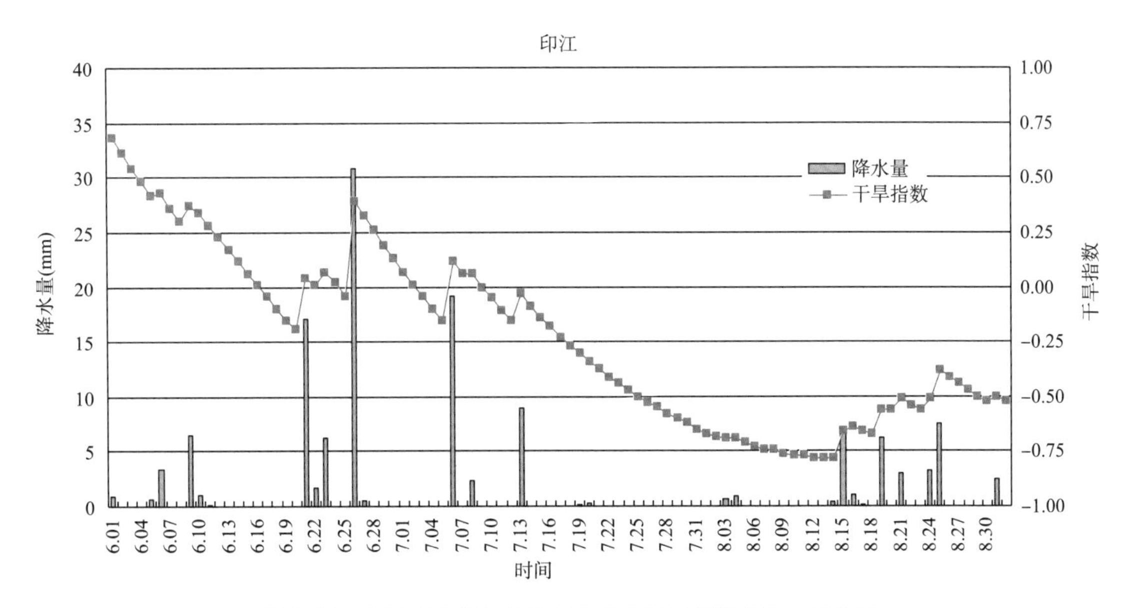

图 5.52　2013 年印江站夏季刺梨干旱预报指数随降水变化图

(3)单站旱情演变

基于逐日干旱指数,能够了解单站干旱指数随降水过程升高,随持续少雨而降低至干旱出现,以及降水带来旱情缓和、解除等的变化过程(图5.52)。

构建土壤水分计算模型和刺梨干旱预报指数,实现了土壤水分收入和支出分量的定量计算,结果能够有效反映干旱实际,为了解灾害发生发展动态和空间分布提供了依据,也为灾害防控奠定了基础。

第6章 特色林果气象灾害监测预警系统

6.1 系统概述

6.1.1 系统特点

特色林果气象灾害监测预警系统是在多种经济作物(橡胶、香蕉、枇杷、刺梨等)灾害模型需求的基础上,通过对多源数据的整理与分析,构建完成的多用户数据库管理系统。本系统软件基于GIS系统和Windows操作平台,建立了适用于中国热带、亚热带区域的,界面友好、易于使用、运行稳定的集特色林果气象灾害监测、预警与快速评估于一体的系统平台,提高了特色林果业的气象灾害预警与防御能力。

所构建的特色林果气象灾害监测预警系统,以SQLServer2005数据库和ArcGIS Server服务器为支撑平台,选用VisualStudioC#及组件式WebGIS等为编程开发工具与环境,综合应用了Web技术、数据库技术和GIS(地理信息系统)技术进行研发,是集海量数据入库、管理、数据查询、地理分析和灾损评估于一体的网络化系统平台。

特色林果气象灾害监测预警系统的运行模式为B/S结构,便于通过互联网、局域网与相关部门的各终端PC计算机相连,实现数据、分析结果的共享,能够对农业气象灾害进行实时监测并预警,为逐步实现业务化应用提供了基础平台。

软件系统可以实时处理生态数据(植被盖度、高度、物候等)、气象资料(气温、地温、降雨、湿度、光合有效辐射、日照时数、气压、风速等)、遥感数据等,实现了在特色林果气象灾害监测预警系统中的空间建模、空间统计分析、可视化展示等功能。

6.1.2 系统构建原则

为保证系统的质量以及进度,特色林果气象灾害监测预警软件系统基于软件工程的思想进行开发,其总体设计遵循如下基本原则:

(1)数据类型、编码、图文标准尽可能和国家标准以及行业规范一致,确保数据库具有实用性和可复用性。

(2)系统的构建应具备一定的完备性。这个完备性表现在两个方面:首先,数据的完备性,系统中的数据必须准确、完整和实时,这是系统功能后续开发的基础;其次,功能的完备性,系统功能应该满足其详细设计的功能需求,即必须满足相关业务、系统管理等方面需求。

(3)系统应具备较强可靠性、可扩展性。在设计之初就采用模块化编程思路,易于扩充,便于推广,并预留扩充接口。

(4)界面友好性。系统界面是用户与系统打交道的直接窗口,界面的设计应该能够准确地表达业务的处理流程及业务间的逻辑关系，除此之外，界面设计还应遵循色彩协调、方便使用等原则。

（5）具有较好的实用性和扩展性。软件系统应满足目前所确定作物气象灾害的数据处理与监测预警需求，并能方便快捷地增加新的作物种类和新的监测预警模型。

6.1.3 系统架构

根据业务的需求，软件设计采用 B/S 架构，便于通过互联网、局域网与相关部门的各终端计算机相连，实现数据、分析结果的共享。系统采用多层次结构设计，架构如图 6.1 所示。

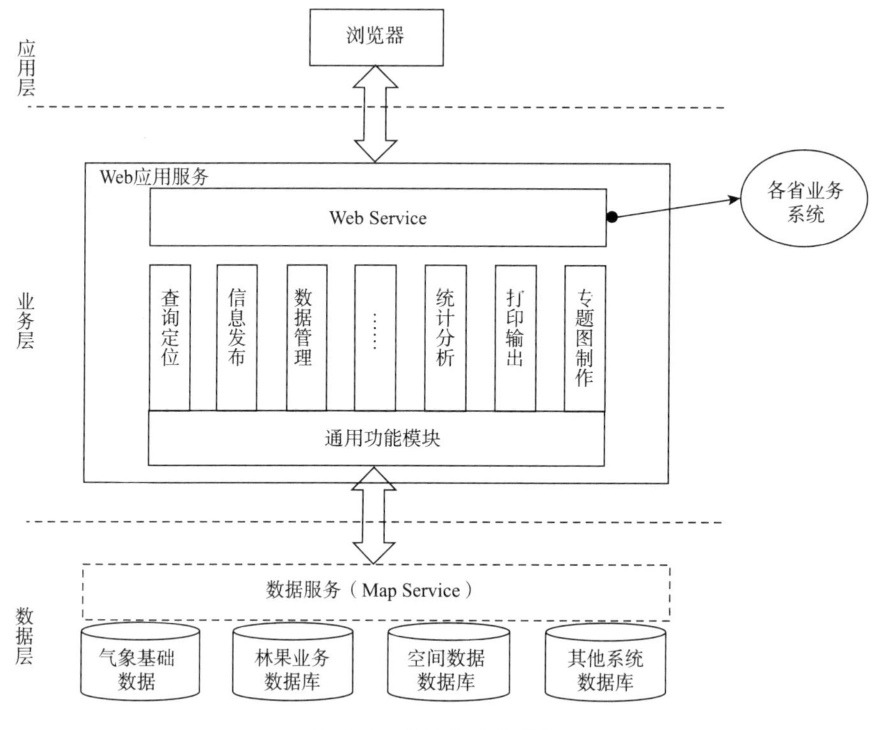

图 6.1 系统集成框架图

系统架构包括数据层、业务层和应用层：

（1）数据层

数据层的功能是实现历史和实时数据采集以及预处理、数据存储。采集及预处理历史和实时数据根据用户的需求进行，主要采集空间图形数据、属性数据和行列结构存储的文本数据。数据来源包括生态数据（植被盖度、高度、物候，生产力等）、气象资料（气温、地温、降雨、湿度、光合有效辐射、日照时数、气压、风速等）、遥感数据、社会经济数据和指标数据。

数据预处理是对采集的数据进行异常值处理、修订和分类。采集数据进行预处理后才是可靠的数据，为高质量的空间数据和属性数据统计分析查询等操作提供保障。

数据的存储和管理采用关系数据库系统与文件系统相结合的方式，通过数据中间件提供的接口实现与业务相关的空间数据和属性数据的高效存储和管理。

（2）业务层

考虑到通用数据服务和地理信息服务，实现了系统的业务逻辑，包括数据查询、信息发布、模型编辑、监测预警、统计分析和打印输出等。

(3)应用层

应用层由一系列应用服务组成,针对具体用户提供特定的系统管理、查询、分析、统计和各种地图数据处理功能。用户使用浏览器即可方便地使用本系统。

多层体系结构将应用的业务逻辑和用户界面及数据层分离,使得特色林果气象灾害监测预警系统的开发人员能专注于专业业务逻辑的分析。整个框架结构清晰明了,使系统具有易管理性、可维护性和可伸缩性,有利于代码的共享和重用。

6.1.4 系统功能

根据特色林果气象灾害预警系统的需求分析,系统主要功能包括:系统管理、数据入库、查询统计和监测预警。

(1)系统管理

系统管理是该监测预警系统管理和维护的基础功能,由于该系统有多级人员使用,必须要通过角色管理和用户管理分配给各类用户不同的角色及其权限。

(2)数据入库

主要功能为从省级历史(或实时)资料数据库中提取特色林果气象灾害监测预警的相关数据,按照业务类型分别整理,并对实时资料进行质量检查,以便为统计分析模块提供输入数据。

(3)查询统计

主要包括模糊查询、组合查询、智能查询等功能,对各特色林果气象灾害监测预警系统中的业务数据按照业务分类进行统计(空间)分析,形成相应产品,将统计(空间)分析后的数据,用地图、图表等多种方式表达。

(4)监测预警

对造成或可能造成林果气象灾害的天气过程进行监控,通过有关业务系统上传的实时数据,监控模块的分析、处理,动态生成受灾结果数据并在地图上直观地表现出来。

6.2 系统技术方法概述

特色林果气象灾害监测预警系统软件,综合运用了 Web 技术、数据库技术和 GIS(地理信息系统)技术进行研发。本节主要介绍系统的有关技术方法。

6.2.1 NET 框架

随着 Internet 的迅速发展,基于 Web 的应用程序越来越明显地展示出其优势。ASP.NET 是一种基于 Microsoft.net 平台的 Web 应用程序开发技术,可以使用 .NETFramework(.NET 框架)所提供的全部功能。.NET 框架结构如图 6.2 所示。

.NET 框架具有跨平台性、适用于快速应用开发的特点,它提供了极为丰富的可应用于 Internet 及 Intranet 高效开发的技术。.NET 框架主要包括两大核心组件:公共语言运行时(Common Language Runtime,CLR)和 .NETFramework 类库(Framework Class Library,FCL)。

(1)公共语言运行时(CLR)

公共语言运行时(CLR)是所有.NET应用程序的运行环境,它提供对内存、线程、对象生存期、代码访问安全性、异常处理等方面的管理和服务。

为了实现跨平台运行和跨语言开发的目标,由于.NET开发的程序并不像C语言那样编译为本地代码,而是编译成微软中间语言(Microsoft Intermediate Language,MSIL),再由CLR动态编译成可执行的机器码文件。因此,对于一般开发人员来说,只需要关注编程语言如C#、J#、VB.NET,而不必再考虑计算机操作系统及其硬件环境。不同的编程语言由.NET各自相应的编译器编译为一致的MSIL,它与其他资源(如位图、文本等)一起作为一种称为程序集的可执行文件存储在磁盘中,通常其扩展名为.exe或.dll。

.NET程序在执行时,该程序集将被加载到CLR中,CLR先对其进行必要的检查,如果程序集符合.NET规范及安全要求,CLR将通过实时编译(JustInTime,JIT)将IL转换为本机机器指令。

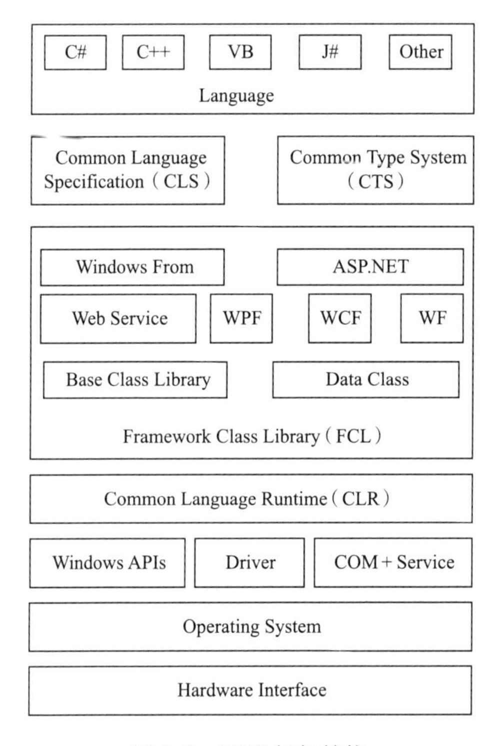

图6.2 NET框架结构

(2).NETFramework类库(FCL)

在CLR之上的是.NETFramework类库(FCL),它是一套功能极为丰富的、面向对象可重用的类型集合,提供了许多类与接口,包括ADO.NET、XML、IO、网络、调试、安全和多线程等。.NETFramework类库是以命名空间方式来组织的,命名空间与类库的关系就像文件系统中的目录与文件的关系一样,使得繁杂的类库变得结构清晰。

在.NET框架基础上的应用程序主要包括ASP.NET应用程序和WindowsForms应用程序,其中ASP.NET应用程序又包含了“WebForms”和“WebService”,它们组成了全新的因特网应用程序。

特色林果气象灾害监测预警软件即基于“WebForms”和“WebService”两类ASP. NET应用程序模式进行开发。

(3)ADO. NETEntityFramework架构

ADO. NETEntityFramework分StorageProvider，MappingLayer，ObjectServices，LINQtoEntities四层。StorageProvider负责直接和数据源通讯，支持数据库SQLServer；MappingLayer负责数据库概念层和逻辑层的映射，通过EDM模型和mappingprovider，应用程序将构建在更高层次的EDM模型抽象层次上；同时，在应用程序中将不再使用本地数据库的查询语言比如(T-sql)，取而代之的是EntitySQL。ObjectServices的目标是消除数据和应用程序代码风格的不匹配。ADO. NET允许将查询结果呈现为行和列记录，同时也可以呈现为. NET对象。该层还包括了更多被O/Rmapping框架支持的高级服务，比如身份认证，跟踪对象状态变化，并行性检查以及处理更新；LINQtoEntities将EntityFramework与LINQ项目集成，以提供面向对象编程语言适合自己特点的查询功能。LINQtoEntities这一层依赖于objectservices和mappinglayer这两层的实现。

实体框架的构建是实体数据模型实现的基础，便于开发者能够把关系数据库的物理存储架构做进一步的抽象，使之符合并应用到实体关系数据模型的概念架构(概念层或者概念模型)之上。ADO. NET实体框架模型还提供了一个扩展，通过此扩展可使用公共语言运行库(CLR)对象定义数据模型。在使用实体框架模型时，设置数据服务并不重要。对于基于CLR的模型，已在CLR对象和EDM类型之间定义了一个映射。该框架的设计最终目标是允许通过将数据源简化为单一语法和统一的URI约定，不管基础数据源如何，ADO. NET数据服务都可以部署数据的一致表示形式。

(4)EDM和基于CLR的数据模型

实体数据模型(EDM)是由概念架构定义语言(CSDL)、EntitySet、EntityObject、EntityType、Property、Association、AssociationSet等概念构成，可用于描述ADO. NET实体框架所部署的数据。

在实体数据模型(EDM)中，ADO. NET数据服务将与实体架构的对象服务层进行交互，此层是一个CLR可编程上下文。虽然可以手动创建编程上下文和概念模型，但优先使用集成的实体数据模型工具。实体数据模型的EntityType指定了用数据表示的应用程序领域对象。EntityObject是EntityType的实例，它有一个或多个Properties，并可通过EntityKey唯一区分。Properties可以是SimpleType、ComplexType或RowType。一个EntitySet包含多个EntityObject实例，一个EntityContainer可以存储多个EntitySets，相应于物理数据存储层的数据库(例如Northwind)和概念层的架构(如dbo)。RelationshipType定义了两个或多个EntityTypes之间的关系，可以是点对点关系的Asociation，也可以是父子关系的Containment。顶层的实体数据模型对象是Schema，它代表了整个数据库。

在使用基于CLR的数据模型时，ADO. NET数据服务的工作方式是将URI请求转换为对通过URI语法寻址的数据进行的操作。若数据模型基于实体框架，则URI将转换为对象服务方法调用。实体框架ObjectContext基于ObjectQuery<T>部署数据集，而ObjectQuery<T>将实现IQueryable<T>。通过实现IQueryable的派生项来部署其数据的任何技术或数据提供程序均可作为ADO. NET数据服务进行部署。自. NETFramework3. 5开始，提供的AsQueryable扩展方法可与实现IEnumerable<T>的对象一起使用。

. NETFramework 中所有实现 IEnumerable＜T＞的类都可以通过调用 AsQueryable 扩展方法来进行扩展。这意味着,可以将大多数列表、数组和集合有效地作为 ADO. NET 数据服务进行部署。

LINQ 查询也适用于实现 IEnumcrable＜T＞或 IQueryable＜T＞的数据源。当使用 CLR 对象定义 ADO. NET 数据服务的基础数据模型时,请求 URI 会转换为 LINQ 查询。在 CLR 对象和 ADO. NET 数据服务资源之间定义了一个完整的映射。利用 CLR 对象到 ADO. NET 实体集的映射,ADO. NET 数据服务可以部署任何可作为数组、列表或集合读入到内存中的数据源。

因此,使用实体数据模型有如下优点:生成把应用程序域和数据域相隔离的数据访问层;处理关系数据库提供商或架构的改变而不需要改变 C# 或者 VB 的源代码或重编译项目;使得业务逻辑层能处理现实世界的业务实体,如客户、订单、雇员和产品,而不是关系数据库的行和表;支持复杂的属性,例如:实时地面气象数据表可能包含干球温度、相对湿度、站号、所属区域、总云量、降雨量和风速等字段,地面气象日资料表可能包含经度、纬度、站号、所属区域、日平均水气压和日照时数等;建立面向对象模型的概念,如集成和层次化(嵌套)或者多态结果集,这些概念是关系模型无法适应的;公开关系导航属性,消除了在相关表之间进行复杂连接的需要;提供了一个高级的图形化实体数据模型 Designer,可以简化继承和层次化模型,并支持映射文件的增量改变;将概念层的实体模型映射到对象服务层的对象模型,并通过 Object-Context 支持对象身份识别管理和更改跟踪;支持对象服务 LINQtoEntities 实现版本的简单、强类型的查询。

6.2.2 WEBGIS 技术

互联网技术的迅速发展使 Internet 成为 GIS 新的操作平台,WEBGIS 即为 Internet 和 GIS 相结合的产物。WEBGIS(网络地理信息系统)指基于 Internet 平台,运用在 Internet 上的地理信息系统。通过互联网对地理空间数据进行发布和应用,以实现空间数据的共享和互操作。WEBGIS 利用 Internet 发布地理信息,为用户提供空间数据的信息浏览、查询、分析等功能,从而实现地理信息的操作与分享。服务器端向客户端提供信息和服务,浏览器(客户端)具有获得各种空间信息和应用的功能。WebGIS 可以方便地与 Web 中的其他信息服务进行无缝集成,可以建立灵活的 GIS 应用。

WEBGIS 的设计思想就是将 GIS 系统提供的数据和服务作为一系列的 URL(Uniform-ResourceLocator)资源,因此任何一个因特网用户都可以访问和使用系统提供的数据和服务。它能按照用户的客户端请求,通过 WEB 来达到地图空间数据浏览、查询、专题制图、空间检索、空间分析以及异地数据更新管理、数据挖掘等。常用的 WEBGIS 按照业务流程可分为三层:客户层,服务器层,数据层,其体系结构如图 6.3 所示。

WebGIS 系统的客户层采用 Web 浏览器,提供用户访问 WebGIS 的界面。服务器层由 WWW 服务器和 GIS 服务器构成,分别提供 Web 信息管理和服务、地理信息处理与服务。数据层实现空间数据的存储。

特色林果气象灾害监测预警软件系统采用 ArcGISServer 作为 WebGIS 服务器。Arc-GISServer 是一个用于构建集中管理、支持多用户的企业级 GIS 应用的平台。ArcGISServer 提供了丰富的 GIS 功能,例如地图、定位器和用在中央服务器应用中的软件对象。使用 Arc-

GISServer 可以构建 Web 应用、Web 服务及其他运行在 .NET 或 J2EEWeb 服务器上的企业应用。

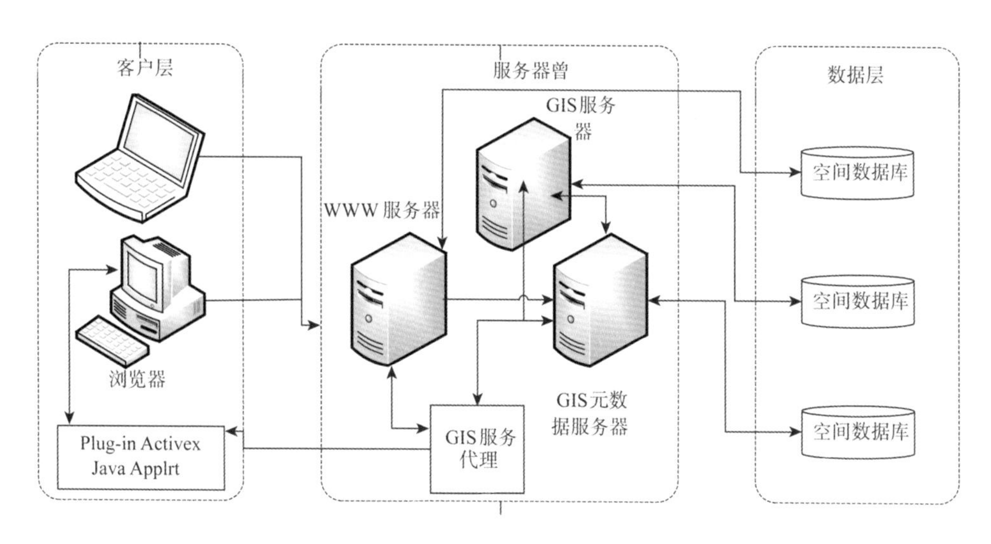

图 6.3 WEBGIS 的典型结构

采用 WebGIS 技术开发具备以下特点：

(1)主要运算任务在服务器端执行，比如绘制地图，查询空间数据库，空间分析等。

(2)用户端使用通用浏览器即可访问。

(3)GIS 服务器端提供地理信息服务时，将 WWW 服务器作为信息交互的转接点。

6.2.3 空间数据管理技术

数据是 GIS 的主要内容，也是空间分析的基础。特色林果气象灾害监测预警软件系统将数据划分为两大类："空间数据"主要是指与空间位置、空间关系有关的一类数据，GIS 软件偏重于管理空间数据；"属性数据"是地理元素中另一类与空间无关的属性信息。

围绕着空间数据管理方法先后存在四种管理方式：文件管理模式、文件结合关系型数据库管理模式、全关系型空间数据库管理模式和面向对象的数据库管理模式。

(1)文件管理模式

空间数据和属性数据都是通过一定格式的文件进行组织，空间要素与属性记录之间通过关联字段进行关联。

采用文件管理数据的优点是灵活，即每个软件厂商可以任意定义自己的文件格式，管理各种数据。但是，由于 GIS 数据庞大，采用文件进行数据管理效率和信息利用效率受到限制，更新也很困难，另一方面以文件方式组织数据很难做到记录级和实体级数据操作冲突锁定，数据的安全性也主要依靠操作系统来保证，达不到确保数据合法使用的要求。

(2)文件结合关系型数据库管理模式

文件结合关系型数据库管理(混合型管理)空间数据是目前大多数 GIS 软件所采用的数据管理方案。这种方案利用文件存储空间数据，而借助于已有的关系数据库系统(RDBMS)管理属性数据，空间实体位置与其属性通过标识码建立联系。

这种管理方法的优点是可以充分利用关系型数据库管理系统提供的强大的属性数据管理

功能，同时也便于以文本数值型数据为主的办公自动化和管理信息系统实现继承管理。但是这种方式还是以文件形式进行空间数据管理，或者对文件形式进行了一定改进，虽然提高了管理效率，但还是无法解决文件结构性数据模型的本质性缺陷。

(3)全关系型空间数据库管理模式

全关系型空间数据库管理模式是指，空间数据和属性数据都用现有的关系数据库管理系统管理。在全关系型数据库管理方式中，不定长的空间几何体坐标数据，以二进制数据块的形式存储在关系型数据库中，形成全关系型的空间数据库。

采用全关系型数据库管理 GIS 数据的优点是一个地物对应于数据库中的一条记录，避免了对“连接关系”的查找，使得属性数据检索速度加快，并且支持多用户的并发访问、安全性控制和一致性检查。但是，由于空间数据的不定长，会造成存储效率低下，此外，现有的 SQL 并不支持空间数据检索，需要软件厂商自行开发空间数据访问接口。如果要支持空间数据共享，则要对 SQL 进行扩展。

(4)面向对象空间数据库管理模式

面向对象数据库管理模式，可以通过在面向对象数据库中增加处理和管理空间数据功能的数据类型以支持空间数据，包括点、线、面等几何体，并且允许定义对于这些几何体的基本操作，包括计算距离、检测空间关系、甚至稍微复杂的运算，如缓冲区分析、叠加复合分析模型等，也可以由对象数据库关系系统“无缝”地支持。

对象数据库管理系统提供了对于各种数据的一致的访问接口，以及部分空间模型服务，不仅实现了数据共享，而且空间模型服务也可以共享，使 GIS 软件开发可以将重点放在数据表现以及复杂的专业模型上。不过，面向对象数据库系统失去了传统数据库的一些优点，比如数据的集成及数据控制的一致性，它对数据的管理也更为复杂。

空间数据管理的四种模式各有优缺点，要建立一个业务化运行的系统，应该采用相对成熟且有利于空间数据管理的方法。在特色林果气象灾害监测预警软件系统中，通过对通用的关系型数据库系统增加 ArcSDE 空间数据引擎，来实现空间数据的访问和管理。

ArcSDE 是 ArcGIS 的空间数据引擎，它是在关系数据库管理系统(RDBMS)中存储和管理海量多用户空间数据库的通路。从空间数据管理的角度看，ArcSDE 是一个连续的空间数据模型，借助 ArcSDE，可以实现用 RDBMS 管理空间数据库。在 RDBMS 中融入空间数据后，ArcSDE 可以提供空间和非空间数据进行高效率操作的数据库服务。

ArcSDE 采用的是客户/服务器体系结构，所以众多用户可以同时并发访问和操作同一数据，并使所有的 ArcGIS 应用程序都能够使用这些数据。它为 DBMS 提供了一个开放的接口，允许 ArcGIS 在多种数据库平台上管理地理信息。这些平台包括 Oracle，OraclewithSpatial/Locator，Microsoft SQL Server，IBMDB2，和 Informix。通过 ArcSDE，ArcGIS 可以在 DBMS 中管理一个共享的、多用户的空间数据库。ArcSDE 的工作原理如图 6.4 所示。

ArcSDE 的客户端应用程序向 ArcSDE 应用服务器发出使用 ArcSDE 服务的请求，ArcSDE 服务器通过 SQL 命令与 DBMS 进行通讯后向数据库执行空间数据搜索，将满足空间和属性搜索条件的数据在服务器端缓冲存放并成批发往客户端，完成一次空间数据请求操作。因此，从服务器角度来看，ArcSDE 是采用数据库技术和客户端/服务器体系结构、以记录形式存储地理数据的专用地理数据共享服务器。

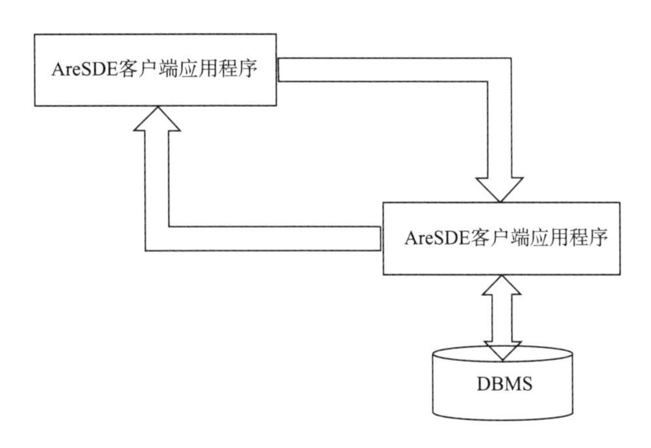

图 6.4 ArcSDE 工作原理

6.2.4 WebService 技术

WebService(Web)服务是一个平台独立的、松耦合的、自包含的、基于可编程的 Web 应用程序,使用 XML 标准来描述、发布、发现、协调和配置这些应用程序,用于开发分布式的互操作应用程序。WebService 能够被其他软件调用,并与其他软件交换数据。它为一个单位(部门)甚至多个组织之间的业务流程的集成提供了一个通用机制。通过 WebService 不仅可以整合单位(部门)内部的不同应用系统,还可以使分布于不同位置的系统通过 Internet 实现整合。WebService 基于 XML、HTTP、WSDL、SOAP 和 UDDI 等常规的产业标准以及已有的一些技术,减少了应用接口的花费并且易于部署。

WebService 使用 HTTP 作为传输协议,允许进行远程服务的调用,使用 XML 交换数据。这种模式可以集成于内部应用程序,也可以存取外部服务。由于它使用 XML 和 HTTP,因此可以在独立平台中使用或在不同的平台中提供跨平台的服务。正是由于 WebService 的这种特点,它正逐渐改变开发者们在 Internet 上共享和分发应用程序的方式。

WebService 是应用于 Web 环境中的分布式组件开发技术。它与传统的组件一样,是一个功能的封装体。用户可以使用它而不必关心它是如何实现的。WebService 提供了接口来描述服务,用户通过这些接口来使用它所提供的功能。还要注意的是,WebService 主要是由程序代码使用而不是最终用户使用。

可以把 WebService 理解成应用程序当中所使用的完成特定任务的一个函数,它能够接收参数并返回值。而 WebService 和传统函数之间的不同之处在于:WebService 的代码可以位于远程服务器上,调用 WebService 的应用程序所在的计算机必须有一个网络连接。当应用程序调用一个 WebService 时,将会向服务器发送一个网络消息来指定所需的服务。若所调用 WebService 需要传入参数,那么消息中还应包含每个参数的值;当服务器完成 WebService 的处理后,将会向应用程序发送回一个包含 WebService 处理结果的网络消息。

在访问方式上,WebService 的访问通过超文本传输协议(HTTP)和可扩展标记语言(XML)来实现。因为 WebService 是在异构的 Web 环境中使用的,所以 WebService 的技术架构如图 6.5 所示。

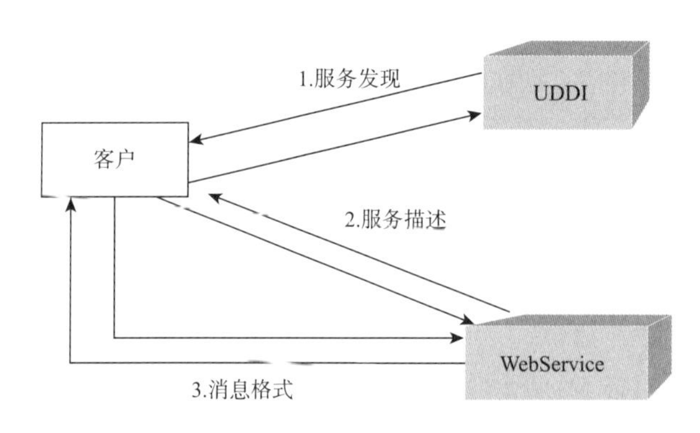

图 6.5 WebService 的技术架构

由图 6.5 可知，WebService 的基础结构包括以下三个方面：

(1)服务发现

服务发现指用于定位 WebService 的机制。WebService 的客户通过 UDDI 来查找所需要的 WebService，目录服务将返回相应 WebService 的描述文档(即 WSDL 文档)的地址。

UDDI(Universal Description，Discoveryand Integration)，通用描述、发现和集成规范定义了一个发布和发现有关 Web 服务信息的标准方法。对于 WebService 提供商，UDDI 机制可以公布 WebService 的存在；对于 WebService 客户，该机制可以定位所需要的 WebService。UDDI 相当于 WebService 在 Internet 上的中心注册表，所有在其中注册的 WebService 都可以被 Internet 的客户程序使用。

(2)服务描述

客户程序通过 UDDI 发现 WebService 后，获得了该 WebService 的 WSDL 文档的地址，就将向该地址请求这个 WSDL 文档，WebService 所在系统将向客户程序传回其所请求的 WSDL 文档。WSDL(WebServiceDescriptionLanguage，Web 服务描述语言)是由 Microsoft 和 IBM 合作开发的一种基于 XML 的语言，用来定义 WebService 并描述如何访问它们。WSDL 文档详细描述 WebService 提供的接口。

(3)消息格式

客户程序获得所需 WebService 的 WSDL 文档后，就可以构建符合特定通信协议(通常为 SOAP 协议)的请求并发送到 WebService，从而接收 WebService 返回的结果。

简单对象访问协议(SOAP)是 WebService 使用的标准通信协议，用于在 WebService 和客户程序之间交换消息。SOAP 是一个用来在分布式的环境中交换信息的简单协议，它是一个基于 XML 的协议。因为 SOAP 消息的格式是标准的并且基于 XML，所以 SOAP 可以用来在不同的计算机体系结构、不同的语言和不同的操作系统之间进行通信。

一个完整的 WebServices 包括三种逻辑组件：服务提供者、服务代理和服务请求者，如图 6.6 所示。

服务提供者提供服务，并进行注册以使服务可用；服务代理起中介作用，它是服务的注册场所，充当服务提供者和服务请求者之间的媒介；服务请求者可在应用程序中通过向服务代理请求服务，调用所需服务。与 WebServices 相关的操作主要有：

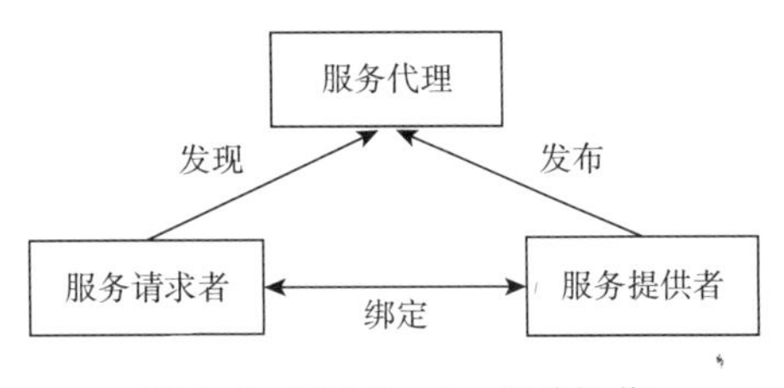

图 6.6 WebService 相关操作

(1)发布。服务提供者向服务代理发布所提供的服务。该操作对服务进行一定的描述并发布到代理服务器上进行注册。在发布操作中,服务提供者可以决定发布或者不发布(移去)服务。

(2)发现。服务请求者向服务代理发出服务查询请求。服务代理提供规范的接口来接收服务请求者的查询请求。通常的方法是,服务请求方根据通用的行业分类标准浏览或通过关键字搜索,并逐步缩小查找范围,直到找到满足所需要的服务。

(3)绑定。服务的具体实现。分析从注册服务器中得到的调用该服务所需的详细绑定信息(服务的访问路径、调用的参数、返回结果、传输协议、安全要求等),根据这些信息,服务请求方就可以编程实现对服务的远程调用。

6.2.5 表现层技术

Web 表现层也称界面层,提供给用户使用系统的接口。表现层处理流程如图 6.7 所示。表现层技术主要包括用户界面(UserInterface,UI)设计技术和表现层逻辑设计技术。

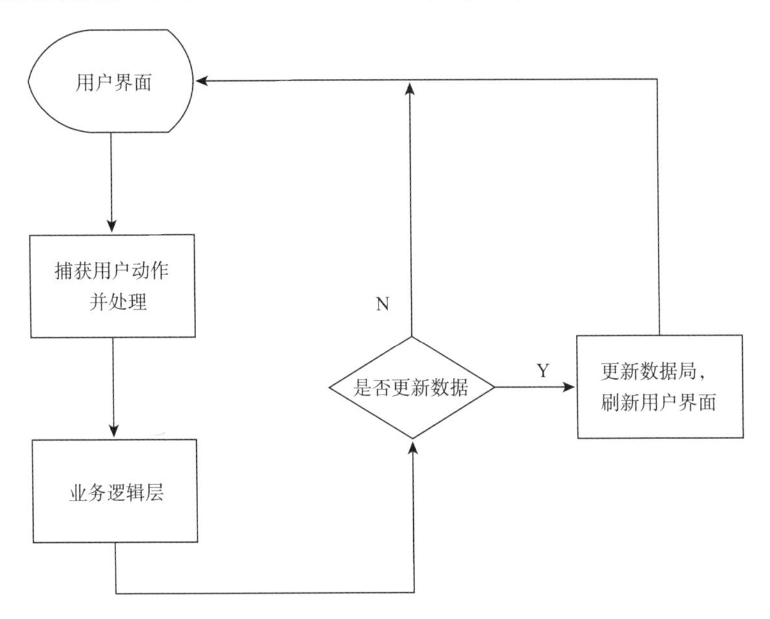

图 6.7 表现层处理流程

UI 设计技术主要实现美观、合理的页面布局等。表现层逻辑设计技术主要包括与用户行为进行交互的组件设计。用户的所有操作都通过表现层逻辑来支持。表现层逻辑的主要功能是向业务层传递参数,获取业务层返回的信息并显示在表现层中,从而达到和用户互动的功能。

特色林果气象灾害监测预警软件系统采用了富客户端技术，本节阐述在特色林果气象灾害监测预警软件系统中使用的主要表现层逻辑设计技术。

(1)RIA 技术

由于 Web 应用的 B/S 模式特点，很长一段时间以来，Web 系统采用的是瘦客户端技术，即绝大部分的处理由 Web 服务器承担，客户端浏览器主要承担呈现 HTML 文件的任务，表现层逻辑一般只是简单的验证等。

随着 WebGIS 技术的应用，尤其是数据采集技术的突飞猛进，空间数据的来源也变得越来越丰富，既可以是卫星遥感影像，也可以是航空照片、野外测量的采样数据和无线传感网的实时采样数据等等，空间数据的结构越来越复杂，数据量也越来越大，在当前网络带宽和浏览器性能制约的条件下，若仍沿用瘦客户端模式，服务器将不堪重负，因此如何构建一个高性能的基于 Web 的 GIS 应用系统变得尤为重要。传统的基于 ArcGIS 的 WebGIS 设计都是在 ArcGISServerADF 基础上完成的，ArcGISServer 应用设计的核心就是基于 COM 的 Arcobjects 组件的构建。使用 COM 方式在 Web 环境中进行地理分析处理，虽然可以实现多个程序的 COM 对象的共享，然而并不能适应 WebGIS 的发展，例如，网络服务器资源限制、不同用户请求处理的独立性、缺乏用户体验以及低交互能力等。WebService 的出现为 WebGIS 的设计提供了新的方法和手段，它允许我们将地理分析处理按照标准的协议，以服务的形式发布到 Internet 空间中供第三方使用，从而提高了软件的复用性以及灵活性。尤其是富客户端应用 RIA(Rich Interactive Application)技术的出现，通过 RIA＋WebService 构建一个高可用、强体验、富交互性的 GIS 应用成为可能。RIA 可以构建一种比传统 HTML 更丰富的客户端：它比用 HTML 能实现的接口更加健壮、反应更加灵敏和更具有令人感兴趣的可视化特性。

RIA 技术基于 XML，界面上采用 Flash 等技术，用 ActionScript 脚本做动态响应，设计结果将生成 flash 可以播放执行的 swf 文件。

目前有两类主要的 RIA 技术，一是 Adobe 的 Flex，另一是微软的 SilverLight(银光)。Flex 基于 MacromediaFlash 平台，涵盖了支持 RIA(RichInternetApplications)的开发和部署的一系列技术组合。SilverLight 是基于 .net 的，是 .net 的一个插件，支持跨平台和跨浏览器，支持高清视频(蓝光 DVD，HD-DVD)播放，支持多种脚本语言如 Ruby、Python、JavaScript 和 C＃等。

(2)Silverlight

微软于 2007 年底推出了多媒体矢量动画技术 RIA 解决方案—Silverlight，它提供了下一代媒体体验和丰富的用户交互框架，使得基于 Silverlight 开发的 RIA，具备跨浏览器(IE、Firefox、Safari 等)、跨平台(Windows、Mac、Linux 等)等特性，甚至可以在移动设备上使用。Silverlight 提供灵活的编程模型，支持托管语言(如 C＃、VB. NET)和动态语言(如 IronPython、IronRuby)，以及与 HTML 的交互。用户界面可由基于 XML 的 XAML(extensibleApplicationMarkupLanguage)，可扩展应用程序标记语言来渲染。设计人员既可用 ExpressionBlend 等工具专门设置用户界面，也可在后台用代码进行编辑处理。设计与开发的统一，使得开发出良好用户界面和灵活用户交互的应用程序变得更为容易。

Silverlight 表现层框架提供了矢量图形、动画、文本和图像等，故而 GIS 的矢量数据，点、线、面等几何实体要素都可易于表达，视频播放等技术也为多媒体地图的实现做了铺垫。Silverlight 支持 Http、Sockets 等多种网络协议，可以进行跨域通信，为聚合和集成多来源的异构

GIS 网络服务提供了基础架构。

根据具体情况可以选择设计不同的架构方案，在经典的三层架构（数据访问层，业务逻辑层，界面展示层）中加入一层 WCF 服务层，使服务层介于业务逻辑层与界面展示层之间。基于软件即服务的思想，通过 WCF 服务层接口向界面层传输数据。如图 6.8 所示，其中 ABC 分别代表地址、绑定和协议，用以公开数据。在此，数据库不受架构限制，可以使用 SQLServer2008、Oracle、Access 等数据库，利用 ORM 映射或是手动编写实体类，构建实体模型；然后根据业务需要编写业务逻辑层的代码，并通过 WCF 传递业务层数据。

此架构优势主要体现在：

①基于面向服务的思想，采用 WCF 服务架构降低系统组件间的耦合度，复用度高。

②B/S 较之 C/S 架构容易开发部署，易于维护，降低了开发成本和维护成本。

③Silverlight 技术比传统的 Web 应用更能调用客户端处理能力，界面展现能力强，具有 C/S 端的优势，无刷新易于交互等。

④实现了插件式软件设计方法，各功能模块支持即插即用功能，方便了系统的更新和维护。

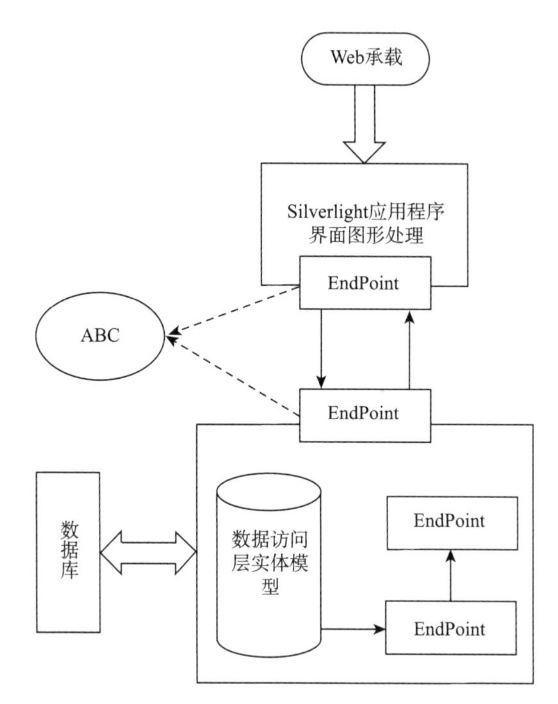

图 6.8 WCF+Silverlight 整合应用架构

6.3 空间数据处理

6.3.1 空间数据处理需求分析

数据是 GIS 的主要内容，也是空间分析的基础，多源气象数据的数据格式及读取方法至关重要，根据数据获取方式的不同，将系统中涉及的数据分为气象站（包括自动气象站）数据、遥感影像数据以及地理背景数据三种，如表 6.1 所示。

表 6.1　系统多源气象数据类型

数据类型	数据来源	数据描述
气象站数据	下级观测站	包括风向、风速、温度、降水量、海平面气压等信息
遥感影像数据	气象卫星、航拍	包括多光谱图像信息，用于城市规划、灾害监测等
地理背景信息	矢量化获取	包括行政界限、道路、水系等地理信息

(1)气象站数据

气象站数据(AWS 数据)是气象领域最常用的数据之一，每个站点都有一个唯一的编码与数据库中的 ID 值相对应，图形元素和数据库的有机连接就是通过此 ID 对应关系实现。气象站监测的气象要素包括大气温度、相对湿度、风向、风速、降雨量、太阳辐射、土壤湿度等。

(2)遥感影像数据

遥感影像文件主要通过使用卫星、航拍以及插值计算各历史要素分布情况而来。这些数据数量庞大，种类繁多，对这些数据处理需要专门的软件，如：ENVI、ArcGIS 等。为了利用仪器或计算机进行图像判读及分析处理，往往需要对其进行特征提取，即从原始遥感图像数据中求出有益于分析的判读标志及统计量等各种参数，常见的 DEM 格式的高程图就是遥感数据的一个光谱特征提取。

(3)地理背景数据

地理背景数据属于矢量数据，包括行政界限、道路、水系等地理信息。为了防止对灾害预警相关气象数据的干扰，系统的地理背景方案在色彩选择上要以清淡风格为主，化繁为简，尽量包含关键的地理要素。系统所使用的地理数据主要来自于数字化，为 SHP 数据格式。

以上讨论的数据都是特色林果气象灾害监测预警系统所需要的业务数据，只有将这些数据集成到整个系统中，才能准确可靠的对特色林果气象灾害监测预警做出更好的处理和分析。

6.3.2　ArcGIS 空间分析

随着对地观测和计算机技术的发展，空间信息及其处理能力已得到了极大地丰富和加强，人们渴望利用这些空间信息来认识和把握地球和社会的空间运动规律，进行虚拟、科学预测和调控，迫切需要建立空间信息分析的理论和方法体系。

空间分析以地学原理为依托，根据各种算法分析，从空间数据中获取空间对象的位置、分布、形态等信息，其分析结果依赖于事件的空间分布，面向最终用户，其目的是：①有效地获取、科学地描述和认知空间数据；②理解和解释生成观察地理图案的背景过程；③预报；④调控在地理空间上发生的事件。

对地图的空间分析技术，空间分析的方法主要有：

(1)空间信息量算

空间信息量算是空间分析的定量化基础。空间实体间存在着多种空间关系，包括拓扑、顺序、距离、方位等关系。通过空间关系查询和定位空间实体是地理信息系统不同于一般数据库系统的功能之一。空间信息量算包括：质心量算、几何量算、形状量算。

(2)空间信息分类

这是 GIS 功能的重要组成部分。对于线状地物求长度、曲率、方向，对于面状地物求面积、周长、形状、曲率等；求几何体的质心；空间实体间的距离等。常用的空间信息分类的数学方法有：主成分分析法、层次分析法、系统聚类分析、判别分析等；

（3）缓冲区分析

缓冲区分析是针对点、线、面等地理实体，自动在其周围建立一定宽度范围的缓冲区多边形。邻近度描述了地理空间中两个地物距离相近的程度，其确定是空间分析的一个重要手段。交通沿线或河流沿线的地物有其独特的重要性，公共设施的服务半径，大型水库建设引起的搬迁，铁路、公路以及航运河道对其所穿过区域经济发展的重要性等，均是一个邻近度问题。缓冲区分析是解决邻近度问题的空间分析工具之一。所谓缓冲区就是地理空间目标的一种影响范围或服务范围。

（4）叠加分析

GIS 软件以分层的方式组织地理景观，将地理景观按主题分层提取，同一地区的整个数据层集表达了该地区地理景观的内容。地理信息系统的叠加分析是将有关主题层组成的数据层面，进行叠加产生一个新数据层面的操作，其结果综合了原来两层或多层要素所具有的属性。叠加分析不仅包含空间关系的比较，还包含属性关系的比较。叠加分析可以分为以下几类：视觉信息叠加、点与多边形叠加、线与多边形叠加、多边形叠加、栅格图层叠加。

（5）网络分析

网络分析是运筹学模型中的一个基本模型，它的根本目的是研究、筹划一项网络工程如何安排，并使其运行效果最好，如一定资源的最佳分配，从一地到另一地的运输费用最低等。

网络分析包括：路径分析、地址匹配以及资源分配。

（6）空间统计分析

GIS 得以广泛应用的重要技术支撑之一就是空间统计与分析。例如，在区域环境质量现状评价工作中，可将地理信息与大气、土壤、水、噪声等环境要素的监测数据结合在一起，利用 GIS 软件的空间分析模块，对整个区域的环境质量现状进行客观、全面的评价，以反映出区域中受污染的程度以及空间分布情况。通过叠加分析，可以提取该区域内大气污染布图、噪声分布图；通过缓冲区分析，可显示污染源影响范围等。可以预见，在构建和谐社会的过程中，GIS 和空间分析技术必将发挥越来越广泛和深刻的作用。

常用的空间统计分析方法有：常规统计分析、空间自相关分析、回归分析、趋势分析及专家打分模型等。

6.3.3　空间数据分析实现方法

空间分析以地学原理为依托，根据各种算法分析，从空间数据中获取空间对象的位置、分布、形态等信息。空间分析的内涵极为丰富，特色林果气象灾害监测预警软件中包含的空间分析包括：空间数据处理、叠置分析、空间插值分析。

（1）空间数据处理

空间数据处理是针对数据本身完成的操作，不涉及内容的分析。空间数据处理主要取决于原始数据的特点和用户的具体需求，一般包括数据变换、数据重构、数据提取等内容。

数据变换指数据从一种数学状态到另一种数学状态的变换，包括几何纠正、投影转换等，以解决空间数据的几何配准。数据重构指数据从一种格式到另一种格式的转换，包括结构转换、格式变换、类型替换等，以解决空间数据在结构、格式和类型上的统一，实现多源数据的联接与融合。数据提取指对数据进行某种有条件的提取，包括类型提取、窗口提取等，以解决不同用户对数据的特定需求。

(2)空间叠置分析

空间叠置分析是指在同一空间参照系统条件下，每次将同一地区两个地理对象的图层进行叠加，以产生空间区域的多重属性特征，或建立地理对象之间的空间对应关系。基于矢量数据的空间叠置分析可以分为：点与多边形的叠合，线与多边形的叠合以及多边形与多边形的叠合。其中，多边形与多边形的叠合是空间叠合分析的主要类型如图 6.9 所示。

各种操作定义如下：

1)Union：输出层为保留两个原始输入图层的所有多边形；

2)Intersect：输出层为保留输入多边形的公共部分；

3)Identity：输出层为保留以其中一个输入多边形为控制边界之内的所有多边形；

4)Erase：输出层为保留以其中一个多边形为控制边界之外的所有多边形；

5)Update：输出层为一个经删除处理后的多边形与一个新特征多边形；

6)Clip：输出层为按一个图层的边界，对另一个图层的内容要素进行截取后的结果。

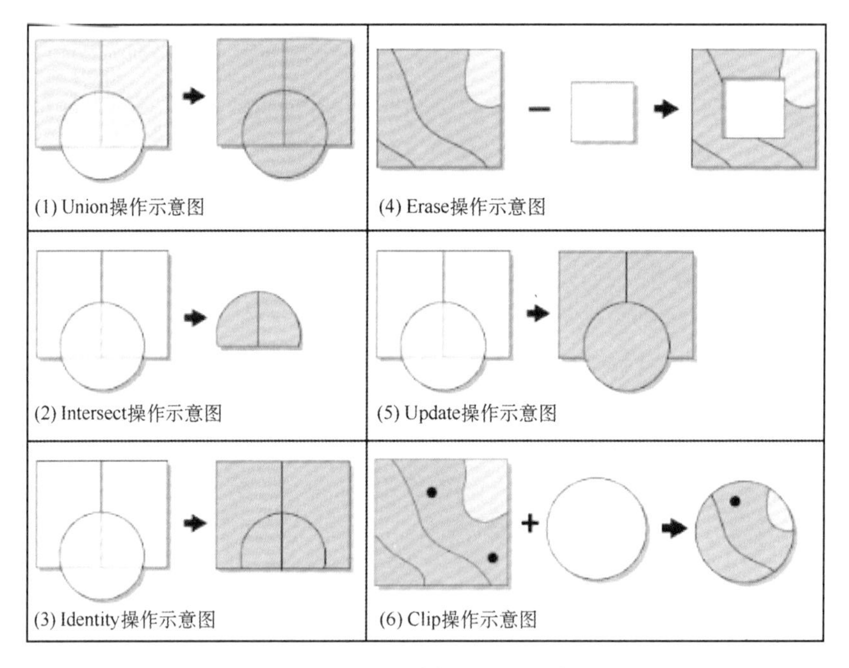

图 6.9 叠置分析的 6 种操作

(3)空间插值分析

基于经济和人力因素，气象站点的设置在空间上往往是有限的离散分布。在缺少气象站点的区域气象要素值，往往只能利用区域内有限气象站点的资料通过空间插值得到。空间数据插值可以理解为从一组已知空间数据中找到一个函数关系式，此关系式不仅能很好地逼近已测空间数据，还能利用该函数关系式推求出区域范围内其他未知要素的值。

空间插值的理论依据是地理学第一定律(Tobler'sFirstLawofGeography)，即地理事物或属性在空间分布上互为相关，亦即空间距离小的地理数据比那些空间距离更大的地理数据有更大的相似性。通过空间插值，可以估计某一点缺失的观测数据，以提高数据密度；可以使数据网格化，把非规则分布的空间数据内插为规则分布的空间数据。在对自然科学及社会学科的数据处理中，空间插值往往是一个必不可少的工具，尤其在水文、气象气候、生态、环境、地质等地学学科以及社会、经济领域得到了广泛的应用。依据空间插值的基本假设和数学本质，空间插值可以分为以下几类，如图6.10所示。

表6.2对比较常用的几种空间插值方法进行了对比。基于对常用空间插值方法的研究对比，特色林果气象灾害监测预警软件中的空间插值处理采用了地统计方法。该方法能够克服其他很多方法误差难以估计的缺点。

地统计方法的基本假设是建立在空间相关的先验模型之上的。它具有这样的性质：距离较近的采样点比距离远的采样点更相似，相似的程度，或者说空间协方差的大小，是通过点对的平均方差度量的；点对差异的方差大小只与采样点间的距离有关，而与它们的绝对位置无关。总之，地统计学与传统统计学方法相比，不再依赖于样本频率分布或均方差关系等判断准则。研究要素空间分布格局时，它不仅考虑样本值，还重视样本空间位置及样本之间距离的方法。通常认为，地统计学是以区域化变量理论为基础，以变异函数为主要工具，研究那些在空间分布上既有随机性又有结构性，或空间相关和依赖性的自然现象的科学。因此，本系统在开发中对基于地统计方法的空间插值进行了研究。

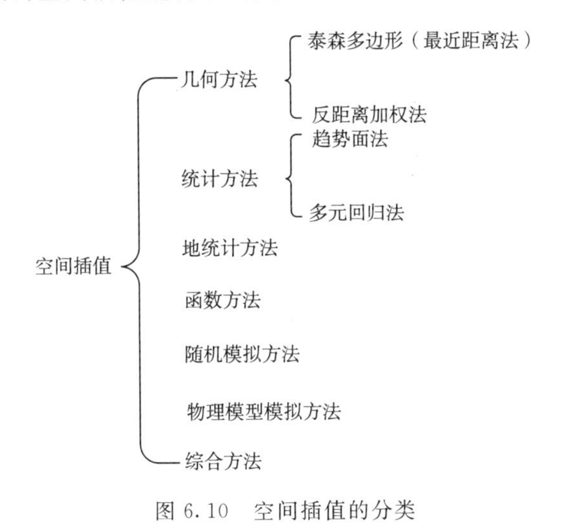

图6.10 空间插值的分类

表6.2 常用插值方法的主要特征比较

插值方法	整体拟合	局部拟合	确定性	随机性	精确插值	非精确插值
三角网/线性插值法		√	√			√
多元回归	√			√		√
趋势面法	√		√			√
反距离权重法		√	√		√	
径向基函数法		√	√		√	
克里金法		√		√	√	

目前国内外众多学者和机构对基于地统计方法的气象要素空间化技术进行了研究，国内研究倾向于对不同的内插方法效果进行比较，较少涉及参数设置和变异函数模型的选择。特色林果气象灾害监测预警软件，在研制中针对气象要素空间插值问题，探讨了插值方法主要参

数设置和变异函数模型选择等问题，为获取高精度的气象要素空间分布图提供了方法依据，具体处理流程如图 6.11 所示，以下按步骤进行阐述。

1)信息格式化存放

ESRI 公司的 E00 格式是目前使用最广泛的 GIS 格式。但是，E00 格式是不对外公开的，对它的访问只能通过 ESRI 系列软件，或者通过 ESRI 的工具先把它转换成其他格式。本系统中所使用的基础地理数据即 E00 格式，通过 ArcGIS 桌面软件转换为 SHAPE 格式以进行进一步处理。在 SHAPE 数据格式中，点、线等制图信息均以 X、Y 坐标来表示对象的空间位置。本系统采用 SHAPE 作为 GIS 基数据格式，为了在 SHAPE 矢量层 X、Y 坐标基础上叠加气象研究所需的信息，气象数据的经纬度信息、站点信息和地图信息三者的坐标匹配是关键，其地图坐标和气象资料坐标匹配设计过程如图 6.12 所示。

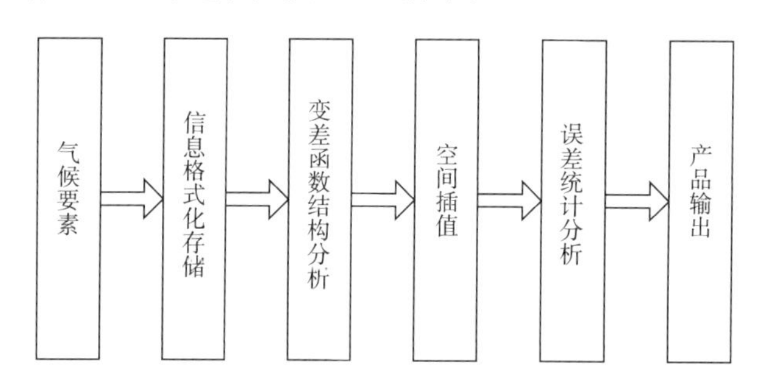

图 6.11　空间插值处理流程

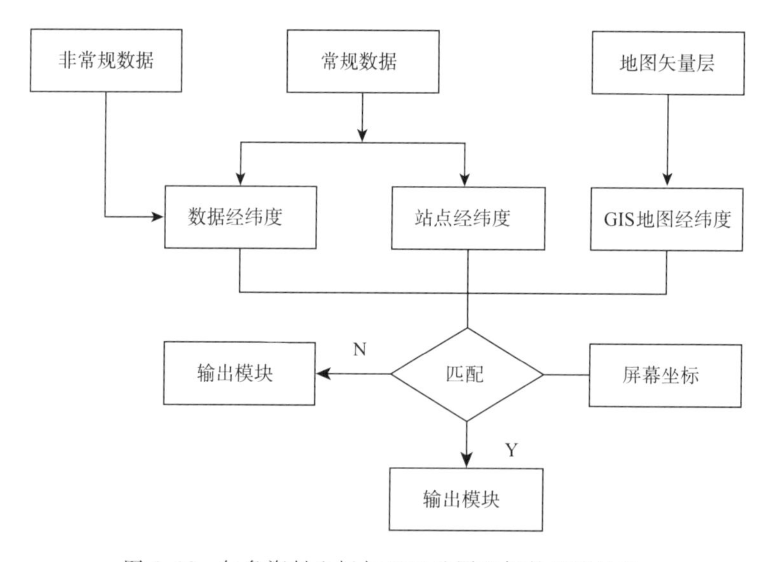

图 6.12　气象资料坐标与 GIS 地图坐标的匹配过程

2)变异函数分析

地质统计学是以区域化变量理论为基础，以变异函数为主要工具，研究在空间分布上既有随机性又有结构性，或空间相关和依赖性自然现象的科学。其中，半方差函数(也称为半变异函数、半变差函数)由于通常要用到的都是半变差函数，而不是变差函数，所以，出于方便的考虑，很多学者直接将半变差函数称之为变差函数四。是地统计学中研究元素变异性的关键函数，反映了不同距离的观测值之间的变化。进行半方差分析时，须假设某区域化变量 $Z(x)$ 的均值稳定，方差存在且有限，该值仅和间距有关，则半方差函数可定义为区域化变量增量的方差的一半。

变差函数在地质统计学中之所以占有非常重要的地位，不仅因为它是许多地质统计学计算（如估计方差、离散方差、正则化变量的变差函数）的基础，更重要的还是由于它能反映区域化变量的许多重要性质，也就是说它可以通过有关参数来描述所选取变量的一些特性，如通过变程反映变量的影响范围等。

为了估算区域化变量的未测值，还需要将实验变差函数拟合成相应的理论变差函数模型。变差函数的理论模型是指以空间两点间距离为自定义量的、具有解析表达式的函数。描述变异函数模型的关键参数有：块金常数、基台值和变程。基台值的大小反映区域化变量在该方向的变化幅度；变程反映变量的影响范围；不同方向上的变差图反映区域化变量的各向异性。对区域化变量进行结构分析的目标是构造一个变差函数的理论模型，以表征变量的主要结构特征，并在该模型的基础上作进一步的研究，变差函数结构分析的一般步骤如下：

首先，区域化变量的选择。根据研究的目的，可选取不同的区域化变量，被选取的区域化变量应该具备可加性（即它的数值的各种线性组合都必须选择相同的意义）、适当性（即能概括所要研究问题的主要特性）。

其次，数据的审议。对数据进行结构分析之前，需要对数据进行认真的分析，除了校正各种误差外，对某些特异值进行简单解释。

然后，变差函数的计算。利用已知区域的信息，了解该区域的主要物源方向，从而简化计算实验变差函数的求解过程。根据实验变差函数散点分布情况（以步长为横坐标，实验变差函数为纵坐标），选取合适的理论变差函数模型及相应参数。最后，得到各向同性的变差函数模型。

最后，变差图的最优拟合。在计算实验变差函数后，再根据实验变差函数曲线的特征，选择一个合适的理论变差函数模型，对其进行最优的拟合，从而得到一条较好的理论变差函数曲线。

3)空间插值

本系统所采用的空间插值方法为混合插值方法(Mixed)。为获取准确的气象站点插值数据，本系统使用校正方法（残差插补）来修正插值结果。其中，残差值可以通过样本实测值与预测值做减运算获得。然后利用反距离权重法（幂指数 $p=2$）对以上方法所获得的残差值进行插值来得到修正图。最后，将残差插补插值所获得的修正图与预测回归图叠加处理以修改初始插值结果。

4)插值结果误差统计分析

“实际验证”和“交叉验证”是针对气象数据插值结果验证的两种常用方法。实际验证方法将研究区域的所有样本点分为两部分：一部分，作为训练数据集，用来参与插值计算；另一部分，预留站点不参与插值计算，而是作为验证数据集与训练数据集的插值结果进行对比，以统计插值结果的误差；交叉验证方法中所有站点都参与插值计算，其原理是：就某个样本站点而言，假设其属性值未知，然后用其周围站点的实测值通过插值计算求得该站点属性值，以此类推，每个样本站点都将产生一个预测值，最后通过所有站点的实测值与预测值进行误差统计分析以判别插值结果的优劣。

为最大限度地使用观测值，本系统采用交叉验证方法对插值结果进行对比分析：首先假定每一个观测站点要素未知，而采用周围站点的观测值来估算，然后计算所有站点实际观测值与估算值的误差，以此来评估插值方法的优劣。平均绝对误差(MAE)和平均误差平方的平方根(RMSIE)作为预测效果的常用参数(表 6.3)，MAE 能用来判定模拟值可能的误差范围，而 RMSIE 则反映利用样本数据的估值灵敏度和极值效应，这两项指标越小意味着模型模拟的精度越高。

表 6.3　交叉验证指标 MAE、RMSIE

统计标准	表达式	参数含义
平均绝对误差(*MAE*)	$MAE=\frac{1}{n}\sum_{i=1}^{n}ABS(T_{oi}-T_{ei})$	T_{oi}代表站点实测值；代表气温预测值；
平均误差平方的平方根(RMSIE)	$RMSIE=\sqrt{\frac{1}{n}\sum_{i=1}^{n}(T_{oi}-T_{ei})^2}$	n 表示参与检验的站点数

5)结果输出

以云南省橡胶生产区域 1970—2010 年平均气温为例，分别运用反距离权重插值法(IDW)、普通克里金法(OK)、协同克里金法(CK)以及综合方法(Mixed)进行空间插值、交叉验证和对比分析，将各站点叠加与插值图进行分析，最终得出各元素的空间分布图，其中年平均气温结果如图 6.13 所示。

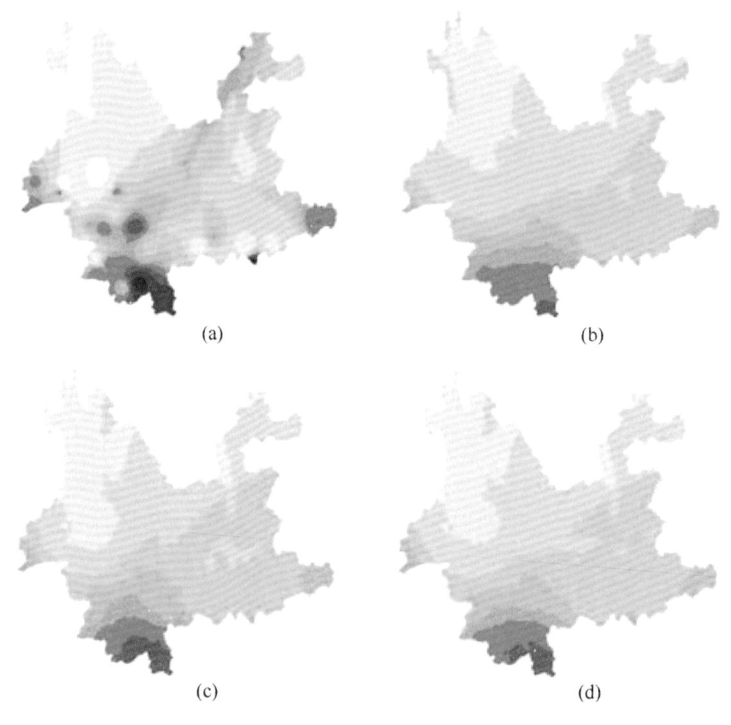

图 6.13　云南省年平均气温空间插值结果(℃)

(a)IDW 插值；(b)OK 插值法；(c)CK 插值；(d)Mixed 插值

插值结果显示研究区的温度由北向南呈递增趋势，空间连续性很强并且空间变化趋势明显，较好地反映了温度变化特征。运用 IDW、OK、CK 以及 Mixed 四种插值方法对已经变换的数据分别进行空间插值，并采用 6.3.3 中介绍的交叉验证方法对插值结果进行检验，评价指标为平均绝对误差(*MAE*)和平均误差平方的平方根(RMSIE)误差。误差统计结果对比表见表6.4所示。由表可见,平均绝对误差方面,交叉验证下,经Johnson变换后,各插值方法的*MAE*趋势基本一致。对于样本点年平均数据:IDW、OK和CK三种插值方法的*MAE*分别为0.41,0.43,0.41,从数值上可以看出,这三种方法的插值误差相互间差距并不是很大。而Mixed的*MAE*值为0.36,较其余三种插值方法显示了一定的优越性。可以看出,在交叉验证下:经变换后,IDW、OK、CK和Mixed四种插值方法的RMSIE值分别为0.61,0.63,0.58和0.49,可以看出,Mixed法均方根误差最小,其余三种方法相互间相差不大。

结合以上分析可知,对于云南省橡胶生产站点平均气温数据而言,四种插值方法均较好地反映了研究区域的平均气温分布情况,各插值方法总体误差为:Mixed＞CK＞IDW＞OK,Mixed误差最小,其余三种插值方法差异不明显。

表6.4　交叉验证指标MAE、RMSIE的统计结果

月份	IDW		OK		CK		Mixed	
	MAE	RMSIE	MAE	RMSIE	MAE	RMSIE	MAE	RMSIE
1月	0.42	0.56	0.44	0.58	0.43	0.57	0.41	0.54
2月	0.43	0.56	0.45	0.60	0.45	0.59	0.40	0.51
3月	0.43	0.57	0.42	0.57	0.42	0.55	0.39	0.50
4月	0.43	0.58	0.42	0.56	0.41	0.54	0.38	0.49
5月	0.44	0.67	0.44	0.67	0.42	0.63	0.37	0.55
6月	0.45	0.71	0.48	0.75	0.44	0.67	0.38	0.58
7月	0.38	0.62	0.39	0.64	0.35	0.55	0.32	0.52
8月	0.43	0.68	0.43	0.69	0.38	0.60	0.38	0.57
9月	0.47	0.70	0.47	0.71	0.42	0.62	0.41	0.60
10月	0.42	0.60	0.41	0.61	0.37	0.55	0.38	0.52
11月	0.40	0.53	0.40	0.55	0.39	0.52	0.38	0.51
12月	0.42	0.55	0.43	0.56	0.42	0.55	0.42	0.55
平均	0.41	0.61	0.43	0.63	0.41	0.58	0.36	0.49

6.4　系统设计

6.4.1　系统总体框架

根据系统建设的主要目标,系统总体框架如图6.14所示。系统分为三大部分:数据管理、数据空间分析以及产品输出。

(1)数据管理

目前,气象业务部门需要用到各种气象观测仪器,而这些气象仪器在规格、参数、处理方式等方面都不相同,其数据来源也多种多样,包括人工观测、传感器、无线通信、卫星数据等。同时,不同格式的源数据,其存储方式、格式和处理过程也纷繁复杂。要建立一个业务化运行的系统,应该采用相对成熟且有利于空间数据管理的方法。在本系统中,空间数据的存储和访问通过在传统的关系型数据库系统中增加ArcSDE空间数据引擎来实现。

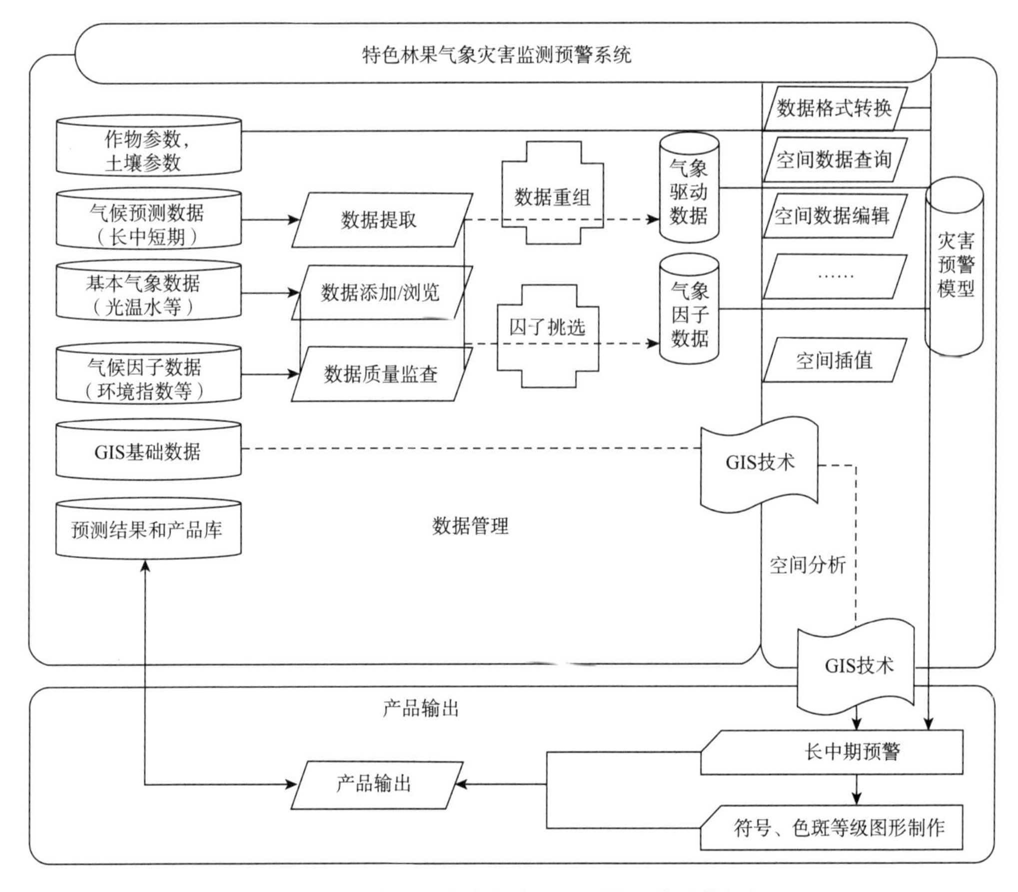

图 6.14　特色林果气象灾害监测预警系统总体框架

(2)数据空间分析

空间分析是地质统计学研究的常用手段，是指分析、模拟、预测等处理过程的一系列技术，通过空间分析的算法从空间数据中获取有关地理对象的空间分布、空间演变等内容。

(3)产品输出

以 ArcGISServer 作为 Web 的 GIS 平台，对其进行定制，建立基于 Web 的 GIS 的特色林果气象灾害监测预警系统。并将各种应用业务数据按照业务分类进行(空间)统计分析，形成相应产品。最后将统计分析后的数据用地图、图表等多种方式输出。

根据业务的需求，特色林果气象灾害监测预警系统的运行模式采用 B/S 结构，便于通过互联网、局域网与相关部门的各终端 PC 计算机相连，实现数据、分析结果的共享。数据库系统采用 SQLServer2008，位于服务器中。客户端通过空间数据库引擎 ArcSDE 对存储在关系型数据库中的空间数据进行管理，而通过 ADO. NET 方式实现属性数据的管理。该集成框架具有多层体系结构，包括历史和实时数据采集和预处理、数据存储、业务信息处理(检测对象的评估和灾害预警)以及处理结果的表现形式。

6.4.2　多源数据的集成

系统运行所需要的数据来自多个目标机器上的多种格式数据，因此需要将这些数据按类存储在属性数据库和空间数据库中。

(1)气象台站历史气象资料

气象台站历史和实时气象资料存储在网络信息中心服务器的数据库中,此服务器上安装的是SQLServer2008数据库。和本系统所使用的关系型数据库一样,只是版本有所差异,因此本系统中已有现成的SQL操作类和方法,很容易实现对气象台站历史气象资料进行查询和统计操作。系统中需要转存的数据来自于气象台站历史气象资料中的定时气象资料表,登录上远程数据库并使用聚集函数按台站和时间分组统计,统计结束得到记录结果集并保存到系统数据库中。

(2)行列存储的本地文件

在系统中行列格式存储的本地文件以各个子系统构建的模型运算结果文件为主,也包括手工统计的EXCEL类型的历史月和日资料等文件。由于这些数据都是规范格式化的记录,和关系型数据库类型每行对应一条记录,每列对应一种要素名称。因此同样可以使用SQL连接字段的方式连接到这些本地文件中,使用SQL查询语句获得记录结果集,并保存到系统的数据库中。行列存储的本地文件存储的处理流程如图6.15所示。

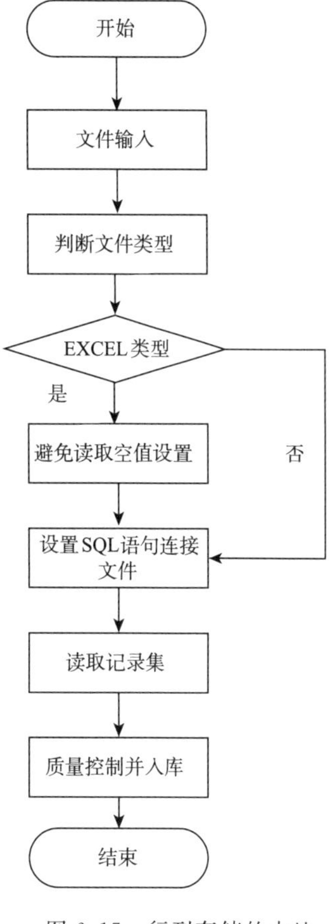

图6.15　行列存储的本地文件处理流程

(3)遥感影像文件

遥感影像文件属于空间数据,这些数据保存在本地目录下。为了高效的存取空间数据,可以借助ArcSDE实现空间数据的入库和查询。通过ArcSDE提供的相关接口连接到ArcSDE服务器上并将空间数据入库即可。

6.4.3　系统功能模块

特色林果气象灾害监测预警系统包括两大部分。报文解析子系统,完成气象报文的自动入库与统计分析功能。基于Web的GIS处理子系统,该部分包括:系统管理、资料查询统计、灾害监测和灾害预警等模块,系统模块结构如图6.16所示。

(1)报文解析子系统

报文解析子系统的主要功能为从省级历史(或实时)资料数据库中提取特色林果气象灾害监测预警相关数据,按照业务类型分别整理,实现数据的自动/手动解析及实时入库功能,以便为统计分析模块及监测预警提供数据支撑。

(2)系统管理模块

系统管理模块是本监测预警系统管理和维护的基础功能,该模块主要包括用户管理、权限设置、日志管理、指标维护等功能。由于该系统有多级人员使用,必须要通过角色管理和用户管理分配各类用户不同的角色及其权限。该模块对省、地(州、市)多级人员、系统管理员等不同的用户赋予不同的授权。

考虑到气象灾害计算模型的优化或参数变动,同时为了增强该系统的可靠性与适应性,可以通过指标维护模块对有过的气象灾害指标进行实时编辑与更新,从而应用到新的计算过程或模型中。

(3)资料查询统计模块

特色林果气象灾害监测预警系统中包含着大量空间、属性数据，查询统计模块实现了对这些数据的查询分析功能，查询结果有表格输出形式和图形化显示两种方式。查询时需要选择查询的数据表并设定有效的查询条件。

系统实现了实时小时报数据查询、气象要素条件组合查询。在菜单上选中“小时数据查询”单选框，将加载实时小时报查询模块。在界面中可以根据站点类型、时间段，来查询气象要素，如降雨、温度、风速等内容，单击“查询”按钮，会形成列表显示；选择某一气象要素，单击“地图标注”，将在相应的站点位置进行地图可视化显示。

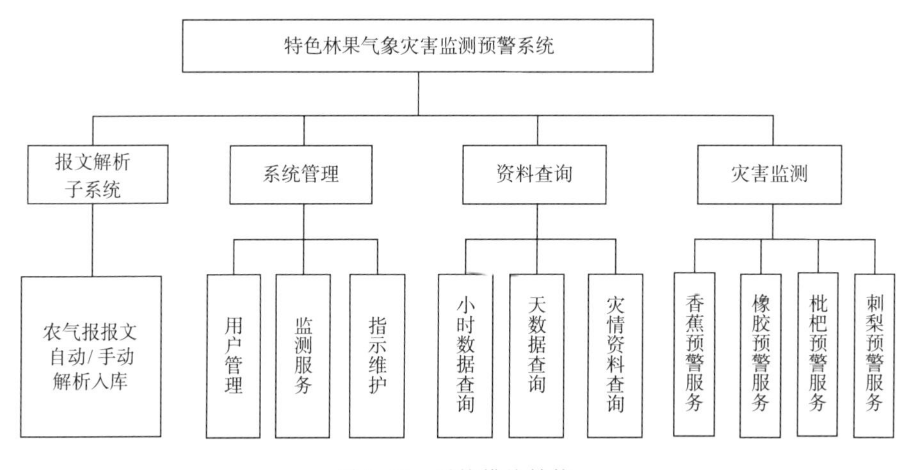

图 6.16 系统模块结构

在菜单上选择“天数据查询”，可进入气象要素查询与统计页面，例如可查询云南省盐津站点从 2013 年 5 月 22—25 日的每日降水量，采用无统计的方式显示数据。若要显示指定时间段的平均降水量或最大最小降水量，选择相应的统计方式点击“查询”按钮即可。点击“导出数据”即可将查询的数据导出到 EXCEL 文件。

(4)灾害监测模块

本模块实现对造成林果气象灾害的监控功能。通过实时获取的数据，监控模块分析、处理，动态生成受灾结果数据。结合不同作物的模型，通过对业务数据库中的数据进行计算，得到灾害等级指标，该计算结果将存入数据库中，以便进行空间数据分析和资料查询。

(5)灾害预警模块

根据灾害监测模块所获得的灾害信息，通过叠加分析将特色林果气象灾害信息叠加到相应的作物分布图上。本系统利用格点数据调用 GP 服务分析作物气象灾害分布情况，该模块还包含其他类型的产品输出格式，如专题图输出以及等值线绘制等。

6.5 系统实现

系统开发的硬件环境为：CPU 主频 Intel4.0G 以上，内存 16G 以上，硬盘 160G 以上的 PC 机。系统开发的软件环境为：采用 B/S 架构，在 .NET 平台下使用 VS2010SP1 和 ArcGISAPIforSilverlight 进行编程。编程语言采用 C＃。采用 SQLServer2008 作为数据库服务器,同时以ESRI公司的ArcSDE作为空间数据库管理引擎。

6.5.1 数据库设计与实现

数据库是一个信息系统的核心,不但对本系统提供可靠的数据支撑,同时也可以为其他业务应用程序提供数据来源,因此一个具有良好定义的专业数据库对特色林果预警系统的建设具有长远意义。数据库系统的设计参照《全国农业气象数据库环境技术规范》和《国家气象中心数据集成规范_v2.2》,对数据库表以及字段采用统一标准命名方式,其数据可以采用自动/手动等形式的程序处理后进入特色林果业务数据库。

本系统采用中间件ArcSDE和SQLServer2008共同存取系统建模和评估用到的数据。空间数据库中主要存储的是地图矢量数据、专题图和遥感影像等数据,而属性数据库主要存放台站农业气象资料、历史资料和实时资料数据。属性数据可来源于某些本地文件,或某些也位于局域网内其他机器上。属性数据主要包括历史和实时气象资料、生态数据和土壤数据等。

除了以上主要属性数据外,系统数据还包括:用户权限表、台站信息表、作业操作记录表、历史气象灾害表、指标参数表以及其他统计数据表。在设计表时,要为每个字段选择合适的字段类型,为每个表建立一个主键和相应的索引。在设计好数据库结构后,即可向数据库中录入或导入数据。

6.5.2 报文解析子系统

本程序是基于服务器端软件实现的,其主要功能是完成基于农业气象报文等气象报文数据的处理,将气象台站的基础气象要素数据实现自动和手动存储到数据库中。该系统能够持续稳定的为特色林果气象灾害监测与预警系统提供数据支撑,同时实现了接口数据访问的统一,方便了其他用户或程序的访问使用。

空间数据来源于数字高程模型文件和影像资料文件等文件。为了使空间数据入库和出库,需要ArcSDE软件。安装好ArcSDE软件,在SQLServer数据库中自动建立了一个空间数据库。在系统运行时通过ArcSDE在SQLServer数据库中存取空间数据库。对于空间数据的保存,ArcGIS软件系统提供了数据导入方式:利用ArcCatalog软件导入ArcGISServer服务器中。ArcCatalog是ArcGISDesktop中最常用的应用程序之一,它是地理数据的资源管理器,用户通过ArcCatalog来组织、管理和创建GIS数据。它的主要特点在于,采用标准关系数据库技术来表现地理信息的数据模型,利用标准的数据库管理系统来存储和管理地理信息,通常将空间数据和属性数据存储在一个数据表中,这样每一个图层对应这样一个数据表。利用这种方法,用户须安装客户端ArcCatalog软件,从而实现了数据统一集中管理与分布式操作,提高了数据库信息系统的管理。

6.5.3 系统管理模块

系统管理模块是本监测预警系统管理和维护的基础功能,该模块主要包括用户管理、权限设置、指标维护等功能。

(1)用户管理

为确保不同类型用户具有不同级别的功能,本系统根据用户的身份和级别建立用户表,以设置用户操作功能子系统的范围，并可对用户进行增、删、改等维护操作。图 6.17 是增加用户的操作界面。

图 6.17　增加用户

(2)角色权限设置

数据库的访问权限有一定的限制，不同的用户角色具有不同的数据库操作权限，本系统通过统一的登录操作来认证用户身份。当用户输入正确的用户名和密码后程序自动判断并分配对应角色所拥有的权限给当前用户，具体用户对应的权限可见表 6.5。

表 6.5　用户权限表

用户类型	权限说明
管理员	对所有表的添加、修改、删除和查询权限
工作人员	对资料库中的表有查询、统计分析的权限
普通用户	对部分资料表有查询权限

(3)指标维护

不同地区不同作物进行气象灾害评估，需要用到不同的气象灾害指标模型，针对这些模型，本系统支持模型的动态编辑功能，其动态编辑可以通过页面更改、文本更改两种方式实现，模型的动态编辑界面如图 6.18 所示。

致灾等级	灾害类型	气温≤4℃的积寒（℃）下界	过程日最低气温≤4℃的积寒（℃）上界	寒害特征	综合损失	操作
1	0		10.0		0~10	修改
1	1		200.0		0~10	修改
2	0		50.0		10~20	修改
2	1		450.0		10~20	修改
3	0		65.0		20~30	修改
3	1		550.0		20~30	修改
4	0		9999.0		30	修改
4	1		9999.0		30	修改

图 6.18　灾害指标模型动态编辑界面

6.5.4 资料查询统计模块

特色林果气象灾害监测预警系统中包含着大量空间、属性数据，查询统计模块实现了对这些数据的查询分析功能，查询结果有表格输出形式和图形化显示两种方式。查询时需要选择查询的数据表并设定有效的查询条件。系统提供实时小时报数据查询、气象要素条件组合查询。

在菜单上选中“小时数据查询”单选框，将加载实时小时报查询模块。在界面中可以根据站点类型、时间段来查询气象要素，如降雨、温度、风速等内容，单击“查询”按钮，会形成列表显示；选择某一气象要素，单击“地图标注”，将在相应的站点位置进行地图可视化显示。图 6.19 为查询结果图形显示界面。

图 6.19 实时小时报资料查询

在菜单上选择“天数据查询”，可进入气象要素查询与统计页面，如图 6.20 所示。例如，查询云南省盐津站点从 2013 年 5 月 22—25 日的每日降水量，采用无统计的方式显示数据。若要显示指定时间段的平均降水量或最大、最小降水量，选择相应的统计方式点击“查询”按钮即可。点击“导出数据”即可将查询的数据导出到 EXCEL 文件。

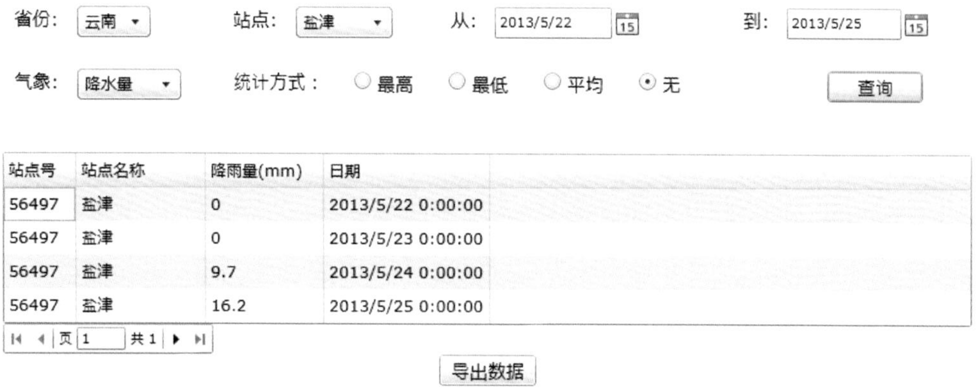

省份：云南　站点：盐津　从：2013/5/22　到：2013/5/25

气象：降水量　统计方式：○最高　○最低　○平均　⊙无　查询

站点号	站点名称	降雨量(mm)	日期
56497	盐津	0	2013/5/22 0:00:00
56497	盐津	0	2013/5/23 0:00:00
56497	盐津	9.7	2013/5/24 0:00:00
56497	盐津	16.2	2013/5/25 0:00:00

页 1 共 1

导出数据

图 6.20 气象要素组合查询

在菜单上选择“灾情资料查询”，可进入灾情要素查询页面，如图 6.21 所示。输入查询的时间区间，选择要查询的灾害类型，点击“查询”按钮即可。在文本框中输入站点号，单击查询可以搜索表格中该站的灾害发生情况。

图 6.21　灾情资料查询

6.5.5　灾害监测模块

为保证特色林果气象灾害监测预警的实时性，有关监测数据每小时入库一次，入库后同时根据已经编辑完成的灾害指标模型进行灾害评估计算，判断是否会发生影响特色林果生长的气象灾害，以及灾害可能达到的级别，若经过模型计算的结果确定灾害的存在，则将灾害信息入库，入库后结合前期的数据信息进行灾害评估计算，其界面如图 6.22 所示。

图 6.22　灾害监测界面

6.5.6　灾害预警模块

根据灾害监测模块所获取的灾害信息，通过叠加分析将特色林果气象灾害信息叠加到相应的作物分布图上。本系统利用格点数据分析作物气象灾害的分布情况，其预警界面如图 6.23 所示。

该模块还包含其他类型的产品输出格式，如专题图输出打印功能。

图 6.23　香蕉气象灾害预警界面

参考文献

白海玲，黄崇福．2000．自然灾害的模糊风险[J]．自然灾害学报，**9**(1)：47-53．

包辉昌，刘世业，何鹏．2008．不同寒害冻害天气类型对广西香蕉生产影响的初步分析[J]．安徽农业科学，**36**(23)：9953-9954．

闭德益．1985．云南省橡胶树生态适宜区区划．[EB/OL]．http：//www．docin．com/p-434658691．Html．

蔡大鑫，王春乙，张京红，等．2013．基于产量的海南省香蕉寒害风险分析与区划[J]．生态学杂志，**32**(7)：1896-1902．

蔡海滨，华玉伟，胡彦师，等．2011．国家橡胶树种质资源大田鉴定圃2011年"纳沙"台风风害调查[J]．热带农业科学，**31**(12)：49-52．

岑洁荣．1981．对橡胶树寒害农业气象指标的探讨[J]．中国农业气象(1)：64-70．

陈汇林，陈小敏，陈珍丽，等．2010．基于MODIS遥感数据提取海南橡胶信息初步研究[J]．热带作物学报，**31**(7)：1181-1185．

陈惠，徐宗焕，潘卫华，等．2010．地形闭塞的山坡下部冬季气温特征分析[J]．中国农业气象，**31**(2)：300-304．

陈巧芬．2001．开发刺梨产业应与食品冷藏企业相结合[J]．农技服务(9)：4-5．

陈素钦．1998．莆田县龙眼生产合理布局研究[J]．福建地理，**13**(1)：39-441．

陈同英．2002．"星座"聚类法在县级气候区划中的应用研究[J]．农业技术经济(1)：15-17．

陈香，沈金瑞，陈静．2007．灾损度指数法在灾害经济损失评估中的应用—以福建台风灾害经济损失趋势分析为例[J]．灾害学，**22**(2)：31-35．

陈瑶，谭志坚，樊佳庆，等．2013．橡胶树寒害气象等级研究[J]．热带农业科技．(2)：7-11．

程建刚．2009．云南重大气候灾害特征和成因分析[M]．北京：气象出版社．

程乾，王人潮．2005．数字高程模型和多时相MODIS数据复合的水稻种植面积遥感估算方法研究[J]．农业工程学报，2005，**21**(5)：89-92．

程务本，庄庆祺．2000．刺梨的药理和开发应用[J]．中国民族民间医药杂志(4)：187-191．

崔党群．2005．Logistic曲线方程的解析与拟合优度测验[J]．数理统计与管理，**24**(1)：112-115．

崔读昌．1999．关于冻害、寒害、冷害和霜冻[J]．中国农业气象，**20**(10)：56-57．

党安荣，王晓东，陈晓锋，等．2003．ERDAS IMAGINE遥感图像处理方法[M]．北京：清华大学出版社：74-86，195-216．

丁美花，谭宗琨，熊文兵，等．2008．基于MODIS数据提取广西甘蔗信息技术初步研究[J]．西南大学学报(自然科学版)，**30**(9)：94-10．

丁美花，钟仕全，谭宗琨．2007．MODIS与ETM数据在甘蔗长势遥感监测中的应用[J]．中国农业气象，**28**(2)：195-197，211．

丁燕，史培军．2002．台风灾害的模糊风险评估模型[J]．自然灾害学报，**11**(1)：34-43．

丁裕国，张耀存，刘吉峰．2007．一种新的气候分型区划方法[J]．大气科学，**31**(1)：129-136．

杜鹃，何飞，史培军，等．2006．湘江流域洪水灾害综合风险评价[J]．自然灾害学报，**15**(6)：38-44．

杜鹏，李世奎．1997．农业气象灾害风险评价模型及应用[J]．气象学报，**55**(1)：95-102．

杜鹏，李世奎．1998．农业气象灾害风险分析初探[J]．地理学报，**53**(3)：202-208．

杜尧东，李春梅，毛慧琴．2006．广东省香蕉与荔枝寒害致灾因子和综合气候指标研究[J]．生态学杂志，**25**(2)：225-230．

杜尧东，李春梅，毛慧琴，等．2008．广东省香蕉寒害综合指数的时空分布特征[J]．中国农业气象，**29**(4)：467-471，476．

杜尧东，李春梅，唐力生，等．2008．广东地区冬季寒害风险辨识[J]．自然灾害学报，**17**(5)：82-86．

杜尧东,毛慧琴,刘锦銮.2003.华南地区寒害概率分布模型研究[J].自然灾害学报,**12**(2):103-107.
樊卫国,安华明,刘国琴.2006.不同刺梨品种的光合特性[J].种子,**25**(10):27-28.
樊卫国,安华明,刘国琴,等.2004.刺梨的生物学特性与栽培技术[J].林业科技开发,**18**(4):45-48.
樊卫国,刘国琴,安华明.2002.刺梨对干旱胁迫的生理响应[J].中国农业科学,**35**(9):1153-1159.
樊卫国,夏广礼,罗应春.1997.贵州省刺梨资源开发利用及对策[J].西南农业学报,**10**(3):109-115.
范雄,梁富强.2003.利用地理信息系统制作农业气候区划立体图[J].四川气象,**23**(2):20-21.
冯晓云,王建源.2005.基于GIS的山东农业气候资源及区划研究[J].中国农业资源与区划,**26**(2):60-62.
冯颖竹,梁红,黄璜.2005.广东冬季寒害指标研究[J].自然灾害学报,**14**(1):59-65.
冯钟葵,张洪群,王万玉,等.2008.遥感卫星数据获取与处理关键技术概述[J].遥感信息,**4**:91-97.
傅抱璞.1963.起伏地形中的小气候特点[J].地理学报,**29**(3):175-187.
高庆华.1991.关于建立自然灾害评估系统的总体构想[J].灾害学,**6**(3):14-18.
高庆华,马宗晋,张业成,等.2006.自然灾害评估[M].北京:气象出版社.
高素华,黄增明.1989.海南岛橡胶林小气候[M].北京:气象出版社.
高永刚,那济海,顾红,等.2007.黑龙江省马铃薯气候生产力特征及区划[J].中国农业气象,**28**(3):275-280.
顾本文.2002.云贵高原岩溶地区生态气候类型区划[J].中国农业气象,**23**(4):13-18.
广东农村统计年鉴编辑委员会.2012.广东农村统计年鉴2012[M].北京,中国统计出版社.
广东省防灾减灾年间编纂委员会,2009.广东省防灾减灾年鉴[M].广州:岭南美术出版社.
贵州植物志编辑委员会.1986.贵州植物志[M].贵阳:贵州人民出版社.
郭金斌.2013.橡胶树防寒减灾措施[EB/OL].http://www.ynagri.gov.cn/xsbn/news998/20131226/4555021.shtml.
郭兆夏,朱琳,陈明彬,等.2004.基于GIS商州市农业气候区划信息服务系统[J].陕西气象(6):37-39.
郭兆夏,朱琳,叶殿秀,等.2000.GIS在气候资源分析及农业气候区划中的应用[J].西安大学学报,**30**(4):357-359.
韩素琴,刘淑梅.2003.EOS/MODIS卫星资料在监测冬小麦面积中的应用[C]//中国气象学会编,新世纪气象科技创新与大气发展.北京:气象出版社:298-300.
韩素琴,刘淑梅.2004.MODIS卫星资料在监测冬小麦面积中的应用[J].天津农学院学报(2):298-300.
何报寅,张穗,杜耘,等.2004.湖北省洪灾风险评价[J].长江科学院院报,**21**(3):21-25.
何川生,邱德勃,谢石文,等.1998.橡胶树不同抗风品系木材比较解剖研究[J].热带作物学报,**19**(4):25-31.
何康,黄宗道.1987.热带北缘橡胶树栽培[M].广州:广东科技出版社.
何燕,李政,廖雪萍,等.2006.GIS支持下的巴西陆稻IAPAR-9再生稻合理布局气候区划[J].中国农业气象,**27**(4):310-313.
何燕,苏永秀,李政,等.2006.基于GIS的广西香蕉种植生态气候区划研究[J]西南农业大学学报(自然科学版),**28**(4):573-576.
何燕,谭宗琨,冯原.2000.1999年严重霜冻、冰冻天气对广西农业的影响[J]广西气象,**21**(1):6-8.
何燕,潭宗琨,欧钊荣,等.2008.2008.年初低温冻害对广西亚热带水果生产的影响[J].中国果业信息,**25**(8):20-25.
河北农业大学.1994.果树栽培学总论[M].北京:农业出版社:130-134.
胡兴宜,唐万鹏,樊孝萍.2008.湖北省南方型杨树引种气候区划[J].西南林学院学报,**28**(5):7-10.
胡娅敏,宋丽莉.2009.登陆中国热带气旋台风季参数的气候特征分析[J].气候变化研究进展,**5**(2):90-94.
胡娅敏,宋丽莉,刘爱君,等.2008.近58年登陆中国热带气旋的气候特征分析[J].中山大学学报,**47**(5):115-121.
胡彦师,安泽伟,华玉伟,等.2011.橡胶种质资源大田种质库寒害调查报告[J].中国农学通报,**27**(25):56-59.
胡又厘,林顺权.2002.世界枇杷研究与生产[J].世界农业(1):18-20.

黄秉智，周灿芳，吴雪珍，等. 2012. 2011年广东香蕉产业发展现状分析[J]. 广东农业科学，**39**(5)：12-14，26.
黄朝荣. 1990. 南宁市香蕉冷害指标及防御措施探讨[J]. 广西农业科学(3)：106-109.
黄朝荣. 1993. 气象条件对香蕉生长和产量影响初步分析[J]. 中国农业气象，**14**(2)：7-10.
黄崇福. 2004. 自然灾害风险评价理论与实践[M]. 北京：科学出版社.
黄崇福. 2006. 自然灾害风险分析的信息矩阵方法[J]. 自然灾害学报，**15**(1)：1-10.
黄崇福. 2008. 综合风险评估的一个基本模式[J]. 应用基础与工程科学学报，**16**(03)：371-381.
黄崇福，刘新立，周国贤，等. 1998. 以历史灾情资料为依据的农业自然灾害风险评估方法[J]. 自然灾害学报，**7**(2)：1-9.
黄崇福，张俊香，陈志芬，等. 2004. 自然灾害风险区划图的一个潜在发展方向[J]. 自然灾害学报，**13**(2)：9-15.
黄浩辉，刘锦銮，陈新光. 2001. 地理信息系统在广东省农业气候资源分析中的应用[J]. 广东气象(4)：26；28.
黄桔梅，罗松，徐飞英. 2003. 刺梨果实中SOD含量与生态气候研究[J]. 贵州气象，**27**(5)：32-35.
黄寿波，沈朝栋，李国景. 2000. 中国枇杷冻害的农业气象指标及其防御技术[J]. 湖北气象(4)：17-19.
黄淑娥，殷建敏，王怀清. 2001. "3S"技术在县级农业气候区划中的应用[J]. 中国农业气象，**22**(4)：40-42.
黄镇国，张伟强. 2007. 中国热带近百年气候波动与自然灾害[J]. 自然灾害学报，**16**(2)：40-45.
黄中艳. 2009. 云南农业低温冷害特点及其防御对策[J]. 云南农业科技(4)：6-8.
霍治国，杜尧东，姜燕，等. 2007. 香蕉、荔枝寒害等级[S]. 中华人民共和国气象行业标准 QX/T80—2007.
霍治国，李世奎，王素艳，等. 2003. 主要农业气象灾害风险评估技术及其应用研究[J]. 自然资源学报，**18**(6)：692-702.
贾建华，刘良云，竟霞，等. 2005. 基于多时相MODIS监测冬小麦的种植面积[J]. 遥感信息，**6**：49-51.
贾金明，王运行，王树文，等. 2005. 用NOAA/AVHRR资料动态监测小区域冬小麦长势[J]. 气象，**31**(10)：79-82.
江爱良. 1997. 中国热带东、西部地区冬季气候的差异与橡胶树的引种[J]. 地理学报，**52**(1)：45-53.
江爱良. 2002. 农业气象学. 气候学农业生态学研究(江爱良论文选集)[M]. 北京：气象出版社：95-99.
江国良，林莉萍. 2009. 枇杷高产优质栽培技术[M]. 北京：金盾出版社.
康西言，顾光芹，史印山，等. 2011. 冬小麦干旱指标及干旱预测模型研究[J]. 中国生态农业学报，**19**(4)：860-865.
康锡言，马辉杰，徐建芬. 2007. 因子分析在农业气候区划建立模型中的应用[J]. 中国农业资源与区划，**28**(4)：40-43.
赖格英，杨星卫. 2000. 南方丘陵地区水稻种植面积遥感信息提取的试验[J]. 应用气象学报，**11**(1)：47-54.
李德仁. 2001. 对地观测与地理信息系统[J]. 地球科学进展，**16**(5)；689-703.
李娜，霍治国，贺楠，等. 2010. 华南地区香蕉、荔枝寒害的气候风险区划[J]. 应用生态学报，**21**(5)：1244-1251.
李芹，陈伟强，岳建伟，等. 2006. 云南商品香蕉安全越冬气候指标和种植地区划[J]. 热带农业科技，**29**(3)：35-36，38.
李世奎. 1999. 中国农业灾害风险评价与对策[M]. 北京. 气象出版社.
李世奎，霍治国，王道龙，等. 1999. 中国农业灾害风险评价与对策[M]. 北京：气象出版社.
李世奎，霍治国，王素艳，等. 2004. 农业气象灾害风险评估体系及模型研究[J]自然灾害学报，**13**(01)：77-87.
李英，毕方美. 2005. 枇杷花穗冻害调查与防治[J]. 西南园艺，(4)：43-44.
李志斌，陈佑启，姚艳敏，等. 2007. 基于GIS的区域性耕地预警信息系统设计[J]. 农业现代化研究，**28**(1)：57-60.
梁平，王洪斌，龙先菊，等. 2008. 黔东南州种植太子参的气候生态适宜性分区[J]. 中国农业气象，**29**(3)：329-332.
梁益同，万君. 2012. 基于HJ-1AB-CCD影像的湖北省冬小麦和油菜分布信息的提取方法[J]. 中国农业气象，**33**(4)：573-578.

林贵美,李小泉,韦绍龙,等.2012.2011年早春中国香蕉寒害调查及寒害后恢复对策[J].南方农业学报,**43**(11):46-49.

林贵美,邹瑜,李小泉,等.2008.香蕉优良品种威廉斯B6的组培选育与种植试验[J].中国南方果树,**37**(6):35-36

刘布春,王石立,马玉平.2002.国外作物模型区域应用研究的进展[J].气象科技,**30**(4):1-6.

刘长全.2006.香蕉寒害研究进展[J].果树学报,**23**(4):448-453.

刘海岩,牛振国,陈晓玲.2005.EOS-MODIS数据在中国农作物监测中的应用[J].遥感技术与应用,**20**(5):531-536.

刘建栋,王馥棠,于强,等.2003.华北地区冬小麦干旱预测模型及其应用研究[J].应用气象学报,**14**(5):593-604.

刘锦銮,植石群,毛慧琴.2003.华南地区荔枝寒害风险分析与区划[J].自然灾害学报.**12**(8):126-130.

刘兰芳.2007.区域农业水旱灾害风险评价研究进展[J].安徽农业科学,**35**(19):5904-5905.

刘玲,高素华,黄增明.2003.广东冬季寒害对香蕉产量的影响[J].气象,**29**(10):46-50.

刘少军,高峰,张京红,等.2010.地形对橡胶风害的影响分析[J],气象研究与应用,**31**(增刊):228-229.

刘少军,张京红,何政伟,等.2010.基于面向对象的橡胶分布面积估算研究[J].广东农业科学,**1**:168-170.

刘小艳,孙娴,杜继稳,等.2009.气象灾害风险评估研究进展[J].江西农业学报,**21**(8):123-125.

刘晓鹏.2008.台风后香蕉复产的关键技术[J].中国热带农业(5):56.

刘雪梅,宋国强,程平顺,等.1997.贵州省夏旱特征及分区研究[J].高原气象,**16**(3):292-299.

刘依兰,边巴扎西.1997.西藏林芝地区耕作制度气候区划[J].中国农业气象,**18**(1):27-29.

刘玉函,唐晓春,宋丽莉.2003.广东台风灾情评估探讨[J].热带地理,**23**(2):119-122.

刘云华,鲁南,宋立荣.2005.9615号台风灾害分析及防台减灾对策[J].海洋预报(03):31-35.

陆魁东,黄晚华,张超,等.2008.气候因子小网格化技术在湖南烟草种植区划中的应用[J].生态学杂志,**27**(2):290-294.

陆魁东,宋忠华,杜东升,等.2011.湖南油茶GIS精细化气候区划研究[J].中国农学通报(8):362-365.

罗成良.1999.野生刺梨开发利用现状与发展途径探讨[J].贵州林业科技,**27**(4):59-61.

罗登义.1943.中国西南部水果蔬菜之营养研究[J].中华农学会报(176):63-731.

罗登义.1945.刺梨中丙种维生素之利用率[J].中国化学志(12):271.

罗登义.1948.刺梨的营养化学[J].营养丛论(2):5-18.

罗登义.1987.刺梨的探索与利用[M].贵阳:贵州人民出版社:64-891.

罗登义,朱维藩.1986.刺梨续编(1)[M].贵州农学院丛刊(8):2-91.

罗宗洛.1955.植物的耐寒性[J].植物生理学报(04):2-9.

罗宗洛,殷宏章.1988.罗宗洛文集[M].北京:科学出版社.

马树庆,王琪,王春乙.2011.东北地区水稻冷害气候风险度和经济脆弱度及分区研究[J].地理研究,**30**(5):931-938.

马晓群,王效瑞.2003.GIS在农业气候区划中的应用[J].安徽农业大学学报,**30**(1):105-108.

马宗晋,方蔚青,等.1992.中国重大减灾问题研究[M].北京:地震出版社:1-5.

莫泰义.2000.广西亚热带作物研究所作物遭受霜冻调查[J].广西热作科技(2):23-25.

莫勤卿,史继孔.1984,刺梨花芽分化初步观察[J].贵州农学院学报(02):95-98.

牟君富,雷基祥,谭书明,等.1995.刺梨果实最适采收时期[J].贵州农学院学报,**14**:50-56.

农牧渔业部热带作物区划办公室.1988.中国橡胶树生态适宜区区划.[EB/OL].http://www.docin.Com/p-440878139.html.

农业南亚办.2006.农业部主推的香蕉品种[J].中国热带农业(6):46-47.

潘晓红,贾铁飞,温家洪,等.2009.多灾害损失评估模型与应用述评[J].防灾科技学院学报,**11**(2):77-82.

庞庭颐.2000.荔枝等果树的霜冻低温指标与避寒种植环境的选择[J].广西气象,**21**(1):12-14.

庞庭颐,宾士益,陈进民.1990.香蕉越冬低温指标的初步鉴定[J].广西气象,**11**(3):43-45.

裴浩,敖艳红,李云鹏,等.2000.内蒙古阿拉善地区气候区划研究[J].干旱区资源与环境,2000,**14**(3):46-56.

裴鑫德.1991.多元统计分析及莨应用[M].北京:北京农业大学出版社:191-214.

彭华昌.1991.贵州刺梨开发利用[J].林业科技开发(1):8-9.

彭俊伟,刘永华.2003.香蕉风害的预防与补救[J].广西农业科学(2):55.

乔丽,杜继稳,江志红,等.陕西省生态农业干旱区划研究[J].干旱区地理,**32**(1):112-118.

邱志荣,刘霞,王光琼,等.2013.海南岛天然橡胶寒害空间分布特征研究[J].热带农业科学,**33**(11):67-69.

秋萍,邢柱东,张演义.2003.水果珍品—刺梨[J].特种经济动植物,**6**(10):31.

权维俊,赵新平,郭文利,等.2007.专家分类器在京白梨气候区划中的应用[J].气象科技,**35**(6):849-853.

阙丽艳,谢贵水,陶忠良,等.2009.海南省2007/2008年冬橡胶寒害情况浅析[J].中国农学通报,**25**(10):251-257.

任鲁川.1999.区域自然灾害风险分析研究进展[J].地球科学进展,**14**(3):242-246.

任秋萍,邢柱东,张演义.2003.水果珍品—刺梨[J].特种经济动植物(10):31.

施能.1995.气象科研与预报中的多元分析方法[M].北京:气象出版社:58-100.

史继孔.1991.中国刺梨的研究进展[J].贵州农学院学报(2):88-871.

史培军.1996.再论灾害研究的理论与实践[J].自然灾害学报,**5**(4):6-17.

史培军.2005.四论灾害系统研究的理论与实践[J].自然灾害学报,**14**(6):1-7.

宋丽莉,王春林,董永春.2001.水稻干旱动态模拟及干旱损失评估[J].应用气象学报,**12**(2):226-233.

苏高利,苗长明,毛裕定,等.2008.浙江省台风灾害及其对农业影响的风险评估[J].自然灾害学报,**17**(5):113-119.

苏桂武,高庆华.2003.自然灾害风险的行为主体特性与时间尺度问题[J].自然灾害学报,**12**(1):9-16.

苏永秀,李政.2003.地理信息系统在县级农业气候区划中的应用[J].广西农业生物科学,**22**(l):46-49.

孙九林.1996.中国农作物遥感动态监测与估产[M].北京:中国科学技术出版社.

孙志敏,刘双,李俊有.2010.赤峰市春小麦、荞麦适宜种植气候区划[J].内蒙古农业科技(4):112-118.

覃姜薇,余伟,蒋菊生,等.2009.2008年海南橡胶特大寒害类型区划及灾后重建对策研究[J].热带农业工程,**33**(1):25-28.

覃先林,陈尔学,李增元.2006.基于MODIS数据的森林覆盖变化监测方法研究[J].遥感技术与应用,**21**(3):178-183.

谭宗琨,刘世业,唐志鹏,等.2013.香蕉寒冻害等级指标及灾损指标的初步研究[J].自然灾害学报,**22**(4):182-192

谭宗琨,吴良林,丁美花.2007.EOS/MODIS数据在广西甘蔗种植信息提取及面积估算的应用[J].气象,**33**(11):76-81.

唐晓春,刘会平,潘安定,等.2003.广东沿海地区近50年登陆台风灾害特征分析[J].地理科学,**23**(2):182-187.

唐彦东,于汐,王慧彦,等.2009.灾害损失基本内涵探讨[J].防灾科技学院学报,**11**(2):108-113.

田如英.2004.南方特产果树的栽培[J].柑橘与亚热带果树信息,**20**(12):36-37.

佟长福,郭克贞,余国英.2007.西北牧区干旱指标分析及旱情实时监测模型研究[J].节水灌溉(3):6-9.

涂悦贤,林举宾,麦建辉.1997.90年代以来几次冬季寒害对广东农业生产的影响与对策[J].中国农业气象,**18**(5):51-56.

王秉忠.1985.雷州半岛南部植胶区台风为害级防护林效应的研究[J],热带作物学报,**5**(1):48-55.

王秉忠.2000.橡胶栽培学(第三版)[M].海南:华南热带农业大学出版社.

王春林,刘锦銮,曾侠,等.2004.近50年来广东冬季寒害的特征[J].自然灾害学报,**13**(4):121-127.

王春林，刘锦銮，周国逸，等. 2003. 基于GIS技术的广东荔枝寒害监测预警研究[J]. 应用气象学报，**14**(4)：487-495.

王春林，吴举开，黄珍珠，等. 2007. 广东干旱逐日动态监测模型及其应用[J]. 自然灾害学报，**16**(4)：36-42.

王春乙. 2007. 重大农业气象灾害研究进展[M]. 北京：气象出版社.

王春乙，等. 2010. 中国重大农业气象灾害研究[M]. 北京：气象出版社.

王春乙，娄秀荣，王建林，等. 2007. 中国农业气象灾害对作物产量的影响[J]. 自然灾害学报，**16**(5)：37-43.

王春乙，王石立，霍治国，等. 2005. 近10年来中国主要农业气象灾害监测预警与评估技术研究进展[J]. 气象学报，**63**(5)：659-671.

王春乙，张雪芬，赵艳霞，等. 2010 农业气象灾害影响评估与风险评价[M]. 北京：气象出版社.

王福民，黄敬峰，王秀珍. 2008. 基于穗帽变换的TM影像水稻面积提取[J]. 中国水稻科学，**22**(3)：297-301.

王馥棠. 1990. 农业产量气象模拟与模型引论[M]. 北京：科学出版社：40-61.

王化坤，娄晓鸣，张海如. 2010. 枇杷抗雪灾防冻技术[J]. 江苏林业科技，**37**(1)：42-43.

王加义，陈家金，李丽纯，等. 2011. GIS在福建枇杷低温冻害分析中的应用[J]. 中国农业气象，**32**(增1)：153-156.

王建林，等. 2012. 现代农业气象业务[M]. 气象出版社.

王建林，林日暖. 2003. 中国西部农业气象灾害(1961—2000)[M]. 北京：气象出版社：303.

王景红，梁铁，柏秦凤，等. 2013. 陕西猕猴桃高温干旱灾害风险区划研究[J]. 中国农学通报，**29**(7)：105-110.

王利溥，1989. 橡胶树气象[M]，中国北京：气象出版社.

王荔，石乐娟，王惠聪，等. 2009. 枇杷早花果和晚花果大小及其生长发育期的温度[J]. 贵州农业科学，**37**(5)：150-151.

王连喜. 2009. 宁夏农业气候资源及其分析[M]. 银川：宁夏人民出版社.

王连喜，陈怀亮，李琪，等. 2010. 农业气候区划方法研究进展[J]. 中国农业气象，**31**(2)：277-281.

王绍玉，唐桂娟. 2009. 综合自然灾害风险管理理论依据探析[J]. 自然灾害学报，**18**(2)：33-38.

王石立. 2003. 近年来中国农业气象灾害预报方法研究概述究[J]. 应用气象学报(14)：574-582.

王石立，霍治国，郭建平，等. 2005. 农林重大病虫害和农业气象灾害的预警及控制技术研究[J]. Annual Report of CAMS(6)：19-20.

王树明，钱云，兰明，等. 2008. 滇东南植胶区2007/2008年冬春橡胶寒害初步调查研究[J]. 热带农业科技. **31**(2)：4-8.

王素艳，霍治国，李世奎，等. 2003. 干旱对北方冬小麦产量影响的风险评估[J]. 自然灾害学报，**12**(3)：118-125.

王霞，蓝林密，陈全斌. 2006. 我国刺梨研究现状的文献计量分析[J]. 中国果业信息，**23**(5)6274-6275.

王艳琼，魏守兴. 2009. 不同种植模式对巴西香蕉生长及产量的影响[J]. 热带农业科学，**29**(04)：20-25.

王燕. 2000. 用模糊聚类分析法对某地区气候区划[J]. 集宁师专学报，**22**(4)：30-32.

王云秀，张文宗，姚树然，等. 2006. 利用MODIS数据监测河北省冬小麦种植信息[J]. 遥感技术与应用，**21**(2)：149-153.

魏凤英. 2003. 华北干旱的多时间尺度组合预测模型[J]. 应用气象学报，**14**(5)：583-592

魏宏杰，杨琳，刘锐金，等. 2011. 物元模型在胶园风害灾情评估中的应用[J]. 广东农业科学，**3**：168-171.

魏宏杰，杨琳，莫业勇，等. 2009. 海南农垦橡胶树风害损失分布函数的建模研究[J]. 现代经济，**8**(2)：9-11.

魏丽，殷剑敏，王怀清. 2002. GIS支持下的江西省优质早稻种植气候区划[J]. 中国农业气象，**23**(2)：27-31.

温福光，陈敬泽. 1982. 对橡胶寒害指标的分析[J]. 气象，(8)：33.

温克刚. 2006. 中国气象灾害大典(贵州卷)[M]. 北京：气象出版社.

文晓鹏，朱维藩，向显衡，等. 1992. 刺梨光合生理的初步研究(一)[J]. 贵州农业科学，**6**：27-31.

吴春太，黄华孙，高新生，等. 2012. 21个橡胶树无性系抗风性比较研究[J]. 福建林学院学报，**32**(3)：257-262.

吴锦程.2004.枇杷的生产与科研[J].莆田学院学报(03):31-37
吴立夫.1992.刺梨汁的降血脂作用[J].贵州农学院学报(1):89-931.
吴立夫.1996.刺梨汁对小鼠免疫功能、耐缺氧及耐寒能力的影响[J].贵州农学院学报(3):22-251.
吴仁烨,陈家豪,吴振海,等.2007.福州市枇杷低温害预警模型及其应用[J].江西农业学报,**19**(1):56-59.
吴雪珍,洪少朋,黄秉智,等.2009.广东省香蕉生产现状与成本收益分析[J].广东农业科学(7):270-273,295.
伍维模,王家强,牛建龙,等.2009.基于CBERS-02卫星遥感图像的棉花光谱识别模型的建立[J].塔里木大学学报,**21**(2):33-37.
向显衡.1988.刺梨生态与栽培技术研究[J].中国水土保持,**06**:29-32.
向显衡,刘进平,樊卫国.1988.贵州省刺梨种植资源利用研究[J].中国水土保特,**07**:34-35.
肖乾广.1986.用气象卫星数据对冬小麦进行估产实验[J].环境遥感,**1**(4):260-269.
肖秀珠,周振湘.2007.烤烟气候适应性分析及基于GIS的专题农业气候区划[J].安徽农业科学,**35**(17):5319-5320.
解明恩,程建刚.2004.云南气象灾害特征及成因分析[J].地理科学(6):721-726.
解明恩,程建刚,范菠.2004.云南气象灾害的时空分布规律[J].自然灾害学报,**13**(5):40-47.
邢素丽,张广录.2003.中国农业遥感的应用现状与展望[J].农业工程学报,**19**(6):174-178.
徐兴友.1997.刺梨的引种栽培及开发与利用[J].中国林副产品(4):41.
徐宗焕,林俩法,陈惠,等.2010.香蕉低温害指标初探[J].中国农学通报(1):205-209.
许林兵,黄秉智,吴元立,等.2010.中国香蕉枯萎病地区栽培种多样性生产成本与效益分析[J].热带农业科学,**30**(9):44-48.
许闻献,潘衍庆.1992.中国橡胶树抗寒生理研究的进展[J].热带作物学报,**13**(1):1-6.
薛丽芳,申双和,王春林.2010.基于GIS的广东香蕉种植气候适宜性区划[J].中国农业气象,**31**(4):575-581.
杨邦杰,裴志远.1999.农作物长势的定义与遥感监测[J].农业工程学报,**15**(3):214-218.
杨春雨,冯锦东.2007.小叶桉、木麻黄和橡胶树抗风能力比较研究[J].中国林业,**5B**:62.
杨凤瑞,孟艳静,高桂芹,等.2008.用DTOPSIS方法评价内蒙古中西部农业气候资源[J].气象,**34**(11):106-110.
杨继武.1994.农业气象预报和情报[M].北京:气象出版社.
杨胜敖.2009.刺梨保健醋生产工艺研究[J].中国酿造(5):172-174.
杨胜敖,石志鸿,江明.2010.刺梨果奶生产工艺及稳定性研究[J].食品研究与开发,**31**(3):119-122.
杨小唤,张香平,江东.2004.基于MODIS时序*NDVI*特征值提取多作物播种面积的方法[J].资源科学,**26**(6):17-22.
叶国胜.1999.刺梨的栽培技术[J].特种经济动植物(4):37.
叶国胜.2000.大力开发良种刺梨[J].中国果菜(1):27.
叶国胜.2004.大力发展刺梨造福全人类[J].林业实用技术(1):35.
游超,蔡元刚,张玉芳.2011.基于气象适宜指数的四川盆地水稻气象产量动态预报技术研究[J].高原山地气象研究,**31**(1):51-55.
于庆东.1993,自然灾害经济损失函数与变化规律[J].自然灾害学报,**2**(4):3-9.
余伟,张木兰,麦全法,蒋菊生,等.2006.台风“达维”对海南农垦橡胶产业的损害及所引发的对今后产业发展的思考[J].热带农业科学,**26**(4):41-44.
袁淑杰,缪启龙,谷晓平,等.2007.中国云贵高原喀斯特地区春旱特征分析[J].地理科学,**27**(6):796-800.
云南热区寒害专业调研组.2001.云南省热区1999/2000年冬热带作物寒(冻)害调研报告[J].云南热作科技,**24**(S1):1-9.
曾梅军,张丽娅.2009.福建莆田枇杷生长条件与合理布局分析[J].安徽农学通报,**15**(19):97-99.
曾小平,赵平,孙谷畴,等.2006.气候变暖对陆生植物的影响[J].应用生态学报,**17**(12):2445-2450.

张辉，林新坚，吴一群，等. 2009. 基于 GIS 的福建永泰山区枇杷避冻区划[J]. 中国农业气象，**30**(4)：624-627.

张建平，黄朝荣. 1992. 广西植蕉区香蕉越冬气温条件初探[J]. 广西农业科学(5)：212-214.

张京红，陶忠良，刘少军，等. 2010. 基于 TM 影像的海南岛橡胶种植面积信息提取[J]. 热带作物学报，**31**(4)：661-665.

张明洁，赵艳霞. 2012. 近 10 年中国农业气候区划研究进展概述[J]. 安徽农业科学，**40**(2)：993-997.

张明伟，周清波，陈仲新，等. 2008. 基于 MODIS 时序数据分析的作物识别方法[J]. 农业工程学报，**29**(1)：31-35.

张献，戴少伟. 2012. 华中地区影响园林树木抗风害能力的因素分析[J]. 安徽农学通报，**18**(13)：153-154.

张旭阳，李星敏，杜继稳. 2009. 农业气候资源区划研究综述[J]. 江西农业学报，**21**(7)：120-122.

张一平，许再福. 2000. 1999 年西双版纳严重寒害气象原因初步分析[J]. 云南热作科技，**23**(2)：6-8.

张勇，李芹，王树明，等. 2015. 滇东南植胶区 2013/2014 年冬春橡胶树寒害调研报告[J]. 热带农业科学，**35**(2)：36-41.

张元二. 2009. 优质枇杷栽培新技术[M]. 北京：科学技术文献出版社.

赵阿兴，马宗晋. 1993. 自然灾害损失评估指标体系的研究[J]. 自然灾害学报，**2**(3)：1-7.

赵珊珊，高歌，孙旭光，等. 2009. 西北太平洋热带气旋频数和强度变化趋势初探[J]. 应用气象学报，**20**(5)：555-563.

甄文超，王秀英. 2006. 气象学与农业气象学基础[M]. 北京：气象出版社.

郑国华，张贺英，钟秀容，等. 2009. 低温胁迫下枇杷叶片细胞超微结构及膜透性和保护酶活性的变化[J]. 中国生态农业学报，**17**(4)：739-745.

郑杰. 2008. 茂名垦区 2008 年寒害后橡胶树病虫害的发生及防治建议[J]. 热带农业科技，**31**(4)：17-18.

郑景云，尹云鹤，李炳元. 2010. 中国气候区划新方案[J]. 地理学报，**65**(1)：3-12.

植石群，刘锦銮，杜尧东，等. 2003. 广东省香蕉寒害风险分析[J]. 自然灾害学报，**12**(2)：113-116.

中国气象局. 2013. QX/T 169-2012 橡胶寒害等级[M]. 北京：气象出版社.

钟秀丽，林而达. 2000. 气候变化对中国自然生态系统影响的研究综述[J]. 生态学杂志，**19**(5)：62-66.

周寅康. 1995. 自然灾害风险评价初步研究[J]. 自然灾害学报，**4**(1)：6-11.

周芝锋. 2006. 登陆海南岛的热带气旋特征及其对海南垦区橡胶生产的影响[C]//中国气象学会 2006 年年会"灾害性天气系统的活动及其预报技术"分会场论文集，667-671.

朱琳，郭兆夏，朱延年，等. 2007. 基于 GIS 陕南商洛地区农业气候资源垂直分层[J]. 应用气象学报，**18**(1)：108-113

朱维藩. 1984. 贵州的刺梨资源及其生长发育、Vc 含量同生态条件关系的调查研究[J]. 贵州农学院丛刊(3)：1-141.

邹海平，王春乙，张京红，等. 2013. 海南岛香蕉寒害风险区划[J]. 自然灾害学报，**22**(3)：130-134.

邹瑜，吴代东，牟海飞，等. 2011. 广西香蕉寒害冻害等级指标及发生规律研究[J]. 西南农业学报，**24**(3)：941-943

Bemardi M. 2001. Linkages between FAO agro-climate data resources and the development of GIS Models for control of vector bome diseases[J]. *Acta tropical*，**79**(1)：21-34.

Cittadini E D，R N de，P L Peri，et al. 2006. A method for assessing frost damage risk in sweet cherry orchards of South Patagonia[J]. *Agricultural and Forest Meteorology*，**141**(2-4)：235-243.

Emanuel K. 2005. Increasing destructiveness of tropical cyclones over the past 30 years[J]. *Nature*，**436**(7051)：686-688.

Fortescue J A，D W Turner. 2005. Growth and development of ovules of banana，plantain and enset(Musaceae)[J]. *Scientia Horticulturae*，**104**(4)：463-478.

Greets S，Raes D，Garcia M，et al. 2006. Agro-climatic suitability mapping for crop production in the Bolivian

Altiplano: A case study for quinoa[J]. *Agricultural and forest meteorology*, **139**: 399-412.

IPCC. 2007. Climate Change 2007: Synthesis Report. Contribution of Working Groups I, II and III to the Fourth Assessment Report of the Intergovernmental Panel on Climate Change. Core Writing Team, R. K. Pachauri and A. Reisinger, editors. Geneva, Switzerland, IPCC: 30.

Knutson T R, J L McBride, J Chan, et al. 2010. Tropical cyclones and climate change[J]. *Nature Geoscience*, **3**(3): 157-163.

Oouchi K, J Yoshimura, H. Yoshimura, et al. 2006. Tropical cyclone climatology in a global-warming climate as simulated in a 20 km-mesh global atmospheric model: Frequency and wind intensity analyses[J]. *Journal of the Meteorological Society of Japan*, **84**(2): 259-276.

Patel N R, Mandal U K. Pande L M. 2000. Agro-ecological zoning system-a remote senseing and GIS perspective[J]. *Joural of Agrometeorology*, **2**(1): 1-13.

Rad R B, Rahimi M. 2003. Agroclimatological classification by using GIS: a case study of northwestern Iran[J]. *Geophysical Research Abstracts*, **5**: 8.

United Nations. 2009. Global Assessment Report on Disaster Risk Reduction[M]. Oriental Press, Manama, Kingdom of Bahrain.